中国科学院院长 白春礼院士题

论低维并筑器件
致广大而尽精微

白春礼
戊戌春月

低维材料与器件丛书

成会明　总主编

低维无机材料与纳米生物医学

刘　庄　程　亮　著

科　学　出　版　社

北　京

内 容 简 介

本书为“低维材料与器件丛书”之一。全书主要介绍多种低维无机纳米材料在生物医学中的应用，涉及的材料体系包括无机半导体量子点、贵金属纳米结构、磁性纳米材料、介孔纳米载体、稀土上转换发光纳米材料、生物矿化无机纳米材料、低维碳基纳米材料和过渡金属硫族化合物纳米材料。简要介绍了常见低维无机纳米材料的制备方法、表面修饰策略，同时详细介绍了低维无机纳米材料在生物检测、生物成像、肿瘤治疗及生物安全性等方面的应用和最新研究成果。内容涵盖了典型低维无机纳米材料的合成、表面修饰、生物应用及发展趋势。

本书适合纳米生物材料、纳米医学以及其他相关领域的研发人员、管理和生产技术人员、生物医学工作者、材料应用者等阅读，也适合用作研究生、大专院校学生的专业教材。

图书在版编目(CIP)数据

低维无机材料与纳米生物医学/刘庄，程亮著. —北京：科学出版社，2018.7

(低维材料与器件丛书/成会明总主编)

ISBN 978-7-03-058174-7

Ⅰ. ①低… Ⅱ. ①刘… ②程… Ⅲ. ①无机材料-纳米材料-应用-生物医学工程-研究 Ⅳ. ①TB383

中国版本图书馆 CIP 数据核字(2018)第 140843 号

责任编辑：翁靖一/责任校对：樊雅琼

责任印制：吴兆东 /封面设计：耕者设计工作室

科学出版社出版

北京东黄城根北街 16 号

邮政编码：100717

http://www.sciencep.com

北京中科印刷有限公司印刷

科学出版社发行 各地新华书店经销

*

2018 年 7 月第 一 版 开本：720×1000 1/16

2022 年 7 月第三次印刷 印张：20 1/2

字数：394 000

定价：128.00 元

(如有印装质量问题，我社负责调换)

低维材料与器件丛书

编 委 会

总　序

人类社会的发展水平，多以材料作为主要标志。在我国近年来颁发的《国家创新驱动发展战略纲要》、《国家中长期科学和技术发展规划纲要(2006—2020年)》、《"十三五"国家科技创新规划》和《中国制造2025》中，材料都是重点发展的领域之一。

随着科学技术的不断进步和发展，人们对信息、显示和传感等各类器件的要求越来越高，包括高性能化、小型化、多功能、智能化、节能环保，甚至自驱动、柔性可穿戴、健康全时监/检测等。这些要求对材料和器件提出了巨大的挑战，各种新材料、新器件应运而生。特别是自 20 世纪 80 年代以来，科学家们发现和制备出一系列低维材料(如零维的量子点、一维的纳米管和纳米线、二维的石墨烯和石墨炔等新材料)，它们具有独特的结构和优异的性质，有望满足未来社会对材料和器件多功能化的要求，因而相关基础研究和应用技术的发展受到了全世界各国政府、学术界、工业界的高度重视。其中富勒烯和石墨烯这两种低维碳材料还分别获得了 1996 年诺贝尔化学奖和 2010 年诺贝尔物理学奖。由此可见，在新材料中，低维材料占据了非常重要的地位，是当前材料科学的研究前沿，也是材料科学、软物质科学、物理、化学、工程等领域的重要交叉，其覆盖面广，包含了很多基础科学问题和关键技术问题，尤其在结构上的多样性、加工上的多尺度性、应用上的广泛性等使该领域具有很强的生命力，其研究和应用前景极为广阔。

我国是富勒烯、量子点、碳纳米管、石墨烯、纳米线、二维原子晶体等低维材料研究、生产和应用开发的大国，科研工作者众多，每年在这些领域发表的学术论文和授权专利的数量已经位居世界第一，相关器件应用的研究与开发也方兴未艾。在这种大背景和环境下，及时总结并编撰出版一套高水平、全面、系统地反映低维材料与器件这一国际学科前沿领域的基础科学原理、最新研究进展及未来发展和应用趋势的系列学术著作，对于形成新的完整知识体系，推动我国低维材料与器件的发展，实现优秀科技成果的传承与传播，推动其在新能源、信息、光电、生命健康、环保、航空航天等战略新兴领域的应用开发具有划时代的意义。

为此，我接受科学出版社的邀请，组织活跃在科研第一线的三十多位优秀科学家积极撰写"低维材料与器件丛书"，内容涵盖了量子点、纳米管、纳米线、石墨烯、石墨炔、二维原子晶体、拓扑绝缘体等低维材料的结构、物性及其制备方法，并全面探讨了低维材料在信息、光电、传感、生物医用、健康、新能源、环境保护等领域的应用，具有学术水平高、系统性强、涵盖面广、时效性高和引领性强等特点。本套丛书的特色鲜明，不仅全面、系统地总结和归纳了国内外在低维材料与器件领域的优秀科研成果，展示了该领域研究的主流和发展趋势，而且反映了编著者在各自研究领域多年形成的大量原始创新研究成果，将有利于提升我国在这一前沿领域的学术水平和国际地位、创造战略新兴产业，并为我国产业升级、提升国家核心竞争力提供学科基础。同时，这套丛书的成功出版将使更多的年轻研究人员和研究生获取更为系统、更前沿的知识，有利于低维材料与器件领域青年人才的培养。

历经一年半的时间，这套“低维材料与器件丛书”即将问世。在此，我衷心感谢李玉良院士、谢毅院士、俞书宏教授、谢素原教授、张跃教授、康飞宇教授、张锦教授等诸位专家学者积极热心的参与，正是在大家认真负责、无私奉献、齐心协力下才顺利完成了丛书各分册的撰写工作。最后，也要感谢科学出版社各级领导和编辑，特别是翁靖一编辑，为这套丛书的策划和出版所做出的一切努力。

材料科学创造了众多奇迹，并仍然在创造奇迹。相比于常见的基础材料，低维材料是高新技术产业和先进制造业的基础。我衷心地希望更多的科学家、工程师、企业家、研究生投身于低维材料与器件的研究、开发及应用行列，共同推动人类科技文明的进步！

成会明

中国科学院院士，发展中国家科学院院士

清华大学，清华-伯克利深圳学院，低维材料与器件实验室主任

中国科学院金属研究所，沈阳材料科学国家研究中心先进炭材料研究部主任

Energy Storage Materials 主编

SCIENCE CHINA Materials 副主编

前　言

纳米材料尤其是低维无机纳米材料由于其特殊的物理和化学性质，近 20 年来在生物医学方面的应用得到了人们广泛的关注。纳米生物技术和纳米医学的发展为肿瘤的诊断与治疗带来新的机遇，许多具有特殊功能的低维无机纳米材料被人们用于肿瘤的影像和治疗中。一方面，许多低维无机功能纳米材料具有光学、磁学、声学等物理性质，可以用于发展多种新型体外生物检测平台或作为探针应用于医学成像技术，以期实现针对肿瘤等重大疾病的早期检测和精准预后；另一方面，低维无机纳米材料也可被用于纳米药物载体以实现药物分子在肿瘤区域的被动和主动靶向，提高药物在肿瘤病灶部位的局部浓度，从而增强化疗的药效和减少毒副作用；此外，低维无机纳米材料由于一些特殊的物理化学性能也能用于发展一些新型作用机制的癌症治疗方法，如基于纳米材料的光热疗法、光动力疗法、磁热疗法、声动力疗法、增敏放射疗法等，近年来也得到了人们十分广泛的关注。

本书主要论述多种低维无机纳米材料在纳米生物医学中的应用现状和未来发展方向，重点介绍低维无机材料的合成方法、表面修饰策略、生物安全性研究，及其在生物检测、生物成像、肿瘤治疗等方面的应用探索。详细内容安排如下：第 1 章介绍低维无机纳米材料在纳米生物医学中的发展现状和应用；第 2 章介绍无机半导体量子点在生物医学中的应用；第 3 章介绍贵金属纳米结构在生物医学中的应用；第 4 章介绍磁性纳米材料在生物医学中的应用；第 5 章介绍介孔纳米药物载体在生物医学中的应用；第 6 章介绍稀土上转换发光纳米材料在生物医学中的应用；第 7 章介绍生物矿化无机纳米材料在生物医学中的应用；第 8 章介绍低维碳基纳米材料在生物医学中的应用；第 9 章介绍过渡金属硫族化合物与其他二维无机纳米材料在生物医学中的应用；第 10 章讨论无机纳米材料在生物医学应用中的挑战与展望。

本书在对本领域低维无机纳米材在生物医学应用的前沿进展进行系统介绍的同时，主要总结了著者研究团队该领域多年来的科研工作成果。其中，参与本书资料的搜集和整理工作的团队成员包括杨凯、冯良珠、宋国胜、杨光保、刘腾、朱文文、董自亮、沈斯达、陈昱延等，在此对他们付出的努力和所做的贡献一并表示感谢。

在本书的编著过程中，得到了国内外众多同行的关心、支持和帮助，尤其是成会明院士及“低维材料与器件丛书”编委会专家为本书提出的诸多宝贵的修改建议，在此深表谢意！

本书适合纳米生物材料、纳米医学以及其他相关领域的研发人员、管理和生产技术人员、生物医学工作者、材料应用者等阅读，也适合用作研究生、大学生的专业教材。

最后，诚挚感谢国家杰出青年科学基金项目（功能纳米材料在新型肿瘤治疗方法中的应用探索，编号：51525203）、国家自然科学基金面上项目（多功能超小二维硫化钨纳米结构的制备及其在肿瘤诊疗中的应用，编号：51572180）和江苏省自然科学优秀青年基金（无机功能纳米材料在肿瘤诊疗中的应用探索，编号：BK20170063）对本书出版的支持！

需要特别指出的是，纳米生物材料与纳米医学领域涉及的材料体系非常广泛，其中生物医用有机高分子材料领域不论是前沿研究还是临床转化方面都得到了领域内极大的关注。而本书由于篇幅所限，仅选择低维无机纳米材料中一些常见的体系进行了总结和讨论。此外，鉴于作者的时间和水平有限，书中难免有疏漏或不尽人意之处，敬请广大读者和同行批评指正。

著　者

2018 年 3 月于苏州大学

目　录

第1章 低维无机材料在纳米生物医学中的应用

1.1 纳米生物医学发展现状

纳米医学是纳米技术与现代医学结合的产物，为基础医学研究、临床疾病的诊断和治疗等带来许多新的机遇。随着对生命活动和生命本质的研究不断深入，灵敏、快速和准确的生物分子分析技术对认识生物分子的功能、阐述生命活动的机制以及对疾病的早期诊断具有重要的意义。许多具有光、电、磁功能的纳米材料能够响应生物分子的相互识别过程，为生物分析带来新的发展机遇。随着人们对医学影像要求的提高，现有成像技术逐渐不能满足对疾病超前诊断的需求。分子影像诊断技术是从分子水平对疾病的异常结构进行显像，能为疾病的诊治提供更为精确的信息[1]。分子影像学的发展除了需要先进的成像设备外，还需要发展高效的成像探针。目前常规的造影剂或分子探针存在信噪比较低、靶向性较差等问题[2]。近年来，已经发展出了多种多样的纳米影像探针，对于疾病及肿瘤，它们显示出较好的特异性造影效果[3]。另外，肿瘤是当今社会人类健康的头号杀手。临床上针对肿瘤的治疗方法主要有手术切除、放射疗法和化学疗法[4]，但各自存在一定的局限，如手术风险高、放化疗的不良反应大、缺乏特异性的化疗药物、易耐药等问题[5]。纳米技术在生物医学领域的深入发展，为肿瘤的诊断和治疗开辟了新的道路。纳米药物载体是纳米医学的前沿和热点之一。纳米药物载体在实现药物缓释、靶向性给药以及癌症靶向治疗等方面表现出良好的应用前景[6]。此外，纳米材料具有独特的声、电、光、磁和热等特性，这些性质为肿瘤的诊断和治疗提供了新的方法。近年来，纳米材料被广泛用于肿瘤光热治疗、光动力治疗、放疗增敏、免疫治疗以及协同联合治疗的研究[7,8]。多功能纳米平台能够集成像、靶向给药和癌症治疗等功能于一体，在实现肿瘤诊疗一体化上具有广阔的应用前景。随着纳米技术与生物医学的不断交叉，纳米生物医学正在迅速形成一个崭新的研究领域，该领域的进步与发展将为生物医学的研究提供全新的视角和技术。

1.2 纳米生物医学中的低维无机材料

低维无机材料是指零维、一维和二维无机材料。无机纳米材料具有丰富的光、电、声、磁等特性。低维无机材料在生物分子检测、疾病成像与诊断、药物控制释放、靶向给药和癌症治疗等方面具有良好的应用前景[9,10]。常见的无机纳米材料包括无机半导体量子点、贵金属纳米材料、磁性纳米材料、介孔材料、稀土上转换纳米材料、生物矿化无机纳米材料、低维碳基纳米材料、过渡金属层状二维无机材料等。这些无机纳米材料集疾病诊断、医学成像、药物载体和治疗等多种功能于一体，在生物医学上的应用受到越来越多的关注[10,11]。

1.3 纳米生物分析与检测

纳米材料在比色、发光分析、电化学等分析方法中发挥着重要的作用。基于纳米材料构建性能优良的传感器是分析化学研究的重要内容[12]。生物传感器是一种特殊的化学传感器，将物理化学换能器与生物活性材料结合在一起，能对被分析物进行高选择性识别，是一种先进的监控与检测设备。近年来，由于纳米材料和纳米技术飞速发展，纳米材料已经被广泛用于构建生物传感器，提高生物传感器的灵敏度、选择性、重现性。生物传感器中最常用的纳米材料包括：贵金属纳米粒子/纳米阵列、磁性纳米材料、碳基纳米材料[13]。纳米材料在生物传感器中有多重作用，如作为构建传感界面的材料，增加传感界面的比表面积，改变传感界面的性能，从而显著增加传感界面上生物活性材料的活性位点，提高传感界面的敏感度；此外纳米材料还可作为生物传感器的标记物的载体，增强生物传感器的信噪比[14]。利用纳米材料的吸附、信号放大、催化以及特殊的荧光信号与增强光谱信号性能，可以显著增强传统方法检测的灵敏度与特异性[15]。目前，基于纳米材料的生物传感器已成为化学传感器中重要的研究方向，特别是在生物医学领域研究中将得到广泛的应用。

1.4 纳米探针与生物医学影像

重大疾病尤其是肿瘤的早期诊断是提高疾病治愈率及改善患者生存质量的关键，因此发展先进诊断技术是现代医学的重要目标。医学影像的飞速发展在疾病的早期诊断、活性药物筛选、实时评价治疗效果等方面都发挥着越来越重要的作用[1,2]。分子影像是一门从细胞和分子层面上探测疾病变化的新兴交叉学科，为活体内研究疾病发生与发展提供了新手段。近年来分子影像在临床和基础研究方面都得到了很好的发展，推动了疾病的早期诊断和治疗，也为临床诊断注入新的元素[16]。目前，一些纳米探针已从基础研究走向临床应用。例如，在磁共振成像(MRI)方面，几种磁性纳米探针相继进入临床[17]。在电子计算机断层扫描成像(CT)和正电子发射断层成像(PET)方面，各种贵金属、同位素材料制备成的纳米探针主要还处于基础研究阶段[18]。光学、拉曼、光声成像等光学相关成像技术具有无损、高分辨等优点，其相关的纳米探针也将随着现代科技的进步朝着靶向、高灵敏、多模、无毒的方向发展。

光学成像包括生物发光成像、荧光成像，是研究生物体内细胞活动的重要方法之一。近年来，半导体量子点、稀土上转换纳米材料、碳量子点等光学探针迅速发展[19]。量子点具有独特的光学特性，如发射波长从紫外到近红外波段可调[20]、光化学稳定性好、光寿命较长、量子点尺寸较小等[21]。因而，量子点作为纳米荧光探针最先被用于活体荧光成像[21]。上转换发光纳米材料是一种在近红外光激发下能发出可见光的发光材料，即可通过多光子机制把长波辐射转换成短波辐射。与有机染料和量子点相比，上转换发光纳米材料具有化学稳定、光稳定、带隙发射窄等优点，而且近红外激发具有较强的组织穿透能力、对生物组织无损伤、无背景光的干扰，因此在生物医学成像上有着广泛的应用前景[22]。

CT 是一种基于 X 射线的三维重构成像技术。其原理是由于不同的组织对 X 射线的吸收能力不同，透过组织的射线剂量不同，通过测定不同部位组织射线的透过剂量并利用数位几何处理重建出组织断层面三维影像[23]。目前广泛使用的造影剂主要是含碘的分子，但这些小分子具有靶向性差、半衰期短、肾毒性等缺点[24]。纳米材料的出现为 CT 成像提供了新的造影剂。与含碘的小分子相比，高原子序数材料(如 Au、Bi)具有更高的 X 射线吸收系数、较长的血液循环时间、良好的生物相容性，易于表面官能团化实现特异性靶向，因而被广泛应用于造影剂的研究[25]。

PET 是利用回旋加速器加速电子轰击产生带正电的放射性核素，在衰变过程中发射带正电荷的电子，与周围物质中的电子相互作用产生湮没，发射出能量相等、方向相反的两光子，在体外利用一系列成对的探头探测光子，通过计算机处理采集的信息，显示出断层图像[26]。PET 是目前最成熟的分子影像技术，具有灵敏度高、可定量以及可由动物实验结果直接推广到临床等优点[27]。目前常用的 PET 造影剂是 ^{18}F-氟代脱氧葡萄糖(FDG)。由于大部分恶性肿瘤细胞具有葡萄糖代谢高的特性，FDG 被广泛用于肿瘤成像[28]。单光子发射计算机断层成像(SPECT)使用单光子核素作为标记物，并通过探测器检测脏器组织中的放射性分布，根据探测器旋转一周得到的若干组数据来建立断层平面图像[29]。近年来，纳米材料作为载体被广泛应用于放射核素的标记，这种探针具有特异靶向功能，利用这种探针进行 PET 或 SPECT 成像，可以对纳米颗粒、药物载体等在体内的组织分布、药代动力学等进行实时定量研究。

超声成像是利用超声的物理特性和人体器官组织对超声阻抗和衰减的差异，得到断面超声图像，实现疾病诊断[30]。由于安全性高、成本低、使用便携等特点，超声成像是临床使用最多的成像方式。一些粒径在几百纳米至几微米的超声造影剂(如全氟化碳)，已被引入肿瘤的临床诊断如血池增强、肝脏病变和灌注成像中[31]。

MRI 是一项基于核磁共振原理的医学影像技术。磁性原子核在外加磁场的作用下，吸收一定频率的射频脉冲，由低能态向高能态跃迁。不稳定的高能态通过弛豫方式回到初始的平衡状态。弛豫方式有两种：一种是纵向弛豫(自旋-晶格弛豫)，即高能态的核以热运动的形式将能量传递出去，其半衰期称为纵向弛豫时间；另一种是横向弛豫(自旋-自旋弛豫)，即高能态核将能量传递给邻近低能态的核，其半衰期称为横向弛豫时间[32]。在医学上通常对氢原子核进行磁共振成像，人体不同组织之间、正常组织与病变组织之间的氢核密度、弛豫时间的差异是用于临床诊断最主要的参数。MRI 具有空间分辨率高、多参数成像和功能成像等特点，是临床诊断中主要的成像手段之一[32]。但是其灵敏度较低，因而需要使用造影剂增强信噪比。临床大量应用的钆螯合物(如 Gd-DTPA 等) 表现出半衰期短、分布无特异性、难于修饰、无靶向等缺点，限制了其在 MRI 中的应用[33]。超顺磁性氧化铁纳米颗粒及含钆的纳米材料为磁共振分子影像学发展提供了新的选择[34]。

光声成像是一种新近迅速发展起来，基于生物组织内部光学吸收差异，以超声作为媒介的无损生物成像方法[35]。它结合了纯光学成像的高对比度和纯超声成像的高穿透深度的优点，以超声探测器探测声波代替光学成像中的光子检测，从原理上避开光学散射的影响，可提供高对比度和高分辨率的组织影像，为研究生物组织的形态、生理特征、代谢功能、病理特征等提供重要手段。光声成像在临床诊断、组织结构和功能成像领域具有广泛的应用前景[36]。但是由于入射光能量在生物组织中强散射以及衰减场会降低光声影像的灵敏度。因此，光声成像需要使用纳米探针来增强光声影像的检测灵敏度，如金纳米材料、碳纳米管、石墨烯、二维层状硫化物等材料[37,38]。

光学成像具有发射光谱可调、成像时间短等优点，但存在组织穿透力差、自发光干扰等缺点。MRI 具有很强的组织穿透力，但是成像灵敏度较低。CT 对密度高的组织分辨率高，往往难以诊断腹腔等空腔脏器的病变。PET 提供病灶详尽的功能与代谢等分子信息，具有灵敏、准确、特异等优点，但不能提供组织结构信息。因此，每种成像技术和模式都有各自的优缺点。随着对疾病诊断要求的提高，单一的成像模式已不能完全满足诊断的需求，亟须发展双模甚至多模态的成像技术。PET/CT 作为双模成像就是一个非常成功的例子[28]。多模态的影像探针是发展多模成像的前提之一。近年来，人们已经发展了大量的多模态影像纳米探针，这些纳米探针显示出良好的多模造影效果[39, 40]。

1.5　无机纳米药物载体与肿瘤治疗

目前，临床肿瘤治疗主要包括外科手术、化疗和放疗三大传统手段。治疗方式的选择取决于肿瘤的位置、肿瘤性质、发展程度以及患者身体状态等。外科手术对早中期癌症有较好的治疗效果，但是手术本身也存在一定的缺点。化学疗法即用化学药物治疗肿瘤，简称化疗，主要是通过化疗药物作用于处于细胞增殖期的不同阶段的肿瘤，抑制或杀灭快速生长的肿瘤，以达到治疗的目的。化疗对肿瘤治疗有一定效果，但难以达到根除的目的。此外，临床使用的抗肿瘤化疗药物缺乏专一性，均存在不同程度的毒副作用，在治疗肿瘤的同时也会杀伤正常细胞，重要的是对人体正常血液和淋巴组织细胞的伤害，会导致人体的免疫系统的破坏，造成肿瘤进一步恶化[6, 8]。放射性疗法是利用电离辐射(包括放射性同位素产生的射线，以及各类射线治疗机或加速器产生的 X 射线、电子束、质子束及其他粒子束等)来治疗肿瘤的方法，简称放疗。这些辐射与细胞内的物质发生作用，直接或间接地损伤细胞，引起癌细胞结构和细胞活性的改变，从而杀死癌细胞[41]。电离辐射既可以杀死肿瘤细胞，也可以伤害正常组织，因而限制了临床使用的电离辐射剂量，导致放疗不能达到理想的效果。目前来说，三大传统手段各有特点，相互补充，并在肿瘤治疗中发挥着重要作用。然而它们存在一定的不足，因而探索新的、毒副作用小的治疗方法也是目前肿瘤治疗亟待解决的问题。

常见的纳米药物载体主要包括无机纳米药物载体和有机高分子纳米药物载体。其中，高分子纳米粒子作为药物载体研究较早，目前已有少量高分子纳米载体的药物获得欧美一些国家药监部门批准用于临床治疗[6]。与高分子纳米药物载体相比，无机纳米药物载体的尺寸和形貌易于控制，比表面积大，具有独特的光、电、磁等特性，这些特性赋予无机纳米药物载体成像显影、药物可控释放、靶向输送和协同药物治疗等功能。近年来，无机纳米材料作为药物或基因载体方面的研究取得了较大的进展，但其生物安全性尚需要长期的深入研究。目前无机纳米药物载体的研究方向沿多功能化方向进行，如将磁性纳米材料与介孔材料复合，使其具有磁靶向功能的同时提高药物装载量；将量子点与磁性纳米粒子复合，靶向载药的同时能够示踪药物在体内的分布；将量子点或磁性纳米粒子与智能高分子复合，实现多重靶向和光学成像、药物的智能型控释[42]。因此，具有成像功能、靶向、高效载药、控制释药于一体的多功能无机纳米载体对癌症等重大疾病的诊断和治疗具有重要意义。

随着纳米技术在生物医学领域的发展，越来越多的纳米材料应用于放疗增敏，显示出增强肿瘤细胞放射敏感性和提高放疗的效果，这为肿瘤放射治疗提供了新机遇。一些功能纳米材料自身可以作为放疗敏感剂，如高原子序数的纳米材料

(Au、Bi_2Se_3、Ta_2O_5、HfO_2、WS_2)等[43]。这些纳米材料对X射线具有较高的吸收能力，在吸收射线后发生多种作用(如光电效应、康普顿效应)，释放出多种粒子(如光电子、康普顿电子、俄歇电子)，与癌细胞内的有机分子或水反应生成大量自由基，进而达到提高放疗效果的目的，实现物理增敏。另外，一些纳米材料也能作为药物载体负载化疗药物、氧气或一氧化氮供体等，通过药物增敏放疗[43]。由此可见，将纳米粒子作为放疗增敏剂引入肿瘤放射治疗，有望克服目前制约放射治疗癌症的诸多难题，推动放射治疗的发展。

热疗法是新兴发展起来的治疗肿瘤的手段，泛指用加热来治疗肿瘤，其基本原理是由于正常细胞和肿瘤细胞对温度耐受能力不同，使肿瘤组织局部或全身在一段时间内维持一定的治疗温度，达到杀死肿瘤细胞又不损伤正常组织的治疗目的[44]。与传统的手术治疗、放疗、化疗相比，热疗法毒副作用大大降低，是一种有着广阔前景的治疗手段。基于对无机纳米材料的广泛研究，提出了以纳米材料为载体的热疗法。该方法的基本原理是肿瘤组织对纳米材料特异性的摄取，使得肿瘤组织温度升高，以达到治疗的目的，同时由于正常组织的低摄取率，其受损程度较低，因而具有微创或无创性的特点。目前，基于纳米颗粒的肿瘤热疗法可分为两大类：磁热疗法和光热疗法。磁热疗法的基本原理是静脉注射或直接瘤内注射的磁性纳米颗粒在达到肿瘤病灶后，施加外部交变磁场，使得纳米材料的磁极发生反转，并释放出热量导致肿瘤区域的温度上升，以达到治疗效果。磁性的氧化铁纳米颗粒就是一类能实现电磁能到热能转换的热疗材料[45]。光热疗法的基本原理是在入射光的激发下，利用光热转换效应产生的热来杀死肿瘤细胞。肿瘤光热治疗的两个关键因素是光和光热转换试剂。近红外光具有较好的生物组织穿透能力，因而被广泛应用于光热治疗中[44]。在近红外区具有强吸收的一系列纳米材料在光热治疗中发挥着重要作用，如金纳米材料、碳纳米材料、过渡金属硫化物等纳米材料。

1.6 无机纳米药物载体与诊疗一体化

常见的无机纳米药物载体包括磁性纳米材料、介孔纳米材料、二维层状材料等，这些无机纳米药物载体在实现靶向性给药、药物可控释放及肿瘤新型治疗等方面表现出良好的应用前景。基于纳米材料的肿瘤诊疗一体化是目前纳米医学的研究热点。临床上相对分离的诊断与治疗方式存在一些不足，如在治疗过程中不能同时跟踪治疗效果。诊疗即诊断技术与治疗手段一体化，以纳米材料作为载体，可以将多种成像方法和多种治疗手段集为一体。一些无机纳米药物载体具有良好的光学、电学、热学、磁学、放射学等特性，可以在X射线、磁场、超声、可见-近红外光、放射性核素等刺激响应下呈现出与组织不同的影像学现象，可以用于研究药物载体在体内的靶向输运、分布、富集和代谢过程，对肿瘤进行靶向成像，以及优化治疗方案等[39]。另外，一些具有光热转换能力或含有高原子序数的多功能纳米药物载体可作为光热治疗试剂或放疗增敏剂。这些整合药物靶向运输、活体示踪、药物治疗和预后监测等功能于一体的多功能无机纳米药物载体将是未来的研究趋势，将为提高药物利用效率和减轻药物毒副作用提供强有力的支持。

本书将介绍多种低维无机纳米材料在生物医学中的应用现状和未来发展方向，重点总结各种低维无机纳米材料的合成方法、表面修饰策略、生物安全性研究，以及其在生物检测、生物成像、肿瘤治疗等方面的应用探索，并对无机纳米材料面向未来临床应用的机遇和所面临的挑战进行展望。

参考文献

[1] Weissleder R, Mahmood U. Molecular imaging. Radiology, 2001, 219: 316-333.

[2] Hussain T, Nguyen Q T. Molecular imaging for cancer diagnosis and surgery. Advanced Drug Delivery Reviews, 2014, 66: 90-100.

[3] Li J, Cheng F, Huang H, Li L, Zhu J J. Nanomaterial-based activatable imaging probes: from design to biological applications. Chemical Society Reviews, 2015, 44: 7855-7880.

[4] Ferrari M. Cancer nanotechnology: opportunities and challenges. Nature Reviews Cancer, 2005, 5: 161.

[5] Kawasaki E S, Player A. Nanotechnology, nanomedicine, and the development of new, effective therapies for cancer. Nanomedicine: NBM, 2005, 1: 101-109.

[6] Cho K, Wang X, Nie S, Shin D M. Therapeutic nanoparticles for drug delivery in cancer. Clinical Cancer Research, 2008, 14: 1310-1316.

[7] Brigger I, Dubernet C, Couvreur P. Nanoparticles in cancer therapy and diagnosis. Advanced Drug Delivery Reviews, 2002, 54: 631-651.

[8] Kumar C S, Mohammad F. Magnetic nanomaterials for hyperthermia-based therapy and controlled drug delivery. Advanced Drug Delivery Reviews, 2011, 63: 789-808.

[9] Huang H C, Barua S, Sharma G, Dey S K, Rege K. Inorganic nanoparticles for cancer imaging and therapy. Journal of Controlled Release, 2011, 155: 344-357.

[10] Liong M, Lu J, Kovochich M, Xia T, Ruehm S G, Nel A E, Tamanoi F, Zink J I. Multifunctional inorganic nanoparticles for imaging, targeting, and drug delivery. ACS Nano, 2008, 2: 889-896.

[11] Davis M E, Shin D M. Nanoparticle therapeutics: an emerging treatment modality for cancer. Nature Reviews Drug Discovery, 2008, 7: 771-782.

[12] Holzinger M, Le Goff A, Cosnier S. Nanomaterials for biosensing applications: a review. Frontiers in Chemistry, 2014, 2: 63.

[13] Wang J. Carbon-nanotube based electrochemical biosensors: a review. Electroanal, 2005, 17: 7-14.

[14] Howes P D, Chandrawati R, Stevens M M. Colloidal nanoparticles as advanced biological sensors. Science, 2014, 346: 1247390.

[15] Arya S K, Bhansali S. Lung cancer and its early detection using biomarker-based biosensors. Chemical Reviews, 2011, 111: 6783-6809.

[16] Willmann J K, van Bruggen N, Dinkelborg L M, Gambhir S S. Molecular imaging in drug development. Nature Reviews Drug Discovery, 2008, 7: 591-607.

[17] Bonnemain B. Superparamagnetic agents in magnetic resonance imaging: physicochemical characteristics and clinical applications a review. Journal of Drug Targeting, 1998, 6: 167-174.

[18] Zhou M, Zhang R, Huang M, Lu W, Song S, Melancon M P, Tian M, Liang D, Li C. A chelator-free multifunctional [^{64}Cu] CuS nanoparticle platform for simultaneous micro-PET/CT imaging and photothermal ablation therapy. Journal of the American Chemical Society, 2010, 132: 15351-15358.

[19] Michalet X, Pinaud F, Bentolila L, Tsay J, Doose S, Li J, Sundaresan G, Wu A, Gambhir S, Weiss S. Quantum dots for live cells, *in vivo* imaging, and diagnostics. Science, 2005, 307: 538-544.

[20] Medintz I L, Uyeda H T, Goldman E R, Mattoussi H. Quantum dot bioconjugates for imaging, labelling and sensing. Nature Materials, 2005, 4: 435-446.

[21] Gao X, Cui Y, Levenson R M, Chung L W, Nie S. *In vivo* cancer targeting and imaging with semiconductor quantum dots. Nature Biotechnology, 2004, 22: 969-976.

[22] Zhou J, Liu Z, Li F. Upconversion nanophosphors for small-animal imaging. Chemical Society Reviews, 2012, 41: 1323-1349.

[23] Cheng L, Yang K, Li Y, Chen J, Wang C, Shao M, Lee S T, Liu Z. Facile preparation of multifunctional upconversion nanoprobes for multimodal imaging and dual-targeted photothermal therapy. Angewandte Chemie International Edition, 2011, 123: 7523-7528.

[24] Popovtzer R, Agrawal A, Kotov N A, Popovtzer A, Balter J, Carey T E, Kopelman R. Targeted gold nanoparticles enable molecular CT imaging of cancer. Nano Letters, 2008, 8: 4593-4596.

[25] Rabin O, Perez J M, Grimm J, Wojtkiewicz G, Weissleder R. An X-ray computed tomography imaging agent based on long-circulating bismuth sulphide nanoparticles. Nature Materials, 2006, 5: 118-122.

[26] de Geus-Oei L F, Vriens D, van Laarhoven H W, van der Graaf W T, Oyen W J. Monitoring and predicting response to therapy with 18F-FDG PET in colorectal cancer: a systematic review. Journal of Nuclear Medicine, 2009, 50: 43S-54S.

[27] Kelloff G J, Hoffman J M, Johnson B, Scher H I, Siegel B A, Cheng E Y, Cheson B D, O'Shaughnessy J, Guyton K Z, Mankoff D A. Progress and promise of FDG-PET imaging for cancer patient management and oncologic drug development. Clinical Cancer Research, 2005, 11: 2785-2808.

[28] Garibaldi C, Ronchi S, Cremonesi M, Gilardi L, Travaini L, Ferrari M, Alterio D, Kaanders J H, Ciardo D, Orecchia R. Interim 18FDG PET/CT during chemo-radiotherapy in the management of head-neck cancer patients: a systematic review. International Journal of Radiation Oncology Biology Physics, 2017, 98: 555-573.

[29] Mariani G, Bruselli L, Kuwert T, Kim E E, Flotats A, Israel O, Dondi M, Watanabe N. A review on the clinical uses of SPECT/CT. European Journal of Nuclear Medicine and Molecular Imaging, 2010, 37: 1959-1985.

[30] Halpern E J. Contrast-enhanced ultrasound imaging of prostate cancer. Reviews in Urology, 2006, 8: S29-S37.

[31] Klibanov A L. Microbubble contrast agents: targeted ultrasound imaging and ultrasound-assisted drug-delivery applications. Investigative Radiology, 2006, 41: 354-362.

[32] Shin T H, Choi Y, Kim S, Cheon J. Recent advances in magnetic nanoparticle-based multi-modal imaging. Chemical Society Reviews, 2015, 44: 4501-4516.

[33] Rohrer M, Bauer H, Mintorovitch J, Requardt M, Weinmann H J. Comparison of magnetic properties of MRI contrast media solutions at different magnetic field strengths. Investigative Radiology, 2005, 40: 715-724.

[34] Pankhurst Q A, Connolly J, Jones S, Dobson J. Applications of magnetic nanoparticles in biomedicine. Journal of Physics D-Applied Physics, 2003, 36: R167-R181.

[35] Wang L V, Hu S. Photoacoustic tomography: *in vivo* imaging from organelles to organs. Science, 2012, 335: 1458-1462.

[36] Zhang H F, Maslov K, Stoica G, Wang L V. Functional photoacoustic microscopy for high-resolution and noninvasive *in vivo* imaging. Nature Biotechnology, 2006, 24: 848-851.

[37] Kim J W, Galanzha E I, Shashkov E V, Moon H M, Zharov V P. Golden carbon nanotubes as multimodal photoacoustic and photothermal high-contrast molecular agents. Nature Nanotechnology, 2009, 4: 688-694.

[38] de La Zerda A, Zavaleta C, Keren S, Vaithilingam S, Bodapati S, Liu Z, Levi J, Smith B R, Ma T J, Oralkan O. Carbon nanotubes as photoacoustic molecular imaging agents in living mice. Nature Nanotechnology, 2008, 3: 557-562.

[39] Lee D E, Koo H, Sun I C, Ryu J H, Kim K, Kwon I C. Multifunctional nanoparticles for multimodal imaging and theragnosis. Chemical Society Reviews, 2012, 41: 2656-2672.

[40] Kim J, Piao Y, Hyeon T. Multifunctional nanostructured materials for multimodal imaging, and simultaneous imaging and therapy. Chemical Society Reviews, 2009, 38: 372-390.

[41] Hainfeld J F, Slatkin D N, Smilowitz H M. The use of gold nanoparticles to enhance radiotherapy in mice. Physics in Medicine and Biology, 2004, 49: N309-N315.

[42] Ulbrich K, Holá K I, Šubr V, Bakandritsos A, Tucek J, Zboril R. Targeted drug delivery with polymers and magnetic nanoparticles: covalent and noncovalent approaches, release control, and clinical studies. Chemical Reviews, 2016, 116: 5338-5431.

[43] Song G, Cheng L, Chao Y, Yang K, Liu Z. Emerging nanotechnology and advanced materials for cancer radiation therapy. Advanced Materials, 2017, 29: 1700996.

[44] Cheng L, Wang C, Feng L, Yang K, Liu Z. Functional nanomaterials for phototherapies of cancer. Chemical Reviews, 2014, 114: 10869-10939.

[45] Salunkhe A B, Khot V M, Pawar S. Magnetic hyperthermia with magnetic nanoparticles: a status review. Current Topics in Medicinal Chemistry, 2014, 14: 572-594.

第2章

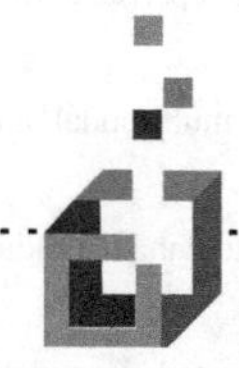

无机半导体量子点在生物医学中的应用

2.1 无机半导体量子点概述

目前，对生物系统在分子尺度上的理解，越来越依赖于各种示踪分子对改善成像时间和空间分辨率的能力。绿色荧光蛋白(GFP)及其各种突变体的发现，以及许多有机染料的出现，为研究细胞内复杂的生理过程提供了必要的工具[1,2]。光控/光响应荧光蛋白和荧光染料的开发，以及对单一荧光斑点高精度定位技术的发展，实现了对细胞内分子的高分辨成像[3, 4]。然而，荧光蛋白和荧光染料在只存在少量生物分子，或需要长时间成像的情况下应用，其应用通常是非常有限的。因此，新型纳米材料，尤其是无机半导体量子点(quantum dot, QD)的开发，可以有效地弥补常用荧光蛋白及染料应用的缺陷。量子点通常是由Ⅱ-Ⅵ、Ⅳ-Ⅴ和Ⅳ-Ⅵ族元素及其合金组成的半导体材料，其在三维上具有纳米级的尺寸分布(2～20 nm)。量子点具有许多显著的特性[5-9]：①具有良好的光稳定性、高量子产率(QY)和长荧光寿命等突出的光学性能[13]；②利用单一光源，可以同时激发多个量子点，进行多色成像；③具有狭窄、对称和尺寸可调的发射光谱以及较宽的吸收光谱；④可以跨越从紫外到红外区域的超宽发射光谱等(图 2-1)。近年来，量子点已经吸引了世界各地材料学家、物理学家、化学学家以及生物学家的极大关注。受益于纳米技术、化学加工、生物技术和系统工程的跨学科研究，自从 1998 年首次对量子点的生物应用进行研究后，在过去 20 年来，量子点在生物医学应用方面取得了巨大进展[8, 9]。

因此，本章将总结近年来无机半导体量子点在生物医学中的最新研究进展，主要集中在量子点的合成方法、表面修饰及在生物检测、生物成像、药物装载及癌症治疗等方面的生物医学应用以及初步的毒理学研究。

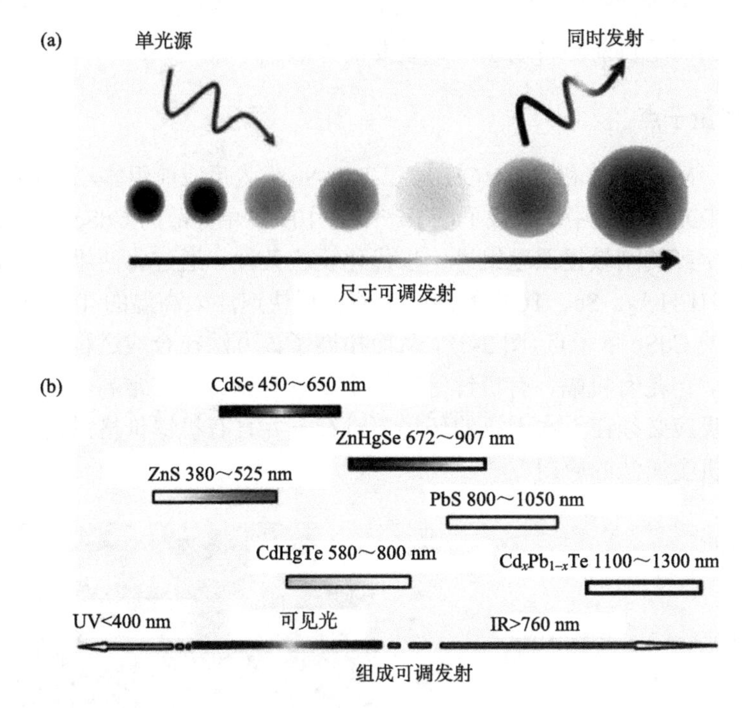

图 2-1　量子点的光学性质示意图

(a) 尺寸可调的荧光发射和单一光源激发下的多色发光；(b) 不同组分量子点从紫外区到红外区的宽发射光谱

2.2　无机半导体量子点的制备方法

目前，量子点的制备方法主要分为有机相体系合成和水相体系合成。有机相体系，主要采用有机金属前驱体以及高沸点溶剂，在高温条件下通过热分解合成油溶性量子点。得到的量子点量子产率高，发射峰窄，但是生物相容性较差。而水相体系，采用的前驱体则是一些水溶性阴阳离子以及水溶性稳定剂，得到的量子点水溶性好，生物相容性好，更易应用于生物医学应用体系。

2.2.1　有机相体系

有机相体系制备量子点主要采用有机金属法，即在高沸点的有机溶剂中注入金属前驱体，在高温条件下前驱体迅速热解成核，随后缓慢生长形成量子点。利用配体分子的吸附作用，阻止晶核的生长，并稳定分散在反应溶剂中。配体所采用的前驱体主要为烷基金属(如二甲基镉)和烷基非金属[如二(三甲基硅烷基)硒]化合物，主配体为三辛基氧化膦(TOPO)，溶剂为三辛基膦(TOP)。利用这种方法制备的量子点种类丰富、性能可调、量子产率高，并且粒径也可以通过多种手段加以控制，因而是目前制备量子点最重要的方法。

1. 单核量子点

1993 年，Murray 等利用 $Cd(CH_3)_2$ 和 TOP-Se 作为反应前驱体，在 350℃下注入剧烈搅拌的 TOPO 溶液中，合成了量子产率为 10%、单分散的 CdSe 量子点[10]。随后，浙江大学彭笑刚教授课题组进一步优化反应条件，通过将两组体积不同、比例一定的 $Cd(CH_3)_2$、Se、TOP 的混合溶液先后快速注入高温的 TOPO 中，得到了一种棒状的 CdSe 量子点(图 2-2)，从而拓展了该方法在合成过程中对量子点形貌的控制[11]。但是有机隔、有机锌等有机金属本身剧毒，在常温下不稳定，易燃易爆，所以反应必须在无水无氧的环境下进行，并且有机镉价格昂贵，这些方面都限制了有机金属法的应用。

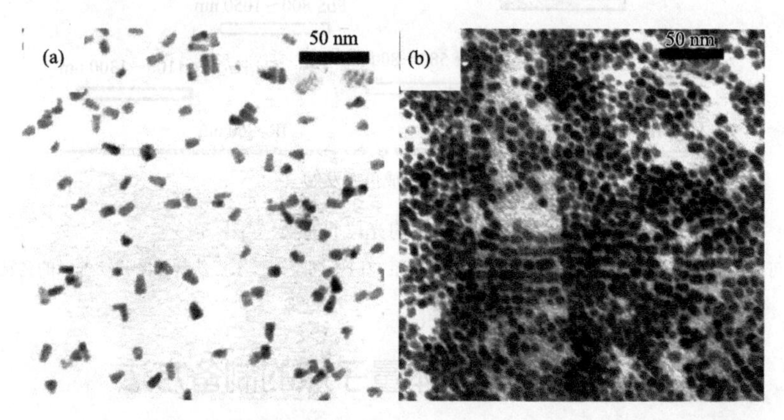

图 2-2 (a) 8 nm×13 nm 棒状 CdSe 的 TEM 图；(b) 5 nm×8 nm CdSe 量子点的 TEM 图

2001 年，浙江大学彭笑刚课题组对传统的有机金属法进行了改进，选用 CdO 代替 $Cd(CH_3)_2$ 作为 Cd 的前驱体，HPA(己基膦酸)和 TDPA(十四烷基膦酸)作为主配体，在 TOPO 中一步合成了高质量的 CdS、 CdSe、 CdTe 量子点[12]。由于原料中不含有有机镉试剂，反应无需在无水无氧的条件下进行，并且反应温度较低(250～300℃)，反应温和，易重复，大大简化了制备工艺，降低了对环境的污染。随后，量子点的合成工艺被进一步改进。一些价格低廉、绿色环保的试剂逐渐被应用到量子点合成过程中，代替了 TOPO、TOP 等常用有机试剂。例如，2002 年，浙江大学彭笑刚教授课题组首次利用油酸和十八烯作为反应溶剂合成了高质量的 CdS 量子点[13]。近年来，有报道利用橄榄油和液状石蜡这类价格更低廉的原料作为溶剂，成功合成了量子点。

2. 核壳量子点

量子点之所以能产生荧光，是因为吸收激发光之后，量子点产生电荷载体的重组。但是，如果制备得到的量子点本身具有大量缺陷，就会阻碍电荷载体产生辐射重组，从而严重影响量子点的荧光量子产率。于是，人们想到了通过化学方法对量子点表面的缺陷进行改善，提高量子产率，但是利用长链烷烃作为表面活化剂很难同时钝化量子点表面的阴阳离子。然而对于无机材料，不仅可以同时消除表面的阴阳离子，还能产生新的纳米晶体。因此，1996 年，Hines 等利用二甲基锌和六甲基二硅硫烷作为 Zn 和 S 的前驱体合成了 CdSe/ZnS 核壳结构的量子点[14]。其中，ZnS 壳层有效地消除了原量子点表面的悬挂键，大大减小了量子点团聚的可能，从而使其在室温下的荧光量子产率提高了将近 50%。但是由于 CdSe 与 ZnS 的晶格匹配度较低，量子点表面产生新的缺陷，因此所能提高的量子产率有限。而 ZnSe 与 CdSe 的晶格相对匹配。于是，在有机金属法经过改进之后，Reiss 等在 2002 年首次用 CdO 作为前驱体，HAD-TOPO 作为配体，合成 CdSe 量子点之后，以硬脂酸锌作为 Zn 源，成功合成了 CdSe/ZnSe 核壳结构，使量子产率提高至 60%～85%[15]。但是，由于核壳材料之间带宽较小，量子点稳定性差，易被氧化。

3. 多元混晶量子点

相比于二元量子点，多元混晶量子点只需要通过调控前驱体的浓度来调节量子点的发光光谱，避免了调节量子点尺寸，大大降低了操作的难度，有效地提高反应的精确度。例如，2003～2004 年，Bailey 等将一定比例的 Se、Te 混合前驱体溶液注入 Cd 前驱体溶液中，成功合成了 CdSeTe 三元量子点。通过调节 Se 和 Te 的比例，可以有效地将其最大发射波长调节至 850 nm，量子产率为 20%～60%，从而使得Ⅱ-Ⅵ族量子点的荧光发射波长不再局限于可见光范围，达到了近红外区，更有利于生物成像中的应用。另外，除了上述多元量子点，另一种多元量子点则是掺入式量子点。相比于之前的方法，掺入式量子点具有窄且对称的发射光谱、较大的斯托克斯位移，有效解决了普通量子点的自猝灭问题。2004 年，Yang 等在原有掺入式合成方法的基础上进行改进，报道了一种新型合成方法，并成功合成了 Mn 掺杂的 CdS/ZnS 量子点，使其荧光量子产率大大提高[16]。

2.2.2　水相体系

尽管有机相合成的量子点尺寸分布窄，荧光量子产率高，但是由于其表面吸附油溶剂分子，不能很好地分散于生理环境中。经过表面修饰转到水相后，通常情况下，其量子产率会大大降低，甚至发生自猝灭现象，严重阻碍了其在生物体系中的应用。然而，水相合成量子点操作简便，表面电荷和性质可控，易引入各种功能分子。因而近年来水溶性量子点成为人们研究的热点，有望应用于生物荧光探针之中。

1. 利用稳定剂直接合成水溶性量子点

目前，水相合成的量子点大多利用水溶性巯基化合物作为稳定剂直接在水相中合成。该方法的原理是，将混合有离子型前驱体、阳离子(如 Zn^{2+}、Cd^{2+})、阴离子(如 Se^{2-}、Te^{2-})、配体(如巯基乙醇、巯基乙酸、谷胱甘肽)的水溶液，在回流的条件下，使纳米晶体缓慢成核并生长。该方法绿色环保，成本低廉。1993 年，Rajh 第一次报道利用该方法在水溶液中直接合成 CdTe 量子点[17]。1998 年，Gao 等对其进行改进，成功合成了 TGA 包裹的高质量 CdTe 量子点[18]。随后，2007 年，东北大学张秀娟课题组利用半胱胺作为分散剂，在水相中直接合成了半胱胺稳定的量子点，并发现该量子点合成后无需加热即可发出较强荧光[19]。近年来，Yang 等首次使用混合溶剂[谷胱甘肽和半胱氨酸(1∶3)]在水相中成功合成了高质量的 CdTe 量子点[20]。这种方法合成出的量子点水溶性好，并且谷胱甘肽和半胱氨酸之间可以形成氢键，有效地阻止量子点表面巯基的扩散。同时由于半胱氨酸链长较短，反应速率快，能更好地钝化量子点表面的缺陷，最终所得到的量子点的荧光量子效率高达 70%以上。

2. 水热溶剂热法

水热溶剂热法是指在特制的密闭容器中(如高压反应釜)，以水作为反应体系，通过将水加热到超临界温度或接近临界温度，从而在反应体系中产生高压合成无机材料的一种方法。相比于水相法，水热溶剂热法继承了水相法的所有优点，同时克服了水相合成不能超过 100℃的缺点。并且，由于反应体系处于高温高压的环境，合成量子点的周期大大缩短，并明显改善了水相合成量子点表面的缺陷，从而显著提高量子点的荧光量子点产率。最近，复旦大学王常春教授课题组报道了一种由巯基乙胺稳定的 CdTe 量子点，其最高量子产率可达 19.7%[21]。并且，由于巯基乙胺能与大多数蛋白质结合，该量子点具有较好的生物应用前景。此外，Zhao 等利用 *N*-乙酰基-L-半胱氨酸作为保护剂，水热法制备了发光光谱在近红外区的核壳结构 CdTe/CdS 量子点(图 2-3)，其量子产率可达 45%～62%[22]。与其他的巯基类保护剂相比，*N*-乙酰基-L-半胱氨酸无臭无毒，价格便宜且水溶性好，是目前合成水溶性量子点最理想的巯基类保护剂。

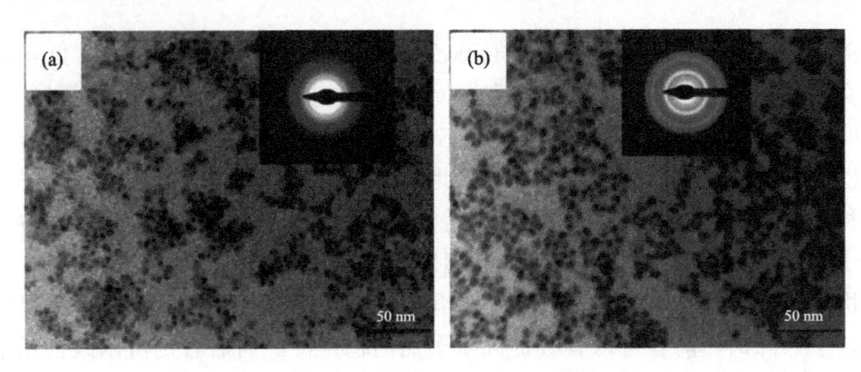

图 2-3　NAC 保护的 CdTe/CdS 量子点的 TEM 图

(a) λ_{em} 735 nm；(b) λ_{em} 770 nm

3. 微波辐射加热法

微波辐射加热法是利用微波从分子内部开始加热，从而快速升温，避免了普通水浴或油浴导致的局部过热或量子点生长缓慢等问题。利用该方法得到的量子点尺寸分布均匀，半峰宽较窄，量子产率较高。2005 年，中国科学技术大学钱逸泰教授课题组利用微波辐射加热法，合成了量子产率高达 17%的 ZnSe 量子点[23]。

2.3　无机半导体量子点表面修饰

荧光量子点作为纳米探针得到广泛的应用，如化学、生物医学、治疗标记和成像、细胞靶向等。但是对于这些类型的应用，量子点应该满足如下要求，如量子点应当在宽的 pH 和离子强度范围内在水溶液中是稳定的，同时保持它们的光学性能。此外，量子点应具有可用于在其表面上缀合的官能团。但是大多的量子点都非常疏水，仅溶于非极性溶剂中。并且，一旦转入水相，其荧光量子产率会大大降低。同时，生理条件稳定的量子点也是进一步偶联功能性生物分子(如蛋白质、核酸适配体、DNA 等)的必要条件之一。因此，合适的表面修饰方法对量子点能否应用于生物医学至关重要。目前，最常用的量子点表面修饰方法有三种：表面配体交换法、表面硅烷化法、高分子聚合物包埋法。

2.3.1　表面配体交换法

表面配体交换法就是用水溶性双官能团分子将量子点表面原始的疏水分子(如三辛基氧化膦)代替，其中一端连接到量子点表面，另一端亲水并可以用于进一步的生物偶联。这种修饰方法的前提是，用于配体交换的分子具有一些锚定基团，如巯基、氨基和羧基，并且与量子点之间具有比原始配体更强的相互作用力。

二硫苏糖醇(DTT)、巯基碳酸、2-氨基乙硫醇、二氢硫辛酸(DHLA)、低聚膦、肽和交联树突等，常被用于量子点表面配体交换。例如，Nie 等利用巯基与 Zn 原子之间的配位作用，成功地将 CdSe/ZnS 量子点表面修饰上巯基乙酸(TGA)。其中极性的羧基使修饰后的量子点能有效地溶于水中，并且自由的羧基可以进一步与各种功能分子(如蛋白质、肽、核酸等)通过共价键连接[14]。而 Mitchell 等则先将量子点与 3-巯基丙酸(MPA)结合，随后再与 4-(二甲基氨基)-吡啶络合，从而大大提高了量子点的水溶性[24]。另外，含有多个巯基或多个羧基的分子也可以被用于量子点修饰。前者可以有效提高量子点的稳定性，而后者则可以改善量子点的水溶性。但是 TGA 修饰的量子点不太稳定，容易从量子点表面脱附，从而导致量子点团聚。

2.3.2 表面硅烷化法

表面硅烷化法可以看作是表面配体交换法的变体，但是由于其广泛的适用性和普遍性凸显出来。相比于利用有机化合物修饰的量子点，表面硅烷后的量子点具有许多优势。例如，二氧化硅是一种无毒材料，生物相容性好。并且，其化学性质稳定，修饰后不会轻易脱落，从而有效避免量子点团聚。同时，二氧化硅是一种光学透明材料，不会影响内部量子点的发光。此外，二氧化硅纳米壳可以有效地将量子点与外界环境隔绝，在保护量子点表面免受氧化和其他化学过程的同时，避免量子点组分(如 Cd 等)浸出。最重要的是，二氧化硅表面易功能化，这使得经二氧化硅修饰的量子点可以轻易地与生物功能分子偶联，提高量子点的多功能性。因此，Alivisatos 等利用 3-(巯基丙基)三甲氧基硅烷在碱性条件下缓慢水解的性质，在 CdSe/ZnS 核壳结构量子点表面成功形成了一层二氧化硅、硅氧烷的壳[12]，从而使得修饰后的量子点具有较好的稳定性，能够稳定分散在水或者缓冲溶液中，并且仍然保持较高的量子产率。当表面进一步与双功能甲氧基化合物(如氨基丙基三甲氧基硅烷、三甲氧基丙基脲等)反应后，可以有效地与生物分子偶联。

2.3.3 高分子聚合物包埋法

高分子聚合物包埋法，简单来说就是通过物理相互作用，如疏水作用、静电作用等，将疏水性的量子点包裹在亲水的介质(如两亲聚合物、聚合物微球、脂质体等)中，从而使量子点在生理条件中稳定存在的方法。目前，许多两亲性共聚物[如聚(马来酸酐)等]、聚电解质(如聚丙烯酰胺等)、生物聚合物(如 DNA 等)以及一些两亲性表面活性剂都被用于修饰量子点。但是由于其与量子点之间的相互作用较弱，修饰后的量子点在生理环境中不太稳定，并且不能有效地避免非特异性吸附。针对以上问题，拥有多个疏水和亲水单元的两亲性聚合物[如聚乙二醇

(PEG)]可以和量子点之间形成相对较强的相互作用力，被应用于量子点表面修饰。Dubertret 等利用聚乙二醇-磷脂酰乙醇胺和磷脂酰胆碱组成的嵌段共聚物胶囊，成功将 CdSe/ZnS 量子点包裹在内[6]。所形成的颗粒尺寸均一，形状和结构都很规则，最重要的是外表面的 PEG 免疫原性和抗原性都较低，有利于生物应用。聂书明教授课题组利用三嵌段两亲共聚物成功修饰了 TOPO 包覆的 CdSe/ZnS 量子点[25]，并且由于 TOPO 和聚合物之间强烈的疏水作用，这两层紧密结合，在量子点表面形成一层疏水保护层，从而有效地避免了量子点在生理条件中的水解、酶降解和荧光猝灭。当外层聚合物进一步与 PEG 分子偶联后，可以大大提高其生物相容性，连接上肿瘤抗原靶向识别配体后，能特异性标记其靶分子。简而言之，用聚合物包覆制备的量子点稳定性好，并且可通过调节聚合物的组成和性质，控制其生物相容性和表面功能基团，从而满足生物医学应用中多方面的要求。

2.4 生物医学中的无机半导体量子点

无机半导体量子点是一种具有突出光学特性的荧光探针，可以与先进的生物成像技术相结合，用于分子及细胞成像。同时，由于量子点具有较大的比表面积，可以作为纳米支架有效地与其他探针结合，应用于超灵敏生物检测与诊断。近年来，大量关于量子点生物医学的综述，总结了量子点在生物成像(如目标细胞成像、粒子示踪、肿瘤成像等)、生物检测(如生物传感器等)以及药物传递与治疗中的进展(图 2-4)。在本节中，我们全面总结了量子点在生物标记与成像、生物传感和药物传递与治疗中的最新进展。

2.4.1 生物标记与成像

量子点具有荧光强、发射可调和光化学稳定等优秀性质，已被广泛应用于生物标记和生物成像领域[26, 27]。通常情况下，量子点可以通过四种途径传递到细胞中：①通过细胞的内吞作用被动进入细胞；②在受体介导下进入细胞；③物理治疗促进量子点进入细胞；④联合上述多种方式进入细胞。了解这些量子点进入细胞的途径，可以大大促进量子点在细胞生物学中的应用，如靶向细胞成像以及检测生物过程等。值得注意的是，在过去十几年中，关于量子点进细胞途径的研究有了长足的进步。Weiss 和 Alivisatos 等用两种不同颜色的二氧化硅包裹的 CdSe/CdS 量子点成功随小鼠的成纤维细胞进行了双色成像。其中，发绿色光的量子点标记了细胞核，发红色光的标记了肌动蛋白丝[8]。聂书明教授课题组使用了巯基乙酸包裹的量子点标记转铁蛋白，研究细胞在受体介导下的内吞过程[9]。此外，Dubertret 和 Norris 等通过将磷脂包裹的量子点标记了非洲爪蟾胚胎，成功检测了非洲爪蟾胚胎的发育过程[6]。受到上述开创性实验的启发，科学家将量子点广泛应用于各种生物对象的成像之中，包括蛋白质[28]、siRNA[29]、干细胞[30]、组织[31]等。因为不同发射波长的量子点可以由单个光源激发，可以实现同时的多色成像。此外，通过结合新型的成像显微技术，近年来量子点在多模态成像、单粒子示踪和超分辨成像等领域中蓬勃发展[32]。

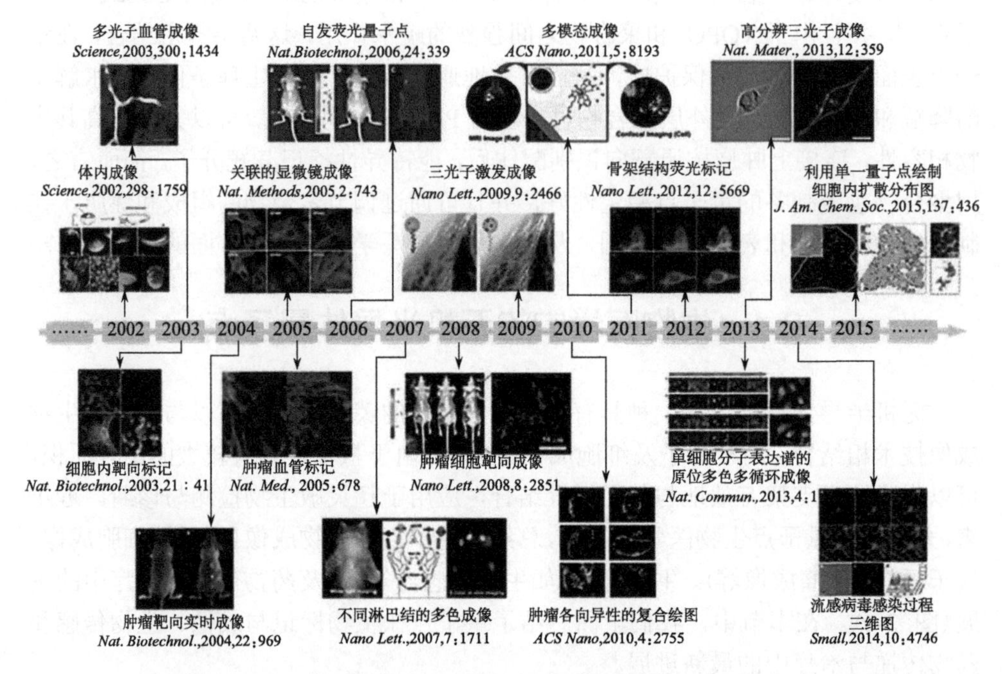

图 2-4　过去十几年量子点在生物标记/生物成像中的代表性工作

1. 靶向成像

量子点通过与特异性配体(如抗体、蛋白质、核酸适配体等)结合，可以用于靶向分子成像。Nie 和 Cheng 等成功合成了两亲性三嵌段聚合物(含 PEG 链以及肿瘤靶向配体)修饰的量子点。修饰后的量子点能够稳定分散在生理环境中。其中，PEG 链可以增强量子点的生物相容性和体内循环的能力，而肿瘤靶向配体可以引导量子点在肿瘤部位富集。在将修饰后的量子点注入荷瘤的小鼠体内后，实现了对活体肿瘤的靶向及成像[25]。此外，通过量子点与病毒的结合，也能实现对病毒体内/体外的实时跟踪[33]。例如，载有禽流感 A 病毒的量子点可用于研究细胞内病毒感染动力学，揭示原位病毒感染机制。量子点与完整的腺病毒结合后，可以用于腺病毒内化和亚细胞运输的研究。近年来，通过将量子点与大分子结合，已经实现了对大分子在单细胞内以及细胞间运动行为的示踪[34]。

2. 多色成像

由于其独特的光学性质，近年来量子点已被广泛应用于多色成像、多模态成像以及多光子成像中。Kobayashi 等利用 5 种不同颜色的量子点在单波长激发下，实现了对 5 个淋巴结的多色成像[35]。Nie 等将多种量子点分布图与波长分辨率光谱相结合，展现了人类前列腺癌在分子、细胞以及组织水平上的异质性。这种量子点成像手段相比于常规的 H&E 染色，可以获得更多的分子学信息。最近，Zrazhevskiy 和 Gao 利用与多种抗体结合的量子点，在亚细胞水平实现对细胞内蛋白质的原位多色成像。同时，由于量子点的半峰宽窄以及高光谱的成像，该技术能够同时可视化并且定量分析细胞内多个靶标[36]。

3. 多模态成像

多模态成像技术通常是将量子点的光学成像与其他成像技术相结合，如磁共振成像、正电子发射断层成像以及电子计算机断层扫描成像等[37]。其中，光/磁双模态成像最具吸引力。磁共振成像(MIR)具有优异的软组织对比度和较高的空间分辨率，可以补偿常规的光学成像技术的不足，如组织穿透力差、缺乏定量能力等。临床中磁性纳米颗粒常被应用于增强 MRI 信号。为了实现光学/MRI 多模态成像，必须先合成具有荧光和磁性的双重功能的双模态成像探针。目前，制备光/磁双模态成像探针的方法包括：合成核壳结构的量子点/磁性纳米颗粒复合物；将量子点与磁性颗粒共同包裹在载体基质中；将量子点与磁性颗粒共价连接到一个多功能体系中；将磁性金属离子(如 Mn^{2+}、Ni^{2+}、Gd^{3+}等)掺杂入量子点的晶格之中[37]。Ying 等利用反相微乳法，将量子点与 γ-Fe_2O_3 包裹在二氧化硅中，得到了具有光学和磁学双功能的纳米复合物[38]。Chung 等制备了具有 ^{19}F 的磁共振成像能力和量子点光学特性的全氟化碳/量子点纳米复合物乳液，可用于体内三种免疫细胞(包括巨噬细胞、树突细胞和 T 细胞)的成像与区分。最近，Biju 等通过生物素修饰的 Fe_3O_4 纳米颗粒与链霉亲和素官能化的量子点反应，得到了光致量子点-Fe_3O_4 复合物[39]。通过调整反应物比例，他们实现了每个 Fe_3O_4 纳米颗粒被约 10 个量子点包被。获得的 QD-Fe_3O_4 复合物具有良好的生物相容性，并且可以应用于小鼠黑素瘤细胞和人肺上皮腺癌细胞的体外和体内双模态成像。光/磁双模态成像集成了量子点在亚细胞水平收集生物信息的能力，同时具有磁共振成像的高空间分辨率以便收集内部解剖结构的能力，在临床成像中具有进一步应用的巨大潜力。然而，光/磁双模态成像仍处于研发早期。因为大多数当前方法遭受两种性质之间的干扰(例如，引入磁性元件会导致荧光猝灭)，必须优化合成方法以保持/增强荧光和磁性性质。此外，组合材料的生物相容性、稳定性、大小和生物效应(如体内动态行为、长期生物毒性和代谢机制)应当在临床应用之前进行充分研究。

4. 多光子成像

多光子成像由于其组织穿透能力强、光毒性低等优点，可以作为一种有效的活体成像手段。尤其是荧光 CdSe/ZnS 量子点具有较大的双光子作用界面，甚至可用于皮肤以下几百微米的脉管系统的双光子成像[40]。通过双光子成像技术对量子点和绿色荧光蛋白同时成像，可以轻易地将肿瘤血管与血管周围的细胞和基质区分开来。此外，部分量子点也具有三光子吸收性质，可用于三重曝光成像。与单光子和双光子成像相比，三光子成像技术的横向分辨率提高了 1.6 倍，纵向分辨率提高了 1.7 倍[41]。最近，Hyeon 等利用 Mn 掺杂的 ZnS 纳米晶体和三光子成像技术实现了超高分辨率的细胞成像及活体肿瘤靶向成像[42]。

2.4.2 生物检测

半导体量子点可以用作于各种生物传感器中的光学指示器。基于量子点的生物传感器可以通过三种不同的方法制造。第一种方法是使用量子点作为发光标记来检测靶生物分子、感测配体、识别目标生物分子，并且可以通过量子点发光信号的强度来反映目标分子的量。因为量子点可以通过三种不同的能量来源(如外部光、化学反应和电极/共反应物反应)激活，所以基于量子点的发光传感器，主要包括基于量子点的光致发光(PL)传感器[43]、基于量子点的化学发光(CL)传感器[44]和基于量子点的电化学发光(ECL)传感器[45]。第二种方法是基于量子点对靶生物分子的响应所产生的荧光信号来检测。信号变化通常由量子点和附近分子之间的电子转移(ET)或电荷转移(CT)引起。这是因为量子点的发光对其表面状态非常敏感，靶分子的吸附/量子点表面上天然配体的替换都会引起量子点发光的增强/猝灭。常规的基于量子点的生物传感器通常都是根据这两个原理进行开发。第三种方法是基于量子点的共振能量转移所开发的传感器，包括荧光共振能量转移(FRET)[46]、生物发光共振能量转移(BRET)[47]、化学发光共振能量转移(CRET)[48]和电化学发光共振能量转移(ERET)[49]。应当注意的是，对于能量转移的发生必须考虑两个重要的参数：①能量供体和能量受体的吸收光谱；②能量供体和能量受体之间的有效距离(如对于 FRET 为 1～20 nm)。量子点可以作为能量的供体/受体，并且靶生物分子的存在可能诱导能量转移的发生/消除。图 2-5 总结了基于量子点的发光生物传感器和能量转移生物传感器的典型检测机制。除此之外，还有一些新的基于量子点的生物传感器，包括基于量子点的双通道生物传感器(如荧光和电化学)[50]、酶解量子点生物传感器[51]和一些特殊的基于量子点的能量传递传感器(如同心 FRET)。重要的是，基于量子点的传感器已经被广泛应用于检测各种生物分子，包括 DNA、miRNA、蛋白质、酶、病原体、小分子、癌症生物标记物，甚至癌细胞和临床样品等。

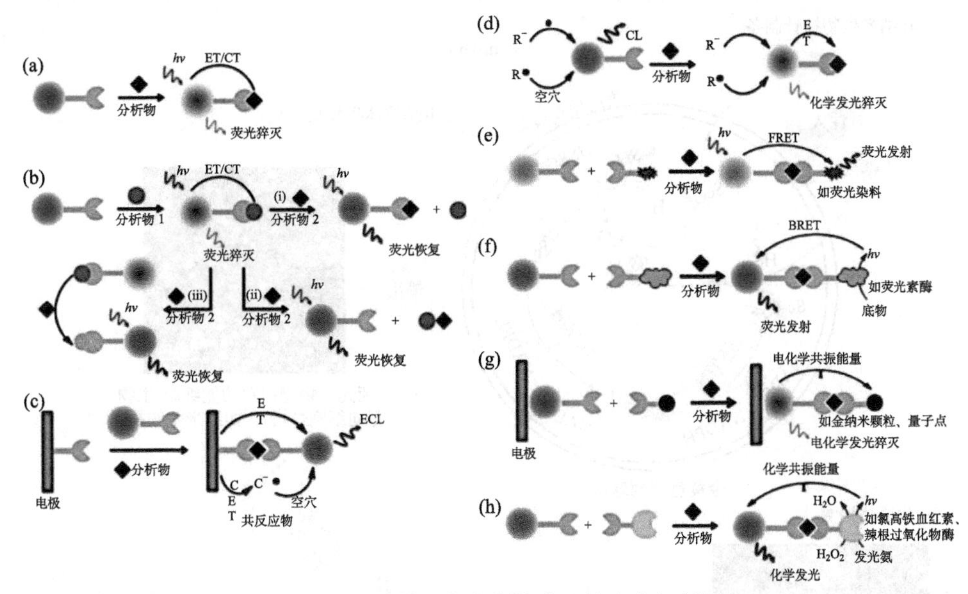

图 2-5　各种量子点生物传感器的响应机制图

两种经典的量子点荧光传感器：(a)分析物诱导的量子点荧光猝灭和(b)分析物 1 诱导的量子点荧光猝灭，随后分析物 2 诱导量子点荧光恢复；(c)在分析物存在下，电极/共反应物活化导致量子点电化学发光的电化学发光传感器；(d)通过化学反应诱导电子和空穴注入，从而激活量子点化学发光的化学发光传感器；(e)基于从量子点到荧光团(如荧光染料)的光诱导能量转移的 FRET 传感器；(f)基于从荧光素酶到量子点的能量转移的 BRET 传感器；(g)基于从量子点供体到能量受体(如 Au 纳米颗粒和量子点)的能量转移的 ERET 传感器；(h)基于从鲁米诺供体到量子点受体的能量转移的 CRET 传感器

1. 基于量子点的传统生物传感器

基于量子点的生物传感器可以由单纯量子点或量子点复合物来构建，并且靶生物分子的存在可以通过量子点发光的出现或变化来检测。Goldman 等通过量子点和衔接蛋白之间的静电/疏水相互作用或 G 蛋白和抗体之间的特异性相互作用制备了一系列抗体-量子点复合物[52]。他们证明了使用四种不同的抗体-量子点复合物，可以同时检测四种不同的毒素(即霍乱毒素、蓖麻毒素、志贺样毒素 1 和葡萄球菌肠毒素 B)。随着光纤光谱仪与微流体装置集成的便携式装置的发展，抗体-量子点复合物可以用于针对性地检测病原体。最近，武汉大学庞代文课题组等证明了通过在活的金黄色葡萄球菌细胞中合成荧光 CdSe 量子点制备荧光细胞，并通过细胞表面上的蛋白 A 和抗体的 Fc 片段结构域之间的特异性相互作用与单克隆抗血凝素抗体缀合后，荧光细胞可以进一步应用于与单克隆抗体包被的磁珠组合的 A 型流感病毒的检测(图 2-6)[53]。

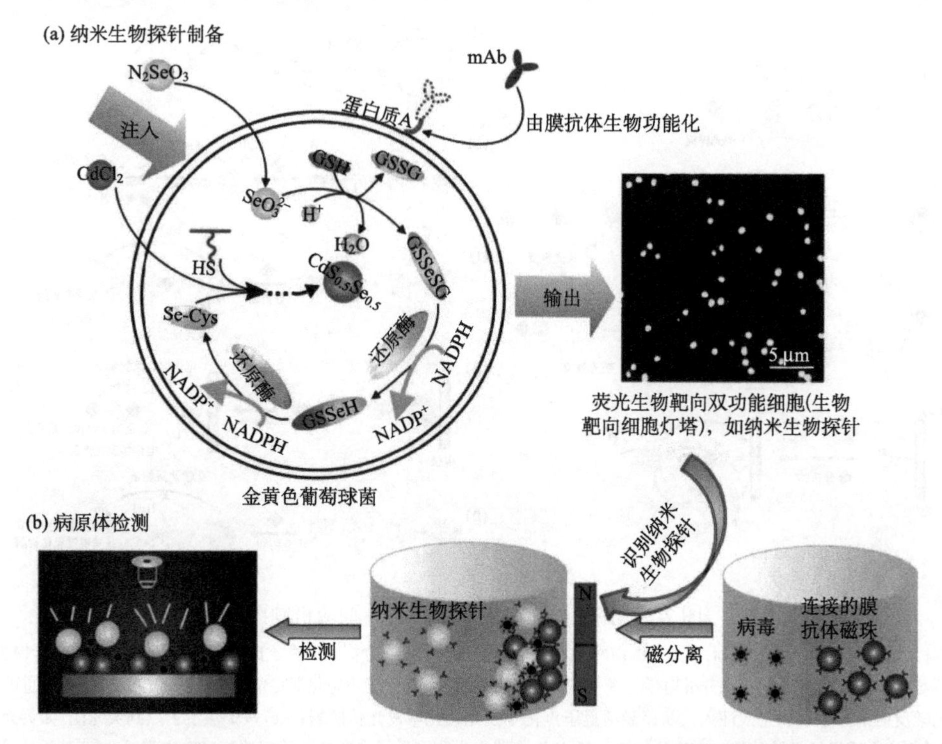

图 2-6 (a)生物金黄色葡萄球菌细胞中 CdSe 量子点的制备示意图和所得荧光细胞与单克隆抗血凝素抗体的缀合；(b)基于在抗体标记的荧光细胞，A 型流感病毒和单克隆抗血凝素抗体包被的磁珠中形成夹心复合体的 A 型流感病毒的分离和检测

GSH：谷胱甘肽；GSSG：氧化型谷胱甘肽；GSSeSG：硒谷胱甘肽；mAb：膜抗体；Se-Cys：甲硫氨酸硒；$NADP^+$：烟酰胺腺嘌呤二核苷磷酸；NADPH：还原型烟酰胺腺嘌呤二核苷酸磷酸

此外，DNA-量子点复合物可以用于生物分析。Gerion 和 Chen 等利用三种特定的 DNA-QD 复合物，同时检测了微阵列中的癌基因 *p53*、乙型肝炎病毒和丙型肝炎病毒。同时，DNA-QD 复合物也可用于构建基于量子点的电化学生物传感器[54]。装在电极上的量子点可以用于传感器表面，以改善电极界面的性质(如电活性表面积、扩散系数和电子转移动力学)，用于敏感检测靶 DNA 和 DNA 突变。将核酸适配体 AS1411-QD 复合物组装到二氧化硅纳米粒子上，可以显著地扩增量子点的荧光信号。并且，核酸适配体 AS1411-QD 复合物与黏蛋白 1 适配体-磁珠复合物组合后，可以用于乳腺癌 MCF-7 细胞的灵敏检测。Zhu 和 Deng 等通过羧基修饰的 CdTe 量子点和氨基修饰的 DNA 之间的共价反应，成功制备了核酸适配体-DNA 连接体-QD 复合物，并可以作为基于核酸适配体和癌细胞之间的特异性结合的识别探针。值得注意的是，核酸适配体-DNA 连接体-QD 复合物的使用可以显著放大电化学和荧光信号，使得检测器能够以 50cell/mL 的检测限的高灵敏度检测靶癌细胞[55]。

为了监测酪氨酸酶活性，Gill 等将 CdSe-ZnS 量子点与酪氨酸甲酯和含有酪氨酸残基的肽结合，通过酪氨酸酶诱导的 O_2 氧化酪氨酸形成邻醌单元，导致量子点荧光猝灭，从而简单地监测酪氨酸酶活性[56]。因为从量子点表面除去邻醌单元可以恢复量子点的荧光，所以可以将特异性凝血酶切割位点引入肽中以进一步用于测量凝血酶活性。Yan 等开发了一种用于葡萄糖测定的磷光生物传感器，通过将葡萄糖氧化酶(GOD)共价结合到 Mn 掺杂的 ZnS 量子点的表面上，催化氧化可产生 H_2O_2，导致量子点磷光的猝灭。因为 H_2O_2 是许多酶反应的副产物，如氧化分解葡萄糖，可以基于这种类似的原理构建许多生物传感器。此外，葡萄糖诱导的量子点荧光的变化可以用于葡萄糖测定。值得注意的是，荧光量子点的酶调节原位生长可以用于监测多种酶，包括血清对氧磷酶(PON1)、碱性磷酸酶(ALP)、乙酰胆碱酯酶(AChE)、腺苷三磷酸(ATP)和谷胱甘肽还原酶。

2. 基于量子点的能量转移生物传感器

量子点由于具有高荧光量子产率、宽吸收光谱、窄发射光谱和大表面积等优异性质，成为用于开发 FRET 传感器的理想能量转移介质。Medintz 和 Mattoussi 等开发了一系列基于量子点的 FRET 传感器，包括量子点作为供体和荧光染料作为受体，用于研究 FRET 过程[56, 57]，测量蛋白水解活性、细胞内 pH 和金属离子浓度。他们构建了两种麦芽糖结合蛋白(MBP)-QD 组装体，用于包括一步和两步 FRET 的麦芽糖测定。由于 FRET 效率强烈地依赖于供体和受体之间的分离距离，两步 FRET 可以提供有效的方法打破距离限制。最近，Algar 等将 QD-肽-染料复合物与智能手机成像和纸-PDMS 芯片集成，用于检测血清和全血中的凝血酶[59]。由于固有的空间位阻，QD-肽-染料复合物不能用于检测大型蛋白酶。Medintz 等采用两步策略来克服这个限制，在添加量子点之前，用靶蛋白酶消化染料标记的底物[60]。最近，他们进一步使用两步策略来监测激肽释放酶的活性[61]，设计了一种 Cy3 标记的肽，其由量子点配位序列(His6)、刚性接头序列、激肽释放酶切割位点、空间序列和染料标记位点组成。激肽释放酶的存在诱导 Cy3 标记的肽随时间切割，在某些时间点除去样品并随后添加 QD，可以定量监测激肽释放酶活性和动力学参数(图 2-7)。

量子点作为供体和荧光染料作为受体的基于量子点的 FRET 生物传感器，已经被广泛用于检测各种生物分子(如糖、蛋白质和多巴胺)，以及监测 DNA 杂交反应。Willner 等通过量子点官能化 DNA 与 Texas-Red 标记的互补 DNA 的杂交，成功构建了基于量子点的 FRET 生物传感器[62]。DNA 的杂交过程、诱导量子点荧光的减少和 Texas-Red 荧光的增加，可以通过量子点和 Texas-Red 之间的 FRET 来简单监测。此外，脱氧核糖核酸酶 I 切割双链 DNA 可消除量子点和 Texas-Red 之间的 FRET，导致量子点荧光的恢复[63]。

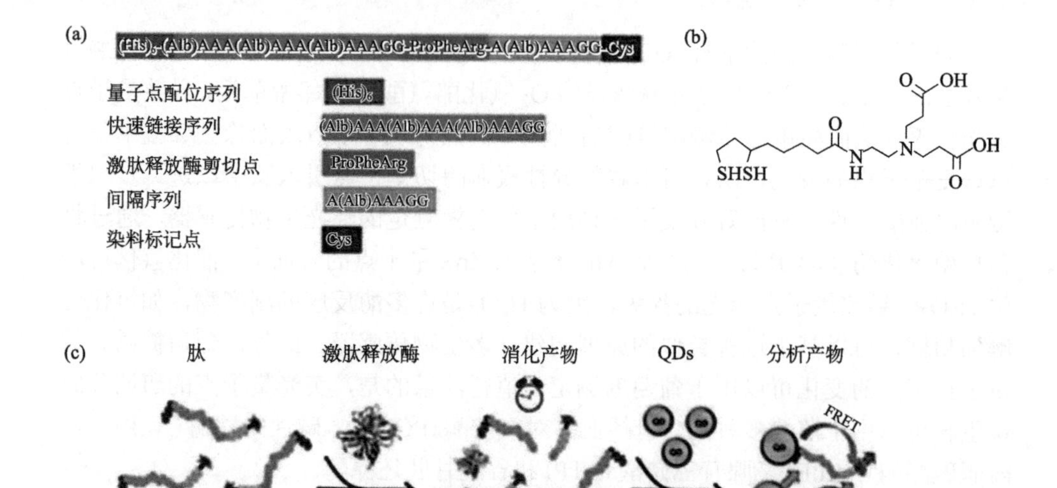

图 2-7 (a)由量子点配位序列(His6)、刚性接头序列、激肽释放酶切割位点，空间序列和染色标记位点组成的 Cy3 标记肽的设计；(b)在量子点表面上的 DHLA 基的两性离子致密配体的化学结构；(c)通过两步策略检测激肽释放酶活性的示意图

在基于量子点的 FRET 生物传感器中，量子点还可以用作能量供体，具有发光镧系元素的络合物(如铽和铕络合物)作为能量受体[46]。Hildebrandt 及其同事发明了基于量子点作为受体和发光铽络合物作为供体的 QET 生物传感器。发光铽络合物具有长荧光寿命，可以延长量子点的衰减时间，从纳秒到几毫秒，促进时间分辨检测[64]。此外，构建基于铽络合物作为供体、彩色量子点作为受体的 FRET 生物传感器，可以实现多重测定的同时进行。迄今已经开发了一系列基于 QD-铽络合物的 FRET 生物传感器，用于时间分辨荧光免疫测定[65]、临床诊断[66]和各种生物标志物的检测(如癌胚胎抗原、前列腺特异性抗原、甲胎蛋白、表皮生长因子受体和微小 RNA)。最近，Hildebrandt 和 Qui 进一步证明了使用基于三种不同颜色的量子点(605 nm、 655 nm 和 705 nm)和铽络合物 FRET 的生物传感器，可以用于多种 RNA 的多重检测。另外，量子点可以作为能量受体和能量供体，用于开发顺序 FRET 传感器。通过对基于量子点-铽复合物的 FRET 和基于量子点-染料的 FRET 的整合，顺序 FRET 传感器可以应用于蛋白酶活性的多重监测和生物光子逻辑器件的构建[67]。

另外，量子点也可以用作 BRET 和 CRET 系统中的能量受体。Rao 等开发了一种基于 BRET 的纳米传感器，通过荧光素酶融合蛋白与酰肼修饰的量子点偶联，进行蛋白酶的测定。从荧光素酶融合蛋白到量子点的 BRET，使得量子点能够发射荧光。基质金属蛋白酶(MMP)的存在，可以诱导连接肽的切割，导致荧光素酶与量子点分离，并因此消除 BRET[68]。最近，Medintz 等通过将基于 QD-荧光素酶的 BRET 与基于同心 QD-染料的 FRET 整合起来，构建了顺序的 BRET-FRET 组合体[69]。与基于 FRET 的纳米传感器不同的是，BRET 纳米传感器使用荧光素酶生物发光而不是物理光作为激发光源，使其即使在复杂的生物介质中也能很好地工作。此外，Willner 等开发了一种基于量子点的 CRET 生物传感器，其中量子点作为受体，用于检测凝血酶、DNA、ATP、葡萄糖和金属离子[70]。将血红素掺入 G-四联体中，使得在底物鲁米诺和 H_2O_2 存在的条件下，产生化学发光。所得的化学发光可以进一步激活量子点发光而不涉及外部光激发。Willner 和其同事通过将量子点与发夹探针结合，构建了用于 DNA 测定的基于量子点的 CRET 生物传感器。当靶 DNA 存在时，可以诱导发夹探针的环结构域开放，导致血红素/G-四联体组装，在底物鲁米诺/H_2O_2 存在的条件下，产生化学发光，并最终发生从化学发光到量子点的 CRET。另外，利用多种不同发光的量子点，可以同时检测多种靶 DNA[161]。Willner 等开发了一种可转换的 CRET 传感器。在 K^+存在的条件下，由 G-四联体亚基修饰的两种不同颜色的量子点非常接近，导致形成 G-四联体桥，从而产生从化学发光到量子点的 CRET。在添加 18-冠-6-醚后，可以诱导两个不同颜色的量子点彼此分离，导致 CRET 消除[71]。此外，基于量子点的 CRET 与电极的整合，可以实现从化学发光到量子点的 CRET，以及随后的从量子点到电极的电子转移，从而产生光电流[72]。

3. 基于单一量子点的纳米传感器

双色成像检测技术实现了在单分子水平上分析生物分子。Wang 等证明了使用双色成像检测技术来检测三种炭疽相关基因，包括 *rpoB*、*capC* 和 *pagA*[73]。当靶 DNA 存在时，靶 DNA 与两个量子点标记的寡核苷酸探针杂交，导致两个不同颜色的量子点结合在一起，产生混合的颜色。不同颜色的量子点所标记的探针的合理组合可以产生光谱可辨别的编码，其中每种混合的颜色代表特定的靶基因，使得能够同时检测多个 DNA 基因。Nie 等使用基于量子点的双色成像检测技术，结合图像处理算法来解剖具有纳米精度的生物分子[74]。在不同位点同时标记具有不同着色量子点的单个生物分子，通过对两个量子点上的共定位信息的剖析，可以测量两个探针之间的距离，从而提供纳米级的空间分辨率。在靶寡核苷酸存在下，靶寡核苷酸与绿色量子点标记的寡核苷酸探针和红色量子点标记的寡核苷酸探针的杂交，使两种不同着色的量子点紧密接近，导致产生混合的黄色信号。在不存在靶寡核苷酸的情况下，仅观察到离散的绿色/红色信号。

基于量子点的 FRET 与单粒子计数的组合可以用于检测各种生物分子、探测 RNA-肽相互作用和点突变分析[75]。Zhang 和 Wang 等开发了一种超敏感的基于单一量子点的纳米传感器，用于检测 DNA。纳米传感器由 Cy5 标记的指示探针、生物素标记的捕获探针和链霉亲和素官能化的量子点组成。在靶 DNA 存在下，靶 DNA 与两种探针的杂交形成含有生物素实体和 Cy5 实体的夹心杂交体。这种夹心杂交体与链霉亲和素官能化的量子点混合，导致形成 QD-DNA-Cy5 复合物，从而能够在 488 nm 的激发波长下发射出 Cy5 的荧光信号。在不存在靶 DNA 和接近零背景的情况下，不能观察到 Cy5 信号。通过观察 Cy5 的“开”和“关”状态，就可以非常简便地判断出靶 DNA 的存在或缺乏，为 DNA 测定提供了简单的方法。值得注意的是，量子点不仅可以用作能量的供体，还可以作为放大信号的集中器。该纳米传感器可以检测少量的靶 DNA（约 50 个重复单元或更少），而不涉及聚合酶链式反应（PCR）扩增。另外，基于单一量子点的 FRET 传感器可以与多重 DNA 测定的荧光多色检测以及等温扩增结合，可以用于具有低至 0.1 amol/L 的检测极限的微量 RNA 测定[76]。

2.4.3 药物装载与癌症治疗

将量子点成功应用于肿瘤特异性生物标记物的检测以及肿瘤细胞的成像，对于早期临床诊断、高通量筛选和成像指导下的手术具有重要意义。尤其是将量子点的药物递送系统用于癌症治疗，已经取得了巨大进展[77]。由于其具有高亮度、大表面积和便于各种修饰的柔性表面等优异特性，量子点可以在药物递送系统的开发中发挥多种作用：①用作成像剂以跟踪药物的递送和释放；②充当载体以装载药物；③与各种功能性配体整合以有效地提高细胞对药物的摄取、靶向药物递送和刺激响应药物释放。此外，量子点与高生物相容性的纳米载体[如介孔二氧化硅纳米粒子（MSN）、脂质体和聚合物胶束]的整合，可以显著提高药物负载能力，改善复合物稳定性和生物相容性。

1. 基于单一量子点的癌症治疗

借助于各种偶联策略，多种癌靶向分子（如叶酸和适配体）和抗癌药物可以修饰在量子点表面使其功能化。Zhu 等开发了一种基于 ZnO 的药物递送系统。他们将抗癌药物阿霉素（DOX）加载到叶酸（FA）修饰的 ZnO 量子点上。叶酸可以引导纳米载体向癌细胞靶向递送，并且 ZnO 量子点的酸敏感降解，允许其在癌细胞的弱酸性细胞内环境中缓慢释放 DOX[78]。Jon 和 Farokhzad 等成功开发了一种能够同时用于肿瘤成像和靶向药物递送的多功能量子点-适配体复合物[79]。他们利用碳化二亚胺化学，使羧基修饰的量子点与氨基修饰的适配体反应，制备得到了量子点-适配体复合物。量子点作为体内显像剂和药物载体的同时，A10 RNA 适配体负责抗癌药物 DOX 的插入和前列腺特异性膜抗原（PSMA）的识别。DOX 的负载可以通过智能 Bi-FRET 简单地监测，其中第一 FRET 是从量子点到 DOX，第二 FRET 是从 DOX 到适配体[80]。Bi-FRET 导致量子点和 DOX 荧光的猝灭。相反，DOX 在靶细胞内的释放会破坏 Bi-FRET 并恢复量子点和 DOX 的荧光。这些多功能量子点-适配体复合物对前列腺癌细胞显示出优异的特异性，并且可用于实时监测靶向药物递送。Minko 等构建了量子点-黏蛋白 1 适配体-DOX 复合物，并用于靶向药物递送和 pH 敏感性的 DOX 释放。他们将氨基修饰的黏蛋白 1 适配体连接到羧基改性的量子点表面，随后形成酸不稳定腙键将 DOX 共轭到量子点上。量子点-黏蛋白 1 适配体-DOX 复合物中存在从量子点到 DOX 的 FRET，因此量子点荧光猝灭。然而，溶酶体内的酸性环境和癌症组织的酸性微环境可以破坏量子点-黏蛋白 1 适配体-DOX 复合物中的腙键，导致 DOX 的释放及量子点和 DOX 之间的 FRET 的消除。量子点荧光的恢复，可以用于监测药物在癌细胞中的释放。此外，体内成像进一步证明量子点-黏蛋白 1 适配体-DOX 复合物在卵巢肿瘤中的富集和 DOX 在癌细胞内的有效释放[81]。Wan 和 Li 等将氨基末端的 PEG 与羧基修饰的量子点反应，并通过静电相互作用将 DOX 连接到量子点表面，制备了 QD-PEG-DOX 复合物。获得的 QD-PEG-DOX 复合物通过利用量子点和荧光阿霉素之间的 FRET，实现了对 HeLa 细胞中药物释放的实时原位检测[82]。最近，Lai 等开发了一种基于量子点的 BRET 用于人肺腺癌上皮 A549 细胞的光动力治疗[83]。他们通过海肾荧光素酶 8(RLuc8)与羧基修饰的量子点反应，制备得到了 QD-RLuc8 复合物。当 QD-RLuc8 复合物暴露于腔肠素底物中时，可以诱导 RLuc8 生物发光，使得 BRET 从 RLuc8 到量子点监测，从而导致量子点发光。利用量子点发射的光子，可以激活光敏剂以产生可以杀死癌细胞的活性氧物质(图 2-8)。特别地，这些 QD-RLuc8 复合物不需要任何外部光源，并且可以进一步应用于体外和体内光动力治疗。

2. 基于多孔硅修饰的量子点的癌症治疗

介孔二氧化硅纳米粒子(MSN)由于其表面积大、孔径可调、生物相容性优异和稳定性显著，已经被大量用于靶向药物递送和可控药物释放[84]。Zhu 和他的同事将 ZnO 量子点与介孔二氧化硅复合用于药物的可控释放[85]。他们将抗癌药物 DOX 包封在 MSN(直径 100 nm)的纳米孔(约 2.1 nm)中，然后将氨基改性的 ZnO 量子点(直径为 3～4 nm)与 MSNs-DOX 通过碳二亚胺化学反应连接起来，形成 ZnO@MSNs-DOX 复合物。其中，ZnO 量子点可以用作纳米层防止药物在到达靶向癌细胞之前从 MSN 中泄漏，在酸溶解时触发药物释放到胞质溶胶中，作为荧光指示剂，监测药物释放。特别是，这种 ZnO@MSNs-DOX 复合物具有超高的 DOX 负载能力(40 mg/g)和对 HeLa 细胞优异的治疗效率。

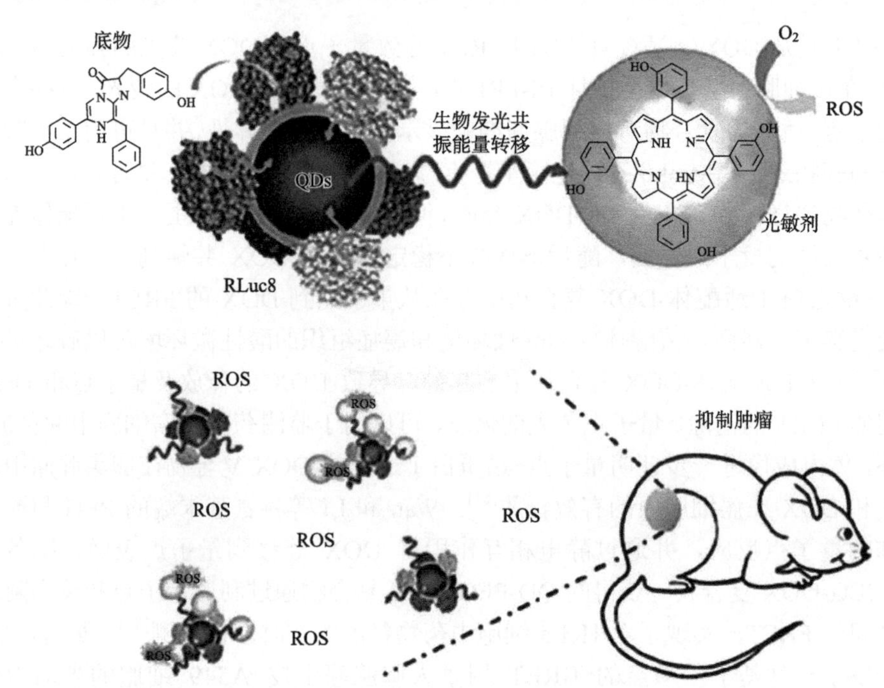

图 2-8 QD-RLuc8 复合物和 BRET 介导的光动力治疗的示意图

ROS：活性氧自由基

最近，Min 和 Zhu 等开发了一种基于微小 RNA 控制药物释放的 DNA 杂交门控量子点-中孔二氧化硅纳米载体，并将其用于靶向药物递送(图 2-9)[86]。他们通过三个连续步骤制备了量子点-中孔二氧化硅纳米载体：①通过碱催化的溶胶-凝胶法制备中孔二氧化硅-包被的量子点(MSQD)；②用氨基官能化 MSQD 以获得 NH_2-MSQD；③通过碳二亚胺反应将 DNA 与 NH_2-MSQD 结合。所获得的 DNA-MSQD 进一步装载上抗癌药物 DOX，并与含有 AS1411 适配体和 anti-miR21 片段的特殊 DNA 杂交加帽。AS1411 适配体可以形成稳定的 G-四联体结构，可以特异性识别肿瘤细胞膜上的核仁蛋白。杂交 DNA 与锚定 DNA 的互补碱基对可以防止 DOX 从纳米孔中渗漏，并且纳米载体的聚乙二醇可以使纳米载体的非特异性吸附最小化。当 AS1411 适配体与核仁蛋白的特异性结合后，可以将纳米载体导向靶肿瘤细胞，同时内源 miR21 与杂交 DNA 的抗-miR21 链的竞争性结合，诱导 DNA 杂交体从纳米孔中脱落，导致 DOX 在癌细胞中释放。此外，杂交 DNA 与 miR21 的结合可以降低细胞内 miR21 的水平，提高化疗效果。

3. 基于脂质体修饰的量子点的癌症治疗

脂质体是一种常用的纳米载体，由于其独特的双层结构，具有可以用于负载亲水性分子的内部水性隔室和用于负载疏水性分子的脂质双层。更重要的是，脂质体具有生物相容性良好、组成可调、大小可调、界面可修饰等独特性质。这些独特的性质使得脂质体成为用于药物递送的理想的纳米载体。最近，脂质体与荧光量子点的整合已经被广泛用于各种诊断和治疗之中。基于量子点的物理化学特性和掺入策略，脂质体-QD 复合物可以通过三种不同的方法制备(图 2-10)：疏水性量子点通过疏水相互作用，嵌入脂质双层中[图 2-10(a)]，而亲水性量子点可以被包埋在脂质体的内部水性区域中[图 2-10(b)]，或被接枝到脂质体囊泡的表面上[图 2-10(c)]。与之类似地，水溶性抗癌药(如 DOX)可以包封在脂质体-QD 复合物的水性内部，并且疏水性抗癌药物(如紫杉醇)可以包封在脂质体-QD 复合物的脂质双层中。肿瘤靶向部分(如抗体、适配体和糖蛋白)通常锚定在脂质体的表面上用于体内靶向递送。因此，基于脂质体/量子点的药物递送系统，可以整合药物装载、光学跟踪和靶向治疗的三重功能。

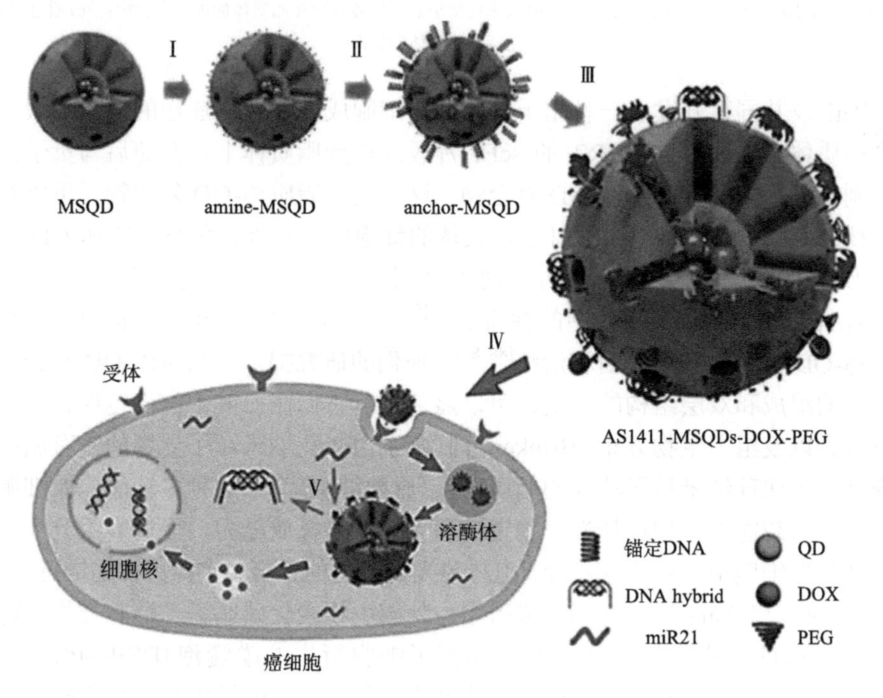

图2-9　用于靶向药物递送和微小RNA控制药物释放的DNA杂化的量子点-介孔二氧化硅纳米载体的制备示意图

其涉及五个步骤：(Ⅰ)氨基化由介孔二氧化硅包裹的量子点，(Ⅱ)MSQD 与 DNA 缀合，(Ⅲ)抗肿瘤药物 DOX 进入 MSQD 的纳米孔，并将 DNA 杂交体和 PEG 与 MSQD 结合，(Ⅳ)As1411 适配体介导的靶细胞识别和纳米载体通过内吞作用进入癌细胞，(Ⅴ)由 miR21 介导的 DOX 的控制释放；

MSQD：介孔硅包裹的量子点；amine-MSQD：胺基修饰的介孔硅包裹的量子点；anchor-MSQD：锚定的介孔硅包裹的量子点；AS1411-MSQD-DOX-PEG：聚乙二醇修饰后的负载 AS1411 和阿霉素的介孔硅包裹的量子点

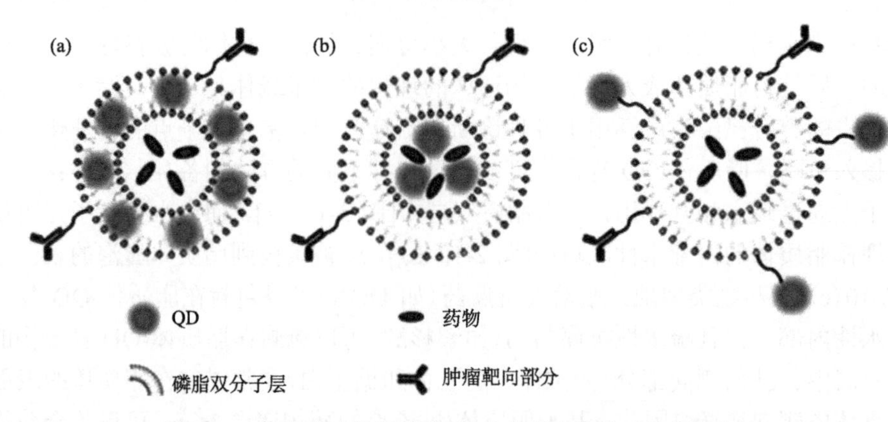

图 2-10　构建多功能脂质体-量子点复合物的三种典型方法

抗癌药物通常被捕获在脂质体的内部亲水核心中，并且肿瘤靶向分子经常缀合在脂质体的表面上；(a)疏水性量子点通常通过疏水相互作用嵌入脂质双层内；(b)亲水性量子点可以被封装在脂质体的内部水相中；(c)通过化学偶联，连接在脂质体的表面上

Park 及其同事开发了一种用于靶向肿瘤细胞成像和药物递送的量子点缀合的免疫脂质体。通过将抗-HER2 的 scFv 片段连接到脂质体上，并随后与量子点缀合，制备得到了免疫脂质体-QD 复合物。这些免疫脂质体-QD 复合物，可以有效地将抗癌药物 DOX 递送到 HER2 过表达的细胞中。此外，免疫脂质体-QD 复合物不仅可以显著延长量子点的体内循环时间，而且可以通过荧光成像表明 MCF-7/HER2 异种移植小鼠中的肿瘤部位[87]。此外，Kostarelos 等构建了一系列脂质体-QD 复合物用于诊断和治疗[88, 89]。他们的研究揭示，脂质体-QD 复合物中脂质体的组成和双层结构的性质，可以显著影响它们在血液中的稳定性、体内药理学行为以及组织生物分布。Brinker 等制备了由多孔纳米粒子支撑的具有脂质体和介孔二氧化硅纳米粒子特性的脂质双层(原始细胞)[90]。这种多功能原始细胞显著改善了负载能力、靶选择性、稳定性和受控药物释放能力，促进多组分药物靶向递送到癌细胞中。尤其是原始细胞与荧光量子点的整合，使得药物递送可视化。最近，Zhao 和 Pang 等通过细胞膜磷脂与外部生物素化磷脂酰乙醇胺交换，随后从供体细胞的质膜直接出芽，制备得到了细胞衍生的膜囊泡(DSPE-PEG-生物素)[91]。这些生物素化的膜囊泡，可以通过电穿孔方法包封羧基荧光素标记的抗肿瘤 siRNA，并且可以通过特异性生物素-链霉亲和素相互作用，与链霉亲和素包被的量子点缀合。值得注意的是，细胞衍生的膜囊泡不仅保留了供体细胞的功能，而且具有良好的生物相容性和优异的靶向特异性。使用量子点作为显像剂和 siRNA 作为治疗剂，细胞衍生的膜囊泡可以应用于体内可视化药物递送和肿瘤靶向治疗(图 2-11)。

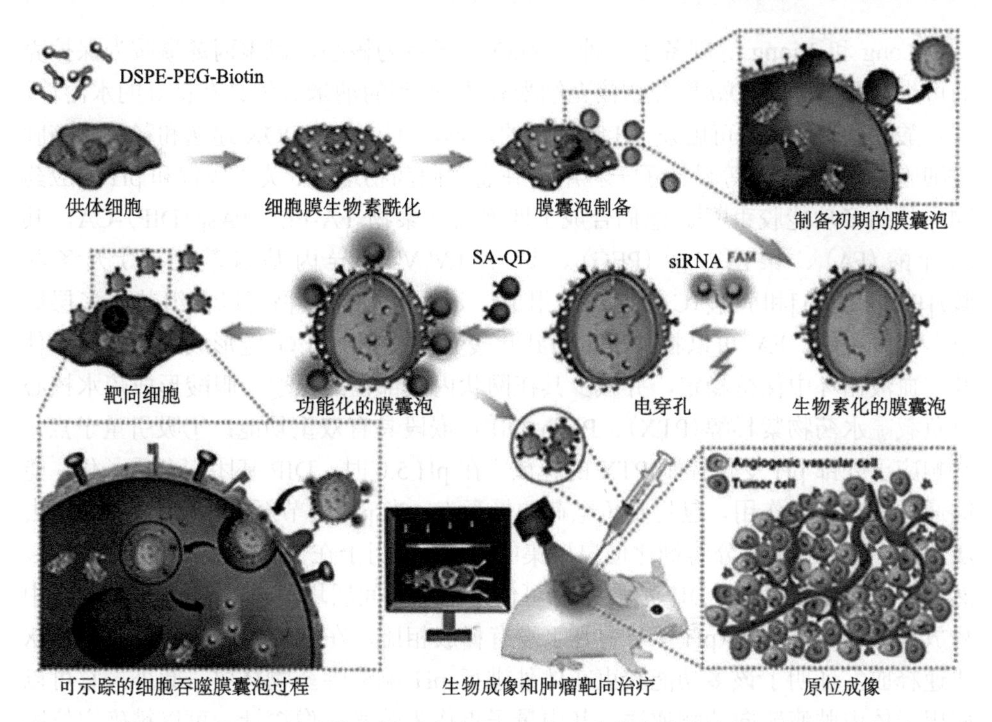

图 2-11　结合抗肿瘤 siRNA 和荧光量子点的由细胞衍生的膜囊泡的结构示意图，以及用于可视化药物递送和肿瘤靶向治疗的原理图

其中，浅绿色的是血管细胞，橙色的是肿瘤细胞；DSPE-PEG-Biotin：DSPE-聚乙二醇修饰的生物素；SA-QD：链霉亲和素修饰的量子点

4. 基于聚合物包裹的量子点的癌症治疗

聚合物胶束由于其多样性和柔性而经常被认为是智能药物载体。它们具有组成可调的功能并且可以用于同时加载诊断剂和治疗剂。尤其是，一些包含可生物降解聚合物(如壳聚糖、聚酯、聚碳酸酯和葡聚糖)的聚合物胶束，具有生物相容性优异、循环时间较长、体内降解产物无毒等独特优势。另外，当聚合物胶束功能化上一些响应性聚合物，如温度响应性聚合物[如聚(*N*-异丙基丙烯酰胺)]、pH响应性聚合物[如聚(*N*-(*N'*,*N'*-二异丙基氨基乙基)-天冬酰胺]，可以赋予纳米载体刺激响应药物释放的能力。此外，具有靶向配体(如 RGD、适配体和叶酸)的聚合物胶束，可以赋予纳米载体以配体定向靶向递送药物的功能。并且，由于其良好的生物相容性和金属螯合能力，天然壳聚糖聚合物是用于封装量子点和药物的理想基质。壳聚糖聚合物通过叶酸修饰后，可以用于靶向药物递送，通过聚甲基丙烯酸修饰后，可以用于 pH 响应的药物释放。此外，将锰掺杂的硫化锌(Mn：ZnS)量子点、磁性纳米颗粒和抗癌药物包封在可生物降解的聚(乳酸-乙醇酸)囊泡中，可以实现体内多模态成像以及药物缓释[92]。

Kong 和 Xiong 等制备了一种以 ZnO 量子点为核心，以聚丙烯酰胺为保护壳的可生物降解的 ZnO@聚合物核壳纳米载体。得到的纳米载体具有良好的水溶性，并且酸性微环境中，可触发 pH 响应性的降解，可用于将 DOX 递送和释放到脑肿瘤细胞中[93]。Shuai 等设计了一种用于肿瘤靶向药物递送、荧光成像和 pH 响应药物释放的多功能胶束[94]。他们合成了四嵌段共聚物 FA-PEG-PAsp(DIP)-CA，其由叶酸(FA)、聚乙二醇(PEG)、聚(*N*-(*N'*,*N'*-二异丙基氨基乙基)天冬酰胺)[PAsp(DIP)]和胆酸(CA)四部分组成。该四嵌段共聚物可以自组装成多层胶束。在胶束中，FA 可以将胶束定向到叶酸受体肿瘤。PEG 链形成胶束的冠，使其在血液循环中保持稳定，并减少其在网状内皮部位的摄取。胆酸形成疏水核心以负载疏水药物紫杉醇(PTX)。PAsp(DIP) 嵌段具有双重功能：①吸引量子点；②响应于外部 pH 变化控制 PTX 的释放。在 pH 5.0 时，DIP 基团完全质子化，能够通过静电相互作用，包封带负电荷的量子点。当 pH 调节至 7.4 时，DIP 部分去质子化，能够形成部分溶剂化但自聚集的中间层，用于在聚合物胶束内螯合 PTX。然而，在酸性环境中，DIP 的质子化可使自聚集中间层塌陷，促进 PTX 从胶束中释放。与在中性环境(pH 7.4)中几乎没有释放相比，在酸性环境(pH 5.0)中 PTX 快速释放，证明了该多功能胶束在体外进行 pH 响应性药物释放。此外，它可以应用于体内肿瘤靶向药物递送，其中量子点作为荧光成像探针，可以精确定位肿瘤位置。最近，中国科学院苏州纳米技术与纳米仿生研究所王强斌研究员等开发了一种用于临床的基于近红外光二区的 Ag_2S 量子点的诊断和治疗[95]。原始的疏水性 Ag_2S 量子点首先用聚(马来酸酐–交替-1-十八碳烯)-聚乙二醇包被，通过疏水相互作用产生 PMH/PEG-QD 复合物。PMH/PEG-QD 复合物显示出良好的生物相容性、高 DOX 负荷和被动肿瘤靶向能力。尤其是，发射红外光的 Ag_2S 量子点，可以以高空间分辨率穿透深层组织，实现体内成像指导下的治疗效果评价。

2.5 无机半导体量子点的毒性研究

尽管量子点与其他荧光基团相比具有优越的光物理性质，但是之所以没有将量子点应用于临床成像和药物传递中，是因为人们对量子点潜在毒性的关注。许多文献概述了纳米颗粒的毒性效应[96-98]。因此，在本节中，我们将从体外和体内两个部分分别概述量子点的毒性效应。但是应当注意的是，量子点的毒性都会随着浓度、时间、材料、大小、形状、修饰方法、环境和实验条件等条件的变化而变化。

2.5.1 细胞水平

Stern 及其同事也提供了量子点诱导细胞自噬的证据。自噬在感测氧化应激、去除受损的蛋白质和细胞器以及消除过度 ROI 生产的受损细胞中起重要作用。这是细胞的重要防御/存活机制，并且可以被纳米颗粒活化。在这方面，Chen 等研究了量子点对神经元的影响。他们发现，当量子点产生的 ROI 增加时，细胞的自噬会增强，导致出现突触功能障碍。通过使用自噬抑制剂，自噬体的活性可以被抑制，并且突触损伤被恢复[99]。

细胞内不同区域具有不同的生理特性，可对量子点具有不同的影响。例如，胞质溶胶具有中性 pH，而内涵体和溶酶体具有酸性 pH，并且其将在胞吞作用过程中增加。量子点保护层的稳定性对于量子点在成像中的应用非常重要，是因为在细胞内，保护层的降解将会导致量子点毒性的产生。Corazzari 等模拟细胞溶质和溶酶体细胞，研究了人工介质中的离子释放[100]。他们发现，量子点在酸性 pH 下，显示出镉离子和锌离子的显著释放。因为内吞途径是量子点最常见的摄取机制之一，pH 诱导的不稳定性是一个显著的缺点，在允许量子点体外或体内使用之前需要深入的研究，定量和定性地评估量子点的潜在毒性。

2.5.2 活体水平

在大多数情况下，体外细胞培养研究不能完全代表体内组织系统，其中细胞-细胞和细胞-基质之间的相互作用，以及不同的扩散/运输条件都发挥着重要作用。Lee 等开发了基于 3D 球体相互作用的纳米粒子毒理学测试系统[101]，其由可以用于产生生理相关的 3D 肝组织的水凝胶反转胶体晶体支架组成。根据 CdTe 量子点在细胞培养和 3D 模型中的毒性比较显示，在后者中具有较低的毒性，这一结果与动物数据几乎一致。虽然这种模型系统可用作体外和体内测量之间的中间体，但是基于体外研究的结果，仍然难以对体内效应进行可靠的预测。量子点如何与身体相互作用，特别是分布、代谢和排泄的确切机制尚不清楚。与细胞培养研究相反，纳米颗粒不直接暴露于靶细胞，而是通过不同身体运输系统最终作用于靶细胞。基于量子点的体内测量的主要应用方法之一是注射。注射后，外源性颗粒通过含有各种血清蛋白的血液运输。量子点与蛋白质的相互作用，可导致在纳米颗粒表面上形成蛋白质层，称为“蛋白质冠”。这种蛋白质电晕会影响量子点的生物分布和生物相容性。利用血液的流动，纳米颗粒将被递送到不同的器官和组织之中，它们的分布取决于脉管系统的生理解剖特征和纳米颗粒的物理化学性质。在成功分布后，量子点将或多或少进行代谢处理，并且通过肾脏和/或以粪便形式排出体外。保留在体内的纳米颗粒，会长期干扰器官或组织的正常功能，并诱导慢性器官毒性、代谢毒性、免疫毒性或甚至基因毒性。血管内皮细胞的巨大表面，为与量子点的相互作用提供了充足的空间，特别是带负电荷的量子点。因此，阴离子量子点在血流中具有相对较低的停留时间，会优先在器官中累积。另外，高剂量的量子点会通过触发激活凝血级联，从而引起肺血管血栓的形成[102]。了解量子点与血细胞的相互作用，有助于改善以心律失常药物递送为目的的量子点的设计。Fischer 等研究了两种不同修饰方法的量子点在啮齿动物中的体内动力学、清除和代谢过程。其中，用牛血清白蛋白(BSA)修饰的量子点在肝脏中累积至 99%，并且在静脉注射后两天内，不能在尿液或粪便中检测到它们[103]。

除了表面电荷和化学成分，量子点的尺寸对其在整个生物体中的分布起着重要的作用。Choi 等发现具有 5.5 nm 的流体动力学半径的量子点可以通过肾脏快速清除[104]。对于成像应用的特定背景，快速清除可以有效地避免使用显像剂后对身体慢性长期的毒性。作者通过前列腺癌和黑素瘤的受体特异性成像，证实了他们的假设，其中快速清除对于成像程序是非常有利的。但是，小尺寸颗粒的缺点可能是，它们在人体内可以轻易地穿越重要的生理屏障，如血脑屏障。因此，对于小尺寸量子点，重要的是研究量子点对中枢神经系统的影响。Gao 及其同事研究了量子点对大鼠突触可塑性和空间记忆的影响。结果显示，量子点会增强对突触传递和海马突触可塑性的损伤，而这些对于学习和记忆形成是重要的。行为研究给出了空间记忆损伤的进一步证据[105]。作者从大鼠模型得出结论，长期接触量子点可能诱发海马突触可塑性和空间记忆的损伤。King-Heiden 等研究了量子点对斑马鱼胚胎的毒性[106]。他们将胚胎暴露于量子点中，并观察到类似于啮齿动物模型中的效果。与啮齿动物相比，斑马鱼胚胎除了具有优秀的透明度，这种动物模型可以显著降低研究量子点结构与毒性关系的成本。

类似于体外研究，体内研究也是有争议的，这主要是由量子点的修饰方法和浓度的差异引起的。Hauck 等研究了在大鼠中注射的量子点的生物分布、动物存活、动物质量、血液学、临床生物化学和器官组织学。在注射四周后，并未发现量子点对大鼠有明显的毒副作用[107]。Su 等研究了水溶性量子点及其毒副作用[108]。在注射短时间(4 h)后，水溶性量子点在肝脏中积累，但是在血液循环(80 天)后，主要在肾脏中积累。在脾脏中，可以发现尺寸更大的分子。组织学和生物化学分析及体重测量表明，即使长时间暴露于量子点中，也并未发现明显的毒性。在另一项研究中，恒河猴在注射磷脂胶束包封的 CdSe/CdS/ZnS 量子点后，其血液和生化指标依旧保持在正常范围内。此外，在注射量子点 90 天后，其主要器官的组织学研究显示没有异常。利用化学分析法，可以发现 Cd 在肝脏、脾脏和肾脏中积累的痕量。这证明了量子点从体内缓慢分解和清除的过程[109]。这些结果与在小鼠中使用类似的量子点几乎一致。在注射 112 天后，量子点主要积累在小鼠的肝脏和脾脏，但是并未发现明显的毒副作用。

总之，量子点具有取决于许多参数的毒性效应，如它们的材料、组成、浓度、表面修饰方法和尺寸，以及相互作用系统和相互作用的时间。基于这些因素，目前尚不能得出普适的关于量子点毒性的结论。但是，根据上面讨论的许多体外和体内的研究，我们可以发现，降低量子点毒性的最重要方法是提高量子点的稳定性、降低应用所需量子点的浓度，以及改善量子点的组成成分等。不论如何，仔细并且系统地研究量子点的长期毒理学行为对于其生物医学应用是至关重要的。

2.6　结论与展望

近年来，无机半导体量子点由于其独特的物理化学性质，在众多领域都得到了快速的发展。本章简单介绍了无机半导体量子点的合成方法(包括油相合成法、水相合成法及表面修饰方法)及表面修饰方法(表面配体交换法、表面硅烷化法、高分子聚合物包埋法)。通过将量子点与各种生物分子(如核酸、抗体、肽和适配体)偶联，成功将其应用于生物医学研究，包括各种生物标志物的超灵敏检测、体内靶向成像和药物递送。在未来，通过使用不同颜色的量子点，可以实现靶向肿瘤成像以及同时对多种生物标志物进行检测，对于临床诊断具有很大的应用前景。此外，不同颜色的量子点与大容量纳米载体(如多孔硅、脂质体和聚合物胶束)的组合，可以构建一组用于靶向药物递送和分子成像的多功能系统。

尽管大量研究探讨了量子点在不同细胞和动物模型中的长期行为和毒性(例如，聚合物包被的量子点在吞噬细胞和巨噬细胞中，两亲性聚合物包被的 CdSe/ZnS 量子点在肝脏中，以及磷脂胶束包被的 CdSe/CdS/ZnS 量子点在猴子中的行为)，对于量子点的体内毒理学仍然存在争议。因此，在进一步临床应用之前，量子点在活体内的毒性、代谢和作用方式仍需要系统地进行全面评估。考虑到在紫外线照射下，重金属(如 Cd^{2+})可能会从量子点晶格中释放，从而引起细胞死亡。制备无重金属的量子点，可能为克服与镉相关的毒性问题提供了一种新的途径。尽管无机半导体量子点应用于体内，尤其是人体内，仍然存在漫长的道路，但我们坚信，纳米技术和生物技术的快速发展，以及学术研究和工业生产卓有成效的合作，有可能促进无机半导体量子点在不久的将来进入如体外检测等方面的临床应用。

参 考 文 献

[1] Sameiro M, Goncalves T. Fluorescent labeling of biomolecules with organic probes. Chemical Reviews, 2009, 109:190-212.

[2] Griffin B A, Adams S R, Tsien R Y. Specific covalent labeling of recombinant protein molecules inside live cells. Science, 1998, 281: 269-272.

[3] Patterson G H, Lippincott-Schwartz J. A photoactivatable GFP for selective photolabeling of proteins and cells. Science, 2002, 297:1873-1877.

[4] Bates M, Huang B, Dempsey G T, Zhuang X W. Multicolor super-resolution imaging with photo-switchable fluorescent probes. Science, 2007, 317: 1749-1753.

[5] Medintz I L, Uyeda H T, Goldman E R, Mattoussi H. Quantum dot bioconjugates for imaging, labelling and sensing. Nature Maters, 2005, 4: 435-446.

[6] Dubertret B, Skourides P, Norris D J, Noireaux V, Brivanlou A H, Libchaber A. *In vivo* imaging of quantum dots encapsulated in phospholipid micelles. Science, 2002, 298: 1759-1762.

[7] Han M Y, Gao X H, Su J Z, Nie S. Quantum-dot-tagged microbeads for multiplexed optical coding of biomolecules. Nature Biotechnology, 2001, 19: 631-635.

[8] Bruchez M, Moronne M, Gin P, Weiss S, Alivisatos A P. Semiconductor nanocrystals as fluorescent biological labels. Science, 1998, 281: 2013-2016.

[9] Chan W C W, Nie S M. Quantum dot bioconjugates for ultrasensitive nonisotopic detection. Science, 1998, 281: 2016-2018.

[10] Nirmal M, Murray C B, Norris D J, Bawendi M G. Surface electronic-properties of cdse nanocrystallites. Zeitschrift Für Physik D Atoms Molecules & Clusters, 1993, 26: 361-363.

[11] Huynh W U, Peng X G, Alivisatos A P. CdSe nanocrystal rods/poly(3-hexylthiophene) composite photovoltaic devices. Advanced Materials, 1999, 11: 923.

[12] Peng Z A, Peng X G. Formation of high-quality CdTe, CdSe, and CdS nanocrystals using CdO as precursor. Journal of the American Chemical Society, 2001, 123:, 183-184.

[13] Yu W W, Peng X G. Formation of high-quality CdS and other II-VI semiconductor nanocrystals in noncoordinating solvents: tunable reactivity of monomers. Angewandte Chemie International Edition, 2002, 41: 2368-2371.

[14] Hines M A, Guyot-Sionnest P. Synthesis and characterization of strongly luminescing ZnS-Capped CdSe nanocrystals. Journal of Physical Chemistry, 1996, 100: 468-471.

[15] Reiss P, Bleuse J, Pron A. Highly luminescent CdSe/ZnSe core/shell nanocrystals of low size dispersion. Nano Letters, 2002, 2: 781-784.

[16] Yang H S, Holloway P H, Cunningham G, Schanze K S. CdS : Mn nanocrystals passivated by ZnS: synthesis and luminescent properties. Journal of Chemical Physics, 2004, 121: 10233-10240.

[17] Rajh T, Micic O I, Nozik A J. Synthesis and characterization of surface-modified colloidal CdTe quantum dots. Journal of Physical Chemistry, 1993, 97: 11999-12003.

[18] Gao M Y, Kirstein S, Mohwald H, Rogach A L, Kornowski A, Eychmuller A, Weller H. Strongly photoluminescent CdTe nanocrystals by proper surface modification. Journal of Physical Chemistry B, 1998, 102: 8360-8363.

[19] Chen Q F, Wang W X, Ge Y X, Li M Y, Xu S K, Zhang X J. Direct aqueous synthesis of cysteamine-stabilized CdTe quantum dots and it's deoxyribonucleic acid bioconjugates. Chinese Journal of Analytical Chemistry, 2007, 35: 135-138.

[20] Zhang H, Zhou Z, Yang B, Gao M Y. The influence of carboxyl groups on the photoluminescence of mercaptocarboxylic acid-stabilized CdTe nanoparticles. Journal of Physical Chemistry B, 2003, 107: 8-13.

[21] Guo J, Yang W L, Wang C C. Systematic study of the photoluminescence dependence of thiol-capped CdTe nanocrystals on the reaction conditions. Journal of Physical Chemistry B, 2005, 109: 17467-17473.

[22] Zhao D, He Z K, Chan W H, Choi M M F. Synthesis and characterization of high-quality water-soluble near-infrared-emitting CdTe/CdS quantum dots capped by *N*-acetyl-L-cysteine via hydrothermal method. Journal of Physical Chemistry C, 2009, 113: 1293-1300.

[23] Jiang C L, Zhang W Q, Zou G F, Yu W C, Qian Y T. Synthesis and characterization of ZnSe hollow nanospheres via a hydrothermal route. Nanotechnology, 2005, 16: 551-554.

[24] Mitchell G P, Mirkin C A, Letsinger R L. Programmed assembly of DNA functionalized quantum dots. Journal of the American Chemical Society, 1999, 121: 8122-8123.

[25] Gao X H, Cui Y Y, Levenson R M, Chung L W K, Nie S M. *In vivo* cancer targeting and imaging with semiconductor quantum dots. Nature Biotechnology, 2004, 22: 969-976.

[26] Smith A M, Duan H W, Mohs A M, Nie S M. Bioconjugated quantum dots for *in vivo* molecular and cellular imaging. Advanced Drug Delivery Reviews, 2008, 60: 1226-1240.

[27] Resch-Genger U, Grabolle M, Cavaliere-Jaricot S, Nitschke R, Nann T. Quantum dots versus organic dyes as fluorescent labels. Nature Methods, 2008, 5: 763-775.

[28] Howarth M, Liu W H, Puthenveetil S, Zheng Y, Marshall L F, Schmidt M M, Wittrup K D, Bawendi M G, Ting A Y. Monovalent, reduced-size quantum dots for imaging receptors on living cells. Nature Methods, 2008, 5: 397-399.

[29] Yezhelyev M V, Qi L F, O'Regan R M, Nie S, Gao X H. Proton-sponge coated quantum dots for siRNA delivery and intracellular imaging. Journal of the American Chemical Society, 2008, 130: 9006-9012.

[30] Seleverstov O, Zabirnyk O, Zscharnack M, Bulavina L, Nowicki M, Heinrich J M, Yezhelyev M, Emmrich F, O'Regan R, Bader A. Quantum dots for human mesenchymal stem cells labeling. A size-dependent autophagy activation. Nano Letters, 2006, 6: 2826-2832.

[31] Kikkeri R, Lepenies B, Adibekian A, Laurino P, Seeberger P H. *In vitro* imaging and *in vivo* liver targeting with carbohydrate capped quantum dots. Journal of the American Chemical Society, 2009, 131: 2110.

[32]Wegner K D, Hildebrandt N. Quantum dots: bright and versatile *in vitro* and *in vivo* fluorescence imaging biosensors. Chemical Society Reviews, 2015, 44: 4792-4834.

[33] Liu S L, Wu Q M, Zhang L J, Wang Z G, Sun E Z, Zhang Z L, Pang D W. Three-dimensional tracking of Rab5-and Rab7-associated infection process of influenza virus. Small, 2014, 10: 4746-4753.

[34] Quan T, Wang X, Wang Z L, Yang Y. Hybridized electromagnetic–triboelectric nanogenerator for a self-powered electronic watch. ACS Nano, 2015, 9: 12301-12310.

[35] Kobayashi H, Hama Y, Koyama Y, Barrett T, Regino C A S, Urano Y, Choyke P L. Simultaneous multicolor imaging of five different lymphatic basins using quantum dots. Nano Letters, 2007, 7: 1711-1716.

[36]Zrazhevskiy P, Gao X H. Quantum dot imaging platform for single-cell molecular profiling. Nature Communications, 2013, 4(4):1619.

[37] Jing L H, Ding K, Kershaw S V, Kempson I M, Rogach A L, Gao M Y. Magnetically engineered semiconductor quantum dots as multimodal imaging probes. Advanced Materials, 2014, 26: 6367-6386.

[38] Kim S, Bawendi M G. Oligomeric Ligands for luminescent and stable nanocrystal quantum dots. Journal of the American Chemical Society, 2003, 125: 14652-14653.

[39] Shibu E S, Ono K, Sugino S, Nishioka A, Yasuda A, Shigeri Y, Wakida S, Sawada M, Biju V. Photouncaging nanoparticles for MRI and fluorescence imaging *in vitro* and *in vivo*. ACS Nano, 2013, 7: 9851-9859.

[40] Dixit S K, Goicochea N L, Daniel M C, Murali A, Bronstein L, De M, Stein B, Rotello V M, Kao C C, Dragnea B. Quantum dot encapsulation in viral capsids. Nano Letters, 2006, 6: 1993-1999.

[41] Hennig S, van de Linde S, Heilemann M, Sauer M. Quantum dot triexciton imaging with three-dimensional subdiffraction resolution. Nano Letters, 2009, 9: 2466-2470.

[42] Yu J H, Kwon S H, Petrasek Z, Park O K, Jun S W, Shin K, Choi M, Park Y I, Park K, Na H B, Lee N, Lee D W, Kim J H, Schwille P, Hyeon T. High-resolution three-photon biomedical imaging using doped ZnS nanocrystals. Nature Maters, 2013, 12: 359-366.

[43] Silvi S, Credi A. Luminescent sensors based on quantum dot-molecule conjugates. Chemical Society Reviews, 2015, 44: 4275-4289.

[44] Chen H, Lin L, Li H F, Lin J M. Quantum dots-enhanced chemiluminescence: mechanism and application. Coordination Chemistry Reviews, 2014, 263: 86-100.

[45] Wu P, Hou X D, Xu J J, Chen H Y. Electrochemically *Generated versus* photoexcited luminescence from semiconductor nanomaterials: bridging the valley between two worlds. Chemical Reviews, 2014, 114: 11027-11059.

[46] Hildebrandt N, Wegner K D, Algar W R. Luminescent terbium complexes: Superior Forster resonance energy transfer donors for flexible and sensitive multiplexed biosensing. Coordination Chemistry Reviews, 2014, 273: 125-138.

[47] Yao H Q, Zhang Y, Xiao F, Xia Z Y, Rao J H. Quantum dot/bioluminescence resonance energy transfer based highly sensitive detection of proteases. Angewandte Chemie International Edition, 2007, 46:4346-4349.

[48] Freeman R, Girsh J, Willner I. Nucleic acid/quantum dots (QDs) hybrid systems for optical and photoelectrochemical sensing. ACS Applied Materials & Interfaces, 2013, 5: 2815-2834.

[49] Hu T, Liu X F, Liu S Q, Wang Z L, Tang Z Y. Toward understanding of transfer mechanism between electrochemiluminescent dyes and luminescent quantum dots. Analytical Chemistry, 2014, 86: 3939-3946.

[50] Yi F, Lin L, Niu S, Yang P K, Wang Z, Chen J, Zhou Y, Zi Y, Wang J, Liao Q, Zhang Y, Wang Z L. Stretchable-rubber-based triboelectric nanogenerator and its application as self-powered body motion sensors. Advanced Functional Materials, 2015, 25: 3688-3696.

[51] Pavlov V. Enzymatic growth of metal and semiconductor nanoparticles in bioanalysis. Particle & Particle Systems Characterization, 2014, 31: 36-45.

[52] Goldman E R, Anderson G P, Tran P T, Mattoussi H, Charles P T, Mauro J M. Conjugation of luminescent quantum dots with antibodies using an engineered adaptor protein to provide new reagents for fluoroimmunoassays. Analytical Chemistry, 2002, 74: 841-847.

[53] Zhang R Q, Liu S L, Zhao W, Zhang W P, Yu X, Li Y, Li A J, Pang D W, Zhang Z L. A simple point-of-care microfluidic immunomagnetic fluorescence assay for pathogens. Analytical Chemistry, 2013, 85: 2645-2651.

[54] Biju V. Chemical modifications and bioconjugate reactions of nanomaterials for sensing, imaging, drug delivery and therapy. Chemical Society Reviews, 2014, 43: 744-764.

[55] Liu H, Xu S, He Z, Deng A, Zhu J J. Supersandwich cytosensor for selective and ultrasensitive detection of cancer cells using aptamer-DNA concatamer-quantum dots probes. Analytical Chemistry, 2013, 85: 3385-3392.

[56] Gill R, Freeman R, Xu J P, Willner I, Winograd S, Shweky I, Banin U. Probing biocatalytic transformations with CdSe-ZnS QDs. Journal of the American Chemical Society, 2006, 128: 15376-15377.

[57] Medintz I L, Konnert J H, Clapp A R, Stanish I, Twigg M E, Mattoussi H, Mauro J M, Deschamps J R. A fluorescence resonance energy transfer-derived structure of a quantum dot-protein bioconjugate nanoassembly. Proceedings of the National Academy of Sciences of the United States of America, 2004, 101: 9612-9617.

[58] Medintz I L, Clapp A R, Brunel F M, Tiefenbrunn T, Uyeda H T, Chang E L, Deschamps J R, Dawson P E, Mattoussi H. Proteolytic activity monitored by fluorescence resonance energy transfer through quantum-dot-peptide conjugates. Nature Maters, 2006, 5: 581-589.

[59] Petryayeva E, Algar W R. Single-step bioassays in serum and whole blood with a smartphone, quantum dots and paper-in-PDMS chips. Analyst, 2015, 140: 4037-4045.

[60] Sapsford K E, Granek J, Deschamps J R, Boeneman K, Blanco-Canosa J B, Dawson P E, Susumu K, Stewart M H, Medintz I L. Monitoring botulinum neurotoxin a activity with peptide-functionalized quantum dot resonance energy transfer sensors. ACS Nano, 2011, 5: 2687-2699.

[61] Breger J C, Sapsford K E, Ganek J, Susumu K, Stewart M H, Medintz I L. Detecting kallikrein proteolytic activity with peptide-quantum dot nanosensors. ACS Applied Materials & Interfaces, 2014, 6: 11529-11535.

[62] Gill R, Willner I, Shweky I, Banin U. Fluorescence resonance energy transfer in CdSe/ZnS-DNA conjugates: Probing hybridization and DNA cleavage. Journal of Physical Chemistry B, 2005, 109: 23715-23719.

[63] Noor M O, Shahmuradyan A, Krull U J. Paper-based solid-phase nucleic acid hybridization assay using immobilized quantum dots as donors in fluorescence resonance energy transfer. Analytical Chemistry, 2013, 85: 1860-1867.

[64] Hildebrandt N, Charbonniere L J, Beck M, Ziessel R F, Lohmannsroben H G. Quantum dots as efficient energy acceptors in a time-resolved fluoroimmunoassay. Angewandte Chemie International Edition, 2005, 44: 7612-7615.

[65] Wegner K D, Lanh P T, Jennings T, Oh E, Jain V, Fairclough S M, Smith J M, Giovanelli E, Lequeux N, Pons T, Hildebrandt N. Influence of luminescence quantum yield, surface coating, and functionalization of quantum dots on the sensitivity of time-resolved FRET bioassays. ACS Applied Materials & Interfaces, 2013, 5: 2881-2892.

[66] Wegner K D, Jin Z W, Linden S, Jennings T L, Hildebrandt N. Quantum-dot-based forster resonance energy transfer immunoassay for sensitive clinical diagnostics of low-volume serum samples. ACS Nano, 2013, 7: 7411-7419.

[67] Claussen J C, Algar W R, Hildebrandt N, Susumu K, Ancona M G, Medintz I L. Biophotonic logic devices based on quantum dots and temporally-staggered Forster energy transfer relays. Nanoscale, 2013, 5: 12156-12170.

[68] Xia Z Y, Xing Y, So M K, Koh A L, Sinclair R, Rao J H. Multiplex detection of protease activity with quantum dot nanosensors prepared by intein-mediated specific bioconjugation. Analytical Chemistry, 2008, 80: 8649-8655.

[69] Samanta A, Walper S A, Susumu K, Dwyer C L, Medintz I L. An enzymatically-sensitized sequential and concentric energy transfer relay self-assembled around semiconductor quantum dots. Nanoscale, 2015, 7: 7603-7614.

[70] Freeman R, Liu X Q, Willner I. Chemiluminescent and chemiluminescence resonance energy transfer (CRET) detection of DNA, metal ions, and aptamer-substrate complexes using hemin/G-quadruplexes and CdSe/ZnS quantum dots. Journal of the American Chemical Society, 2011, 133: 11597-11604.

[71] Hu L Z, Liu X Q, Cecconello A, Willner I. Dual switchable CRET-induced luminescence of CdSe/ZnS quantum dots (QDs) by the hemin/G-quadruplex-bridged aggregation and deaggregation of two-sized QDs. Nano Letters, 2014, 14: 6030-6035.

[72] Liu X Q, Niazov-Elkan A, Wang F A, Willner I. Switching photonic and electrochemical functions of a DNAzyme by DNA machines. Nano Letters, 2013, 13: 219-225.

[73] Ho Y P, Kung M C, Yang S, Wang T H. Multiplexed hybridization detection with multicolor colocalization of quantum dot nanoprobes. Nano Letters, 2005, 5: 1693-1697.

[74] Agrawal A, Deo R, Wang G D, Wang M D, Nie S M. Nanometer-scale mapping and single-molecule detection with color-coded nanoparticle probes. Proceedings of the National Academy of Sciences of the United States of America, 2008, 105: 3298-3303.

[75] Zhang C Y, Johnson L W. Quantum-dot-based nanosensor for RRE IIB RNA-Rev peptide interaction assay. Journal of the American Chemical Society, 2006, 128: 5324-5325.

[76] Zhang Y, Zhang C Y. Sensitive detection of microRNA with isothermal amplification and a single-quantum-dot-based nanosensor. Analytical Chemistry, 2012, 84: 224-231.

[77] Xie J, Lee S, Chen X Y. Nanoparticle-based theranostic agents. Advanced Drug Delivery Reviews, 2010, 62: 1064-1079.

[78] Muhammad F, Guo M Y, Guo Y J, Qi W X, Qu F Y, Sun F X, Zhao H J, Zhu G S. Acid degradable ZnO quantum dots as a platform for targeted delivery of an anticancer drug. Journal of Materials Chemistry, 2011, 21: 13406-13412.

[79] Chen M L, He Y J, Chen X W, Wang J H. Quantum dots conjugated with Fe_3O_4-filled carbon nanotubes for cancer-targeted imaging and magnetically guided drug delivery. Langmuir, 2012, 28: 16469-16476.

[80] Bagalkot V, Zhang L, Levy-Nissenbaum E, Jon S, Kantoff P W, Langer R, Farokhzad O C. Quantum dot - aptamer conjugates for synchronous cancer imaging, therapy, and sensing of drug delivery based on Bi-fluorescence resonance energy transfer. Nano Letters, 2007, 7: 3065-3070.

[81] Mala J G S, Rose C. Facile production of ZnS quantum dot nanoparticles by *Saccharomyces cerevisiae* MTCC 2918. Journal of Biotechnology, 2014, 170: 73-78.

[82] Gui R, Wan A, Zhang Y, Li H, Zhao T. Ratiometric and time-resolved fluorimetry from quantum dots featuring drug carriers for real-time monitoring of drug release in situ. Analytical Chemistry, 2014, 86: 5211-5214.

[83] Hsu C Y, Chen C W, Yu H P, Lin Y F, Lai P S. Bioluminescence resonance energy transfer using luciferase-immobilized quantum dots for self-illuminated photodynamic therapy. Biomaterials, 2013, 4: 1204-1212.

[84] Yang P P, Gai S L, Lin J. Functionalized mesoporous silica materials for controlled drug delivery. Chemical Society Reviews, 2012, 41: 3679-3698.

[85] Muharnmad F, Guo M Y, Qi W X, Sun F X, Wang A F, Guo Y J, Zhu G S. pH-triggered controlled drug release from mesoporous silica nanoparticles via intracelluar dissolution of ZnO nanolids. Journal of the American Chemical Society, 2011, 133: 8778-8781.

[86] Zhang P H, Cheng F F, Zhou R, Cao J T, Li J J, Burda C, Min Q H, Zhu J J. DNA-hybrid-gated multifunctional mesoporous silica nanocarriers for dual-targeted and microRNA-responsive controlled drug delivery. Angewandte

Chemie International Edition, 2014, 53: 2371-2375.

[87] Weng K C, Noble C O, Papahadjopoulos-Sternberg B, Chen F F, Drummond D C, Kirpotin D B, Wang D H, Hom Y K, Hann B, Park J W. Targeted tumor cell internalization and imaging of multifunctional quantum dot-conjugated immunoliposomes *in vitro* and *in vivo*. Nano Letters, 2008, 8: 2851-2857.

[88] All-Jamal W T, Al-Jamal K T, Tian B, Cakebread A, Halket J M, Kostarelos K. Tumor targeting of functionalized quantum dot-liposome hybrids by intravenous administration. Molecular Pharmaceutics, 2009, 6: 520-530.

[89] Al-Jamal W T, Al-Jamal K T, Cakebread A, Halket J M, Kostarelos K. Blood circulation and tissue biodistribution of lipid-quantum dot (L-QD) hybrid vesicles intravenously administered in mice. Bioconjugate Chemistry, 2009, 20: 1696-1702.

[90] Ashley C E, Carnes E C, Phillips G K, Padilla D, Durfee P N, Brown P A, Hanna T N, Liu J W, Phillips B, Carter M B, Carroll N J, Jiang X M, Dunphy D R, Willman C L, Petsev D N, Evans D G, Parikh A N, Chackerian B, Wharton W, Peabody D S, Brinker C J. The targeted delivery of multicomponent cargos to cancer cells by nanoporous particle-supported lipid bilayers. Nature Maters, 2011, 10: 389.

[91] Chen G, Zhu J, Zhang Z, Zhang W, Ren J, Wu M. Transformation of cell-derived microparticles into quantum - dot-labeled nanovectors for antitumor sirna delivery. Angewandte Chemie, 2015, 54: 1036-1040.

[92] Ye F, Asa B, Asem H, Abedi V M, El-Serafi I, Saghafian M. Biodegradable polymeric vesicles containing magnetic nanoparticles, quantum dots and anticancer drugs for drug delivery and imaging. Biomaterials, 2014, 35: 3885-3894.

[93] Zhang Z Y, Xu Y D, Ma Y Y, Qiu L L, Wang Y, Kong J L, Xiong H M. Biodegradable ZnO@polymer coreshell nanocarriers: pH-triggered release of doxorubicin *in vitro*. Angewandte Chemie International Edition, 2013, 52: 4127-4131.

[94] Wang W W, Cheng D, Gong F M, Miao X M, Shuai X T. Design of multifunctional micelle for tumor-targeted intracellular drug release and fluorescent imaging. Advanced Materials, 2012, 24: 115.

[95] Hu F, Li C Y, Zhang Y J, Wang M, Wu D M, Wang Q B. Real-time *in vivo* visualization of tumor therapy by a near-infrared-II Ag_2S quantum dot-based theranostic nanoplatform. Nano Research, 2015, 8: 1637-1647.

[96] Nel A, Xia T, Madler L, Li N. Toxic potential of materials at the nanolevel. Science, 2006, 311, 622-627.

[97] Pelley J L, Daar A S, Saner M A. State of academic knowledge on toxicity and biological fate of quantum dots. Toxicological Sciences, 2009, 112: 276-296.

[98] Winnik F M, Maysinger D. Quantum dot cytotoxicity and ways to reduce it. Accounts of Chemical Research, 2013, 46: 672-680.

[99] Chen L, Miao Y Y, Chen L, Jin P P, Zha Y Y, Chai Y M, Zheng F, Zhang Y J, Zhou W, Zhang J G, Wen L P, Wang M. The role of elevated autophagy on the synaptic plasticity impairment caused by CdSe/ZnS quantum dots. Biomaterials, 2013, 34: 10172-10181.

[100] Corazzari I, Gilardino A, Dalmazzo S, Fubini B, Lovisolo D. Localization of CdSe/ZnS quantum dots in the lysosomal acidic compartment of cultured neurons and its impact on viability: potential role of ion release. Toxicology in Vitro, 2013, 27: 752-759.

[101] Lee J, Lilly G D, Doty R C, Podsiadlo P, Kotov N A. *In vitro* toxicity testing of nanoparticles in 3D cell culture. Small, 2009, 5: 1213-1221.

[102] Geys J, Nemmar A, Verbeken E, Smolders E, Ratoi M, Hoylaerts M F, Nemery B, Hoet P H M. Acute toxicity and prothrombotic effects of quantum dots: impact of surface charge. Environmental Health Perspectives, 2008, 116: 1607-1613.

[103] Fischer H C, Liu L C, Pang K S, Chan W C W. Pharmacokinetics of nanoscale quantum dots: *In vivo* distribution, sequestration, and clearance in the rat. Advanced Functional Materials, 2006, 16: 1299-1305.

[104] Choi H S, Liu W, Misra P, Tanaka E, Zimmer J P, Ipe B I, Bawendi M G, Frangioni J V. Renal clearance of quantum dots. Nature Biotechnology, 2007, 25: 1165-1170.

[105] Gao X Y, Tang M L, Li Z F, Zha Y Y, Cheng G S, Yin S T, Chen J T, Ruan D Y, Chen L, Wang M. Streptavidin-conjugated CdSe/ZnS quantum dots impaired synaptic plasticity and spatial memory process. Journal

of Nanoparticle Research, 2013, 15(4):1-12.

[106] King-Heiden T C, Wiecinski P N, Mangham A N, Metz K M, Nesbit D, Pedersen J A, Hamers R J, Heideman W, Peterson R E. Quantum dot nanotoxicity assessment using the zebrafish embryo. Environmental Science & Technology, 2009, 43: 1605-1611.

[107] Lin G M, Ouyang Q L, Hu R, Ding Z C, Tian J L, Yin F, Xu G X, Chen Q, Wang X M, Yong K T. *In vivo* toxicity assessment of non-cadmium quantum dots in BALB/c mice. Nanomedicine Nanotechnology Biology and Medicine, 2015, 11: 341-350.

[108] Hauck T S, Anderson R E, Fischer H C, Newbigging S, Chan W C W. *In vivo* quantum-dot toxicity assessment. Small, 2010, 6: 138-144.

[109] Zhang C Y, Johnson L W. Single quantum-dot-based aptameric nanosensor for cocaine. Analytical Chemistry, 2009, 81: 3051-3055.

第3章

贵金属纳米结构在生物医学中的应用

贵金属主要指金、银和铂族金属(钌、铑、钯、锇、铱、铂)等8种金属元素。因其独特而优异的理化性质，这几种金属在人类的日常生活、工业生产等众多领域都发挥了重要的作用。近年来，随着纳米合成技术的飞速发展，研究人员发现通过对反应条件的精确调控可以制备出具有不同尺寸、形貌、结构的贵金属纳米颗粒，并发现这些贵金属纳米颗粒由于其尺度的降低以及形貌的改变而表现出众多与原有金属不同的物理和化学性质，从而赋予了这些贵金属纳米颗粒众多特殊的功能。例如，我们可以通过对金纳米颗粒的尺寸以及形貌的精确调控制备出具有不同光学性质(如荧光、拉曼散射、表面等离子共振)的金纳米结构[1]。

在过去的20年中，贵金属纳米颗粒众多优异的理化性质使得其在生物医学领域得到了广泛的关注与深入的研究(图3-1)。例如，贵金属纳米团簇(nanoclusters)这一由几个到上百个原子组成的超小纳米结构，作为金属原子与各类纳米结构之间的一个连续结构被发现具有较强的荧光，目前已在生物检测、荧光成像等方面得到了深入的研究。另外，研究发现多种贵金属纳米颗粒具有独特的局域表面等离子共振(localized surface plasmon resonance, LSPR)性质，并可通过对其形貌与结构的调控制备出在近红外光区(750～950 nm)光谱连续可调的贵金属纳米结构，从而赋予其良好的光热转换效率，并在肿瘤光热治疗、光声成像造影等方面得到了深入的研究。同时，贵金属纳米颗粒丰富的结构为研究纳米材料的尺寸和形貌等物理参数、其与细胞的相互作用、活体药代动力学行为等提供了丰富的材料基础。除此之外，目前已有相关产品实现商业化(如胶体金免疫试纸技术)，走进了人们的日常生活中；同时还有部分纳米颗粒正在临床试验中，有望在不久的将来为人类的健康造福。

在本章节中，我们将简明扼要地总结贵金属纳米颗粒在生物标记与检测、生物成像、药物递送与肿瘤治疗等生物医学中的最新研究进展，以期为从事本领域研究的科研人员与对该领域感兴趣的其他领域的研究人员提供一份简洁的概述。

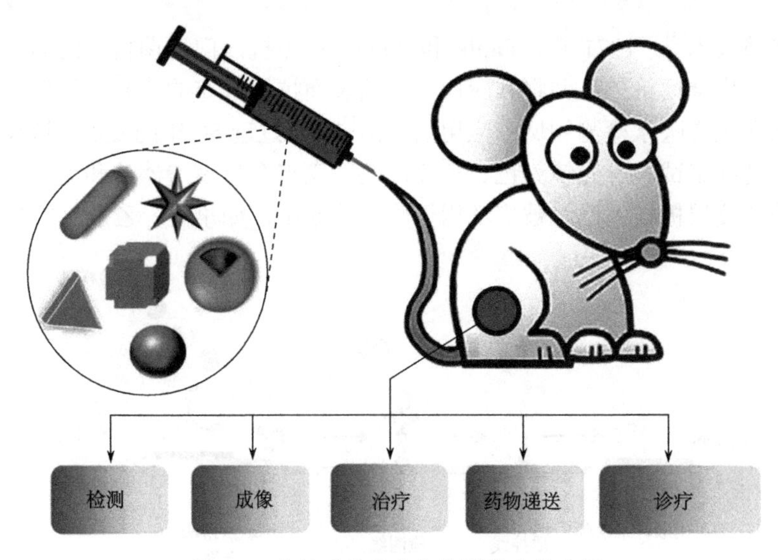

图 3-1　金纳米结构在生物医学中的应用

3.1　贵金属纳米颗粒在生物医学检测中的应用

生物医学检测是指运用工程的方法去测量机体的形态、生理机能及其他状态变化的生理参数，其在临床应用、生理医学研究等诸多领域中都起着十分重要的作用。其中，在对微观的生理信号及变化过程进行检测时，必须对生物标志物进行合适的标记以便准确、稳定地读出信号。在传统的生物医学检测中，有机荧光小分子因其易于操作、读出，对标志物生物行为影响小等优点而被广泛使用。然而，这类有机荧光小分子的光稳定性较差，难以满足长时间、重复多次的信号读出，因此，发展新型的生物标记方法得到了广泛的关注与研究。

近年来，随着纳米合成技术的飞速发展，众多荧光纳米颗粒如量子点、上转换荧光纳米颗粒、金/银荧光纳米簇等具有良好光稳定性的纳米荧光探针被成功地合成出来，并应用于生物检测。除了荧光性质，金等贵金属纳米颗粒还具有独特的表面等离子共振、拉曼散射、荧光能量共振转移等性质，这些独特的光学性质同样可以被用于生物医学检测。

3.1.1　免疫胶体金技术在生物医学检测中的应用

免疫胶体金技术是 20 世纪 70 年代发展起来的一种基于抗原抗体特异性识别的固相标记检测技术。它以红色胶体金为标记物，并利用其来显示抗原抗体间的特异性识别反应，使得反应结果直接在固相载体上显示(图 3-2)。早在 1962 年，Feldherr 等利用胶体金颗粒的高原子序数特性，发明了免疫胶体金技术并将其用于免疫电镜技术[2]。1971 年，Faulk 和 Taylor 将兔抗沙门氏菌抗血清与胶体金颗粒结合制备出金标抗体，并将其应用于细菌表面抗原分布的检测，开创了胶体金免疫技术在生物医学检测领域中应用的先河[3]。经过近 50 年的发展，该技术已经发展到被动凝集试验、光镜染色、免疫印迹、斑点金免疫渗滤法和免疫层析技术等，其中免疫层析技术已经被广泛用于临床诊断中，如早孕、乙肝、寄生虫等。

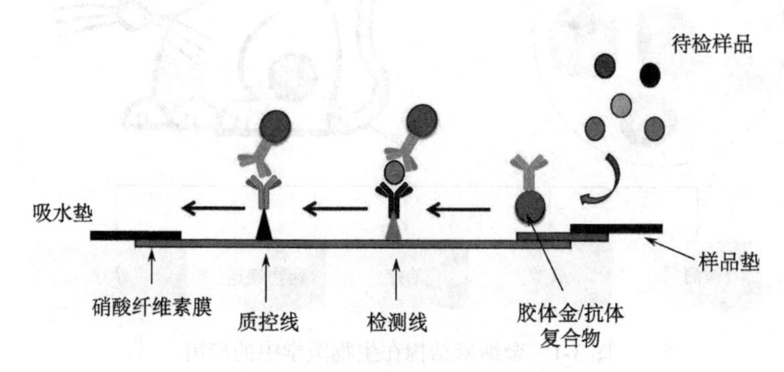

图 3-2 免疫胶体金技术示意图

与生物医学检测中常用的荧光素、放射性同位素标记等方法相比，免疫胶体金技术在免疫标记中具有如下优点：①胶体金制备简单，重复性好，成本较低；②胶体金颗粒尺寸均一并连续可调，能够满足同时检测多种物质的要求；③检测结果既可直接肉眼观察，又可用光学显微镜和电子显微镜观察；④与放射性同位素标记相比，其还具有良好的安全性。但是，该方法在检测的准确性、灵敏度以及检测范围等方面还有待进一步的提高。

3.1.2 贵金属荧光纳米簇在生物医学检测中的应用

贵金属纳米簇是一类由几个到上百个原子组成的超小纳米结构。作为原子与纳米颗粒之间的桥梁结构，贵金属纳米簇的诸多理化性质得到了广泛的关注与研究。

早在 1987 年，Marcus 与 Schwentner 等研究发现通过使用高能 Ar^{+}粒子轰击金靶可以得到具有光致发光性质的金纳米簇，后续的研究发现金纳米簇具有尺寸依赖性的光致发光性质[4]。随着纳米合成技术的发展，研究人员通过对反应体系进行调控制备出多种具有不同发光性质的金、银、铂等贵金属纳米簇，并发现这些贵金属纳米簇具有斯托克斯位移大、毒性较低和荧光量子产率高等特点，而可被作为一种优良的光学生物探针使用。与传统有机染料、共轭低聚物/聚合物以及半导体量子点相比，贵金属纳米簇具有更好的光稳定性和生物相容性，并且其发射光谱可以容易在可见光和近红外光区进行调节。最近，很多基于贵金属荧光纳米簇的传感器被研发出来，用于蛋白质、金属离子、葡萄糖等分子的检测。

信号减弱(turn off)检测法是利用贵金属纳米簇与待检测分子或离子通过共价键或物理吸附，使其光致发光强度显著下降，进而实现待测分子定性、定量检测的一种方法。因此，通过使用不同有机配体制备的贵金属荧光纳米簇，可以实现对不同类型的分析物进行定性或定量的检测。例如，利用辣根过氧化物酶(HRP)作为有机配体合成的金荧光纳米簇在过氧化氢存在的情况下，其荧光发射强度会被明显地猝灭，并与过氧化氢浓度呈线性关系，因而可用于过氧化氢的定量检测[5]。然而，以牛血清白蛋白(bovine serum albumin, BSA)为有机配体制备的金纳米簇的荧光强度在相同的过氧化氢处理条件下无明显变化。研究发现该方法对过氧化氢的检测限(limited of detection, LOD)为 30 nmol/L，远低于其他已报道方法的检测限(100 nmol/L～100 mol/L)。

此外，蛋白酶是一类能够将蛋白质水解成多肽或氨基酸的水解酶。研究发现在蛋白酶的存在下，金纳米簇周围的蛋白质壳将会被分解而致使其荧光被空气中的氧气有效地猝灭，因此可以将蛋白质作为有机配体的金纳米簇用于构建蛋白酶的检测探针(图 3-3)[6]。同时，利用蛋白酶对蛋白底物的选择性，可以通过简单地改变荧光纳米簇的蛋白质配体种类，从而实现对不同蛋白酶的定量检测分析。例如，以 BSA 为有机配体的金荧光纳米簇可用于蛋白酶 K 的检测，其检测限为 1 ng/mL。因此，利用这种基于待测物质与有机配体之间选择性的相互作用，可以实现对多种小分子和重金属离子的特异性检测[5]。

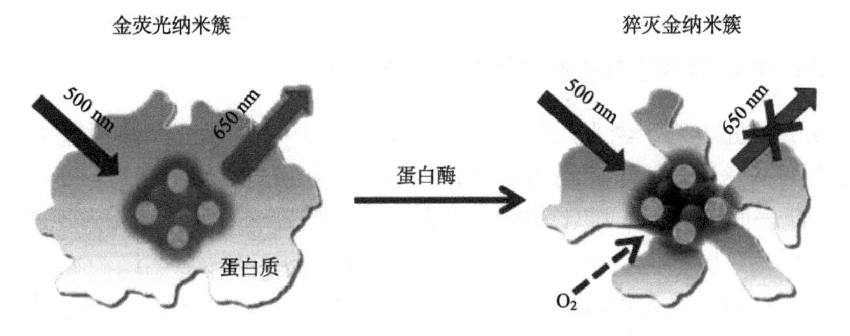

图 3-3　BSA 为有机配体的金荧光纳米簇可用于蛋白酶 K 的检测

除了利用上述的方法来调控荧光纳米簇的荧光性质，最近的研究表明一些分子或离子能够通过溶解金荧光纳米簇的核来降低其荧光发射强度，并可以据此构建特异性的荧光检测探针。例如，氰根离子(CN^-)是环境中毒性最强的阴离子之一，其可通过与 α_3 型细胞色素的特异性结合来抑制线粒体中电子传递链。研究表明，人体摄入的 CN^-在低至 1 mg/L 的血液浓度下也可通过抑制中枢神经系统的功能而直接导致机体在几分钟内死亡[7]。前期的研究表明 CN^-可以与金原子络合形成$[Au(CN)_2]^-$，即 Elsner 反应。因此，研究发现 BSA 稳定的金纳米簇中同样可以

被 CN^-溶解，其荧光强度发生显著的降低，其对 CN^-的检测限为 0.2 μmol/L，比世界卫生组织(WHO)推荐的饮用水中 CN^-含量的最高水平低了 14 倍。

与上述信号减弱检测法不同，通过利用待检测物与贵金属纳米簇之间特异性的相互作用来提高其荧光发射强度这一特性可以构建信号增强(turn on)检测法以实现对待检测物的定性或定量的分析。例如，谷胱甘肽(GSH)可以显著选择性地增强组氨酸稳定的金纳米簇的荧光强度[8]。在 GSH 单独存在的溶液中，金纳米簇光致发光的量子产率可以超过 10%。基于这种信号增强的检测策略，组氨酸稳定的金纳米簇对 GSH 的检测限达到 0.2 mol/L。

利用 Hg^{2+}与 Au 之间的相互作用，Hg^{2+}能够有效地猝灭金纳米簇的荧光，然而生物硫醇和 Hg^{2+}之间具有更强的相互作用。因此，在生物硫醇存在的条件下，其可以竞争性地与金纳米簇表面的 Hg^{2+}结合而使得金纳米簇的荧光恢复。所以，Hg^{2+}猝灭的金纳米簇作为生物硫醇的检测探针，可以用于检测不同的生物硫醇，其中半胱氨酸、谷胱甘肽和高半胱氨酸的检测限分别为 8.3 nmol/L、9.4 nmol/L 和 14.9 nmol/L[9]。

虽然基于贵金属纳米簇的光致发光的传感器具有良好的选择性和灵敏度，在生物医学检测中体现出良好的应用前景，但是该方法仍有如下的不足之处有待进一步的提高：①由于金等原料以及荧光光谱仪的价格比较高，这种传感器的成本难以大幅降低；②由于这类传感器依赖于荧光光谱仪来读出信号，所以目前仍难以设计成便携式传感器。

3.1.3 基于表面等离子共振性质的生物医学检测

早期的研究表明，当光照射到金、银等贵金属纳米颗粒时，纳米颗粒内的自由电子会立即感知周围电磁场的变化并以与入射光相同的频率相对于金属粒子发生振动，即表面等离子共振(LSPR)。贵金属纳米颗粒这一独特的光学性质使得其在生物传感器、肿瘤光学治疗等生物医学领域得到了广泛的应用。

近年来，研究发现可以通过对金、银等贵金属纳米颗粒的局部折射率、聚集状态等参数进行调控，进而有效地调节其 LSPR 的峰位。例如，当分析物分子通过化学或物理吸附覆盖金纳米结构的表面时，其局部折射率会发生改变，进而导致其 LSPR 峰位发生位移。此外，当金纳米颗粒间的距离大体上大于其平均粒径时，金纳米颗粒的悬浮液将显示为红色；而当颗粒间的距离减小到小于其平均粒径的尺度范围时，其颜色将从红色变为蓝色，这是由于单个金纳米颗粒的 LSPR 区域之间发生耦合。这一原理已经被广泛用于设计和制造各种基于贵金属纳米颗粒的比色传感器。目前，已经发展了许多具有不同形状的金纳米结构的比色检测组件，可以用于金属离子、小分子、DNA 和蛋白质等物质的分析检测(图 3-4)[10]。研究发现，在添加分析物后，金纳米颗粒将发生聚集，其 LSPR 峰将向更长的波长移动，这一现象被称为红移。在某些特殊分子或离子溶液中，金纳米颗粒的聚集体也可以分解成单个纳米颗粒。在这种情况下，金纳米颗粒悬浮液的 LSPR 峰将向较短的波长移动，称为蓝移。这两种情况下，金纳米颗粒的悬浮液有明显的颜色变化，可以用于比色检测。

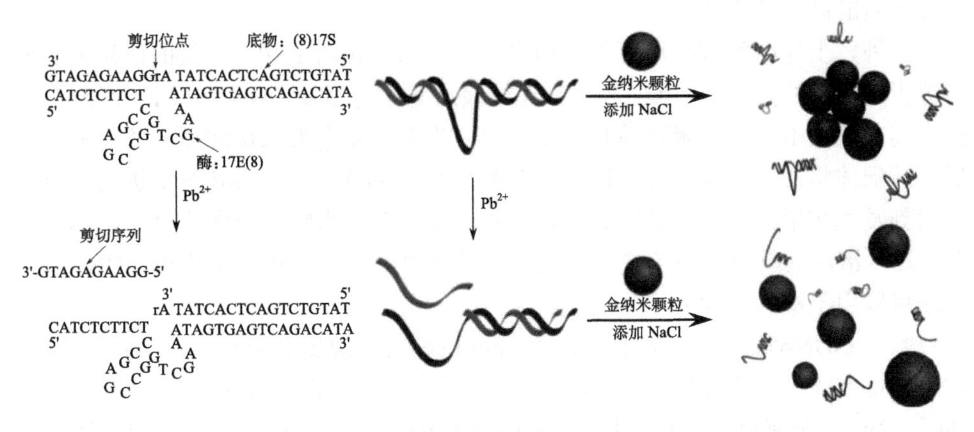

图 3-4　金纳米颗粒在 Pb^{2+}检测中的应用

利用贵金属纳米颗粒的红移性质，其可被用来通过无标记(label-free)的方法对待分析物进行检测，还无需对其颗粒的表面性质进行修饰。例如，柔性的未折叠的单链 DNA(ssDNA)可以充分暴露其带正电荷的碱基，可以通过静电作用吸附到带负电荷的柠檬酸盐保护的金纳米颗粒表面，进而增强金纳米颗粒在高盐溶液中的稳定性；而折叠的 ssDNA 和双链 DNA(dsDNA)则仅能暴露带负电荷的磷酸骨架，因而无法增强金纳米颗粒在高盐溶液中的稳定性。Rothberg 及其同事利用金纳米颗粒这一诱导聚集的性质，设计出一种高效的 ssDNA 检测方法。当向 ssDNA 稳定的金纳米颗粒的高盐溶液中加入未折叠的互补靶 ssDNA 之后，溶液中未折叠的 ssDNA 浓度将下降，溶液中的金纳米颗粒在高浓度的盐溶液中将发生聚集，导致溶液从红色变到蓝色，其明显的颜色变化可以通过肉眼分辨[11]。基于该简单的比色法测定，ssDNA 的检测限可以达到 100 fmol。利用核酸适配体对蛋白质、腺苷三磷酸(ATP)、可卡因、腺苷和金属离子等特异性识别能力，将上述检测方法中的 ssDNA 替换成核酸适配体后，可以实现对蛋白质、ATP、可卡因、腺苷和金属离子等不同物质的高灵敏检测。

在基于贵金属纳米颗粒的标记(labeled)方法检测策略中，纳米颗粒的表面必须通过特异性配体修饰才能实现其选择性和灵敏性。在该策略中，当加入分析物之后，利用分析物与纳米颗粒表面缀合的配体之间发生特异性的相互作用而使得纳米颗粒快速聚集，从而实现对分析物的高灵敏检测。例如，用巯基烷基寡核苷酸修饰的金纳米颗粒可以用于多核苷酸的选择性比色法检测[12]。当修饰有巯基烷基寡核苷酸金纳米颗粒的交联网络开始形成时，溶液的颜色从红色变为蓝色；通过改变体系温度使核酸交联网络发生变性，可以对错配碱基进行区分。该方法可用于单碱基错配的检测，已有文章报道该方法对 ssDNA 的检测限能达到 10 fmol。此外，通过在颗粒表面修饰不同的探针，该方法能够实现对蛋白质、小分子和离子等物质的高灵敏检测。

此外，上述两种方法还可以利用贵金属纳米颗粒的 LSPR 峰位的蓝移来实现对分析物分子的高灵敏检测。例如，在核酸适配体与互补 DNA 形成 DNA 双链体后，高盐溶液中的金纳米颗粒将发生聚集；当向体系中加入核酸适配体的靶分子后，适配体将发生折叠，释放出与之互补配对的 ssDNA，该 ssDNA 进而可以被吸附到发生团聚的金纳米颗粒表面，并将团聚的金纳米颗粒分散成单个金纳米颗粒。这时溶液的颜色从蓝色变为红色。通过使用不同的核酸适配体和 ssDNA，该方法可以用于检测多种分子与离子。

除了 ssDNA 与核酸适配体，DNAzyme 也可用于构建贵金属纳米颗粒传感器。DNAzyme 是一类具有催化化学反应能力的 DNA，目前已筛选出多种对 Pb^{2+}、Cu^{2+}、Zn^{2+}等金属离子具有高特异性的 DNAzyme。DNAzyme 通常含有一段具有酶活性的序列和一段底物序列，其中底物序列能够在腺苷酸位点被水解成多条未折叠的 ssDNA。在 DNAzyme 存在的情况下，表面修饰有与其互补配对的 ssDNA 的金纳米颗粒会发生团聚进而形成蓝色的金纳米颗粒-DNA 复合物。当向体系中加入 Pb^{2+}、Cu^{2+}等离子后，DNAzyme 将被切成片段并破坏金纳米颗粒-DNA 复合物，从而使得金纳米颗粒的 LSPR 峰位发生蓝移，体系从蓝色变为红色[10]；该方法对 Pb^{2+}的检测限为 0.3 mol/L[13]。鉴于美国国家环境保护局制定的含铅漆中的 Pb^{2+}最高标准为 0.5%，因此该方法可用于检测含铅漆中 Pb^{2+}的含量。通过使用不同类型的核酸适配体和 DNAzyme，这种“labeled”检测方法还可以被用于检测其他类型的分子或离子。

尽管这种基于比色的检测方法相对简单，并且可以简单地通过改变探针来实现对多种靶分子的分析检测，但其仍具有以下缺点：①贵金属与核酸成本较高；②与基于荧光的检测方法相比，比色法的灵敏度比较低。

3.1.4 基于表面增强拉曼散射的生物医学检测

1928 年印度科学家 C.V.拉曼实验发现，当光波穿过透明介质时被分子散射，其频率将发生变化，这一现象被称为拉曼散射。其中，由于样品表面或近表面的电磁场的增强，吸附分子的拉曼散射信号比普通拉曼散射信号大大增强的现象被称为表面增强拉曼散射（surface enhanced raman scattering, SERS）。考虑到电磁场的增强与金属基底的尺寸、形状以及元素种类等都密切相关，金、银等金属由于其在可见光与近红外光区具有宽而较强的 LSPR 吸收峰而被广泛用于 SERS 的基底材料研究。同时，由于金比银具有更好的化学稳定性以及更好的生物安全性，因此，近年来大量不同尺寸和形貌的金纳米颗粒被制备出并用于 SERS 生物传感器的设计。

与光致发光以及比色法相比，SERS 检测法灵敏度更高。最近的研究表明无论“label free”和“labelled”的方法都被研究用于SERS传感器的构建。在“label free”策略中，可以根据分析物特异的 SERS 峰来确定分析的种类。研究发现 SERS 的基底既是单一的金纳米结构，也是金纳米颗粒的聚集体；其中，由于金纳米颗粒聚集体形成了热点，因而其比单个金纳米颗粒具有更好的拉曼增强效果。El-Sayed 等科学家研究发现 EGFR 抗体修饰的金纳米棒可被用于检测癌细胞[14]。他们发现当金纳米棒与癌细胞结合后，CTAB 和 EGFR 抗体的拉曼信号会显著增强；同时，利用 EGFR 抗体与癌细胞表面受体的特异性结合能力，这种 SERS 检测方法可以揭示癌细胞表面的分子信息，从而可以区分癌细胞与正常细胞。此外，苏州大学刘庄等的研究表明，在单壁碳纳米管表面原位生长金、银等纳米颗粒后可以显著增强拉曼信号，同时通过在该单壁碳纳米管-金纳米复合物表面修饰叶酸后实现对高表达叶酸受体的癌细胞的特异性检测(图 3-5)[15]。此后，Liz-Marzán 及其同事研究发现通过利用金膜和金纳米星之间的夹心结构，可以实现对多种分析物的痕量检测，检测限低至 10^{-21} mol[16]。

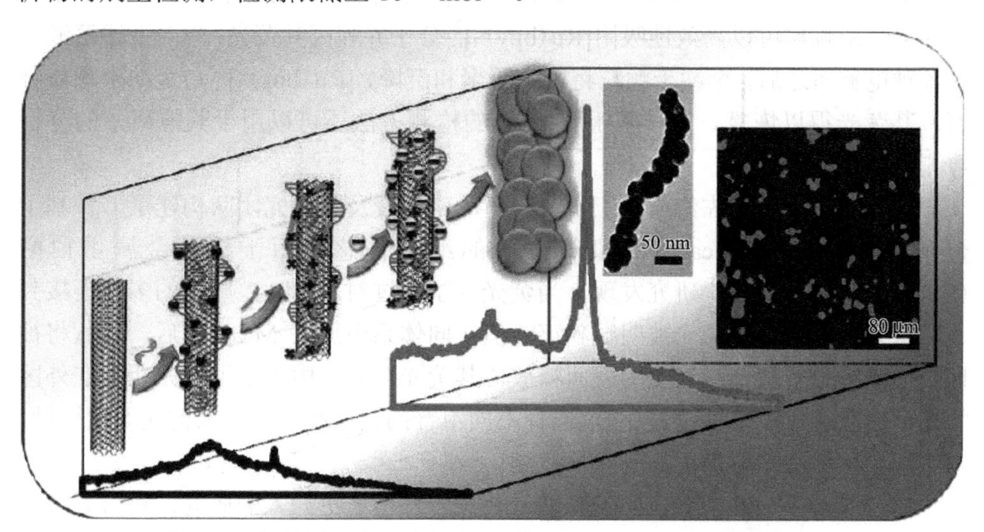

图 3-5　碳纳米管-金纳米颗粒复合物在癌细胞 SERS 检测中应用

另外，通过将拉曼分子偶联到金纳米颗粒的表面可以制备出可用于拉曼检测的 SERS 标签(Raman tag)。通过对其进行进一步的包裹、偶联识别配体等修饰后可以制备出具有更好生物稳定性、相容性以及特异性识别能力的 SERS 标签。由于其独特的拉曼图谱特征和高检测灵敏度，SERS 标签法可用于多通路多种生物分子等复杂体系的超灵敏检测。基于此，通过使用不同的 SERS 标签，首先实现了对抗原的特异性识别。另外，修饰有不同抗体和拉曼信号分子的 SERS 标签，可以通过抗体和抗原之间的特异性相互作用而与不同的抗原分子结合，从而可以通过不同的拉曼分子来检测抗原，进一步提高检测的准确性。此外，SERS 标签还可用于活体动物中肿瘤检测以及生物分布研究。

尽管基于 SERS 的传感器具有极好的选择性和灵敏度，但是它们的使用范围还是受到金的高成本以及拉曼光谱仪的限制。此外，由于在同一底物的不同区域上的 SERS 增强因素的差异以及不同底物之间的 SERS 增强因素的差异，因此 SERS 检测法难以用于定量分析。

3.1.5 基于光致发光猝灭的生物医学检测

除了上述众多优异的光学性质，金等贵金属纳米颗粒因其较高的摩尔消光系数以及较大的能量带宽，能够有效地猝灭吸附或偶联在颗粒表面的荧光分子的荧光信号，因此可以作为一个高效的荧光能量共振转移(FRET)受体，即荧光猝灭剂。基于此，Murray 教授及其研究团队设计了一种基于金纳米粒子与荧光分子$[Ru(bpy)_3]^{2+}$的纳米传感器，并用于检测多种金属离子[17]。其工作原理为：利用*N*-2-巯基-氧-甘氨酸(硫普罗宁)和$[Ru(bpy)_3]^{2+}$之间的静电吸附作用，硫普罗宁修饰的金纳米颗粒可以高效地吸附$[Ru(bpy)_3]^{2+}$分子并猝灭其荧光；当向上述溶液加入各种电解质之后，金纳米颗粒将发生团聚和沉降，$[Ru(bpy)_3]^{2+}$与金纳米颗粒分离，其荧光得以恢复。这种基于 FRET 的检测方法还可以用于其他离子的分析检测。

基于这一原理，佐治亚理工学院的夏幼南教授及其研究团队构建了一种基于金纳米笼(gold nanocage)和染料分子的纳米传感器用于检测金属蛋白酶(MMP-2)(图 3-6)[18]。研究发现，当荧光分子通过对 MMP-2 敏感的多肽连接到金纳米笼表面后，其荧光被明显猝灭；但在向体系中加入 MMP-2 后，多肽将被切断，染料分子从金纳米笼的表面释放，其荧光恢复。由于金纳米笼在近红外区的光学性质的可调控性，可以通过选择不同组合的链接肽和染料来构建不同探针，以实现在活体水平对多种酶的分析检测。

通过对基于金纳米颗粒的荧光能量共振转移体系更深入的研究，科研人员利用金纳米颗粒、连接 ssDNA 以及荧光分子简单的三元体系构建了可用于单碱基错配检测的纳米传感器[19]。由于该体系中荧光分子的猝灭程度与其与金纳米颗粒之间的距离密切相关，因此当连接 ssDNA 与其互补 DNA 配对后，荧光分子与金纳米颗粒之间的距离变大，体系的荧光强度可以增加 3 个数量级以上。与其他类型的传感器相比，该纳米传感器对单碱基错配的检测能力提高了 8 倍。在另一项

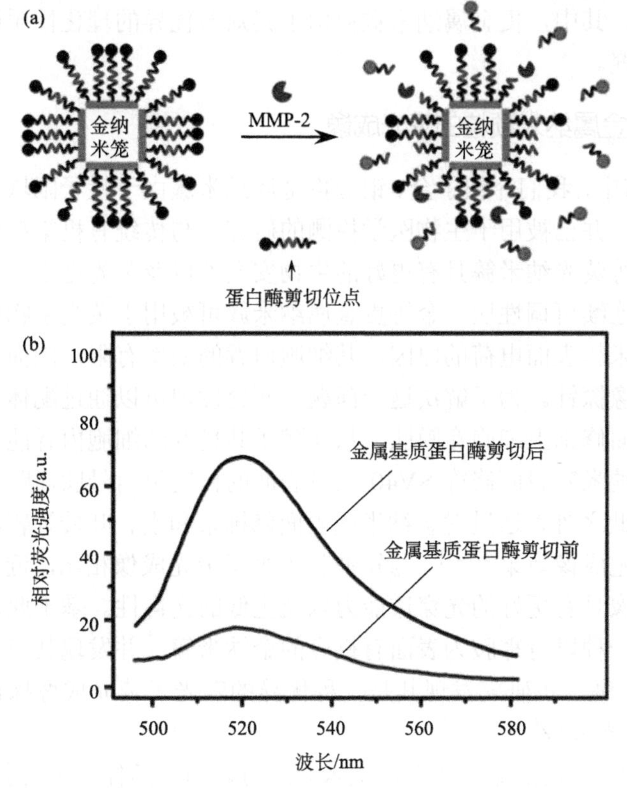

图 3-6 金纳米笼在 MMP-2 检测中的应用

研究中，Dulkeith 及其同事研究发现，以硫醚键连接不同尺寸金颗粒表面的荧光分子，其荧光猝灭的机理是荧光分子非辐射率增加和辐射率减小的协同作用[20]。进一步研究发现通过调节 ssDNA 的链长来控制 Cy5 分子和金纳米颗粒表面之间的距离，进而调控 Cy5 分子的量子产率。

利用金纳米粒子对荧光分子猝灭的能力，广大研究人员已经构建了众多不同类型的纳米传感器，实现了用于蛋白质、DNA、金属离子和小分子等多种物质的高灵敏检测。

3.2 贵金属纳米颗粒在生物成像中的应用

生物成像是借助某种介质(如荧光、X 射线、电磁场、超声波、放射性核素等)与生命体之间的相互作用，把生命体的内部结构、生命活动等信息以图像的方式呈现出来的一门科学技术。随着科学技术的不断进步以及基础研究与临床医学的需求，越来越多的生物成像手段被发明并进一步促进了生物医学基础研究以及临床诊断的发展。其中，贵金属纳米颗粒由于其众多优异的理化性质而被广泛用于生物成像的研究。

3.2.1 基于贵金属纳米颗粒的荧光成像

在 3.1.2 节中，我们介绍了金、银等贵金属纳米簇由于量子限域效应而具有可控的荧光性质，并已被用于生物医学检测的研究。与传统有机染料以及半导体量子点相比，金等荧光纳米簇具有更好的生物安全性以及荧光稳定性。同时，由于其荧光发射的连续可调性质，金等贵金属纳米簇可被用于荧光生物成像的研究。

由于金纳米簇表面电荷的原因，其细胞内吞的效率有限，因而不是一个理想的细胞荧光成像探针。为了解决这一问题，研究发现可以通过配体交换的方式在金纳米簇的表面修饰上细胞穿膜肽，从而赋予其良好的细胞内吞能力；此外，还可以通过在金纳米簇表面修饰 SV40 病毒表面的核定位信号肽而赋予其良好的进核能力[21]。除此之外，通过对金纳米簇表面修饰亲和素、叶酸等靶向分子也可以显著提高其细胞成像效果[22, 23]。与短波长单光子荧光成像相比，近红外光介导的双光子荧光成像具有更好的光穿透能力以及更低的光毒性。基于此，Nienhaus 及其同事合成了一种以青霉胺为表面有机壳的金纳米簇，并发现其双光子荧光量子产率为 1.3%；进一步研究发现其是一种优异的双光子荧光成像探针，可以用于 HeLa 细胞的荧光成像[24]。

除了用于细胞成像，金等贵金属纳米簇还可以用于活体水平的荧光成像。2010 年，有研究报道了 BSA 稳定的金纳米簇可用于活体水平的荧光成像，并且可以通过光谱分析的方法研究金纳米簇在活体器官中的分布行为[25]。近年来，Zheng 等制备了不同尺寸的 GSH 稳定的近红外荧光金纳米簇，并研究其在活体水平的分布及代谢行为[26]。通过直接追踪体内金纳米簇荧光信号的变化行为，发现直径为 2.5 nm 的金纳米簇的肾清除效率分别是 6 nm 和 12 nm 金纳米簇的 10 倍和 100 倍。

除了利用金纳米簇作为有效的荧光生物成像探针，研究发现其他多种金纳米结构以带间跃迁的方式产生的荧光在等离子共振存在的情况下强度可以增强几个数量级，并且可用于多种成像研究。目前，该类成像方法主要分为单光子、双光子和三光子荧光成像。其中，单光子成像需要利用紫外光或可见光作为激发光光源；有研究报道金纳米立方块(gold nanocube)的单光子激发荧光量子产率高达 4%，在 544 nm 激光(50 mW)的激发下，其可用于人的肝癌细胞以及人胎肾细胞的荧光成像[27]。尽管使用的激发光的功率相对较低，不会引起明显的光毒性，但是由于生物组织对紫外光和可见光具有强烈的吸收与散射，单光子荧光成像还不能用于活体水平的荧光成像。

为了解决上述问题，以近红外光为激发光的双光子荧光成像手段被发明用于生物成像。考虑到双光子荧光信号与激发光之间是平方的关系，双光子成像需要较高功率的飞秒脉冲激光作为激发光光源以便产生足够强的荧光信号。与单光子荧光成像相比，双光子荧光成像具有如下优点：①由于其信号强度与激发光之间是非线性的关系，因此可提供三维的空间分辨率；②其激发光为近红外光，所以在生物组织中具有更好的光穿透能力；③其信号易与组织的自发荧光分离。目前，双光子荧光成像技术已经被广泛用于研究纳米颗粒的进细胞行为以及体外和体内的细胞追踪研究；同时，该技术不但可以用于定性的生物成像，还可用于定量的研究金纳米颗粒的浓度，进一步拓展了这项技术的应用范围。利用此项技术，夏幼南教授课题组定量研究了 EGFR 抗体修饰的金纳米笼的进细胞行为，其分析结果与电感耦合等离子体质谱仪(ICP-MS)分析的结果一致，进一步说明了该项技术可用于金纳米颗粒的定量分析[28]。此外，该研究发现金纳米笼表面偶联抗体的数目、金纳米笼的尺寸以及与细胞孵育的时间和温度都对其进细胞能力产生明显的影响。该课题组进一步的研究发现，利用金纳米笼的双光子荧光性质，可以在活体水平对金纳米笼标记的间充质干细胞的行为进行长时程的追踪[29]。尽管双光子荧光成像技术有上述诸多优点，其仍有一些不足之处有待解决。例如，在进行双光子荧光成像时，高能脉冲激光会破坏金纳米材料的形貌与结构，同时产生的光热效应还会对材料周围的细胞产生灼伤；此外，双光子荧光成像的量子产率，在离体组织成像时会产生很强的背景荧光干扰，影响成像的质量。

三光子荧光成像由于使用更长波长的光源作为激发光，可以有效克服上述双光子荧光成像的光热效应以及背景荧光干扰等不足之处。进一步细胞成像研究表明，与双光子成像技术相比，基于金纳米笼的三光子荧光成像不会对细胞产生明显的灼伤，并且在整个成像过程中其荧光信号强度不会衰减，也不会有组织产生自发荧光。基于上述优点，三光子荧光成像较适合用于立体组织中金纳米颗粒分布行为的扫描分析。尽管三光子荧光成像技术具有上述优点，其量子产率还有待进一步提高。因此，在利用金纳米颗粒的荧光进行成像时必须全面地权衡组织穿透能力、光热损伤以及信号强度之间的相互关系以便选择更为合适的成像模式。

除了各类金纳米颗粒，诸多具有荧光的银、铂等贵金属纳米颗粒也被广泛用于类似的生物成像研究。此外，除了直接对金纳米结构自身的荧光性质进行生物成像研究，大量的研究表明还可以通过在没有荧光的各种金纳米颗粒表面偶联上荧光分子，进而研究其细胞吞噬行为以及在活体水平的分布、代谢行为。

3.2.2　基于贵金属纳米颗粒的暗场生物成像

金等贵金属纳米颗粒的光散射能力会随着颗粒尺寸的变大而增强，而与颗粒的形貌没有明显的关系。研究表明一个金纳米颗粒散射的光的强度是一个荧光分子发射光的一百万倍；同时，由于金纳米颗粒的散射光易于被检测和定量分析，利用金纳米颗粒的弹性散射光进行生物光学成像具有良好的应用前景。

暗场显微镜既可用于采集金纳米颗粒的弹性散射光，又可用于金纳米颗粒的成像；研究表明金纳米棒、纳米盒以及纳米笼等可被用于单一颗粒的检测。2005 年，El-Sayed 教授课题组首次报道了暗场显微镜用于单一金纳米颗粒成像的研究[30]。进一步研究发现，该技术还可用于定量地比较 EGFR 抗体修饰金纳米颗粒对不同肿瘤细胞以及正常细胞的靶向能力。考虑到金纳米颗粒的散射能力在其 LSPR 峰位时达到最大，可以利用具有不同 LSPR 的金纳米结构的散射光来制作颜色编码。2007 年，Irudayaraj 研究团队利用此策略研究了细胞表面不同生物标志物的分布行为[31]。他们利用不同长径比的金纳米棒同时成功地分析了细胞表面 CD44、CD24 和 CD49f 三种分子的分布行为。鉴于生物组织具有较强的光吸收以及光散射，在活体成像时会严重削减信号的强度进而降低成像的分辨率以及信噪比，所以目前暗场生物成像技术仅适用于细胞水平的分析研究。

3.2.3 基于贵金属纳米颗粒的光声成像

当分子或材料被光照射后，会将吸收的光子的能量传递给自身的电子并将其激发到更高的能级；高能级的电子在迅速弛豫回到基态的过程中会以辐射衰变的方式释放出光子，或以非辐射衰变的方式释放出热能，其中前者即为光致发光现象，而后者即为光热现象。当局域空间被迅速加热时，累积的热量不能快速扩散会导致热弹性膨胀和爆炸性气化，从而伴随着光声信号的产生。一般而言，快速升温以及巨大的温差有利于光声信号的产生，所以脉冲激光常被用于光声成像。由于光声成像同时整合了光学成像和超声成像的优点，所以光声成像不但较传统的光学成像具有更好的组织穿透能力，而且相较于超声成像具有更好的成像分辨率。

利用血红蛋白与脱氧血红蛋白天然的造影功能，光声成像是一种理想的研究血管结构与血氧饱和度的非侵入性成像手段。然而，机体其他浅表组织以及实体肿瘤(黑色素瘤除外)等都缺少足够的造影能力，因而无法直接通过光声成像对其区分检测。因此，必须通过引入合适的造影剂才能实现对肿瘤等特定区域的光声检测。鉴于多种金纳米结构具有连续可调的近红外 LSPR 峰、高效的光热转换能力以及肿瘤被动靶向富集能力，因而有望成为高效的肿瘤光声成像造影剂。2004 年，Oraevsky 教授及其研究团队首次报道了金纳米颗粒作为光声造影剂的相关研究[32]。他们研究发现通过将偶联有赫赛汀的金纳米颗粒与 SK-BR-3 乳腺癌细胞孵育后，能够明显提高细胞在光声成像下的信号强度，表明金纳米颗粒可以具有良好的光声造影能力。此后不久，Wang 教授及其研究团队研究金纳米壳在活体水平的血管光声造影能力[33]。将聚乙二醇修饰的金纳米壳经过尾静脉注射到大鼠体内后，可以通过光声成像直接观察金纳米壳在大鼠脑皮层中的分布情况；同时，可以通过分析图像中金纳米壳信号强度的变化，来研究其血液循环时间等行为。

研究发现，通过注射金纳米壳，光声成像的造影能力提高了 63%，显著提高了脑皮层中血液体积测量的灵敏度。此外，夏幼南教授与 Wang 教授课题组合作研究发现金纳米笼同样可以用作光声成像的造影剂，并且通过光声成像研究比较了金纳米笼的肿瘤被动与主动靶向能力[34, 35]。通过定量比较发现，在静脉注射材料 6 h 时，通过主动靶向在肿瘤部位富集的金纳米笼的光声信号强度较被动靶向组增强了约 300%。该研究不但表明金纳米笼是一种良好的肿瘤光声成像造影剂，而且说明通过对金纳米笼表面进行合适的功能化能够显著影响其在肿瘤部位的富集(图 3-7)。

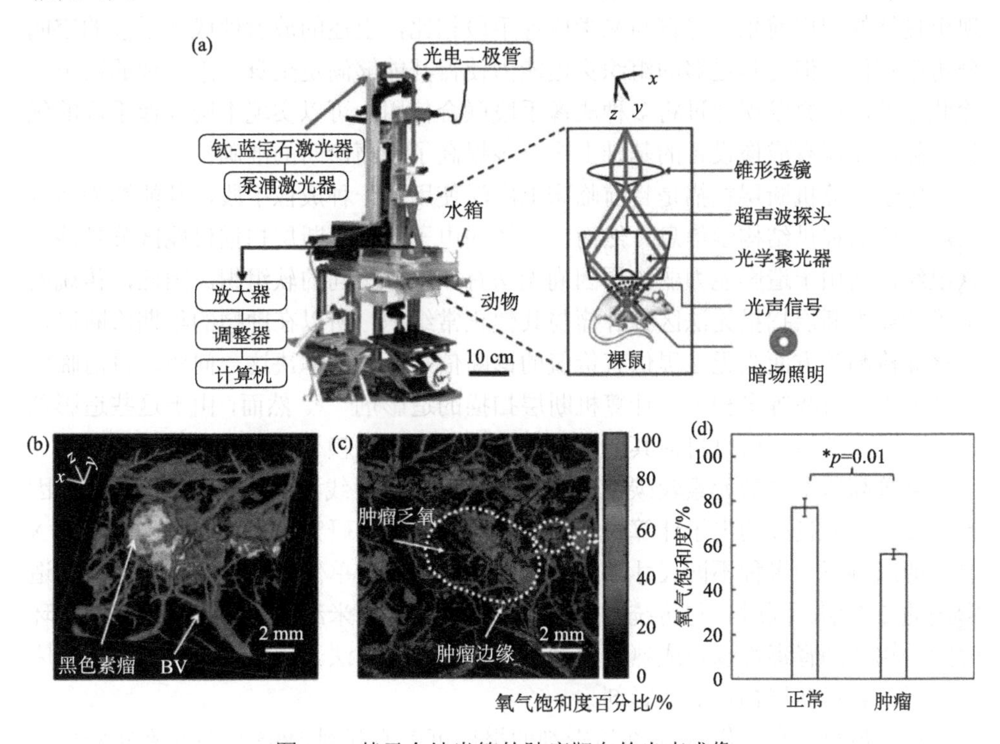

图 3-7 基于金纳米笼的肿瘤靶向的光声成像

鉴于肿瘤细胞在发生转移后会首先在前哨淋巴结等富集，因此检测淋巴结内的转移细胞对癌症的诊断与治疗具有重要的意义。考虑到金纳米颗粒会通过淋巴循环途径从组织迁移到附近的淋巴结，近期研究探索了金纳米颗粒用作前哨淋巴结光声检测的造影剂的可行性[36]。研究发现，在注射材料 5 min 后，淋巴结部位即可检测到材料的光声信号并于 28 min 后则可观测到清晰的图像；其信号能够继续增强并保持几小时，使得具有足够的时间窗口用于检测。通过在淋巴结表面覆盖上不同厚度的鸡胸肉来研究光声成像的组织穿透能力，发现光声成像在鸡胸肉厚度为 33 mm 的条件下仍可清晰地检测到淋巴结，这一距离远大于人体淋巴结在皮下的位置(12 mm 左右)[37]。因此，与现有的检测方法相比，在借助金纳米笼作为造影剂的条件下，光声成像具有足够优异的灵敏度和成像深度用以人体的淋巴结检测。除了金纳米笼外，金纳米棒等众多 LSPR 峰在近红外区的金纳米结构都表明可用于淋巴结的光声检测。

3.2.4 基于贵金属纳米颗粒的放射性成像

除了上述诸多在光学成像方面的应用，金等贵金属纳米壳在电子计算机断层扫描(CT)、正电子发射断层成像(PET)等临床中广泛使用的放射性成像方面也体现出良好的应用前景。尽管与光学成像手段相比，上述的放射性成像手段的空间分辨率较低，但是其足够的组织穿透能力使得其能够满足全身三维成像的需求。除此之外，研究发现通过将多种成像手段联合使用，可以实现不同成像手段的优势互补，在现有成像设备的基础上进一步提高了肿瘤诊断的准确性。

电子计算机断层扫描是目前临床上广泛使用的一种成像手段，其能够为多种疾病的诊断提供结构学信息。然而，传统的电子计算机断层扫描仅能区分骨骼与软组织，而由于造影能力弱的原因尚无法有效区分不同的软组织。因此，传统的电子计算机断层扫描无法区分肿瘤与其他正常组织，所以在肿瘤的早期诊断以及转移瘤检测等方面尚无法提供有价值的诊断信息。为了解决这一问题，目前临床上开发了碘海醇等多种电子计算机断层扫描的造影剂[129]。然而，由于这些造影剂都没有靶向功能，所以目前其造影能力的提高主要依赖于造影剂的灌注剂量。

金等高原子序数元素较碳、氢等生命元素对 X 射线具有更好的削弱作用，因此可作为一种良好的电子计算机断层扫描的造影剂。研究发现，在临床使用的 X 射线的剂量下，多种不同尺寸与形貌的金纳米结构的单位质量衰减系数是含碘造影剂的 2.7 倍。同时，与传统含碘造影剂相比，金纳米结构具有更长的血液循环时间、较低的肾毒性以及成熟的表面修饰靶向分子方法。因而，其有望成为临床上电子计算机断层扫描的造影剂。

尽管最早将金用作 X 射线造影剂的报道可以追溯到 1895 年伦琴在实验中发现其妻子手指上的金戒指比骨骼对 X 射线具有更好的削弱能力，但是只有将块体的金制备成可注射的金纳米颗粒后，其方可用作电子计算机断层扫描的造影剂。2004 年，Smilowitz 首次在活体水平观测到金纳米颗粒对 X 射线具有削弱能力[38, 39]。研究发现，当注射金纳米颗粒后，100 μm 以下的血管仍可被清晰地与周围软组织区分开；同时，由于其血液循环时间较长、肾代谢速度较慢，因而能够比传统含碘造影剂提供更长的成像造影时间。另外，在未修饰靶向分子情况下，该纳米颗粒也能被动靶向肿瘤；注射 15 min 后，肿瘤与肌肉组织的信噪比为 3.4，而在注射后 24 h 时，信噪比将提高到 9.6[40]。此后，多种不同表面修饰的金纳米颗粒被用于肿瘤造影研究，并发现其造影能力与金的浓度呈正相关的关系，并且小尺寸的金纳米颗粒由于比表面积大而具有更好的造影能力。尽管目前诸多研究表明各种金纳米颗粒可作为有效的电子计算机断层扫描的造影剂，并被用于血管及肿瘤成像造影，但是由于其成像灵敏度比较低，需要的金的浓度比较高。因而，目前的研究重点是构建多模态影像探针以实现肿瘤的高灵敏诊断。

正电子发射断层成像技术是目前临床上应用最广泛的分子影像手段，能够为疾病的诊断提供定量的影像学信息，是目前非常可靠的分子影像手段；同时，其还是研究金等各种纳米材料的生物分布、药代动力学行为等的标准方法。与电子计算机断层扫描不同，当金纳米颗粒用作其他放射性成像的造影剂时，其必须在标记放射性同位素后才可进行成像。根据颗粒表面标记的放射性同位素种类的不同，标记后的颗粒可用于正电子发射断层成像或单光子发射计算机断层成像(SPECT)。除了将放射性同位素通过螯合剂固定到金颗粒表面，最近的研究表明还可以通过直接还原的方法将放射性同位素引入金纳米颗粒的骨架中，获得具有更好标记稳定性的放射性合金[40]。例如，2014 年美国华盛顿大学圣路易斯分校 Liu 教授课题组在制备金纳米颗粒的体系中加入了乙酰丙酮铜和放射性的氯化铜得到了两种不同尺寸 ^{64}Cu 标记的金铜合金[41, 42]。通过正电子发射断层成像研究发现，小尺寸的纳米颗粒具有更好的肾清除能力，注射 48 h 后，分别有 36.2%和 40.8%的颗粒通过粪便和尿液的途径代谢排出体外。该研究表明，小尺寸的纳米材料具有更好的生物应用潜能。

上述直接还原方法制备的纳米颗粒的形貌较为单一，因而难以通过该方法制备具有不同形貌的金纳米结构以便研究形貌对其体内行为的影响。为此，美国国立卫生研究院陈小元教授课题组研究发现，可以在制备好的金纳米颗粒溶液中加入放射性 $^{64}CuCl_2$，并通过水合肼还原的方法将其生长到金颗粒表面[40]。体内研究表明，与传统的利用螯合剂标记放射性同位素的方法相比，该方法具有更好的标记稳定性。并且该方法可以推广多种纳米材料的标记并用于影像导航下的肿瘤治疗。

早期的研究表明能够产生 β 射线放射性同位素在衰变的过程中会产生切伦科夫荧光现象。考虑到切伦科夫荧光在可见光范围，其利用普通的光学成像设备即可进行生物成像研究。鉴于放射性同位素 ^{198}Au 与非放射性金同位素 ^{197}Au 具有相同的化学性质，其能够直接掺杂到不同的金纳米结构中。2013 年，夏幼南教授课题组通过在制备进纳米笼的过程中引入 ^{198}Au 的前驱体首次合成了 ^{198}Au 标记的金纳米笼[43]。进一步研究发现，通过该方法制备的放射性金纳米笼具有更好的标记稳定性，同时可以利用其切伦科夫荧光研究其肿瘤富集、生物分布等药代动力学行为。此后，该课题组还通过该策略制备了金纳米球、纳米盘、纳米棒等结构，并详细比较其血液循环、肿瘤富集、瘤内分布等药代动力学行为[44]。考虑到 ^{198}Au 的制备较为困难，该策略可以推广到 ^{64}Cu 等其他易于制备的能够产生 β 射线的放射性同位素。

3.3 贵金属纳米颗粒在药物与基因输送中的应用

纳米材料因其比表面积大、易表面修饰、肿瘤被动靶向富集等特点而被广泛用于药物载体研究，并在肿瘤治疗等诸多方面都体现出良好的应用前景。其中，贵金属纳米材料因其众多独特的理化性质如形貌易调控、表面易功能化、生物惰性、光热转换能力等而广泛用于化疗药物、光敏剂、核酸以及蛋白质等分子的可控递送。

3.3.1 基于贵金属纳米颗粒的药物载体设计

在过去的十多年中，广大科研人员利用金纳米颗粒表面丰富的理化性质设计了多种不同的药物装载方法，其中既有利用金原子与巯基、氨基之间特异性的共价偶联，也有利用静电吸附、氢键、范德华力等非共价作用方式进行药物装载(图 3-8)。

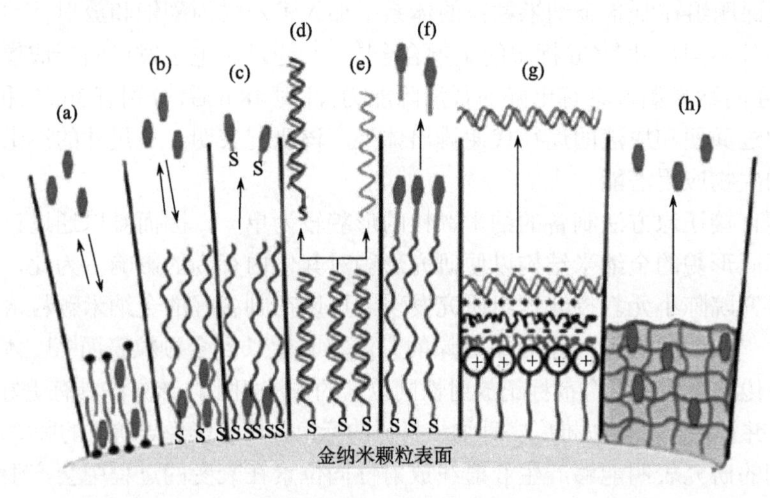

图 3-8 金纳米结构不同的药物装载方式的示意图

2008 年，Burda 教授课题组研究发现利用巯基与金纳米颗粒之间的共价相互作用可以将用于肿瘤光动力治疗的光敏剂偶联到金颗粒表面；与游离的光敏剂小分子相比，该金纳米颗粒光敏剂复合物具有更好的肿瘤富集能力。该课题组还进一步研究了通过不同方式偶联到金颗粒表面的光敏剂的释放行为，发现通过金-硫键偶联到金颗粒表面的光敏剂在 24 h 内都没有明显的释放[45]。然而，通过金-氮键偶联的光敏剂具有良好的释放行为，进而显著提高光敏剂的光动力治疗效果。研究发现除了直接将药物分子共价偶联到金颗粒表面，还可以将药物分子通过与有机配体偶联到金纳米颗粒。例如，2007 年，Zubarev 教授课题组研究发现可以将化疗药物紫杉醇以酯键与寡聚乙二醇偶联，然后将其与4-羟基苯硫酚修饰的金纳米颗粒偶联；通过热失重法分析计算出每个金颗粒表面偶联了70个紫杉醇分子[46]。此外，美国西北大学Mirkin教授课题组研究发现可以通过酰胺键将羧基末端的顺铂前药分子偶联到DNA修饰的金纳米颗粒表面；该复合物被细胞吞噬后，顺铂前药可以被细胞内谷胱甘肽等还原剂还原成顺铂，进而通过与细胞核内DNA结合而诱导癌细胞凋亡[47]。

与上述共价偶联的方法不同，研究人员发现表面带正电荷的CTAB稳定的金纳米棒可以通过静电作用将带负电荷的小干扰RNA或单链RNA吸附到表面，通过该策略可以在不引起明显细胞毒性的情况下显著下调靶基因的表达水平[48]。此外，研究发现还可以利用带相反电荷的聚电解质通过层层自组装的方式对金纳米颗粒进行修饰。国家纳米科学中心梁兴杰教授团队研究发现，利用聚乙烯亚胺和甲基马来酸酐修饰的聚烯丙基胺、以层层自组装方法修饰的金纳米颗粒，具有良好的药物与核酸递送功能。该纳米复合物在不引起明显细胞毒性的条件下具有良好的基因转染能力；与商业化的转染试剂Lipofectamine 2000相比，该复合物具有更好的基因干扰能力[49]。鉴于通过该策略能够有效保护核酸免受酶的降解以及制备方法简便易行，近年来有很多其他的聚电解质通过该方法修饰金纳米颗粒以用于基因与药物的递送。除此之外，研究发现范德华力、氢键等弱相互作用也被用于疏水化疗药物、核酸等分子装载与递送研究中。例如，Murphy教授课题组的研究表明，金纳米棒表面的CTAB双分子层中间是厚度大约3 nm的疏水区域，其可以用于1-萘酚的装载[50]。盐酸阿霉素等分子可以被成功地装载到DNA修饰的金纳米棒表面。Mirkin教授课题组的研究表明，可以利用核酸碱基间的氢键作用将靶向的DNA或RNA等核酸分子装载到其互补序列修饰的金颗粒表面。该方法不但能够显著提高核酸分子的进细胞能力，还能够增强其在血清等生理溶液中的稳定性[51]。

尽管上述诸多方法均可有效地装载药物分子，但是这些方法对其所装载的药物分子的释放行为都缺少足够的可控性。因此，通过合适的表面改性而赋予其药物分子的可控释放，不但能够有效地提高其治疗效果，而且显著降低其毒副作用，进而提高纳米药物载体向临床转化的前景。

3.3.2 基于贵金属纳米颗粒的光热可控药物释放

2009年，夏幼南教授课题组研究发现将金纳米笼表面修饰温敏的高分子或脂肪酸后可以赋予其高效的远程可控药物释放行为[图3-9(a)和(b)][52]，当环境温度低于高分子等相转变温度时，其可以有效地将药物分子或酶限制在金纳米笼内从而能显著降低其在富集到作用靶点前的非特异性释放；当将体系暴露于近红外激光下，金纳米笼表面的高分子会因光热升温而发生相变收缩，暴露金纳米笼表面的孔洞，进而迅速地释放其内部装载的药物分子。该课题组在之后的研究中发现，脂肪酸作为一种具有良好生物相容性的天然温敏材料同样可以有效地将药物分子装载于金纳米笼内，当利用高密度聚焦超声(HIFU)来提高体系温度时，装载的药物可以快速地释放[53]。基于这一策略，我们组的研究发现利用温敏材料聚己内酯-聚乙二醇嵌段高分子来修饰金纳米棒，同样可以赋予其良好的光热响应性药物释放行为，进而能够有效地克服癌细胞的多耐药性，并在活体水平体现出良好的肿瘤协同治疗效果[图 3-9(c)～(e)][54, 55]。

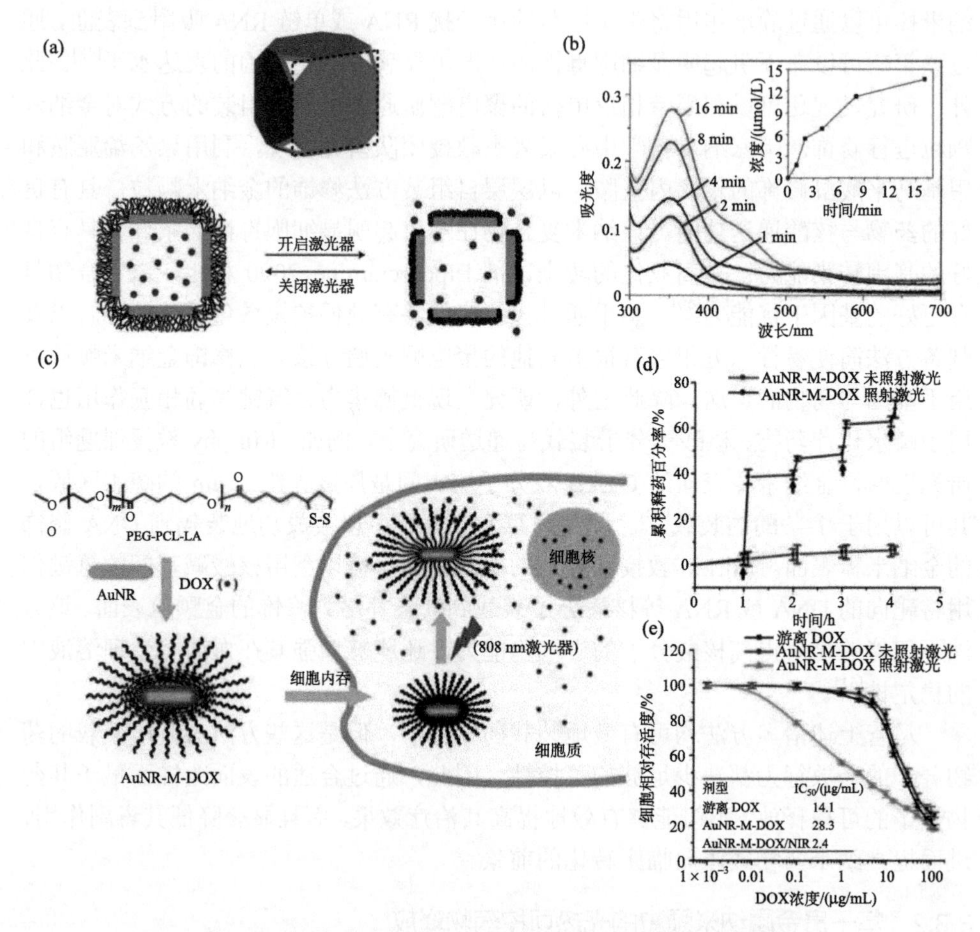

图 3-9 基于金纳米结构的光热可控药物释放平台的示意图

PEG-PCL-LA：聚乙二醇-聚己内酯-硫辛酸；AuNR：金纳米棒；AuNR-M-DOX：金纳米棒-胶束-阿霉素；IC_{50}：半数致死量

此外，研究发现通过调节 DNA 中 G/C 碱基对的比例可以有效调节其解链温度。所以，利用合适的 DNA 来修饰金纳米颗粒时，不但能够有效提高其稳定性，还可以利用其光热效应来调控 DNA 中装载的药物分子的释放行为[56]。2006 年，El-Sayed 教授课题组研究发现还可以利用金纳米棒的光热效应来调节表面核酸分子的释放行为[57]。利用类似的策略，研究发现利用金-硫键将 ssDNA 固定到金颗粒表面并利用碱基互补配对的原则将与之配对的 siRNA 固定到金颗粒表面；然后利用光热效应将 siRNA 释放，并在细胞水平观测到光热响应性基因下调现象[58, 59]。此外，通过在金纳米棒等纳米光热试剂的表面包裹介孔二氧化硅层，不但能够有效提高金纳米棒的稳定性，还能够进一步提高其药物装载能力并赋予其良好的光热可控药物释放行为。

3.4　贵金属纳米颗粒在肿瘤治疗中的应用

贵金属纳米颗粒除了可以用作高效的药物载体，其自身的一些优异的理化性质也可被直接用于肿瘤的治疗[4]。研究发现，贵金属纳米颗粒优异的光热转化能力使得其能将吸收的光子转化为热能而用于高效的肿瘤光热治疗；同时，研究发现其在合适波长的激光照射下能够产生活性氧自由基而通过光动力的机制杀死细胞；此外，其 X 射线削弱能力除了可被用作多种成像模式的造影剂，还可作为放疗增敏剂显著提高放射治疗的疗效。

3.4.1　贵金属纳米颗粒在肿瘤光热治疗中的应用

肿瘤的热疗是指将肿瘤细胞的培养温度升到 42℃或以上而造成细胞内蛋白质变性、细胞膜损伤，进而造成细胞死亡的一种癌症治疗手段。热疗不但能够直接杀死癌细胞，而且能够有效地提高癌细胞对其他多种癌症治疗手段的响应性，因而具有非常好的应用前景。但是，传统的加热方式缺乏良好的选择性而会对正常组织造成较为严重的损伤，这就限制了肿瘤热疗向临床转化的进程。近年来，随着纳米医学的快速发展，研究发现金等贵金属纳米颗粒不但具有良好的肿瘤被动靶向富集效果，还具有优异的光热转化效果，因而有望实现高选择性的肿瘤光热治疗[60]。

与有机的光热纳米材料相比，金等贵金属纳米材料在肿瘤光热治疗方面具有如下优势：①相比于有机染料分子，其具有更好的光稳定性；②其纳米级的尺寸使得其具有更好的肿瘤富集效果；③其在近红外光区的具有更高的消光系数使得其具有更好的光热转化效率；④其良好的成像造影功能，有望实现影像导航下的肿瘤光热治疗，更进一步地提高肿瘤光热治疗的选择性。近红外光（750～950 nm）在生物组织中具有更好的穿透能力，所以目前用于肿瘤光热治疗的贵金属纳米颗粒主要有金纳米棒、纳米壳、纳米笼以及纳米星等具有较高近红外吸收的纳米结构。

2003 年，美国莱斯大学 Halas 教授研究发现尺寸为 110 nm 左右的金纳米壳具有良好的光热转化能力，经过聚乙二醇修饰后其在细胞水平和动物活体水平都体现出良好的光热治疗效果；发现荷瘤小鼠经光热治疗治愈 90 天后均未见复发，从而体现了光热治疗优异的治疗效果[61, 62]。进一步的研究表明，对纳米颗粒表面进行合理的聚乙二醇修饰后能够显著延长其血液循环时间、提高其肿瘤的富集量，进而实现更高效的肿瘤光热治疗。此外，研究发现通过在纳米颗粒表面偶联靶向分子能够进一步提高其肿瘤的富集量，进而实现更好的肿瘤治疗效果[63]。为了解决贵金属纳米颗粒在体内难分解代谢的特点，聂志红教授研究发现可以将超小的金纳米颗粒以自组装的方式制备出具有较好近红外吸收的纳米复合物用于肿瘤的光热治疗，该纳米复合物在体内可以再解离成单个超小金纳米颗粒以利于被清除出机体(图 3-10)[64]。

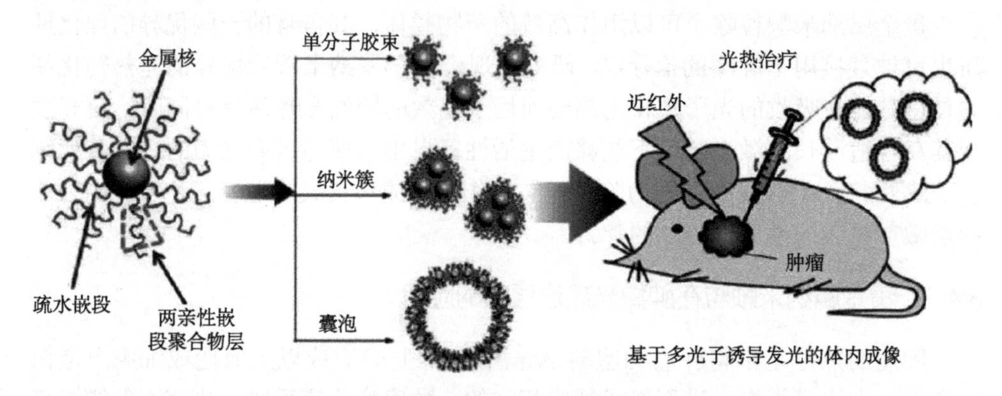

图 3-10 金纳米复合物在肿瘤光热治疗中的应用

与上述利用连续激光作为光热治疗的光源不同，当利用脉冲激光作为光热治疗的激发光时，纳米颗粒在极短的时间内吸收大量的光子并产生大量的热量，由于热量扩散较慢，颗粒周围发生局域的气化现象；当气化发生在细胞膜上时会在细胞膜上产生瞬时的孔洞导致 Ca^{2+} 内流，并最终通过二者协同作用的方式导致癌细胞死亡[65]。此外，研究发现这种基于脉冲激光的光热效用还可被用于远程调控分子的进细胞行为。

尽管基于纳米材料的肿瘤光热治疗显著提高了肿瘤热疗的选择以及疗效，但是其在以下几个方面的性能还有待进一步的提高。第一，目前用于肿瘤光热治疗的激光功率较高，高于美国国家标准局制定的安全剂量标准(808 nm, 约 0.33 W/cm^2)。因此必须进一步提高现有纳米材料的光热转换效率以在安全的激光剂量下实现对肿瘤的高效杀灭。第二，尽管近红外光具有较好的组织穿透能力，但是其穿透能力仍然有限，对这些光无法到达的深处的肿瘤仍无能为力。

3.4.2　贵金属纳米颗粒在肿瘤光动力治疗中的应用

与化疗药物分子类似，贵金属纳米颗粒同样可以有效装载光敏剂分子，进而实现高效的肿瘤光动力治疗。此外，最新的研究表明在合适的光照条件下，金、钯等贵金属纳米颗粒表面处于激发态的电子能够将能量传递给附近的氧分子而产生具有细胞毒性的活性氧自由基(图 3-11)[66, 67]。与传统小分子光敏剂较短的激发波长不同，贵金属纳米颗粒可以在近红外光的照射下产生活性氧自由基，进而可以实现较深组织的肿瘤光动力治疗；同时，贵金属纳米颗粒还具有更好的光稳定性。更为重要的是利用贵金属纳米颗粒作为光敏剂可以有效避免传统有机小分子光敏剂的光毒性问题。最近，Hwang 教授课题组的相关研究表明金纳米棒在 915 nm(130 mW/cm^2)近红外激光的照射下能够产生活性氧自由基，并有效地抑制肿瘤的生长[68]。研究同时表明，可以通过选用不同的激发光来调控金纳米棒以光动力或光热的方式杀死肿瘤细胞。此后，多种金纳米结构以及其他贵金属纳米颗粒都被报道具有光敏剂的效果，均能够以光动力的方式杀死肿瘤细胞。

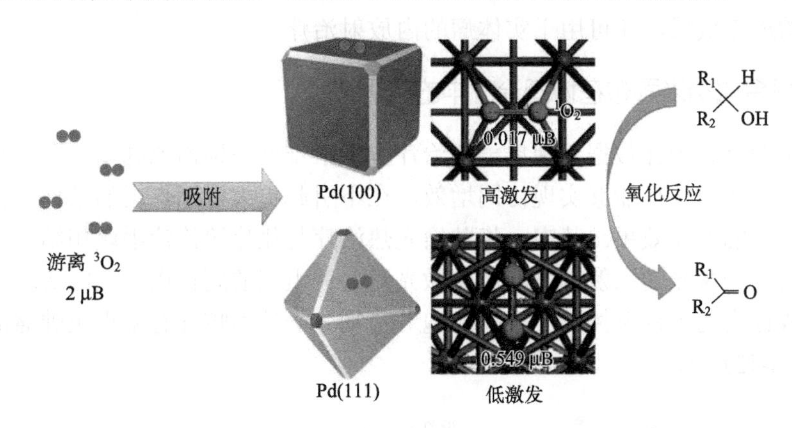

图 3-11　基于钯纳米颗粒的活性氧产生以及肿瘤光动力治疗

3.4.3　贵金属纳米颗粒在放疗增敏中的应用

肿瘤的放射治疗是利用高能射线造成癌细胞损伤而抑制肿瘤生长的一种治疗手段。目前临床上常用的高能射线主要有 X 射线、伽马射线、电子束以及质子等，其中临床使用最多的是 X 射线。X 射线照射后产生的光电子和俄歇电子会导致细胞内水分子的离子化并产生自由基，该自由基进而进攻细胞核以及线粒体内的核酸并造成其损伤，最终导致细胞凋亡。与上述的光热治疗以及光动力治疗类似，肿瘤放射治疗也是一种局部的肿瘤治疗手段，并且较光学治疗具有更好的组织穿透能力。

尽管其不会像化疗引起全身的毒副作用，但是高能的射线还会对肿瘤组织周边以及射线透过的正常组织造成较为明显的毒副作用。为了解决这一问题，研究人员发现金等高原子序数的重金属元素可以作为一种有效的放疗增敏剂来增加肿瘤组织对 X 射线的吸收，进而显著提高放疗的疗效。利用金等纳米颗粒的肿瘤靶向富集功能，可以进一步区分肿瘤组织与正常组织对 X 射线的吸收能力并有效提高肿瘤组织对 X 射线的吸收，进而能够在较低的 X 射线照射剂量下实现对肿瘤的高效安全治疗。例如，Hainfeld 教授研究发现将 1.9 nm 的金纳米簇(2.7 g/kg)注射到小鼠体内能够有效抑制肿瘤的生长，并延长其存活时间；同时，这些超小的金纳米簇能够逐渐通过肾脏途径被排出体外，从而有效避免材料的潜在毒性问题[39]。此外，多种金纳米结构被报道能够有效增敏放射治疗。

放疗是通过造成核酸损伤而诱导细胞凋亡的，因此有效提高增敏剂的进细胞效率有望进一步提高放疗的疗效。2008 年，Xing 教授研究发现癌细胞对表面经巯基葡萄糖修饰的金纳米颗粒的吞噬效果明显强于正常细胞对其的吞噬能力，因而具有更强的放疗增敏效果[69]。研究发现具有放射性的金微球除了被用于增强基于 X 射线的放疗效果，还可用于实体瘤的内放射治疗。

3.4.4 贵金属纳米颗粒在协同治疗中的应用

大量的临床统计数据发现单一的治疗方式很难彻底地治愈肿瘤，而多种治疗手段的联合使用往往能够实现协同增效，在不引起更大毒副作用的条件下往往能够获得更好的治疗效果。其中，将肿瘤光热治疗与化疗等治疗手段相结合，不但能够有效降低激光的照射剂量，避免激光对癌旁组织的副作用，还能实现对化疗药物释放行为的远程调控、促进癌细胞对药物分子的吞噬并有望克服肿瘤的多耐药性(图 3-12)[56]。

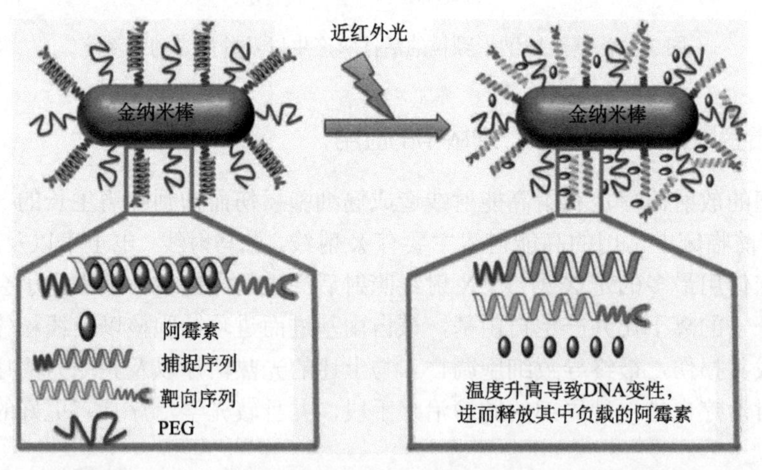

图 3-12　基于金纳米棒的药物递送体系在肿瘤光热与化疗的联合治疗中的应用

美国德克萨斯大学MD安德森癌症中心李春教授课题组研究发现空心的金纳米壳不但具有较好的光热转换效率还具有较高的药物装载能力(1.7 mg 阿霉素/1 mg 金)[70]。体外细胞实验研究发现：单独的化疗和光热治疗对癌细胞的杀伤能力分别为77.4%和40.6%，而在相同剂量下的联合治疗的细胞杀伤能力是86.4%。同时在活体水平上两种治疗手段的联合使用，可以在较低的化疗与光照剂量下，实现更好的肿瘤抑制效果，因而该治疗策略能够显著降低单一治疗模式的毒副作用。

光热治疗不但能够增强化疗的治疗效果，最近的研究表明温和的光热效应还能够扩张肿瘤血管增加肿瘤部位的供氧，进而有效改善实体肿瘤内乏氧情况[71]。肿瘤乏氧会严重影响放疗、光动力治疗等需氧治疗手段的疗效，因而通过光热效应增强肿瘤部位的供血可以有效增强肿瘤细胞对放疗、光动力治疗等的疗效[72, 73]。由于光敏剂的激发波长较短，因此光热治疗与光动力的联合治疗常需要两种不同波长的激发光。最近，聂志红教授课题组研究利用超小金纳米颗粒自组装得到金纳米复合物在650～800 nm范围内都具有较强的吸收，然后利用671 nm的连续激光实现了单一波长激发的肿瘤光热治疗与光动力治疗的联合治疗[74]。此外，有研究表明可以利用金等纳米颗粒实现光敏剂以及化疗药物小分子的联合装载，从而能够实现对肿瘤的三重联合治疗[75]。除了利用传统的光敏剂实现肿瘤的光动力治疗，最近夏幼南教授和武汉大学张先正教授课题组先后报道了利用金纳米笼装载聚合引发剂，实现了自由基的可控生成和乏氧肿瘤细胞的高效杀灭[76, 77]。研究发现，近红外光照射金纳米笼后，温和的光热效应能够可控地释放聚合引发剂并产生自由基，该自由基能够在没有氧气参与的条件下直接氧化细胞内的蛋白质等分子而诱导细胞死亡。该治疗策略能够有效避免传统光动力治疗对氧气的依赖，有望实现对肿瘤的高效杀灭。

3.5 贵金属纳米颗粒在抗菌中的应用

近年来，由于抗生素的大量使用，细菌对抗生素产生了耐受性，这将严重威胁全球公共卫生安全[194]。因此，发展新型抗菌药物是解决目前细菌多耐药性的重要策略之一。随着对纳米材料理化性质的研究不断深入，多类纳米材料被发现具有良好的抗菌性能；与抗生素相比，纳米材料类抗菌材料的抗菌性能具有广谱性、高效性以及不易产生耐药性等特点。目前，市场上已经出现了抗菌陶瓷、抗菌涂料以及抗菌织物等相关纳米抗菌材料[78]。

贵金属纳米材料除了可被用于癌症等相关疾病的诊断与治疗，其优异的理化性质使得其在抗菌方面的应用潜能也得到了广泛的关注与研究。目前，研究最为广泛的金属纳米抗菌材料是银系纳米材料[79]。目前，关于其抗菌机理的解释主要有以下两种：①银纳米颗粒溶解出的 Ag^+通过静电作用吸附到细菌表面，然后 Ag^+进入细胞并与胞内的巯基反应，破坏细菌内多种酶以及其他功能蛋白的结构，从而使细菌丧失分裂增殖的能力而死亡；②银纳米颗粒具有良好的催化活性，因而与细菌结合的银颗粒能够激活空气或水中的氧分子而产生羟基自由基、超氧阴离子等具有细胞毒性的自由基，进而使细胞内蛋白质、核酸等物质变性，并最终达到抑制或杀死细菌的目的。

另外，最近的研究表明金纳米颗粒等材料高效的光热效应也可被用于抑制细菌生长。通过在金纳米颗粒表面偶联抗体等对细菌有识别功能的靶向分子使得其能够特异性识别细菌，从而有效提高抑菌效果(图 3-13)[78]。2006 年，Zharov 教授研究发现通过在金颗粒表面修饰能够识别 *S. aureus* 细菌表面肽聚糖的抗体后并结合激光照射，能够实现对 *S. aureus* 细菌的高效杀灭[80]。此后，许多类似的工作表明利用金纳米颗粒的光热效应能够实现对多种耐药细菌的高效杀灭。除了利用靶向分子之间的特异性识别功能来提高金纳米颗粒与细菌之间的相互作用，最近研究表明利用两性离子修饰的金纳米颗粒具有快速的微酸 pH 响应性聚集的性质[81]。当该纳米颗粒被注射到细菌感染部位后，微酸环境会诱导金纳米颗粒表面良性离子的质子化而带上正电荷，进而促进其与细菌表面的相互结合以及颗粒

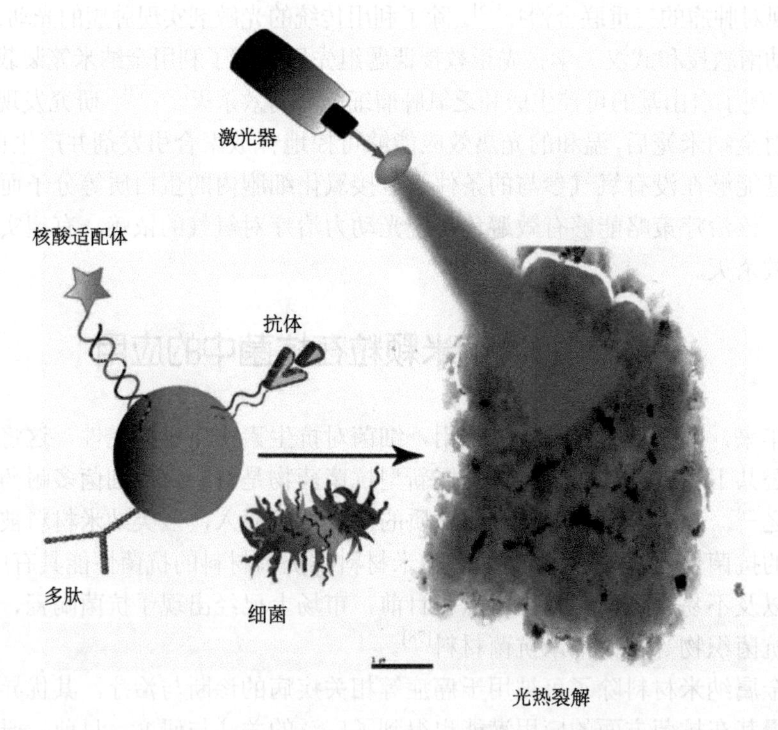

图 3-13　基于金纳米颗粒的光热效应在抗菌研究中的应用

的团聚。这将显著提高感染部位在近红外区的光吸收能力，进而增强其光热效应，实现对多种不同细菌的高效杀灭。

3.6 结论与展望

在本章中，我们较为系统地总结了目前金、银等贵金属纳米颗粒在生物检测、肿瘤治疗以及抗菌等生物医学领域的应用情况。贵金属纳米结构具有独特的荧光、表面等离子体共振、表面增强拉曼、光热转化能力等优异的光学性质，同时作为一种生物惰性材料，其在合理的剂量下不会对生物体造成明显的毒副作用，因而其在体外的生物标记与检测、体内的生物成像、肿瘤治疗等方面都体现出很好的应用前景。作为抗菌材料，银、金等纳米结构均可以通过不同的作用方式实现对细菌的高效杀灭；与抗生素相比，其具有更好的抗菌广谱性以及高效性，同时还能够避免多耐药性的产生。总之，贵金属纳米颗粒是一类在生物检测、生物成像、肿瘤治疗、广谱抗菌等多个方面具有应用前景的纳米材料。

参 考 文 献

[1] Yang X, Yang M, Pang B, Vara M, Xia Y. Gold nanomaterials at work in biomedicine. Chemical Reviews, 2015, 115: 10410-10488.

[2] D'Amico F, Skarmoutsou E. Quantifying immunogold labelling in transmission electron microscopy. Journal of Microscopy, 2008, 230: 9-15.

[3] Faulk W P, Taylor G M. Communication to the editors: an immunocolloid method for the electron microscope. Immunochemistry, 1971, 8: 1081-1083.

[4] Fedrigo S, Harbich W, Buttet J. Optical response of Ag2, Ag3, Au2, and Au3 in argon matrices. Journal of Chemical Physics, 1993, 99: 5712-5717.

[5] Wen F, Dong Y, Feng L, Wang S, Zhang S, Zhang X. Horseradish peroxidase functionalized fluorescent gold nanoclusters for hydrogen peroxide sensing. Analytical Chemistry, 2011, 83: 1193-1196.

[6] Wang Y, Wang Y, Zhou F, Kim P, Xia Y. Protein-protected Au clusters as a new class of nanoscale biosensor for label-free fluorescence detection of proteases. Small, 2012, 8: 3769-3773.

[7] Hall A H, Rumack B H. Clinical toxicology of cyanide. Annals of Emergency Medicine, 1986, 15: 1067-1074.

[8] Zhang X, Wu F G, Liu P, Gu N, Chen Z. Enhanced fluorescence of gold nanoclusters composed of $HAuCl_4$ and histidine by glutathione: glutathione detection and selective cancer cell imaging. Small, 2014, 10: 5170-5177.

[9] Park K S, Kim M I, Woo M A, Park H G. A label-free method for detecting biological thiols based on blocking of Hg^{2+}-quenching of fluorescent gold nanoclusters. Biosensors & Bioelectronics, 2013, 45: 65-69.

[10] Wang Z, Lee J H, Lu Y. Label-free colorimetric detection of lead ions with a nanomolar detection limit and tunable dynamic range by using gold nanoparticles and DNAzyme. Advanced Materials, 2008, 20: 3263-3267.

[11] Li H, Rothberg L. Colorimetric detection of DNA sequences based on electrostatic interactions with unmodified gold nanoparticles. Proceedings of the National Academy of Sciences of the United States of America, 2004, 101: 14036-14039.

[12] Elghanian R, Storhoff J J, Mucic R C, Letsinger R L, Mirkin C A. Selective colorimetric detection of polynucleotides based on the distance-dependent optical properties of gold nanoparticles. Science, 1997, 277: 1078-1081.

[13] Liu J, Lu Y. A Colorimetric lead biosensor using DNAzyme-directed assembly of gold nanoparticles. Journal of the American Chemical Society, 2003, 125: 6642-6643.

[14] Huang X, El-Sayed I H, Qian W, El-Sayed M A. Cancer cells assemble and align gold nanorods conjugated to antibodies to produce highly enhanced, sharp, and polarized surface Raman spectra: a potential cancer diagnostic marker. Nano Letters, 2007, 7: 1591-1597.

[15] Wang X, Wang C, Cheng L, Lee S T, Liu Z. Noble metal coated single-walled carbon nanotubes for applications in surface enhanced Raman scattering imaging and photothermal therapy. Journal of the American Chemical Society, 2012, 134: 7414-7422.

[16] Rodríguez-Lorenzo L, Álvarez-Puebla R A, Pastoriza-Santos I, Mazzucco S, Stéphan O, Kociak M, Liz-Marzán L M, García de Abajo F J. Zeptomol detection through controlled ultrasensitive surface-enhanced Raman scattering. Journal of the American Chemical Society, 2009, 131: 4616-4618.

[17] Huang T, Murray R W. Quenching of $[Ru(bpy)_3]^{2+}$ fluorescence by binding to Au nanoparticles. Langmuir, 2002, 18: 7077-7081.

[18] Xia X, Yang M, Oetjen L K, Zhang Y, Li Q, Chen J, Xia Y. An enzyme-sensitive probe for photoacoustic imaging and fluorescence detection of protease activity. Nanoscale, 2011, 3: 950-953.

[19] Dubertret B, Calame M, Libchaber A J. Single-mismatch detection using gold-quenched fluorescent oligonucleotides. Nature Biotechnology, 2001, 19: 365-370.

[20] Dulkeith E, Morteani A C, Niedereichholz T, Klar T A, Feldmann J, Levi S A, van Veggel F C J M, Reinhoudt D N, Möller M, Gittins D I. Fluorescence quenching of dye molecules near gold nanoparticles: radiative and nonradiative effects. Physical Review Lettersers, 2002, 89: 203002.

[21] Lin S Y, Chen N T, Sum S P, Lo L W, Yang C S. Ligand exchanged photoluminescentgold quantum dots functionalized with leading peptides for nuclear targeting and intracellular imaging. Chemical Communications, 2008: 4762-4764.

[22] Lin C A J, Yang T Y, Lee C H, Huang S H, Sperling R A, Zanella M, Li J K, Shen J L, Wang H H, Yeh H I, Parak W J, Chang W H. Synthesis, characterization, and bioconjugation of fluorescent gold nanoclusters toward biological labeling applications. ACS Nano, 2009, 3: 395-401.

[23] Liu C L, Wu H T, Hsiao Y H, Lai C W, Shih C W, Peng Y K, Tang K C, Chang H W, Chien Y C, Hsiao J K, Cheng J T, Chou P T. Insulin-directed synthesis of fluorescent gold nanoclusters: preservation of insulin bioactivity and versatility in cell imaging. Angewandte Chemie International Edition, 2011, 50: 7056-7060.

[24] Shang L, Dorlich R M, Brandholt S, Schneider R, Trouillet V, Bruns M, Gerthsen D, Nienhaus G U. Facile preparation of water-soluble fluorescent gold nanoclusters for cellular imaging applications. Nanoscale, 2011, 3: 2009-2014.

[25] Wu X, He X, Wang K, Xie C, Zhou B, Qing Z. Ultrasmall near-infrared gold nanoclusters for tumor fluorescence imaging *in vivo*. Nanoscale, 2010, 2: 2244-2249.

[26] Liu J, Yu M, Zhou C, Yang S, Ning X, Zheng J. Passive tumor targeting of renal-clearable luminescent gold nanoparticles: long tumor retention and fast normal tissue clearance. Journal of the American Chemical Society, 2013, 135: 4978-4981.

[27] Wu X, Ming T, Wang X, Wang P, Wang J, Chen J. High-photoluminescence-yield gold nanocubes: for cell imaging and photothermal therapy. ACS Nano, 2010, 4: 113-120.

[28] Au L, Zhang Q, Cobley C M, Gidding M, Schwartz A G, Chen J, Xia Y. Quantifying the cellular uptake of antibody-conjugated Au nanocages by two-photon microscopy and inductively coupled plasma mass spectrometry. ACS Nano, 2010, 4: 35-42.

[29] Zhang Y S, Wang Y, Wang L, Wang Y, Cai X, Zhang C, Wang L V, Xia Y. Labeling human mesenchymal stem

cells with gold nanocages for *in vitro* and *in vivo* tracking by two-photon microscopy and photoacoustic microscopy. Theranostics, 2013, 3: 532-543.

[30] El-Sayed I H, Huang X, El-Sayed M A. Surface plasmon resonance scattering and absorption of anti-EGFR antibody conjugated gold nanoparticles in cancer diagnostics: applications in oral cancer. Nano Letters, 2005, 5: 829-834.

[31] Yu C, Nakshatri H, Irudayaraj J. Identity profiling of cell surface markers by multiplex gold nanorod probes. Nano Letters, 2007, 7: 2300-2306.

[32] Copland J A, Eghtedari M, Popov V L, Kotov N, Mamedova N, Motamedi M, Oraevsky A A. Bioconjugated gold nanoparticles as a molecular based contrast agent: implications for imaging of deep tumors using optoacoustic tomography. Molecular Imaging and Biology, 2004, 6: 341-349.

[33] Wang Y, Xie X, Wang X, Ku G, Gill K L, O'Neal D P, Stoica G, Wang L V. Photoacoustic Tomography of a nanoshell contrast agent in the *in vivo* rat brain. Nano Letters, 2004, 4: 1689-1692.

[34] Yang X, Skrabalak S E, Li Z Y, Xia Y, Wang L V. Photoacoustic tomography of a rat cerebral cortex *In vivo* with Au nanocages as an optical contrast agent. Nano Letters, 2007, 7: 3798-3802.

[35] Kim C, Cho E C, Chen J, Song K H, Au L, Favazza C, Zhang Q, Cobley C M, Gao F, Xia Y, Wang L V. *In vivo* Molecular photoacoustic tomography of melanomas targeted by bioconjugated gold nanocages. ACS Nano, 2010, 4: 4559-4564.

[36] Song K H, Kim C, Cobley C M, Xia Y, Wang L V. Near-infrared gold nanocages as a new class of tracers for photoacoustic sentinel lymph node mapping on a rat model. Nano Letters, 2009, 9: 183-188.

[37] Cai X, Li W, Kim C H, Yuan Y, Wang L V, Xia Y. *In vivo* quantitative evaluation of the transport kinetics of gold nanocages in a lymphatic system by noninvasive photoacoustic tomography. ACS Nano, 2011, 5: 9658-9667.

[38] James F H, Daniel N S, Henry M S. The use of gold nanoparticles to enhance radiotherapy in mice. Physics in Medicine and Biology, 2004, 49: N309.

[39] Hainfeld J F, Slatkin D N, Focella T M, Smilowitz H M. Gold nanoparticles: a new X-ray contrast agent. The British Journal of Radiology, 2006, 79: 248-253.

[40] Sun X, Huang X, Yan X, Wang Y, Guo J, Jacobson O, Liu D, Szajek L P, Zhu W, Niu G, Kiesewetter D O, Sun S, Chen X. Chelator-free ^{64}Cu-integrated gold nanomaterials for positron emission tomography imaging guided photothermal cancer therapy. ACS Nano, 2014, 8: 8438-8446.

[41] Zhao Y, Sultan D, Detering L, Cho S, Sun G, Pierce R, Wooley K L, Liu Y. Copper-64-alloyed gold nanoparticles for cancer imaging: improved radiolabel stability and diagnostic accuracy. Angewandte Chemie International Edition, 2014, 53: 156-159.

[42] Zhao Y, Sultan D, Detering L, Luehmann H, Liu Y. Facile synthesis, pharmacokinetic and systemic clearance evaluation, and positron emission tomography cancer imaging of ^{64}Cu-Au alloy nanoclusters. Nanoscale, 2014, 6: 13501-13509.

[43] Wang Y, Liu Y, Luehmann H, Xia X, Wan D, Cutler C, Xia Y. Radioluminescent gold nanocages with controlled radioactivity for real-time *in vivo* imaging. Nano Letters, 2013, 13: 581-585.

[44] Black K C L, Wang Y, Luehmann H P, Cai X, Xing W, Pang B, Zhao Y, Cutler C S, Wang L V, Liu Y, Xia Y. Radioactive ^{198}Au-doped nanostructures with different shapes for *in vivo* analyses of their biodistribution, tumor uptake, and intratumoral distribution. ACS Nano, 2014, 8: 4385-4394.

[45] Cheng Y, Samia A C, Li J, Kenney M E, Resnick A, Burda C. Delivery and efficacy of a cancer drug as a function of the bond to the gold nanoparticle surface. Langmuir, 2010, 26: 2248-2255.

[46] Gibson J D, Khanal B P, Zubarev E R. Paclitaxel-functionalized gold nanoparticles. Journal of the American Chemical Society, 2007, 129: 11653-11661.

[47] Dhar S, Daniel W L, Giljohann D A, Mirkin C A, Lippard S J. Polyvalent oligonucleotide gold nanoparticle conjugates as delivery vehicles for platinum(IV) warheads. Journal of the American Chemical Society, 2009, 131: 14652-14653.

[48] Bonoiu A C, Mahajan S D, Ding H, Roy I, Yong K T, Kumar R, Hu R, Bergey E J, Schwartz S A, Prasad P N.

Nanotechnology approach for drug addiction therapy: gene silencing using delivery of gold nanorod-siRNA nanoplex in dopaminergic neurons. Proceedings of the National Academy of Sciences, 2009, 106: 5546-5550.
[49] Han L, Zhao J, Zhang X, Cao W, Hu X, Zou G, Duan X, Liang X J. Enhanced siRNA delivery and silencing gold-chitosan nanosystem with surface charge-reversal polymer assembly and good biocompatibility. ACS Nano, 2012, 6: 7340-7351.
[50] Alkilany A M, Frey R L, Ferry J L, Murphy C J. Gold nanorods as nanoadmicelles: 1-naphthol partitioning into a nanorod-bound surfactant bilayer. Langmuir, 2008, 24: 10235-10239.
[51] Rosi N L, Giljohann D A, Thaxton C S, Lytton-Jean A. K R, Han M S, Mirkin C A. Oligonucleotide-modified gold nanoparticles for intracellular gene regulation. Science, 2006, 312: 1027-1030.
[52] Yavuz M S, Cheng Y, Chen J, Cobley C M, Zhang Q, Rycenga M, Xie J, Kim C, Song K H, Schwartz A G, Wang L V, Xia Y. Gold nanocages covered by smart polymers for controlled release with near-infrared light. Nature Materials, 2009, 8: 935-939.
[53] Moon G D, Choi S W, Cai X, Li W, Cho E C, Jeong U, Wang L V, Xia Y. A new theranostic system based on gold nanocages and phase-change materials with unique features for photoacoustic imaging and controlled release. Journal of the American Chemical Society, 2011, 133: 4762-4765.
[54] Zhong Y, Wang C, Cheng L, Meng F, Zhong Z, Liu Z. Gold nanorod-cored biodegradable micelles as a robust and remotely controllable doxorubicin release system for potent inhibition of drug-sensitive and -resistant cancer cells. Biomacromolecules, 2013, 14: 2411-2419.
[55] Zhong Y, Wang C, Cheng R, Cheng L, Meng F, Liu Z, Zhong Z. cRGD-directed, NIR-responsive and robust AuNR/PEG-PCL hybrid nanoparticles for targeted chemotherapy of glioblastoma *in vivo*. Journal of Controlled Release, 2014, 195: 63-71.
[56] Xiao Z, Ji C, Shi J, Pridgen E M, Frieder J, Wu J, Farokhzad O C. DNA self-assembly of targeted near-infrared-responsive gold nanoparticles for cancer thermo-chemotherapy. Angewandte Chemie, 2012, 124: 12023-12027.
[57] Jain P K, Qian W, El-Sayed M A. Ultrafast cooling of photoexcited electrons in gold nanoparticle-thiolated DNA conjugates involves the dissociation of the gold-thiol bond. Journal of the American Chemical Society, 2006, 128: 2426-2433.
[58] Guo S, Huang Y, Jiang Q, Sun Y, Deng L, Liang Z, Du Q, Xing J, Zhao Y, Wang P C, Dong A, Liang X J. Enhanced gene delivery and sirna silencing by gold nanoparticles coated with charge-reversal polyelectrolyte. ACS Nano, 2010, 4: 5505-5511.
[59] Braun G B, Pallaoro A, Wu G, Missirlis D, Zasadzinski J A, Tirrell M, Reich N O. Laser-activated gene silencing via gold nanoshell-siRNA conjugates. ACS Nano, 2009, 3: 2007-2015.
[60] Rengan A K, Bukhari A B, Pradhan A, Malhotra R, Banerjee R, Srivastava R, De A. *In vivo* analysis of biodegradable liposome gold nanoparticles as efficient agents for photothermal therapy of cancer. Nano Letters, 2015, 15: 842-848.
[61] Hirsch L R, Stafford R J, Bankson J A, Sershen S R, Rivera B, Price R E, Hazle J D, Halas N J, West J L. Nanoshell-mediated near-infrared thermal therapy of tumors under magnetic resonance guidance. Proceedings of the National Academy of Sciences, 2003, 100: 13549-13554.
[62] O'Neal D P, Hirsch L R, Halas N J, Payne J D, West J L. Photo-thermal tumor ablation in mice using near infrared-absorbing nanoparticles. Cancer Letters, 2004, 209: 171-176.
[63] Chen J, Glaus C, Laforest R, Zhang Q, Yang M, Gidding M, Welch M J, Xia Y. Gold nanocages as photothermal transducers for cancer treatment. Small, 2010, 6: 811-817.
[64] He J, Huang X, Li Y C, Liu Y, Babu T, Aronova M A, Wang S, Lu Z, Chen X, Nie Z. Self-assembly of amphiphilic plasmonic micelle-like nanoparticles in selective solvents. Journal of the American Chemical Society, 2013, 135: 7974-7984.
[65] Tong L, Zhao Y, Huff T B, Hansen M N, Wei A, Cheng J X. Gold nanorods mediate tumor cell death by

compromising membrane integrity. Advanced Materials, 2007, 19: 3136-3141.

[66] Pasparakis G. Light-induced generation of singlet oxygen by naked gold nanoparticles and its implications to cancer cell phototherapy. Small, 2013, 9: 4130-4134.

[67] Long R, Mao K, Ye X, Yan W, Huang Y, Wang J, Fu Y, Wang X, Wu X, Xie Y, Xiong Y. Surface facet of palladium nanocrystals: a key parameter to the activation of molecular oxygen for organic catalysis and cancer treatment. Journal of the American Chemical Society, 2013, 135: 3200-3207.

[68] Vankayala R, Huang Y K, Kalluru P, Chiang C S, Hwang K C. First demonstration of gold nanorods-mediated photodynamic therapeutic destruction of tumors via near infra-red light activation. Small, 2014, 10: 1612-1622.

[69] Kong T, Zeng J, Wang X, Yang X, Yang J, McQuarrie S, McEwan A, Roa W, Chen J, Xing J Z. Enhancement of radiation cytotoxicity in breast-cancer cells by localized attachment of gold nanoparticles. Small, 2008, 4: 1537-1543.

[70] You J, Zhang R, Xiong C, Zhong M, Melancon M, Gupta S, Nick A M, Sood A K, Li C. Effective photothermal chemotherapy using doxorubicin-loaded gold nanospheres that target EphB4 receptors in tumors. Cancer Research, 2012, 72: 4777-4786.

[71] Vankayala R, Lin C C, Kalluru P, Chiang C S, Hwang K C. Gold nanoshells-mediated bimodal photodynamic and photothermal cancer treatment using ultra-low doses of near infra-red light. Biomaterials, 2014, 35: 5527-5538.

[72] Jang B, Park J Y, Tung C H, Kim I H, Choi Y. Gold nanorod-photosensitizer complex for near-infrared fluorescence imaging and photodynamic/photothermal therapy *in vivo*. ACS Nano, 2011, 5: 1086-1094.

[73] Huang P, Bao L, Zhang C, Lin J, Luo T, Yang D, He M, Li Z, Gao G, Gao B, Fu S, Cui D. Folic acid-conjugated Silica-modified gold nanorods for X-ray/CT imaging-guided dual-mode radiation and photo-thermal therapy. Biomaterials, 2011, 32: 9796-9809.

[74] Lin J, Wang S, Huang P, Wang Z, Chen S, Niu G, Li W, He J, Cui D, Lu G, Chen X, Nie Z. Photosensitizer-loaded gold vesicles with strong plasmonic coupling effect for imaging-guided photothermal/photodynamic therapy. ACS Nano, 2013, 7: 5320-5329.

[75] Topete A, Alatorre-Meda M, Iglesias P, Villar-Alvarez E M, Barbosa S, Costoya J A, Taboada P, Mosquera V. Fluorescent drug-loaded, polymeric-based, branched gold nanoshells for localized multimodal therapy and imaging of tumoral cells. ACS Nano, 2014, 8: 2725-2738.

[76] Shen S, Zhu C, Huo D, Yang M, Xue J, Xia Y. A hybrid nanomaterial for the controlled generation of free radicals and oxidative destruction of hypoxic cancer cells. Angewandte Chemie, 2017, 129: 8927-8930.

[77] Wang X Q, Gao F, Zhang X Z. Initiator-loaded gold nanocages as a light-induced free-radical generator for cancer therapy. Angewandte Chemie International Edition, 2017, 56: 9029-9033.

[78] Ray P C, Khan S A, Singh A K, Senapati D, Fan Z. Nanomaterials for targeted detection and photothermal killing of bacteria. Chemical Society Reviews, 2012, 41: 3193-3209.

[79] Panáček A, Kvítek L, Prucek R, Kolář M, Večeřová R, Pizúrová N, Sharma V K, Nevěčná T J, Zbořil R. Silver colloid nanoparticles: synthesis, characterization, and their antibacterial activity. Journal of Physical Chemistry B, 2006, 110: 16248-16253.

[80] Zharov V P, Mercer K E, Galitovskaya E N, Smeltzer M S. Photothermal nanotherapeutics and nanodiagnostics for selective killing of bacteria targeted with gold nanoparticles. Biophysical Journal, 2006, 90: 619-627.

[81] Hu D, Li H, Wang B, Ye Z, Lei W, Jia F, Jin Q, Ren K F, Ji J. Surface-adaptive gold nanoparticles with effective adherence and enhanced photothermal ablation of methicillin-resistant *Staphylococcus aureus* Biofilm. ACS Nano, 2017, 11: 9330-9339.

第4章

磁性纳米材料在生物医学中的应用

4.1 磁性纳米颗粒概述

磁性材料是一种用途十分广泛的功能材料，早在3000年前就被人们所认识和应用，如中国古代的指南针等发明，而到了现代，磁性材料在我们生活中的应用更为常见，如变压器中的铁芯材料、用于存储的磁光盘等。磁性材料一般是指由过渡元素铁、钴、镍及其合金等组成，能够直接或间接产生磁性的物质。磁性材料可分为软磁性材料和硬磁性材料，磁化后容易去磁的物质称为软磁性材料，反之不易去磁的称为硬磁性材料。

近十几年来，随着纳米科学技术和分子生物学的迅速发展，磁学被注入了新的生命和活力。纳米技术和磁学相结合，使传统的磁性材料展现出许多新的性质和功能，因此科学家提出了“磁性纳米颗粒”这一概念。磁性纳米颗粒是指具有磁性核心的纳米颗粒，氧化铁(Fe_3O_4或γ-Fe_2O_3)是最常见的磁性核心。随着纳米技术的不断发展，磁性纳米粒子的种类不断丰富起来，从单一的铁氧化物逐渐拓展到以下三类：单金属、双金属以及磁性合金纳米材料。其中单金属主要包括Fe、Co、Ni等金属材料[1-3]以及Fe_3O_4或γ-Fe_2O_3等铁氧化物纳米颗粒；双金属颗粒主要包括$CoFe_2O_4$、$ZnFe_2O_4$等四氧化三铁近似取代纳米颗粒(通用晶体式为MFe_2O_4或MO·Fe_2O_3，其中M多为+2价，如Mn、Co、Zn、Mg等[4,5]；磁性合金主要包括FePt、$CoPt_3$等铂族金属与磁性金属单质的合金[6,7]。而在各种磁性纳米颗粒中，研究和应用最为广泛的是Fe_3O_4或γ-Fe_2O_3等铁氧化物纳米颗粒和钆试剂。

磁性纳米颗粒因其独特的物理和化学性质，在生物医学领域也具有广阔的应用前景。用不同方法合成的磁性纳米颗粒经过一系列的表面修饰后，能具有良好的水溶性和生物相容性，从而能被应用在生物技术及医学等各个方面，如磁共振成像、磁分离、磁靶向、磁热疗(magnetic hyperthermia)等。磁共振成像是一种常用的医学成像技术，它采用静磁场和射频磁场实现人体组织成像。近年来，磁共振造影剂被广泛应用于磁共振成像(magnetic resonance imaging，MRI)技术中，来增强成像对比度，为临床诊断提供更有价值的人体生理状态信息[8]。但由于传统造影剂的局限性，超顺磁性氧化铁(主要是 Fe_3O_4 或 γ-Fe_2O_3)作为一种新型造影剂被提出，被证明有良好的造影性能。除了作为单一的磁共振造影剂，超顺磁性氧化铁还可以与其他成像手段相结合，如荧光标记、放射性核素标记等，从而进一步增加检测的精确性，对癌症的早期临床诊断以及术后预防有极大的帮助。磁分离技术是将物质进行磁场处理的一种技术，利用元素或组分磁敏感性的差异，借助外磁场将物质进行磁场处理，从而达到强化分离的效果。随着磁分离技术的提出，“磁珠”的概念被逐渐应用在生物分析中[9,10]。磁珠是一种不溶性载体，在其表面可以接上各类具有生物活性的吸附剂或其他活性物质(如抗体等)，通过这些活性物质与特定细胞的特异性结合，可以在外加磁场的作用下将细胞分离、收集并对其进一步分类和研究。该技术可用来分离、鉴定和分析特定的核酸序列(DNA或 RNA)和 DNA 结合蛋白质，如特定病毒或细菌的核酸序列。除了以上这些，磁性纳米颗粒还可以应用在磁靶向技术中，来提高肿瘤化疗效果。磁靶向是指在外加磁场的引导下，注入体内的磁性纳米颗粒可以逐渐定向于肿瘤部位，使得与磁性纳米颗粒相结合的抗肿瘤药物可以在肿瘤部位高效释放，减小了治疗副作用的同时也提高了治疗效果[11]。肿瘤磁热疗是指通过直接注射、静脉注射或介入等方式使产热材料定向集中到肿瘤部位，利用肿瘤细胞和正常细胞对热的敏感性差异，在外加交变磁场的作用下产生热量，造成局部温度升高至 42～46℃，达到在不损伤正常细胞的情况下杀死肿瘤细胞的治疗效果[12]。

近年来，氧化铁磁性纳米颗粒由于其优异的磁学性质及生物安全性，在生物医学领域展示出更为广阔的应用前景。因此，本章主要介绍氧化铁磁性纳米颗粒相关的合成、修饰及其在生物医学中的应用。

4.2　磁性纳米颗粒合成

早期磁性纳米材料的合成方法主要有机械研磨法、水热法、电化学法、电弧分解法等。随着纳米合成技术的发展，这些存在缺陷的合成方法逐渐被新方法取代。目前磁性纳米材料的合成方法主要包括共沉淀法、高温热分解法、微乳液法、水热溶剂热法、超声法等。

4.2.1　共沉淀法

共沉淀法是用来大量生产磁性纳米材料的普遍方法。该方法是指在惰性气体的保护下，并且在室温或更高温度的条件下，向水相的 Fe^{2+}/Fe^{3+} 盐溶液加入碱性试剂，来得到磁性纳米粒子的方法，如铁氧化物(Fe_3O_4 或 γ-Fe_2O_3)。合成纳米粒子的大小、形状和组成，在很大程度上取决于反应中所用盐的类型(氯化物、硫酸盐、硝酸盐等)、Fe^{2+}/Fe^{3+}的比例、反应温度、pH 以及反应体系中的离子强度，一旦这些合成条件确定，就可以得到重复性较好的纳米颗粒。共沉淀法转化过程较为简便，但困难在于如何控制所合成材料的粒度并得到较窄的粒度分布。由于通过共沉淀法制备的颗粒倾向于多分散，因此要严格控制成核时间和随后的缓慢生长过程，才能得到单分散的氧化铁磁性纳米颗粒。

共沉淀法是 Massart 在 1981 年提出的一种制备方法[13]，该方法不将表面活性剂作为微粒悬浮的稳定剂，而是通过微粒吸附 H^+或 OH^-形成带电微粒，利用静电排斥力达到稳定效果。利用该方法合成磁性纳米颗粒，主要是使氯化铁和氯化亚铁在碱性条件下沉淀，合成粒径在 8 nm 左右类似球状的四氧化三铁颗粒。通过改变反应的各个条件，可以得到尺寸范围 4.2～16.6 nm 的颗粒。除了四氧化三铁颗粒，该方法还可用于快速合成 γ-Fe_2O_3 颗粒，得到的磁性纳米颗粒可通过单个分子包裹，如氨基酸、二巯基丁二酸(DMSA)等[14, 15]。由于该方法操作简便，许多课题组在 Massart 法的基础上，进一步改进条件，制备不同尺寸的单分散磁铁矿纳米颗粒。他们研究了在反应体系中加入稳定剂或还原剂，来得到所需尺寸的材料。例如，可以向体系中加入一系列的有机阴离子(如羧酸盐和羟基羧酸根离子)来影响氧化铁的形成，得到不同尺寸的纳米颗粒。

除了可以加入有机阴离子来调节尺寸大小，Massart 等[16]还发现体系中加入柠檬酸盐可以制备尺寸更小的、约为 3 nm 的磁赤铁矿纳米颗粒。该方法使颗粒尺寸变小的原因主要有两点：一方面，柠檬酸盐与铁离子的螯合作用阻止成核反应；另一方面，柠檬酸在晶体表面吸附，发生水解后也会抑制成核，有利于小颗粒的形成。

4.2.2 高温热分解法

在非水相溶剂中，高质量的半导体纳米晶体和氧化物可以通过热分解方法来得到，这启发了科研者采用高温热分解法来制备磁性纳米颗粒。该方法是一种在高沸点有机溶剂中(通常含有稳定的表面活性剂)，金属前驱体(主要为一些最常见的有机金属配合物)被加热分解后生成纳米颗粒的制备方法[17]。由于这些有机金属配合物的亚稳定性，在特定的条件下，如加热、光照影响下，易分解成粒径较为均一的纳米颗粒。金属羰基化合物及其相关衍生物是这类有机金属配合物的典型代表之一，经常被应用于磁性纳米颗粒的合成。较小尺寸的单分散的磁性纳米晶体，多数可以通过该方法合成。一般来说，高温热分解法通常有两种投料方式：第一种方式是将原料快速加入高温溶剂中，实现快速成核，再逐步调整反应的温度和时间，最终得到纳米颗粒；第二种方式是在低温条件下预先将原料与溶剂混合，然后缓慢加热使之反应，最后快速降温，使纳米颗粒停止生长。通过高温分解法得到的纳米颗粒，具有尺寸可控且粒度分布窄的特点。理论上，投入试剂的比例(包括有机金属化合物、表面活性剂和溶剂)会影响磁性纳米颗粒的大小和形态，另外，反应温度、反应时间等条件对于精确控制材料合成也至关重要。

由于高温热分解法可以有效地控制所合成的纳米颗粒的大小和形态，同时还可以避免水相合成需要在严格的 pH 条件下进行的问题，许多课题组采用这种方法来进行氧化铁纳米颗粒的合成，但得到的颗粒尺寸大多超过 20 nm。美国布朗大学的 Sun 等首次报道了用高温热分解法合成了尺寸小于 20 nm 的单分散四氧化三铁颗粒[18]。他们采用苯基醚作为溶剂，加入乙醇、油酸、油胺，并将乙酰丙酮铁(III)作为原料，在 265 ℃ 的高温条件下制备单分散的尺寸约为 4 nm 的磁铁矿纳米颗粒。为了制备尺寸更大的 Fe_3O_4 纳米颗粒，可以采用晶种介导的生长方法，这种方法被广泛应用于合成较大的金属纳米颗粒和纳米复合材料[19,20]，也可以用于制备单分散纳米颗粒。在之前的合成条件下，他们进一步将制备得到的较小 Fe_3O_4 纳米颗粒与前驱体材料混合并进行加热，可以合成尺寸较大的 Fe_3O_4 纳米颗粒。

浙江大学彭笑刚教授课题组在早期也报道过一种利用金属脂肪酸盐在有机试剂中易热分解的性质来合成形状、尺寸可控的磁性氧化物纳米晶体的方法[21]。该反应系统通常由金属脂肪酸盐、相应的脂肪酸(癸酸、月桂酸、肉豆蔻酸、棕榈酸、油酸、硬脂酸)、一种碳氢化合物溶剂[十八烯(ODE)、二十碳烷、二十四碳等]和活化剂组成。该方法可以合成单分散的 Fe_3O_4 纳米晶体，其尺寸大小在一定范围内可调(3～50 nm)，如图 4-1 所示。该方法通用性好，还可以用来合成其他磁性纳米晶体，如 Cr_2O_3、MnO、Co_3O_4、NiO 等，且纳米晶体的大小和形状可以通过改变前驱体的反应活性和浓度来控制。

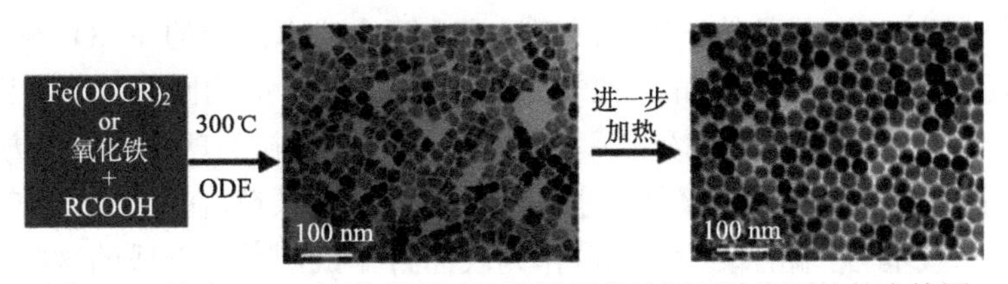

图 4-1　纳米 Fe_3O_4 的形成图以及不同反应时间下纳米颗粒的电镜图

韩国首尔国立大学 Hyeon 等也用类似的方法来制备单分散的氧化铁纳米颗粒[22]。他们将无毒且较为便宜的氯化铁(III)和油酸钠混合反应，生成油酸铁复合物，这种复合物在温度达到 240～320℃，在不同的溶剂中(如 1-十六碳烯、辛基醚、1-十八碳烯、1-二十碳烯或三辛胺)会发生分解从而生长纳米颗粒。该方法合成的纳米颗粒分散性优异，尺寸均一(变化值< 4.1%)，可以分散在各种有机溶剂中(包括甲苯和正己烷)。在 Hyeon 的合成方法中，油酸铁复合物在更高温度下的分解会促进核生长，最终得到的磁性纳米颗粒产率高于 95%。改变体系中溶剂

的类型(各个溶剂对应不同的沸点)可以得到不同尺寸的单分散的氧化铁纳米晶体(图 4-2)，尺寸范围为 5～22 nm。从透射电镜(TEM)图可以看出，随着溶剂沸点的提高，氧化铁纳米晶体的尺寸逐渐增大，其可能的原因是：在较高沸点的溶剂中，油酸铁络合物的反应活性提高。从高分辨率 TEM(HRTEM)图像中可以清晰地看到氧化铁纳米晶体的晶格条纹图案，并且有着很高的结晶度。氧化铁纳米晶体的尺寸还可以通过改变油酸的浓度来控制，不同浓度合成的颗粒尺寸也不同。

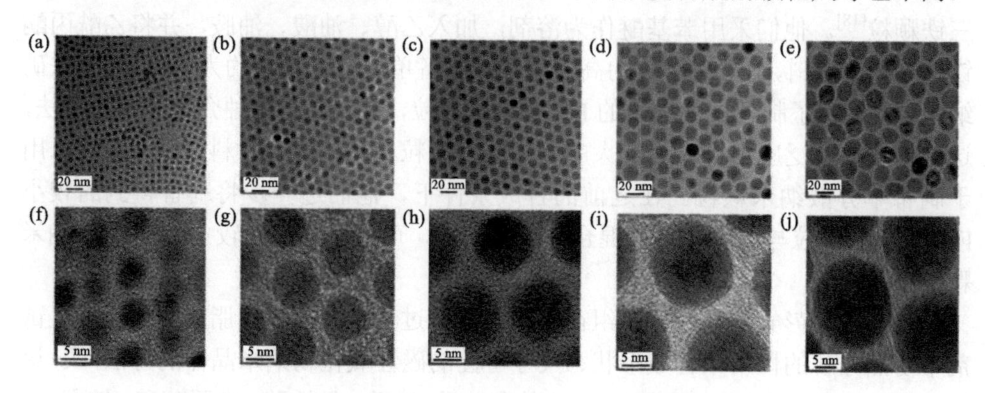

图 4-2 单分散 Fe_3O_4 纳米晶体的透射电镜图(a～e)以及高分辨透射电镜图(f～j)

(a, f) 5 nm；(b, g) 9 nm；(c, h) 12 nm；(d, i) 16 nm；(e, j) 22 nm；从图中可以看出纳米颗粒的高分散性和结晶度

上述这些方法所制备的纳米颗粒都易分散在有机溶剂，然而难以直接溶于水相。为了磁性纳米颗粒在未来的生物应用前景，一种较为简单的合成水溶性磁性纳米颗粒的方法最近被提出[23]，该方法是将 $FeCl_3 \cdot 6H_2O$ 作为铁源，2-吡咯烷酮作为溶剂，在 245℃的条件下进行回流反应，可合成水溶性的 Fe_3O_4 纳米晶体，颗粒大小可以分别控制在 4 nm、12 nm 和 60 nm，所对应的回流时间分别是 1 h、10 h 和 24 h。随着回流时间的延长，颗粒的形状会从最初的球状变为立方体形状。在此基础上又提出用一步法来制备水溶性磁铁矿纳米颗粒，在相同的反应条件下，引入 α,ω -二羧基-封端的聚(乙二醇)作为表面封端试剂[24]。合成的这些纳米颗粒有望作为磁共振成像造影剂用于癌症诊断。

另外，这种热分解方法还可用于制备其他磁性纳米颗粒，如铁纳米颗粒，以 $[Fe(CO)_5]$为例，在存在聚异丁烯以及氮气保护下，加热至 170℃ 发生热分解，可以合成颗粒大小为 2～10 nm 的金属铁纳米颗粒，且颗粒大小取决于$[Fe(CO)_5]$与聚异丁烯试剂的比例[25]。除了铁纳米颗粒，钴、镍纳米颗粒也可以通过热分解法合成，其形状和大小都可以控制[26,27]。

4.2.3　微乳液法

微乳液体系是指两种不互溶液体形成热力学稳定的各向同性分散体，其中一种或两种液体的微区域被表面活性剂分子的界面膜稳定，可用作纳米反应器合成纳米颗粒。因此采用微乳液法，将表面活性剂分子在油/水界面形成的有序组合体作为模板，也可以用于制备磁性纳米颗粒。不同形貌的纳米颗粒，可以通过改变体系中的表面活性剂、水和油的量来控制，此外，表面活性剂的类型、极性基团的大小等会影响胶束的形状，从而影响纳米颗粒的形貌。这种方法合成的磁性纳米颗粒形貌和尺寸分布可以较好地控制，但相比其他方法合成产率偏低。

采用反向微乳液法，可以制备金属钴、钴/铂合金等纳米颗粒[28]，该方法中辛烷为油相溶剂，正丁醇为助表面活性剂，十六烷基三基溴化铵(CTAB)可以形成反向胶束。另外，Woo 课题组[29]也发现可以通过反胶束中的溶胶-凝胶反应，来合成氧化铁纳米棒，如图 4-3 所示。该反向微乳液体系由油酸和苄醚组成，将 6 $FeCl_3 \cdot H_2O$ 作为铁源，环氧丙烷作为质子清除剂，通过改变反应温度、大气环境和凝胶的水合状态，来改变纳米棒的相态。

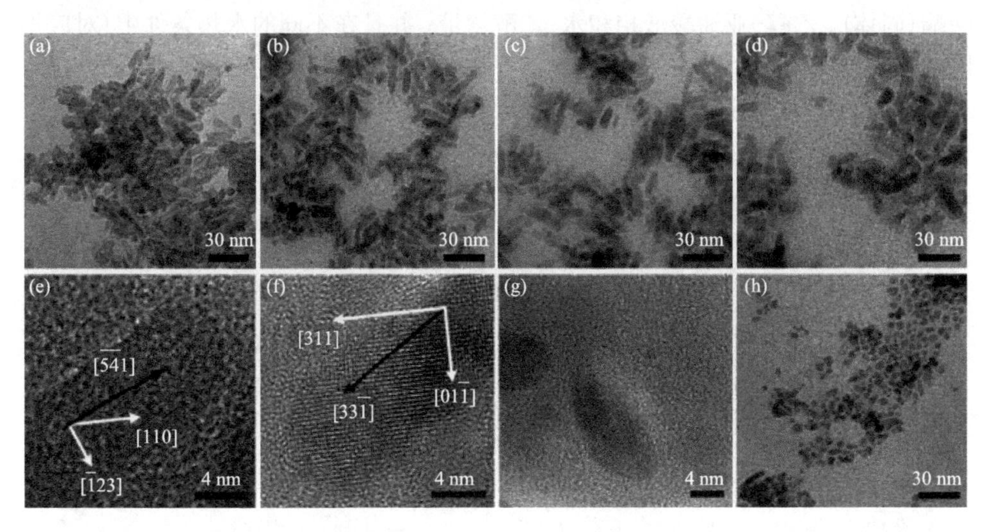

图 4-3　氧化铁纳米棒的透射电镜图：(a) α-Fe_2O_3，(b) γ-Fe_2O_3，(c,d) (α+γ)-Fe_2O_3 纳米棒；高分辨透射电镜图：(e) α-Fe_2O_3 纳米棒，对应晶面为[111]；(f) γ-Fe_2O_3 纳米棒，对应晶面为[233]；(g) 花生形状的 γ-Fe_2O_3 纳米棒；(h) 透射电镜图：大致为球状的 γ-Fe_2O_3 纳米颗粒

另外，利用该方法可以进一步合成氧化铁/氧化硅纳米复合材料[30]，并且仔细研究了影响凝胶化过程的两个重要因素：溶胶的表面积/体积(*S*/*V*)以及反应温度。结果表明：首先，当在凝胶化过程中 *S*/*V* 值较高时，由于二氧化硅有微孔性能，在纳米复合材料中会形成尺寸非常小的氧化铁颗粒；相反，当 *S*/*V* 值较低时生成

的氧化铁颗粒尺寸较大。其次，在凝胶化过程中，较低的 *S*/*V* 值和高温条件有利于合成 γ-Fe_2O_3 颗粒，较高的 *S*/*V* 值和低温条件有利于 α-Fe_2O_3 的合成。

使用微乳液法，可以使纳米颗粒的形貌呈现球状体，但仍有一个椭圆形的截面或管状结构。此外，用微乳液法来合成纳米颗粒的工作条件相对狭窄，相比于其他合成方法(如热分解和共沉淀法)，产率也较低。而且该方法需要大量的溶剂来合成数量可观的材料，低效率使得该方法不适合用于大量生产磁性纳米颗粒。

4.2.4　水热溶剂热法

水热溶剂热法是指在水热溶剂热条件下大量合成各种类型的纳米材料的方法。中国科学技术大学钱逸泰院士课题组采用水热法合成大量的金属氧化物纳米颗粒，如 ZnO、MgO、Fe_3O_4 等[31]。清华大学李亚栋教授课题组也报道了利用水热法可以合成各种纳米晶体[32]，该方法通用性好，可以应用于磁性纳米颗粒的合成。这种策略是基于合成过程中液体、固体及溶液相界面发生相转移和分离的机理，因此也被称为 LSS(liquid-solid-solution)反应。该反应体系主要包含金属亚油酸酯(固体)、乙醇-亚油酸液相和水-乙醇溶液，并且在不同的水热条件中(对应不同的反应温度)进行反应。其中 Fe_3O_4 和 $CoFe_2O_4$ 纳米颗粒就可通过这种方法来合成，并且尺寸大小均一，分别为 9 nm 和 12 nm，如图 4-4 所示。

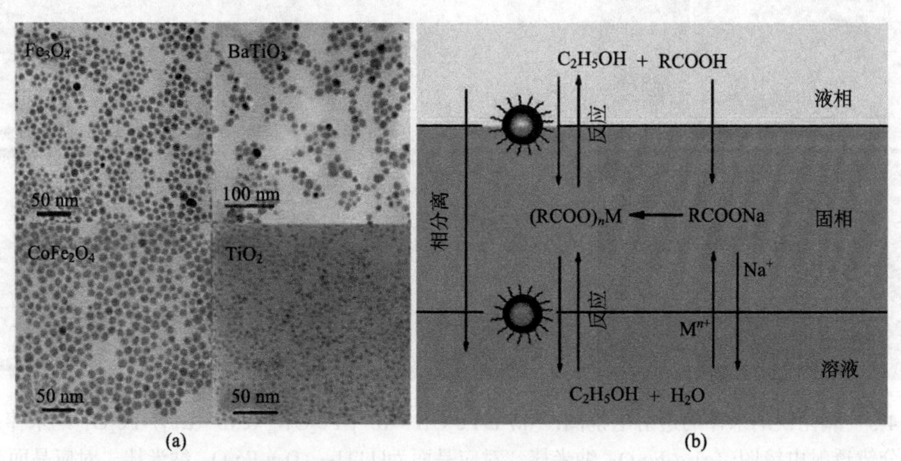

图 4-4　(a)各种纳米晶体的透射电镜图：Fe_3O_4 [(9.1 ± 0.8) nm；Fe^{2+} : Fe^{3+}，1 : 2；160℃]，$CoFe_2O_4$ [(11.5 ± 0.6) nm；Co^{2+} : Fe^{2+}，1 : 2；180℃]，$BaTiO_3$ [(16.8 ± 1.7) nm；180℃]，TiO_2 [(4.3 ± 0.2) nm；　180℃]；(b)LSS 反应的相转移合成机理图

除了合成以上这些纳米颗粒，李亚栋教授课题组还利用水热法，合成了单分散的、水溶性较好的单晶铁氧体微球[33]。他们将 $FeCl_3$、乙二醇、乙酸钠、聚乙二醇混合，搅拌一段时间后形成澄清的溶液，倒入密封的不锈钢高压釜内，加热

至 200℃并且使之反应不同的时间，可以得到不同尺寸的单分散铁氧体纳米球。在该体系中，他们巧妙地利用多组分反应混合物体系，包括乙二醇、乙酸钠、聚乙二醇来引发反应：乙二醇作为高沸点还原剂，乙酸钠作为静电稳定剂可以防止粒子聚集；聚乙二醇作为表面活性剂可以防止粒子的聚集。虽然目前机制尚不完全清楚，但多组分的反应体系可以更有效地合成所需要的磁性纳米材料。

上述四种合成方法是最为常见的合成磁性纳米材料的方法，它们都有着各自的优缺点，如表 4-1 所示。

表 4-1 上述四种合成方法的优缺点

合成方法名称	合成特点	反应温度/℃	反应时间单位	溶剂	表面包裹试剂	粒径分布	形貌控制	产量
共沉淀法	十分简单，敞口环境	20～90	分	水	需要，在反应时或反应后加入	相对窄	较差	产量高，可规模生产
高温热分解法	复杂，惰性环境	100～320	小时-天	有机混合液	需要，在反应时加入	非常窄	非常好	非常好
微乳液法	复杂，敞口环境	20～50	小时	有机混合液	需要，在反应时加入	相对窄	好	产量低
水热法	简单，高压环境	220	小时-天	水-乙醇	需要，在反应时加入	非常窄	非常好	产量中等

总结以上四种合成方法，考虑到合成简单性，共沉淀法是最佳选择；考虑到纳米颗粒的尺寸和形态可控性，高温热分解法是迄今开发的最佳方法；尽管微乳液法也可以合成具有各种形态的单分散纳米颗粒，然而该方法需要大量的溶剂；水热溶剂热法相对来说应用较少，但可以合成高质量的纳米颗粒。迄今，利用共沉淀法和高温热分解法来制备磁性纳米颗粒最多，并且可以大规模地合成制备。

4.2.5 其他合成方法

除了以上几种最为常见的磁性纳米颗粒的合成方法，超声法也是制备方法之一，超声法的原理类似于热分解法，该方法是一种通过超声来分解有机金属前驱体的方法。氧化铁颗粒就可以通过该方法进行合成，由于高频率的超声作用会瞬间产生高温热点，可以使亚铁盐转化成磁性纳米颗粒。在含有十二烷基硫酸钠的水溶液中，$[Fe(CO)_5]$在超声波的作用下分解，生成稳定的水相的无定形的 Fe_3O_4 纳米颗粒[34]，在这些纳米颗粒表面包裹油酸作为表面活性剂后，就得到了铁磁流体。一般来说，挥发性的有机金属前驱体可以通过声化学处理，最终合成相对应的磁性纳米颗粒，如果在超声过程中或超声后加入稳定剂或聚合物，就可以形成金属胶体。

4.3 磁性纳米颗粒表面修饰

目前，尽管磁性纳米颗粒在合成方面有了许多重大进展，但如何保持纳米粒子的长期稳定性，避免聚集和沉淀，以便进一步应用在生物医学中依然是一个重要的问题。磁性纳米材料稳定性差的原因在于：当颗粒粒径较小时，其比表面积就会变得非常大，在使用过程中就经常会出现团聚等情况。由于稳定性对于所有磁性纳米材料的未来应用都是一个至关重要的指标，因此，有必要发展一些有效的修饰策略来提高磁性纳米颗粒的化学稳定性以及生物相容性，使其在生物应用方面有更有利的发展前景。常用的修饰方法可以分为以下两大类：一是将无机的组分(包括硅类、金、银及其氧化物、其他无机材料等)作为涂层包裹在磁性材料表面进行修饰；二是利用有机涂层进行修饰(其中包括一些有机小分子、偶联剂、表面活性剂、高分子等)。下面将具体介绍这些表面修饰方法。

4.3.1 Au 修饰法

在磁性纳米颗粒表面修饰无机金属金，可以改善其在水中的分散性和稳定性，以便更好地实现生物功能性。一些文献也报道了用金来修饰磁性纳米颗粒的具体方法。例如，林君教授课题组[35]通过反胶束法合成了核壳结构的 Fe/Au 纳米颗粒。Au 壳用于隔绝氧气，来达到保护 Fe 核的作用，接着进行下一步的修饰和应用。还有工作提到了磁性的金纳米壳的概念，是将在油酸和 2-溴-2-丙酸中稳定存在的磁铁矿纳米颗粒和金纳米颗粒共价连接到氨基改性的二氧化硅颗粒表面，然后长出完整的超顺磁金纳米壳[36]，如图 4-5 所示。

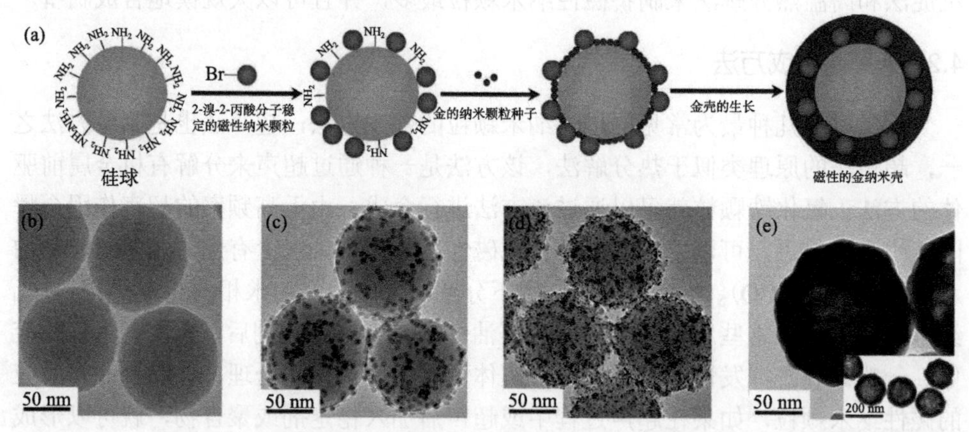

图 4-5 (a) 金纳米壳包裹的磁性颗粒的合成示意图；(b～e) 透射电镜图：(b)氨基改性的二氧化硅纳米球，(c) 磁性颗粒连接在硅球表面，(d) 表面最终修饰上金纳米层，(e) 放大后的图像

另外，Zhang 等报道了一种利用湿化学和激光照射制备核壳结构的 Fe/Au 纳米颗粒的新方法[37]。把铁纳米颗粒和金粉末放置在液体介质中，通过激光照射来实现金壳沉积，最终得到尺寸为 18 nm 体心立方(bcc) Fe 核，外层被直径约为 3 nm 的面心立方(fcc)金颗粒包裹。该方法合成的具有核壳结构的纳米颗粒在室温下具有超顺磁性，并且在正常实验室条件下储存 4 个月后，其磁化强度仍为 210 emu/g，表明该材料具有良好的稳定性。

除了修饰 Fe 之外，Au 修饰法还可以用于修饰其他磁性材料，如钴纳米颗粒等，Guo 等就报道了基于化学还原反应法合成金涂覆的钴纳米颗粒[38]。在这个体系中，3-(*N*，*N*-二甲基十二烷基铵)丙磺酸盐作为表面活性剂可以防止颗粒聚集，而三乙基氢化硼酸锂充当还原剂。将合成的钴纳米颗粒在超声和惰性气体保护的条件下，加入 $KAuCl_4$ 的四氢呋喃(THF)溶液中，钴表面原子可以还原 Au^{3+}，将金壳沉积在钴纳米颗粒上。用 Au 修饰磁性纳米颗粒表面很有意义，主要是由于金表面可以进一步用硫醇基修饰并连接功能性的配体用于生物医学领域。

4.3.2　SiO_2修饰法

与 Au 修饰法类似，该方法是将裸磁性纳米颗粒作为核心，在外面包裹一层二氧化硅壳结构来修饰材料，目前该方法也是发展较为成熟的一种方法。这种修饰方法通过两种不同的方式来达到稳定磁铁矿纳米颗粒的效果：一方面可以屏蔽磁性颗粒与二氧化硅壳的磁偶极相互作用；另一方面，二氧化硅纳米粒子带负电，因此二氧化硅涂层可以增强磁性纳米颗粒的库仑斥力。除了以上优势，SiO_2 修饰法还可以保护磁性纳米颗粒核心，避免不必要的副反应；并且经过二氧化硅修饰后的磁性材料在水相有较好的稳定性，表面易改性，可以进一步应用在生物医学领域。

在磁性纳米颗粒表面包裹二氧化硅的制备方法主要有以下三种。第一种方法是基于 Stöber 法，通过溶胶-凝胶前躯体[原硅酸四乙酯(TEOS)等]在原位发生水解生成二氧化硅的方法[39]。例如，Im 等就用这种方法制备了负载超顺磁性氧化铁纳米颗粒的二氧化硅胶体，并且发现二氧化硅胶体的最终尺寸取决于氧化铁纳米颗粒的浓度和溶剂的类型，氧化铁纳米颗粒的浓度越低，醇的分子量越高，得到的胶体尺寸也越大[40]。第二种方法是指在硅酸溶液中进行二氧化硅沉积的合成方法。不同的研究已经证明，相比于 TEOS 方法，这种方法似乎能更有效地提高磁铁矿表面二氧化硅的覆盖比例。该方法操作简单，并且通过改变 SiO_2/Fe_3O_4 的比例可以将颗粒尺寸控制在几十至几百纳米之间[41]。第三种方法是乳液法，需要利用胶束或反胶束来可控合成二氧化硅涂层，该方法的关键在于将合成的核壳结构的纳米颗粒与大量表面活性剂分离[42]，得到的纳米颗粒形貌如图 4-6 所示。Yang 等利用乳液法制备单分散的二氧化硅涂覆的氧化铁超顺磁性纳米颗粒，并且将生物大分子装载在纳米颗粒的孔中进行下一步应用[43]。

在这些方法中，SiO_2 涂层的厚度可以通过改变铵的浓度、TEOS 和水的比例来调节，且经过 SiO_2 修饰后的磁性纳米颗粒表面呈亲水性，该过程中还可以引入其他官能团修饰，使得材料在修饰后变得更加功能化，可进一步应用在生物标记、药物靶向、药物输送等方面。

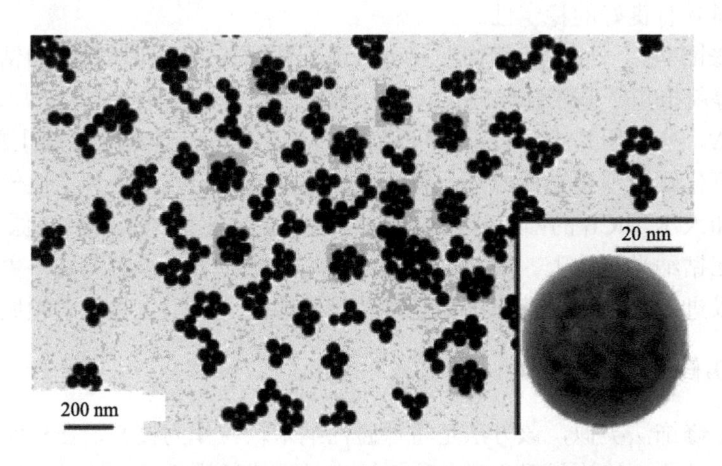

图 4-6 铁-二氧化硅复合纳米材料典型的透射电镜图

4.3.3 有机小分子修饰

用于修饰磁性纳米颗粒的有机小分子主要包括偶联剂和表面活性剂。对于通过共沉淀法制备得到的水溶性磁性纳米颗粒，可以将其先分散在水相中，然后加入有机小分子来修饰，或者在制备过程中直接引入有机小分子；对于油溶性的磁性颗粒，可通过修饰剂与稳定剂之间的特殊作用或配体交换来进行修饰。常用的有机小分子稳定剂主要有乙醇、有机羧酸硫醇和硅烷等，其中硅烷偶联剂应用得最为广泛，经过硅烷偶联剂修饰后，Fe_3O_4 表面会引入功能性基团，为接下来的功能化修饰提供基础。例如，沈晓东教授课题组采用共沉淀法制备了平均粒径为 18 nm 的 Fe_3O_4 纳米颗粒，用硅烷偶联剂 KH570 对其进行了修饰，在颗粒表面引入了 C═C 基团，该不饱和双键可进一步与其他不饱和单体发生共聚，进行下一步的反应和修饰[44]。除了偶联剂，部分表面活性剂也可以被用来修饰磁性颗粒，如油酸钠、十二烷基胺及羧甲基纤维素钠、磷酰维生素 B、γ-环糊精等，可以用来提高磁性纳米颗粒在水相中的分散性。例如，Yang 等利用油酸与 γ-环糊精的相互作用，成功地制得了水溶性良好的磁性纳米颗粒[45]；Sun 等利用一种双极性表面活性剂(11-氨基十一酸四甲基铵)置换 Fe_3O_4 表面的油酸、油胺分子，最终得到了具有良好分散性和水溶性的磁性纳米颗粒[4]。

除此之外，香港大学的 Xu 等还用多巴胺(dopamine)小分子来修饰 Fe_3O_4 颗粒[46]，主要是利用了多巴胺小分子的双羟基与铁表面的强配位作用力，多巴胺作为锚点，还可以将其他官能团连接到磁性纳米颗粒上，进行下一步功能化。除了多巴胺分子，DMSA 也常用来修饰 Fe_3O_4[47]，一般由高温热分解法可以获得单分散且粒径可控的油溶性 Fe_3O_4 磁性纳米颗粒，用 DMSA 修饰的原理是通过配体交换，使其转化为带羧基的水溶性颗粒应用在生物医学中。

4.3.4 高分子修饰

由于用有机小分子修饰得到的磁性复合颗粒在稳定性和生物相容性等方面存在问题，目前采用更多的方法是用有机高分子对磁性颗粒表面进行修饰，将磁性纳米颗粒复合到高分子材料中形成纳米微球。这种磁性微球尺寸为纳米到微米级，且一个大尺寸的球中可以含有多个磁性纳米颗粒。常用的高分子有天然高分子和合成高分子两大类，天然高分子主要有葡聚糖、淀粉、蛋白质等；合成高分子主要有聚乙二醇(PEG)、聚乙烯醇(PVA)、聚(*N*-异丙基丙烯酰胺)及其共聚物等。

通常有机高分子修饰磁性微球的方法主要有以下四种：混合包覆法、界面沉积法、活化溶胀法和单体聚合法等。混合包覆法最为常用，它是指在亲水性的高分子水溶液中，加入磁性纳米颗粒，使其均匀分散，之后通过交联、絮凝、雾化、脱水等步骤使磁性纳米颗粒被高分子包裹，最终形成高分子修饰的具有核壳结构的磁性纳米颗粒。其主要原理是利用范德华力、氢键、配位键或共价键等作用力，使水溶性较好的高分子在磁性纳米颗粒表面进行包裹，增加磁性纳米微球的稳定性。这种制备方法的优点主要是操作简单，因为磁性颗粒表面有各种活性功能基团，可以直接与所需基团进行偶联反应。但是这种方法也存在缺点，用该法制备的磁性微球的粒径难以控制，且分布较宽，形貌不均一，所得到的颗粒的磁性强度变化也很大。界面沉积法一般是一种用于制备多层结构高分子包裹的磁性微球的方法。具体来说，需要先制备一种表面含有某种官能团(如氨基、羧基等)的高分子胶粒，加入体系中与磁性纳米颗粒混合均匀，通过静电作用力层层吸附，达到修饰磁性纳米颗粒的作用。Camso 等就利用了这一原理，提出了层层自组装(layer-by-layer, LbL)的方法[48]，分别合成了具有核壳结构和空心结构的磁性微球。这种 LbL 方法的优势在于可以合成粒度可控、大小均匀、磁含量一致的高分子磁性微球，但缺点在于制备工艺烦琐、操作复杂。除了以上两种方法，活化溶胀法是用于制备单分散性好、磁含量均一的磁性微球的方法，也称 Ugelstad 法[49]。将单分散的大孔结构的聚苯乙烯微球进行磺化或硝化处理，使其具有亲水性，然后放入铁盐水溶液中，在一定反应条件下，合成超顺磁性 Fe_3O_4 或 γ-Fe_2O_3 纳米颗粒，该方法便于商业化，但操作复杂，商品成本较高。单体聚合法，是一种在有机单体和磁性粒子存在的条件下，加入引发剂、表面活性剂、稳定剂等物质，以不同的聚合方式来制备磁性高分子微球的方法。

通常磁性纳米颗粒的修饰不仅仅用单一的修饰方式来完成，可以将各种修饰方法相结合。例如，Deng 研究小组同时利用了多种方法来完成 Fe_3O_4 磁性颗粒的修饰[50]，使其能被应用于靶向载药体系，具体的合成方法如图 4-7 所示。

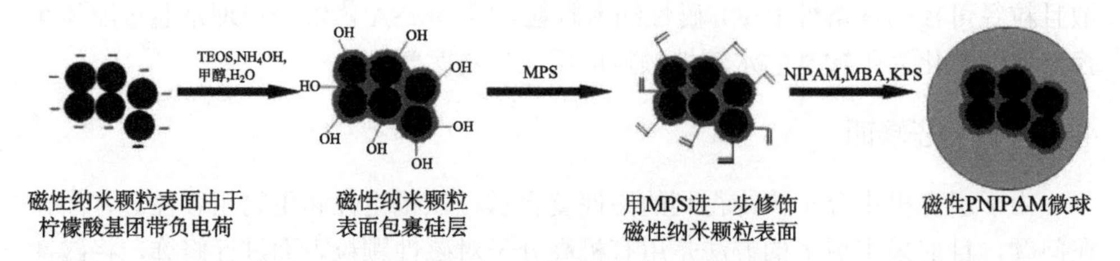

图 4-7 磁性纳米微球的具体合成步骤

MPS：硅烷偶联剂；NIPAM：*N*-异丙基丙烯酰胺；MBA: *N,N'*-亚甲基双丙烯酰胺；KPS: 过硫酸钾

他们首先采用共沉淀法合成 Fe_3O_4 磁性颗粒；然后在碱性条件下通过硅前驱体 TEOS 的水解进一步得到具有核壳结构的 Fe_3O_4/SiO_2 磁性复合纳米颗粒；其次利用表面为二氧化硅的性质，在其表面用硅烷偶联剂(MPS)对其进行修饰；最后将其作为种子，采用沉淀聚合的方法，并且以过硫酸钾(KPS)为引发剂，*N*-异丙基丙烯酰胺(NIPAM)为单体，*N,N'*-亚甲基双丙烯酰胺(MBA)为交联剂，制备具有良好的磁性能和温度响应性的复合磁性微球。

4.4 磁性纳米颗粒的生物医学应用

近年来，随着纳米技术和医学相关的电磁学技术的迅速发展，磁性纳米颗粒应用于肿瘤生物医学，包括生物成像、药物靶向输送以及肿瘤治疗。在这些磁性纳米颗粒中，以铁氧化物为核心的超顺磁纳米颗粒由于其独特的性质成为生物医学的研究热点。通过恰当的表面修饰，磁性纳米颗粒可以获得良好的水溶性和生物相容性，能更好地应用在生物医学的各个方面。下面主要介绍磁性纳米颗粒在磁共振成像、磁分离、磁靶向、磁热疗、磁转染等方面的应用。

4.4.1 磁共振成像

磁共振成像是临床诊断的有效手段之一，其原理是利用在不同的外加磁场条件下，生物体的不同组织会由于含水量和氢原子弛豫时间不同，产生不同的成像信号。当组织发生病变时，可以通过比较病变组织和正常组织的氢原子弛豫时间来检测和辨别病灶。但由于磁共振成像对比度较低，人们通常利用磁共振造影剂来增强信号对比度，提高软组织图像的分辨率，以达到更好的诊断效果。由于传统的造影剂存在明显的缺陷：体内无特异性分布，在活体内半衰期短，短时间内工作浓度快速降低等，因此随着纳米技术的发展，与纳米相结合的新型造影剂被提出，并且受到了越来越多的关注。这些新型造影剂主要可以分为两大类：T1 造影剂，成像时相关部位变亮，主要有 Gd^{3+}、Dy^{3+}、Mn^{2+}等元素周期表中稳定价态的镧系和第四周期过渡元素；T2 造影剂，成像时相关部位变暗，一般是指氧化铁纳米颗粒，如 Fe_3O_4、γ-Fe_2O_3 等。

基于 T1 造影剂的磁共振成像在生物医学中有广泛的应用，科研者也围绕基于 Gd^{3+}和 Mn^{2+}的磁共振造影剂进行了大量研究。由于 Gd^{3+}有 7 个不成对电子，电子自旋磁矩大，弛豫效率高，因此 Gd-DTPA 这种复合物自 1988 年被提出以来就成为临床上应用最广泛的商业化造影剂。近年来，基于氧化钆(Gd_2O_3)或掺杂 Gd^{3+}的纳米造影剂引起了广泛的关注，厦门大学高锦豪等合成了一种超小尺寸的氧化钆纳米颗粒，可以极大地提高 Gd^{3+}的 T1 造影性能[51]。他们将超小氧化钆纳米颗粒装载到介孔二氧化硅纳米球的通道中，得到了特殊结构的 Gd_2O_3@MSN 纳米复合材料，这种结构赋予了纳米复合材料几何约束效应、较长的分子翻转时间以及更强的水分子结合能力，使得纵向质子弛豫参数值(r_1)高达 45.08 L/(mmol·s)，如图 4-8 所示，与基于钆的临床造影剂相比，性能得到了明显的提升，为疾病成像诊断提供了新的指导。

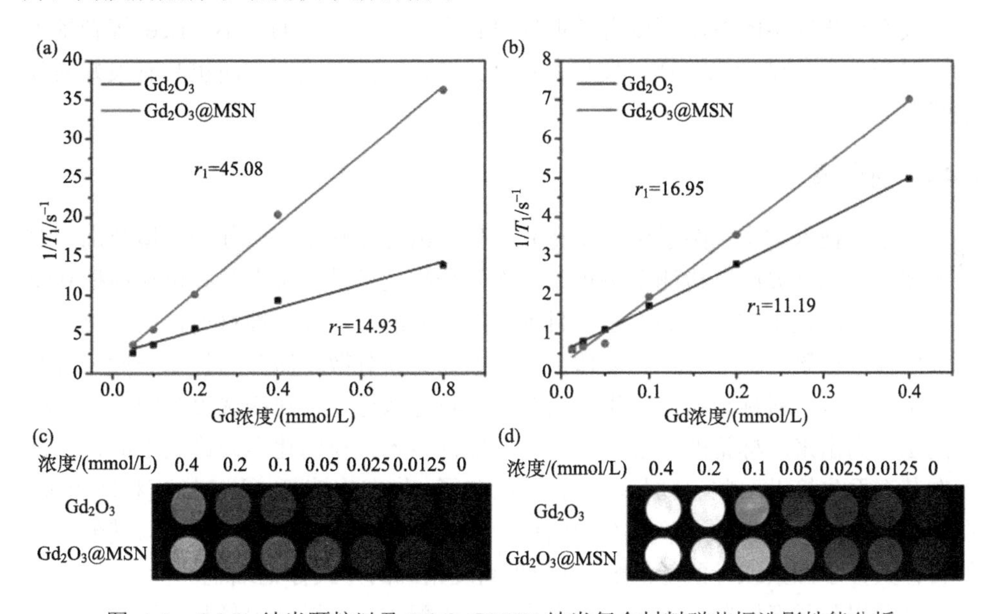

图 4-8　Gd_2O_3 纳米颗粒以及 Gd_2O_3@MSN 纳米复合材料磁共振造影性能分析

图中分别为 Gd^{3+}在不同磁场下的 T1 弛豫率：(a,c) 磁场为 7 T；(b,d) 磁场为 0.5 T

除了基于 Gd^{3+}的造影剂，有研究发现氧化锰纳米颗粒能有效地缩短质子的弛豫时间，从而提高磁共振成像效果。Lee 等也报道了氧化锰纳米颗粒作为 T1 造影剂应用于脑部成像[52]，并且发现纳米颗粒的尺寸会直接影响 T1 的成像效果：纳米颗粒越小，图像分辨率越高。

除了 MnO、Gd_2O_3 纳米颗粒等 T1 造影剂，Fe_3O_4 纳米颗粒也是有着良好性能的 T2 造影剂，其原理是：Fe 具有多个不成对的电子，接近共振中的氢原子时，能有效地改变质子所处的磁场，造成弛豫时间变化，有较好的造影效果。除了氧化铁之外，FeCo 和 FePt 等也可用于磁共振造影，Seo 等[53]采用化学气相沉积法合成了稳定且水溶性较好的钴化铁-石墨烯核壳结构，该纳米晶体有很高的饱和磁化强度、r_1 和 r_2 弛豫率，并在兔子活体实验中有长期高效的造影性能。Chou 等合成了直径分别为 3 nm、6 nm 和 12 nm 的水溶性 FePt 纳米颗粒[54]，该纳米颗粒呈现出优异的生物相容性和血液相容性，相应的生物分布分析显示：颗粒尺寸在 12 nm 时，材料在体内血液循环时间最长。在 FePt 纳米颗粒表面接上 Anti-Her 抗体后，还实现了分子靶向的 CT / MRI 多模态成像造影。

除了单一的 T1 或 T2 造影模式，还有一些工作将 T1/T2 磁共振成像的纳米颗粒相结合，构成异质结纳米颗粒来合成 T1/T2 双模态的造影剂。例如，Cheon 小组制备了具有核壳结构的 $MnFe_2O_4@SiO_2@Gd_2O(CO_3)_2$ 双模式多功能造影剂[55]，通过改变氧化硅层的厚度可以有效调控 T1 和 T2 弛豫率的大小，Lee 等制备了 Fe_3O_4/MnO 异质结纳米晶体，发现其在 T1、T2 双模态成像方面也具有很好的效果[56]。

4.4.2 磁分离

在生物技术和生物医学中，将特异的生物组分和它本来所处的环境分离，对于实现样品的高灵敏度检测至关重要，而磁分离技术是一种有效并可靠地捕获特定蛋白质或其他生物分子的方法。目前使用最多的是超顺磁性材料，它们可以用外部磁场进行磁化，并且一旦磁体被移除就能重新分散。磁分离技术一般分为两步：①用磁性材料标记所需的生物组分；②将这些标记物在磁选设备中通过液相分离法分离出来。标记的过程一般是通过磁性纳米颗粒的化学修饰实现的，通常指在其表面先接上一些生物相容性较好的分子，如右旋糖酐、聚乙烯醇和磷脂等，在此基础上进一步共价连接具有靶向作用的功能分子(如细胞表面抗体、其他生物的目标大分子激素或叶酸等)来提供一种高度精确的方式标记细胞。

之前提到了多巴胺分子是一种双齿烯二醇配体，可以利用羟基和铁原子的强配位作用来修饰磁性氧化铁纳米颗粒，而多巴胺分子可以充当锚点，进一步固定次氮基三乙酸分子，用于蛋白质分离[46]。这种新材料对蛋白质分离有高度特异性，并且在加热和高盐浓度条件下具有优异的稳定性。除了分离蛋白质，磁性纳米颗粒也是理想的用于基因分离的分子载体，且分离效率高。如何在复杂的基质中收集、分离单碱基错配的 DNA/mRNA 靶标，对于研究疾病诊断、基因表达、基因表达谱等至关重要。Tan 等合成了一种磁基因纳米捕获器，用于收集、分离和检测仅有单碱基差异的 DNA/RNA 分子[57]。磁基因纳米捕获器将磁性纳米颗粒作为核心，除了在表面修饰二氧化硅层来提高其生物相容性，还修饰亲和素-生物素分子用于连接其他分子信标，起到 DNA 探针的作用。这种纳米捕获器可以高效收集微量的靶 DNA/mRNA 样品，检测限低，达 fmol 量级，并能够实时监测和确认基因产物。除了以上这些，磁分离技术还可以作为一种预处理技术，用于聚合酶链反应来扩增 DNA 样本；另外，细胞计数技术也可以利用磁分离，磁标记过的细胞的数量可以通过测量微球的磁矩来计算得到。

总地来说，与传统的细胞分离方法相比，磁分离技术具备以下优点：①所需样品可以直接从血样、胃、髓、组织匀浆、培养介质中取出，便于目标细胞分离；②使用磁分离技术，样品在静磁场中放置，与传统的离心法或过滤法相比，该技术的细胞处理过程更为温和，不会产生很大的机械力和剪切力，减小了对细胞的伤害；③可分离大量特定活细胞，重复性好，操作简便；④纳米级磁性微粒比表面积大，检测灵敏度大幅提高，因此基于磁性纳米颗粒的磁分离技术在未来有很大的医学应用前景。

4.4.3　磁靶向

大多数化疗药物存在的缺点是在体内的非特异性分布，化疗药物通过静脉注射到体内后，在体内各个器官的分布会导致严重的副作用，考虑到化疗药物存在的弊端，Widder 等在 20 世纪 70 年代提出了“磁性药物递送”这一概念[58]。在磁靶向治疗体系中，对细胞有毒性的化疗药物与生物相容性良好的磁性纳米颗粒载体相结合，而这种这些药物-载体形式的复合物会通过血液循环进入患者体内。当粒子进入血液后，在外部某一个特定的目标中心放置高梯度的磁场，一旦药物-载体在靶点处富集，由于肿瘤部位酶活性或其他条件的变化(如 pH、渗透压或温度)，药物就可以释放出来，然后被肿瘤细胞吸收。磁靶向治疗的效果和许多因素都有关，包括磁场性质(场强、梯度)、磁性颗粒性质(磁学性质、动力学特征、其他生理参数)等。

除了将其作为单一的药物载体进行应用，磁靶向技术通常和其他成像治疗方式相结合，来提高治疗效率。例如，苏州大学刘庄等合成了一种多功能纳米探针[59]，如图 4-9 所示，该探针将上转换纳米颗粒、金颗粒、磁性四氧化三铁颗粒相结合，在实现 UCL/MR 双模态成像(UCL 表示上转换荧光成像)的同时，进行磁靶向指导下的光热治疗，对肿瘤产生很强的杀伤作用。之后又发展了一种基于磁性纳米颗粒的多功能诊疗剂[60]，并且实现了双模态成像(磁共振/光声)指导下的肿瘤光热治疗。通过在肿瘤部位施加外部磁场，增强了材料的实体瘤的高通透性和滞留(EPR)效应，并且可以通过磁共振成像实时检测肿瘤变化情况，旨在优化治疗计划以实现最有效的癌症治疗。另外，深圳大学黄鹏等将光敏剂和磁性纳米颗粒结合[61]，用于胃癌成像和治疗，其中光敏剂二氢卟酚 e6(Ce6)通过硅烷偶联剂可以被共价锚定在磁性纳米颗粒表面，并保有原来的功能特性，实现磁靶向药物传输和磁共振成像功能。

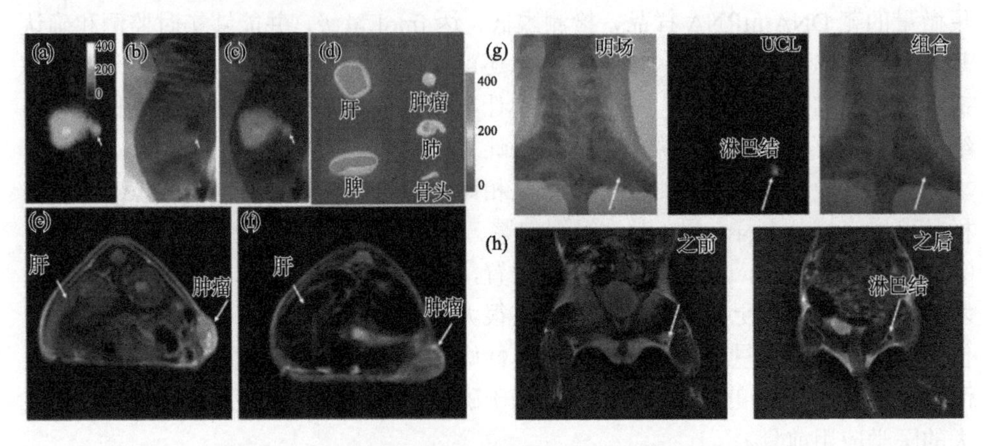

图 4-9 双模态上转换荧光/磁共振(UCL/MR)体内成像

(a～c)尾静脉注射 PEG-MFNP 材料 1 h 后，接种了 KB 肿瘤的小鼠的明场图像(a)、UCL 图像(b)、两者的合并图像(c)，从小鼠的肝脏和肿瘤部位(箭头)可以观察到较强 UCL 信号；(d)器官解剖后 UCL 成像，表明在注射 24 h 后，材料主要在小鼠的肝、脾、肿瘤、骨和肺中富集；(e)注射材料后带 KB 肿瘤的裸鼠的 T2 加权图像；(f)没有注射材料后带 KB 肿瘤的裸鼠的 T2 加权；(g，h)多模态 UCL 成像(g)和 MR 成像(h)用于体内淋巴管造影

虽然磁性药物载体在一定程度上减少了药物的毒副作用，但到目前为止，磁性药物递送系统在临床研究中仍有许多基本问题需要解决，如磁性纳米颗粒的稳定性、经过修饰后(聚合物或二氧化硅)的生物相容性等，因此未来还需要对这些内容进行深入的研究。

4.4.4 磁热疗

磁性纳米颗粒的另一个有趣的应用是磁热疗，该治疗方法一般作为癌症化疗、放疗和手术治疗的补充手段。磁热疗的原理是：当磁性纳米颗粒暴露于变化的磁场中时，由于磁滞损耗、布朗弛豫等效应会产生热量，因此当将其直接放入交变磁场中时，磁性颗粒会变成强力的热源，释放高热量破坏肿瘤细胞，当温度超过41℃时，肿瘤细胞就会逐渐死亡，而正常细胞可在较高的温度下存活。材料升温的性能和许多因素相关，如材料本身的磁学性质、外加磁场的强度、振荡频率以及肿瘤部位的血流冷却能力等。

目前大量工作研究了磁性颗粒用于热疗的治疗效果，并在活体实验中采用不同种类的肿瘤模型来进行实验。若选择磁性能优异的纳米颗粒，施加适当的外磁场，那么只需要少量(大约 0.1 mg)的磁性微粒就可以将生物组织的温度局部升高，达到杀死肿瘤细胞的效果。Wada 等[62]已经证明葡聚糖磁铁矿用于口腔癌热疗的有效性，他们将其悬浮液局部注射到肿瘤区域，通过磁场将舌部加热至 43～45℃进行治疗，通过观察发现治疗组中肿瘤抑制效果显著，存活率也高于对照组。

除了单一的磁热疗法，热疗也被更多地应用在肿瘤联合治疗中。相关的临床数据显示，热疗与放疗相结合可以改善治疗效果，这项工作对 112 例患有多形性胶质母细胞瘤的患者进行了研究和治疗[63]，他们发现：与单独的 γ 射线疗法相比，当放疗和磁热疗法相结合时，患者的存活率会增加一倍。这个结果表明，磁热疗使肿瘤组织中的血液流动加快，氧气含量增加，对放疗起到了良好的增敏作用。基于相似的原理，磁热疗法和光动力疗法相结合也有协同治疗效应。Gu 等将光敏分子卟啉和氧化铁纳米颗粒相结合，使材料同时可用于光动力治疗(PDT)和磁热治疗(HT)[64]，热疗改善乏氧后进一步增敏光动力治疗，达到了最优的治疗效果。热诱导的治疗基因表达对于基因治疗也是十分有利，可以使副作用最小化，此外还可以实现热疗和基因治疗的联合。Ito 等将 TNF-α 基因治疗和磁铁阳离子脂质体(MCL)热疗相结合，交替磁场的加热使 TNF-α 基因表达增加了 3 倍，显著提高了基因治疗效果，联合治疗更是成功地抑制了裸鼠的肿瘤生长[65]。

除了和以上治疗方式相结合，磁热疗还可以改善化疗，实现药物的可控释放。具体方法是将磁性纳米颗粒作为核心，并将药物装载在具有热敏感性能的外壳中，当材料到达目标位置时，施加交变磁场使磁芯温度升高，导致热敏聚合物壳中的结构/构象发生变化(共价或非共价化学键的断裂等)，最终使药物在肿瘤部位释放。 为了更好地控制药物的释放，必须合理调控磁芯产生的热量，对相关的参数进行研究(如磁场的强度和频率、材料在组织的穿透深度、材料尺寸、形状等)。Hayashi 等也证明了磁热疗产生的热量可以作为药物释放的有效驱动力[66]。如图 4-10 所示，他们将 β-环糊精(CD)作为亲脂(阿霉素)和亲水(紫杉醇)药物的载体，通过施加高频磁场产生高热效应来触发 CD 腔内的药物释放，该体系用 CD 功能化磁性材料，并接上具有肿瘤靶向作用的叶酸(FA)分子，药物的释放行为则可以通过高频磁场的开启和关闭来控制。一系列实验数据表明，该多功能的药物递送系统可以加剧癌细胞的凋亡，将化疗药物释放和磁热疗法相结合，极大地减小了材料产生的副作用。

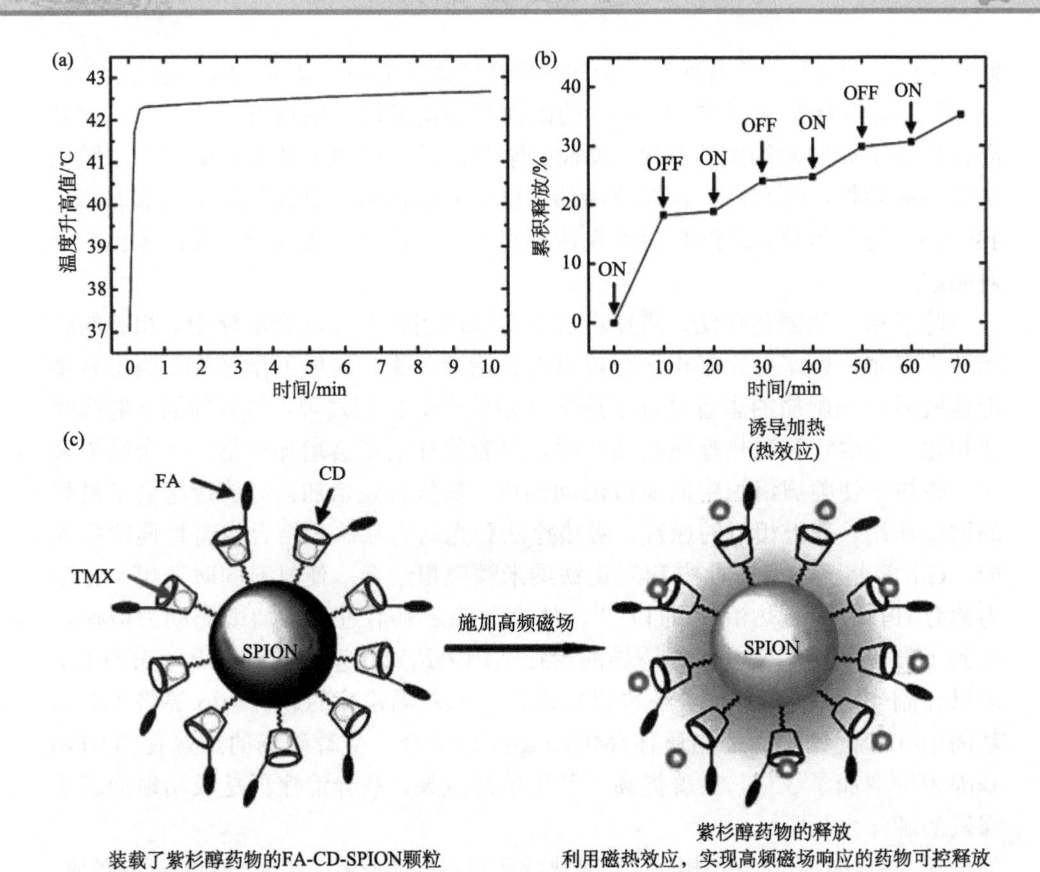

图 4-10 (a)当磁场频率为 230 kHz，材料水溶液浓度为 20 mg/mL 时，水温随着时间的延长而升高，且振幅为 100 Oe；(b)通过磁场的打开和切断可以控制紫杉醇(TMX)从 FA-CD-SPION(SPION：磁性氧化铁纳米颗粒)中释放出来的行为；(c)利用磁场产生高热效应，使 TMX 从 FA-CD-SPION 中释放的原理示意图

4.4.5 磁转染

细胞转染是指将外源性分子(如 DNA、RNA 分子等)导入真核细胞的技术，用于分析基因表达、基因突变基因沉默等，已成为生物医学中广泛使用的基本技术。目前最普遍的方法是阳离子脂质体法，该方法虽然转染效率较高，但对细胞有一定毒性；病毒介导法是可供选择的方法之一，但操作复杂，需要考虑安全因素等。近年来，磁转染技术(magnetofection)受到了人们的广泛关注，该技术是一种新型高效的转染培养细胞的方法，其基本原理是：将磁性纳米颗粒作为基因载体，利用磁力使之接近靶细胞甚至被直接吸入靶细胞内。该载体通过胞吞和胞饮进入细胞内，不会在细胞膜上造成穿孔，不影响细胞功能，更不会导致细胞死亡。

磁转染技术主要具有以下优点[67, 68]：①与标准转染方法相比，极大地提高了转染率，短时间孵育即可获得提高达几千倍的转基因表达；②使用极低剂量的载体即可获得高转染率和高转基因表达水平，节省昂贵的转染试剂，大大降低了实验成本；③只需要极短的处理时间，细胞与基因载体孵育几分钟即足以获得高转染率，而标准方法需几小时。

Krötz 等最近使用磁转染技术增强基因转移，来培养原代内皮细胞[69]。相比于其他常规的转染技术，人脐静脉内皮细胞(HUVEC)的磁转染使荧光素酶报告基因的转染效率增加到原来的 360 倍，而毒性却仅增加了 1.6 倍，这表明磁转染技术的优势远大于其引发的毒性，因此该方法是 pDNA 转染至内皮细胞的有效方法，并且转染效率较高。在另一项研究中，该作者还利用磁转染技术将反义寡脱氧核苷酸(ODN)递送至原代细胞[68]，该方法可以同时在体外和体内进行应用，并且降低了毒性，减短了操作时间。实验数据表明：将荧光标记的 ODN 材料注射到雄性小鼠的股动脉 24 h 后，暴露在磁场中的原始血管对 ODN 有特异性的摄取。因此，磁转染是将 ODN 递送到难以转染的细胞中的有效途径，为研究基因/蛋白质的功能提供了新方式。

4.4.6 磁性纳米材料在其他方面的应用

除了以上这些应用，磁性纳米材料还可以被应用在组织工程中，如氧化铁在组织工程中就有几种不同的应用：干细胞替代疗法中可用于细胞标记、分选、监测、移植和靶向体内递送[70]等；纳米磁焊的应用，是指在高温下焊接接合组织表面，该过程中通常伴随蛋白质变性，之后相邻蛋白质链再聚合的反应[71]。在纳米磁焊中，氧化铁表面通常用金和二氧化硅涂层进行修饰，来提高灵敏度和光吸收性能，可以选择合适的光源和波长，使其对生物组织的损伤降到最低[72]；磁性纳米颗粒还可以用来构建得到形状类似多层角质的 3 D 结构物[73]；另外，构建自组装磁性纳米线阵列也可以用于组织工程[74]。

除了在生物组织工程学的应用，磁性纳米材料还可以被应用在铁的检测和螯合治疗中。过量金属沉积物会引发相关的神经变性疾病，包括多发性硬化、阿尔茨海默病、帕金森病等[75]，因此发展可以在纳米尺度下进行神经元组织中金属铁检测的方法至关重要。而超导量子干涉装置(SQUID)磁力计法被证明可以用于识别阿尔茨海默病和神经铁蛋白病患者脑部的铁沉积物[76,77]，对下一步的诊断治疗起着指导作用。另外，作为实验治疗剂，磁性纳米材料还可以充当神经变性疾病的铁螯合剂[78]，有着另一种潜在的治疗应用。

4.5 磁性纳米材料的毒性及生物安全性

考虑到磁性纳米体系的多样性及其生物医学应用价值，大量的研究都关注其毒性和生物安全性，包括体外细胞毒性、活体内瞬时毒性和长期毒性等。下面以氧化铁为例，探讨其生物安全性。一般来说，氧化铁纳米颗粒通过胞吞作用被细胞内化后，会聚集在细胞的溶酶体内，由于溶酶体内低 pH 的环境，在一系列水解酶的作用下，氧化铁有可能通过内源性铁代谢途径降解为铁离子，从体内排出。

氧化铁纳米颗粒的尺寸、电荷、表面化学和递送途径等都会影响它们在体内的循环时间、生物分布以及潜在毒性。尺寸大于 200 nm 的颗粒由于吞噬作用聚集在脾部位，而小于 10 nm 的颗粒可以通过肾脏快速排出，因此对于尾静脉注射方式来说，颗粒尺寸在 10～100 nm 之间最佳，且生物分布情况大致为：肝脏为 80%～90%，脾脏为 5%～8%。近年来，磁性材料对于非免疫原性细胞的毒性作用受到了越来越多的关注， Jeng 等研究了一系列金属氧化物对于哺乳动物细胞产生的毒性，结果显示，20～45 nm 的金属氧化物纳米颗粒都会对小鼠神经-2A 细胞造成一定的毒性，产生浓度相关的细胞凋亡和膜功能损伤，这些结果通过毒性相关的 MTT[3-(4,5-dimethylthiazol-2-yl)-2,5-diphenyltetrazolium bromide，3-(4,5-二甲基噻唑-2)-2,5-二苯基四氮唑溴盐]还原法和乳酸脱氢酶法得到了证实[79]。除此之外，其他一些工作也证明：未经修饰的氧化铁在一定浓度范围是相对安全的，只有浓度在 100 μg/mL 或更高的水平时才会产生细胞毒性变化，而且氧化物纳米颗粒的细胞毒性与颗粒溶解度的增加以及表面化学改性相关，合适的修饰方法可以使材料毒性大大降低，尤其是在细胞水平上[80,81]。

Pisanic 等利用二巯基丁二酸(DMSA)修饰的磁性颗粒，促进轴突在磁力作用下延伸生长[82]，并通过一系列实验评估了加入材料后细胞存活率的变化。其细胞毒性数据表明：在加材料孵育的前 48 h 内，细胞活力显著降低，且随着氧化铁纳米颗粒浓度的增加，PC12 细胞会逐渐停止分化甚至死亡。虽然 DMSA 是一种毒性较低的金属螯合剂，本身不会引起毒性，但经过 DMSA 修饰的氧化铁毒性依然较高，可见这种修饰方法并没有很好地解决材料潜在毒性的问题。

除了 DMSA 这种修饰方法，还有许多体系使用两亲性聚合物高分子(如 PEG)对材料进行表面修饰，苏州大学刘庄教授课题组报道了磁性纳米颗粒相关的工作基于氧化铁-金核壳结构的多功能纳米试剂[83]，可以实现磁共振(MR)/光声(PA)多模态成像指导下的肿瘤光热治疗。该体系中的纳米材料是通过 PEG 高分子进行修饰的，且细胞的 MTT 数据表明，当材料浓度达到 400 μg/mL 时也没有产生明显的细胞毒性，因此该修饰方法可以显著降低材料毒性，提高生物安全性。

除了细胞水平上的毒性研究，活体水平上氧化铁的毒性评估也至关重要。从一些现有的体内毒性数据来分析可以发现，当通过相关途径以临床相关浓度施用氧化铁时，它们并没有产生长期的毒性影响。有一些研究发现铁会在组织中积累，但主要器官没有明显的组织学变化，证明了材料的安全性[84,85]。而另一项研究中[86,87]，利用葡聚糖来修饰的磁铁矿纳米颗粒，在大鼠实验中，其半数致死剂量(LD_{50})也高达 400 mg/kg，该剂量对于腹膜细胞、淋巴细胞和嗜中性粒细胞也会具有细胞毒性作用，单次皮下注射葡聚糖包被的磁性颗粒后，可以观察到血管扩张和白细胞浸润，但在 72 h 后该现象几乎消失。

综上所述，到目前为止，关于磁性颗粒的毒性研究表明，氧化铁纳米颗粒的组成、尺寸、分散性、表面化学性质及其给药方式都会影响其体内行为，大量的动物实验和临床数据也表明氧化铁纳米颗粒具有良好的生物安全性。

4.6　结论与展望

近年来，大量工作报道了合成具有不同组成、不同尺寸磁性纳米颗粒的方法，包括共沉淀法、高温热分解法、微乳液法、水热溶剂热法等。然而如何可控合成高质量单分散的磁性纳米颗粒，并对其成核、合成机理进行详细探讨，仍是未来面临的挑战。除此之外，对于氧化铁晶体纳米颗粒的大规模合成，由于要求很高的结晶度和磁化强度，合成方法需要很好的重复性才可用于工业生产。

另一方面，磁性纳米颗粒由于有着较高的比表面积，稳定性会下降，尤其是小颗粒会倾向于形成聚集体；而一些合成方法(如高温热分解法)通常在有机相中进行反应，获得的纳米颗粒也仅在有机溶剂中分散，不能分散在水相中。因此，为了在生物医学中进一步的应用，需要进行合适的表面修饰来改善材料的稳定性和生物相容性。目前，大量的修饰方法被提出，但需要精确的表征来研究材料表面修饰对材料结构和磁性产生的影响。事实上，表面效应有可能导致氧化物纳米颗粒磁化率的降低，其存在许多不同的机理，如颗粒表面存在磁性死层，倾斜自旋等。这些都需要在不断的实践中寻找规律并进一步优化。

磁性纳米颗粒经过良好的化学修饰后可被应用在许多领域，如磁共振成像造影、生物分离技术、生物分析检测技术、磁热治疗、磁场定位靶向的药物输送等。另外，基于磁性纳米颗粒还可以设计各类多功能体系，有望进一步提高肿瘤成像和治疗效果。在生物应用相关的研究中可以发现，材料的尺寸、形貌及表面修饰等都会影响其药代动力学、代谢行为、血管清除率和生物分布等性质，需要构建适当的数学模型对此进行分析，以优化材料的物理化学和生物学性质。另外，在氧化铁作为磁靶向载体高效递送药物的应用中，表面修饰也需要进一步优化，以得到重复性较好、药物递送量较为精确的材料。而磁性纳米颗粒与免疫系统的相互作用也值得关注，尤其是在活体实验中颗粒表面受体或配体分子的相互作用。除了经典的氧化铁颗粒外，许多新型磁性材料的安全性和生物相容性，特别是长期毒性也需要进一步评估。

参考文献

[1] Wang Z L, Dai Z, Sun S. Polyhedral shapes of cobalt nanocrystals and their effect on ordered nanocrystal assembly. Advanced Materials, 2000, 12: 1944-1946.

[2] Diehl M R, Yu J Y, Heath J R, Held G A, Doyle H, Sun S, Murray C. B. Crystalline, shape, and surface anisotropy in two crystal morphologies of superparamagnetic cobalt nanoparticles by ferromagnetic resonance. The Journal of Physical Chemistry B, 2001, 105: 7913-7919.

[3] Sun S, Murray C. Synthesis of monodisperse cobalt nanocrystals and their assembly into magnetic superlattices. Journal of Applied Physics, 1999, 85: 4325-4330.

[4] Sun S, Zeng H, Robinson D B, Raoux S, Rice P M, Wang S X, Li G. Monodisperse MFe_2O_4 (M= Fe, Co, Mn) nanoparticles. Journal of the American Chemical Society, 2004, 126: 273-279.

[5] Seo W S, Shim J H, Oh S J, Lee E K, Hur N H, Park J. T. Phase-and size-controlled synthesis of hexagonal and cubic CoO nanocrystals. Journal of the American Chemical Society, 2005, 127: 6188-6189.

[6] You C, Sun X, Liu W, Cui B, Zhao X, Zhang Z. Effect of Co and W additions on the structure and magnetic properties of $Nd_2Fe_{14}B$/-Fe nanocomposite magnets. Journal of Physics D: Applied Physics, 2000, 33: 926.

[7] Inoue A, Takeuchi A, Makino A, Masumoto T. Hard magnetic properties of nanocrystalline Fe-rich Fe-Nd-B alloys prepared by partial crystallization of amorphous phase. Materials Transactions, JIM 1995, 36: 962-971.

[8] Dale B M, Brown M A, Semelka R C. MRI: basic principles and applications. New York: John Wiley & Sons, 2015.

[9] Fan J, Lu J, Xu R, Jiang R, Gao Y. Use of water-dispersible Fe_2O_3 nanoparticles with narrow size distributions in isolating avidin. Journal of Colloid and Interface Science, 2003, 266: 215-218.

[10] Safarik I, Safarikova M. Magnetic techniques for the isolation and purification of proteins and peptides. BioMagnetic Research and Technology, 2004, 2: 7.

[11] Gallo J M, Varkonyi P, Hassan E E, Groothius D R. Targeting anticancer drugs to the brain: II. Physiological pharmacokinetic model of oxantrazole following intraarterial administration to rat glioma-2 (RG-2) bearing rats. Journal of Pharmacokinetics and Pharmacodynamics, 1993, 21: 575-592.

[12] Johannsen M, Gneveckow U, Taymoorian K, Thiesen B, Waldöfner N, Scholz R, Jung K, Jordan A, Wust P, Loening S. Morbidity and quality of life during thermotherapy using magnetic nanoparticles in locally recurrent prostate cancer: results of a prospective phase I trial. International Journal of Hyperthermia, 2007, 23: 315-323.

[13] Massart R. Preparation of aqueous magnetic liquids in alkaline and acidic media. IEEE transactions on magnetics, 1981, 17: 1247-1248.

[14] Fauconnier N, Pons J, Roger J, Bee A. Thiolation of maghemite nanoparticles by dimercaptosuccinic acid. Journal of Colloid and Interface Science, 1997, 194: 427-433.

[15] Roger J, Pons J, Massart R, Halbreich A, Bacri J. Some biomedical applications of ferrofluids. The European Physical Journal Applied Physics, 1999, 5: 321-325.

[16] Bee A, Massart R, Neveu S. Synthesis of very fine maghemite particles. Journal of Magnetism and Magnetic Materials, 1995, 149: 6-9.

[17] Peng X, Wickham J, Alivisatos A. Kinetics of II-VI and III-V colloidal semiconductor nanocrystal growth: "focusing" of size distributions. Journal of the American Chemical Society, 1998, 120: 5343-5344.

[18] Sun S, Zeng H. Size-controlled synthesis of magnetite nanoparticles. Journal of the American Chemical Society,

2002, 124: 8204-8205.
[19] Jana N R, Gearheart L, Murphy C J. Evidence for seed-mediated nucleation in the chemical reduction of gold salts to gold nanoparticles. Chemistry of Materials, 2001, 13: 2313-2322.
[20] Yu H, Gibbons P C, Kelton K, Buhro W E. Heterogeneous seeded growth: a potentially general synthesis of monodisperse metallic nanoparticles. Journal of the American Chemical Society, 2001, 123: 9198-9199.
[21] Jana N R, Chen Y, Peng X. Size-and shape-controlled magnetic (Cr, Mn, Fe, Co, Ni) oxide nanocrystals via a simple and general approach. Chemistry of Materials, 2004, 16: 3931-3935.
[22] Park J, An K, Hwang Y, Park J G, Noh H J, Kim J Y, Park J H, Hwang N M, Hyeon T. Ultra-large-scale syntheses of monodisperse nanocrystals. Nature Materials, 2004, 3: 891-895.
[23] Li Z, Sun Q, Gao M. Preparation of water-soluble magnetite nanocrystals from hydrated ferric salts in 2-pyrrolidone: mechanism leading to Fe_3O_4. Angewandte Chemie International Edition, 2005, 44: 123-126.
[24] Hu F, Wei L, Zhou Z, Ran Y, Li Z, Gao M. Preparation of biocompatible magnetite nanocrystals for *in vivo* magnetic resonance detection of cancer. Advanced Materials, 2006, 18: 2553-2556.
[25] Butter K, Philipse A, Vroege G. Synthesis and properties of iron ferrofluids. Journal of Magnetism and Magnetic Materials, 2002, 252: 1-3.
[26] Puntes V F, Zanchet D, Erdonmez C K, Alivisatos A P. Synthesis of hcp-Co nanodisks. Journal of the American Chemical Society, 2002, 124: 12874-12880.
[27] Cordente N, Respaud M, Senocq F, Casanove M J, Amiens C, Chaudret B. Synthesis and magnetic properties of nickel nanorods. Nano Letters, 2001, 1: 565-568.
[28] Carpenter E E, Seip C T, O'Connor C J. Magnetism of nanophase metal and metal alloy particles formed in ordered phases. Journal of Applied Physics, 1999, 85: 5184-5186.
[29] Woo K, Lee H J, Ahn J P, Park Y S. Sol-gel mediated synthesis of Fe_2O_3 nanorods. Advanced Materials, 2003, 15: 1761-1764.
[30] Solinas S, Piccaluga G, Morales M, Serna C. Sol-gel formation of γ-Fe_2O_3/SiO_2 nanocomposites. Acta Materialia, 2001, 49: 2805-2811.
[31] Ding Y, Zhang G, Wu H, Hai B, Wang L, Qian Y. Nanoscale magnesium hydroxide and magnesium oxide powders: control over size, shape, and structure via hydrothermal synthesis. Chemistry of Materials, 2001, 13: 435-440.
[32] Wang X, Zhuang J, Peng Q, Li Y. A general strategy for nanocrystal synthesis. Nature, 2005, 437: 121.
[33] Deng H, Li X, Peng Q, Wang X, Chen J, Li Y. Monodisperse magnetic single-crystal ferrite microspheres. Angewandte Chemie, 2005, 117: 2842-2845.
[34] Kim E H, Lee H S, Kwak B K, Kim B K. Synthesis of ferrofluid with magnetic nanoparticles by sonochemical method for MRI contrast agent. Journal of Magnetism and Magnetic Materials, 2005, 289: 328-330.
[35] Lin J, Zhou W, Kumbhar A, Wiemann J, Fang J, Carpenter E, O'Connor C. Gold-coated iron (Fe@Au) nanoparticles: synthesis, characterization, and magnetic field-induced self-assembly. Journal of Solid State Chemistry, 2001, 159: 26-31.
[36] Kim J, Park S, Lee J E, Jin S M, Lee J H, Lee I S, Yang I, Kim J S, Kim S K, Cho M H. Designed fabrication of multifunctional magnetic gold nanoshells and their application to magnetic resonance imaging and photothermal therapy. Angewandte Chemie, 2006, 118: 7918-7922.
[37] Zhang J, Post M, Veres T, Jakubek Z J, Guan J, Wang D, Normandin F, Deslandes Y, Simard B. Laser-assisted synthesis of superparamagnetic Fe@Au core-shell nanoparticles. The Journal of Physical Chemistry B, 2006, 110: 7122-7128.
[38] Lu Z, Prouty M D, Guo Z, Golub V O, Kumar C S, Lvov Y M. Magnetic switch of permeability for polyelectrolyte microcapsules embedded with Co@Au nanoparticles. Langmuir, 2005, 21: 2042-2050.
[39] Stöber W, Fink A, Bohn E. Controlled growth of monodisperse silica spheres in the micron size range. Journal of Colloid and Interface Science, 1968, 26: 62-69.
[40] Im S H, Herricks T, Lee Y T, Xia Y. Synthesis and characterization of monodisperse silica colloids loaded with

superparamagnetic iron oxide nanoparticles. Chemical Physics Letters, 2005, 401: 19-23.

[41] Stoltz G, Gourc J P, Oxarango L. Synthesis, characterisation and applications of iron oxide nanoparticles. Materialvetenskap, 2004, 27(16): 1710-1722.

[42] Tartaj P, Serna C J. Synthesis of monodisperse superparamagnetic Fe/silica nanospherical composites. Journal of the American Chemical Society, 2003, 125: 15754-15755.

[43] Yang H H, Zhang S Q, Chen X L, Zhuang Z X, Xu J G, Wang X R. Magnetite-containing spherical silica nanoparticles for biocatalysis and bioseparations. Analytical Chemistry, 2004, 76: 1316-1321.

[44] Cui S, Shen X D, Lin B L. Surface organic modification of Fe_3O_4 nanoparticles by silane-coupling agents. Rare Metals, 2006, 25: 426-430.

[45] Wang Y, Wong J F, Teng X, Lin X Z, Yang H. "Pulling" nanoparticles into water: phase transfer of oleic acid stabilized monodisperse nanoparticles into aqueous solutions of α-cyclodextrin. Nano Letters, 2003, 3: 1555-1559.

[46] Xu C, Xu K, Gu H, Zheng R, Liu H, Zhang X, Guo Z, Xu B. Dopamine as a robust anchor to immobilize functional molecules on the iron oxide shell of magnetic nanoparticles. Journal of the American Chemical Society, 2004, 126: 9938-9939.

[47] Chen Z, Zhang Y, Zhang S, Xia J, Liu J, Xu K, Gu N. Preparation and characterization of water-soluble monodisperse magnetic iron oxide nanoparticles via surface double-exchange with DMSA. Colloids and Surfaces A: Physicochemical and Engineering Aspects, 2008, 316: 210-216.

[48] Zhang J, Xu S, Kumacheva E. Polymer microgels: reactors for semiconductor, metal, and magnetic nanoparticles. Journal of the American Chemical Society, 2004, 126: 7908-7914.

[49] Ugelstad J, Stenstad P, Kilaas L, Prestvik W, Herje R, Berge A, Hornes E. Monodisperse magnetic polymer particles. Blood Purification, 1993, 11: 349-369.

[50] Deng Y, Yang W, Wang C C, Fu S K. A novel approach for preparation of thermoresponsive polymer magnetic microspheres with core-shell structure. Advanced Materials, 2003, 15: 1729-1732.

[51] Ni K, Zhao Z, Zhang Z, Zhou Z, Yang L, Wang L, Ai H, Gao J. Geometrically confined ultrasmall gadolinium oxide nanoparticles boost the T1 contrast ability. Nanoscale, 2016, 8: 3768-3774.

[52] Na H B, Lee J H, An K, Park Y I, Park M, Lee I S, Nam D H, Kim S T, Kim S H, Kim S W. Development of a T1 contrast agent for magnetic resonance imaging using MnO nanoparticles. Angewandte Chemie, 2007, 119: 5493-5497.

[53] Seo W S, Lee J H, Sun X, Suzuki Y, Mann D, Liu Z, Terashima M, Yang P C, McConnell M V, Nishimura D G. FeCo/graphitic-shell nanocrystals as advanced magnetic-resonance-imaging and near-infrared agents. Nature Materials, 2006, 5: 971-976.

[54] Chou S W, Shau Y H, Wu P C, Yang Y S, Shieh D B, Chen C C. *In vitro* and *in vivo* studies of FePt nanoparticles for dual modal CT/MRI molecular imaging. Journal of the American Chemical Society, 2010, 132: 13270-13278.

[55] Cheon J W, Choi J S. T1-T2 Dual Modal MRI Contrast Agents. Google Patents: 2009.

[56] Im G H, Kim S M, Lee D G, Lee W J, Lee J H, Lee I S. Fe_3O_4/MnO hybrid nanocrystals as a dual contrast agent for both T1-and T2-weighted liver MRI. Biomaterials, 2013, 34: 2069-2076.

[57] Zhao X, Tapec-Dytioco R, Wang K, Tan W. Collection of trace amounts of DNA/mRNA molecules using genomagnetic nanocapturers. Analytical Chemistry, 2003, 75: 3476-3483.

[58] Widder K J, Senyei A E, Scarpelli D G. Magnetic microspheres: a model system for site specific drug delivery *in vivo*. Proceedings of the Society for Experimental Biology and Medicine, 1978, 158: 141-146.

[59] Cheng L, Yang K, Li Y, Chen J, Wang C, Shao M, Lee S T, Liu Z. Facile preparation of multifunctional upconversion nanoprobes for multimodal imaging and dual-targeted photothermal therapy. Angewandte Chemie, 2011, 123: 7523-7528.

[60] Li Z, Yin S, Cheng L, Yang K, Li Y, Liu Z. Magnetic targeting enhanced theranostic strategy based on multimodal imaging for selective ablation of cancer. Advanced Functional Materials, 2014, 24: 2312-2321.

[61] Huang P, Li Z, Lin J, Yang D, Gao G, Xu C, Bao L, Zhang C, Wang K, Song H. Photosensitizer-conjugated

magnetic nanoparticles for *in vivo* simultaneous magnetofluorescent imaging and targeting therapy. Biomaterials, 2011, 32: 3447-3458.

[62] Wada S, Tazawa K, Furuta I, Nagae H. Antitumor effect of new local hyperthermia using dextran magnetite complex in hamster tongue carcinoma. Oral Diseases, 2003, 9: 218-223.

[63] Sneed P K, Stauffer P R, McDermott M W, Diederich C J, Lamborn K R, Prados M D, Chang S, Weaver K A, Spry L, Malec M K. Survival benefit of hyperthermia in a prospective randomized trial of brachytherapy boost±hyperthermia for glioblastoma multiforme. International Journal of Radiation Oncology Biology Physics, 1998, 40: 287-295.

[64] Gu H, Xu K, Yang Z, Chang C K, Xu B. Synthesis and cellular uptake of porphyrin decorated iron oxide nanoparticles—a potential candidate for bimodal anticancer therapy. Chemical Communications, 2005, 34: 4270-4272.

[65] Ito A, Matsuoka F, Honda H, Kobayashi T. Antitumor effects of combined therapy of recombinant heat shock protein 70 and hyperthermia using magnetic nanoparticles in an experimental subcutaneous murine melanoma. Cancer Immunology, Immunotherapy, 2004, 53: 26-32.

[66] Hayashi K, Ono K, Suzuki H, Sawada M, Moriya M, Sakamoto W, Yogo T. High-frequency, magnetic-field-responsive drug release from magnetic nanoparticle/organic hybrid based on hyperthermic effect. ACS Applied Materials & Interfaces, 2010, 2: 1903-1911.

[67] Scherer F, Anton M, Schillinger U, Henke J, Bergemann C, Krüger A, Gänsbacher B, Plank C. Magnetofection: enhancing and targeting gene delivery by magnetic force *in vitro* and *in vivo*. Gene Therapy, 2002, 9: 102.

[68] Krötz F, De Wit C, Sohn H Y, Zahler S, Gloe T, Pohl U, Plank C. Magnetofection—a highly efficient tool for antisense oligonucleotide delivery *in vitro* and *in vivo*. Molecular Therapy, 2003, 7: 700-710.

[69] Krötz F, Sohn H Y, Gloe T, Plank C, Pohl U. Magnetofection potentiates gene delivery to cultured endothelial cells. Journal of Vascular Research, 2003, 40: 425-434.

[70] Bulte J W, Douglas T, Witwer B, Zhang S C, Strable E, Lewis B K, Zywicke H, Miller B, van Gelderen P, Moskowitz B M. Magnetodendrimers allow endosomal magnetic labeling and *in vivo* tracking of stem cells. Nature Biotechnology, 2001, 19: 1141-1147.

[71] Gupta A K, Naregalkar R R, Vaidya V D, Gupta M. Recent advances on surface engineering of magnetic iron oxide nanoparticles and their biomedical applications. Nanomedicine, 2007, 2(1): 23-39.

[72] Sokolov K, Follen M, Aaron J, Pavlova I, Malpica A, Lotan R, Richards-Kortum R. Real-time vital optical imaging of precancer using anti-epidermal growth factor receptor antibodies conjugated to gold nanoparticles. Cancer Research, 2003, 63: 1999-2004.

[73] Ito A, Shinkai M, Honda H, Kobayashi T. Medical application of functionalized magnetic nanoparticles. Journal of Bioscience and Bioengineering, 2005, 100: 1-11.

[74] Liu M, Lagdani J, Imrane H, Pettiford C, Lou J, Yoon S, Harris V G, Vittoria C, Sun N X. Self-assembled magnetic nanowire arrays. Applied Physics Letters, 2007, 90: 103105.

[75] Doraiswamy P M, Finefrock A E. Metals in our minds: therapeutic implications for neurodegenerative disorders. The Lancet Neurology, 2004, 3, 431.

[76] Hautot D, Pankhurst Q, Khan N, Dobson J. Preliminary evaluation of nanoscale biogenic magnetite in Alzheimer's disease brain tissue. Proceedings of the Royal Society of London B: Biological Sciences, 2003, 270, S62-S64.

[77] Hautot D, Pankhurst Q A, Morris C M, Curtis A, Burn J, Dobson J. Preliminary observation of elevated levels of nanocrystalline iron oxide in the basal ganglia of neuroferritinopathy patients. Biochimica et Biophysica Acta (BBA)-Molecular Basis of Disease, 2007, 1772: 21-25.

[78] Liu G, Men P, Harris P L, Rolston R K, Perry G, Smith M A. Nanoparticle iron chelators: a new therapeutic approach in Alzheimer disease and other neurologic disorders associated with trace metal imbalance. Neuroscience Letters, 2006, 406: 189-193.

[79] Jeng H A, Swanson J. Toxicity of metal oxide nanoparticles in mammalian cells. Journal of Environmental Science

and Health Part A, 2006, 41: 2699-2711.

[80] Hussain S, Hess K, Gearhart J, Geiss K, Schlager J. *In vitro* toxicity of nanoparticles in BRL 3A rat liver cells. Toxicology in Vitro, 2005, 19: 975-983.

[81] Gojova A, Guo B, Kota R S, Rutledge J C, Kennedy I M, Barakat A I. Induction of inflammation in vascular endothelial cells by metal oxide nanoparticles: effect of particle composition. Environmental Health Perspectives, 2007, 115: 403.

[82] Pisanic T R, Blackwell J D, Shubayev V I, Fiñones R R, Jin S. Nanotoxicity of iron oxide nanoparticle internalization in growing neurons. Biomaterials, 2007, 28: 2572-2581.

[83] Cheng L, Wang C, Ma X, Wang Q, Cheng Y, Wang H, Li Y, Liu Z. Multifunctional upconversion nanoparticles for dual-modal imaging-guided stem cell therapy under remote magnetic control. Advanced Functional Materials, 2013, 23: 272-280.

[84] Kim J S, Yoon T J, Yu K N, Kim B G, Park S J, Kim H W, Lee K H, Park S B, Lee J K, Cho M H. Toxicity and tissue distribution of magnetic nanoparticles in mice. Toxicological Sciences, 2005, 89: 338-347.

[85] Muldoon L L, Sàndor M, Pinkston K E, Neuwelt E A. Imaging, distribution, and toxicity of superparamagnetic iron oxide magnetic resonance nanoparticles in the rat brain and intracerebral tumor. Neurosurgery, 2005, 57: 785-796.

[86] Lacava L, Garcia V, Kückelhaus S, Azevedo R, Sadeghiani N, Buske N, Morais P, Lacava Z. Long-term retention of dextran-coated magnetite nanoparticles in the liver and spleen. Journal of Magnetism and Magnetic Materials, 2004, 272: 2434-2435.

[87] Lacava Z, Azevedo R, Martins E, Lacava L, Freitas M, Garcia V, Rebula C, Lemos A, Sousa M, Tourinho F. Biological effects of magnetic fluids: toxicity studies. Journal of Magnetism and Magnetic Materials, 1999, 201: 431-434.

[88] Nel A, Xia T, Madler L, Li N. Toxic potential of materials at the nanolevel. Science, 2006, 311: 622-627.

第5章 介孔纳米药物载体在生物医学中的应用

5.1 介孔纳米药物载体概述

在过去的几十年，介孔纳米颗粒越来越引起人们对其潜在生物应用的关注[1]。相对于其他纳米颗粒而言，它具有明显的优势，如载药效率高、孔径可调、生物相容性良好以及表面容易修饰等。在介孔的纳米药物载体中最重要的一类就是介孔硅。大量的文献已经报道了基于介孔硅多种结构的药物载体，如传统介孔结构[1,2]、核壳介孔结构[3,4]、空心介孔结构[5-8]以及有机硅介孔结构[9-11]。在这些药物载体中不仅可以进行多种类药物的装载，还可以实现多重响应的药物可控释放，在药物载体的研究中具有重要的意义。除了介孔硅外，介孔普鲁士蓝[12]、磷酸钙[13]、金属氧化物[14]等药物载体也具有各自的优势并被大量文献报道(图 5-1)。但是介孔药物纳米载体作为传统的无机纳米颗粒，其潜在的毒性一直是难以解决的问题。在本章中将对介孔材料生物安全性的研究以及可降解的探索进行相应的阐述。

5.2 介孔纳米药物载体合成

5.2.1 介孔硅

在介孔材料中，介孔硅作为最早研究的介孔材料之一已经进行了大量的研究。在 1990 年介孔硅首次被发现，它主要是利用有机试剂(如表面活性剂或嵌段共聚物)和无机硅酸盐的前驱体来合成相应的结构[15]。早在 2001 年，Vallet-Regi 等第一次了报道 MCM-41 型介孔硅可以装载传统的抗炎药布洛芬并且可以实现缓慢的释放[16]。2003 年，Lin 等介绍了 MCM-41 型介孔硅可以在细胞内实现万古霉素和腺苷三磷酸的响应性释放[17]。接着在活体上也进行了大量的探索，包括介孔硅作为药物载体在活体的分布、治疗的效果以及对活体的毒性分析。重要的是，制造介孔硅的方法简单、生产可控以及成本较低。作为大自然中丰富存在的物质，

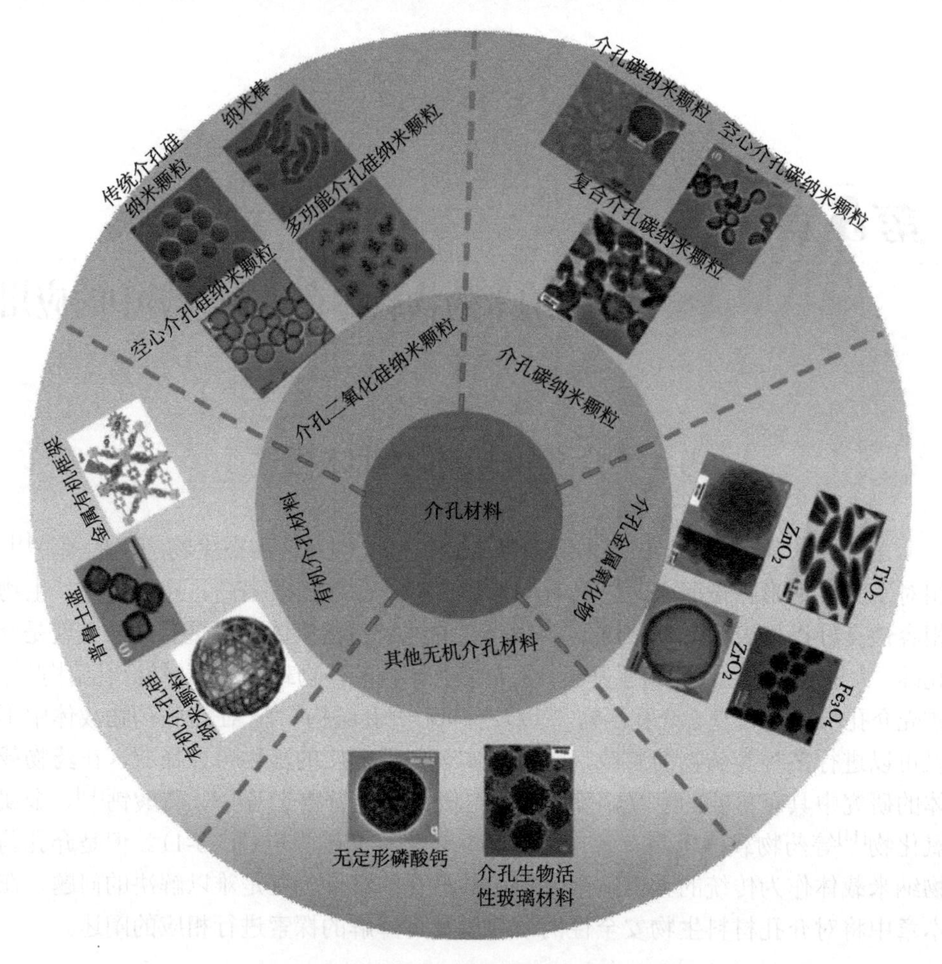

图 5-1 基于介孔结构的纳米载体的分类

二氧化硅具有较好的生物兼容性并通常被认为是生物安全性材料。因此，介孔二氧化硅作为多功能的药物输送系统有希望在未来应用于临床。

很多文献已经报道了与化疗药物、功能性材料（光热材料、磁性材料等）以及荧光材料等相结合的多功能诊疗一体化的介孔硅纳米材料，而且由于其低毒性、高效率以及优异的生物相容性，在纳米生物医学领域有广泛的应用[18]。

1. 传统介孔结构

通过材料的合成，能够获得基于介孔硅的多种纳米结构，其中研究最系统的是传统的介孔结构。合成常规介孔硅的方法已经十分系统，可以实现大量的合成。在介孔硅合成的过程中最常用的试剂是用于成孔的表面活性剂以及生成二氧化硅的硅烷试剂。

到目前为止，在药物输送中得到广泛应用的介孔硅类型包括 MCM-41、MCM-48 以及 SBA-15。MCM-41 是传统介孔硅中广泛研究的一类。在这种介孔硅合成过程中，十六烷基三甲基溴化铵(CTAB)作为液态晶体的模板，TEOS 和碳酸钠(Na_2CO_3)作为硅烷水解的前驱体和催化剂，在这种条件下可以得到规则的二维六边形的孔道，并称为 MCM-41 型介孔硅[19]。在合成过程中，当浓度大于临界胶束浓度(CMC)时，CTAB 会自团聚成胶束。在胶束的头部区域，硅烷的前驱体会在表面活性剂的表面冷凝，然后在胶束的周围形成硅层。当移除表面活性剂后，就可以得到 MCM-41 型介孔硅。这类介孔硅的比表面积可以大于 700 m^2/g，孔径也可以从 1.6 nm 调节到 10 nm。

对于生物应用，精确控制颗粒的尺寸、形状、孔径大小以及生长方向是非常重要的。孔径的大小和生长方向主要是由表面活性剂决定的。颗粒的形貌可以由球形变成棒状，这些可以通过调节硅烷前驱体和表面活性剂的质量比来控制，如加入碱性的催化剂调节 pH[20]，加入共溶剂或有机的膨胀剂[21]，在共冷凝的过程中加入有机硅烷试剂前驱体[22]。例如，研究表明使用硅酸钠(Na_2SiO_3)或者正硅酸四乙酯(TEOS)作为二氧化硅的前驱体，聚乙二醇辛基苯基醚(Triton X-100)和 CTAB 同时作为表面活性剂时，可以得到不同比表面积和孔径的 MCM-41。Na_2SiO_3 作为二氧化硅前驱体得到的比表面积和孔径(1379 m^2/g, 3.3 nm)要比 TEOS 作为前驱体大(848 m^2/g, 2.8 nm)。这主要是由于存在的无机盐可以增加表面活性剂胶束的数量，因此 MCM-41 型介孔硅的孔径也会得到相应的扩张。实验结果表明，改变 Triton X-100 和 CTAB 的质量比时，也会导致介孔硅形貌的变化。实验研究中，改变介孔硅直径、长径比、孔径和几何结构中的一个参数，其他参数保持不变，就可以研究一个确定的性质对介孔硅生物兼容性以及药物输送的影响。

作为 M41S 家族中一个重要的成员，MCM-48 型介孔硅在药物输送的应用中也得到了广泛的关注。不同于 MCM-41 型介孔硅单向的孔道结构，MCM-48 型介孔硅具有独特的双连续的孔道结构，在快速的分子输送以及简单分子的装载上具有明显的优势。在药物输送的过程中，这种性质会影响药物的装载与释放。在早期的研究中，需要在高温的条件下，利用阴阳离子作为模板长时间地反应，因此合成 MCM-48 型介孔硅是非常复杂的过程。而且得到的 MCM-48 型介孔硅孔径经常是大于 1 μm，不适合用于药物的输送。在最近的一段时间，有文献报道在室温下使用 Stöber 反应，加入三嵌段共聚物普朗尼克 F127 作为表面活性剂，可以得到 70～500 nm 的 MCM-48 型介孔硅[23]。这为将来 MCM-48 型介孔硅在药物输送的应用提供了良好的基础。

另一类被广泛研究的介孔硅类型为 SBA-15。SBA-15 型介孔硅具有二维六边 *p6mm* 结构。1998 年，第一次合成是在较强的酸性介质中，使用两亲性的三嵌段共聚物 poly(ethylene oxide)-poly(propylene oxide)-poly(ethylene oxide)

($EO_{20}PO_{70}EO_{20}$, P123)[24]。通常，它具有较厚的孔壁以及较大的孔径(5～30 nm)。近年来，不同尺寸的 SBA-15 型介孔硅被合成出来，然而远远没有达到可以任意调控颗粒的尺寸和形貌的要求。与 MCM-41 型介孔硅相比，现有方法得到的 SBA-15 型介孔硅没有办法得到小尺寸，特别是小于 200 nm 尺寸的颗粒。虽然 SBA-15 型介孔硅可以调节孔径的大小以及孔壁的厚度，但是较大的尺寸阻碍了它在生物上的应用。如果可以合成更小尺寸的 SBA-15 型介孔硅，它在生物医学尤其是药物输送方面将有更大的潜在应用价值。

除了这些常见的介孔硅材料，其他的介孔硅如 IBN 和 FDU-n 型介孔硅在生物应用上也具有较大的价值。

2. 核壳介孔结构

单一的介孔硅材料在药物的输送过程中具有明显的优势。但是单一的治疗方式以及药物释放的不确定性决定了介孔硅材料在生物医学的应用还具有很大的挑战。与此同时，在肿瘤治疗迅速发展的背景下，将多种材料复合得到的多功能纳米载体已经成为纳米材料在癌症治疗中主流的研究方向。这主要是由于复合的纳米结构材料可以将多种材料的生物功能有效地结合起来，可以在单一材料中实现多种治疗方式。

1）光热材料

近年来，作为无创的治疗方式之一，光热治疗在癌症治疗中具有重要的意义。在近红外光的照射下，近红外区域具有明显吸收的材料可以吸收光能量并转化成热量，进而杀死细胞。

介孔硅由于具有规则的孔道结构在药物装载与释放方面有明显的优势，因此多种光热无机材料与介孔硅复合结构在近红外光响应的药物释放方面得到了广泛的关注。其中碳纳米材料包括碳纳米球[25]、碳纳米管[26]以及石墨烯[27]都可以与介孔硅材料复合实现多种生物应用。在 2013 年，复旦大学黄容琴等首次合成了介孔硅包裹的石墨烯纳米片，并将其应用于光热与化疗的联合治疗。通过硅烷试剂 TEOS 的水解以及 CTAB 的模板作用，介孔硅可以均匀地包裹在石墨烯的表面[27]。通过介孔硅的孔道结构，该纳米复合结构在装载化疗药物盐酸阿霉素(DOX)之后，可以实现光热治疗与化疗的联合。单壁碳纳米管(SWNTs)与石墨烯都具有 sp^2 杂化轨道，也能同介孔硅进行复合。苏州大学刘庄教授等首先将 CTAB 修饰在 SWNTs 的表面，之后利用硅烷试剂 TEOS 的水解可以将 SWNTs 完整地包裹上介孔硅，在装载 DOX 之后可以实现光热作用诱导药物可控释放的功能(图 5-2)[28]。

介孔硅与金纳米材料如金纳米笼[29]、金纳米颗粒[30]以及金纳米棒[31]等都能进行复合并形成核壳结构。其中金纳米棒作为金纳米结构中用于光热治疗最广泛的材料，与介孔硅复合之后的多功能材料被大量地合成。国家纳米科学中心陈春英教授等报道了金纳米棒与介孔硅的复合材料，并在细胞水平证明了金纳米棒产生的光热作用可以诱导介孔硅中 DOX 的释放(图 5-3)[32]。之后 Shen 等将 PEG 修饰在介孔硅的表面并在活体水平证明了光热与化疗的协同作用要比单一的治疗方式更加有效地杀伤细胞。

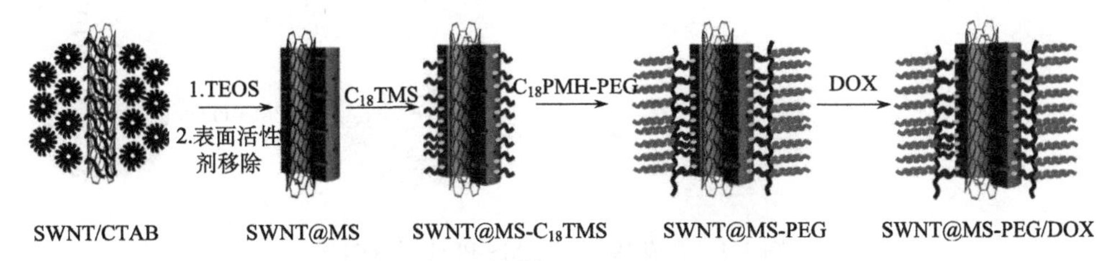

图 5-2 制备 SWNT@MS-PEG/DOX 过程

C_{18}TMS：十八烷基三甲氧基硅烷；C_{18}PMH：双性表面活性剂聚乙二醇(顺丁烯二醇-1-辛烯)；CTAB：十六烷基三甲基溴化铵；MS：介孔二氧化硅

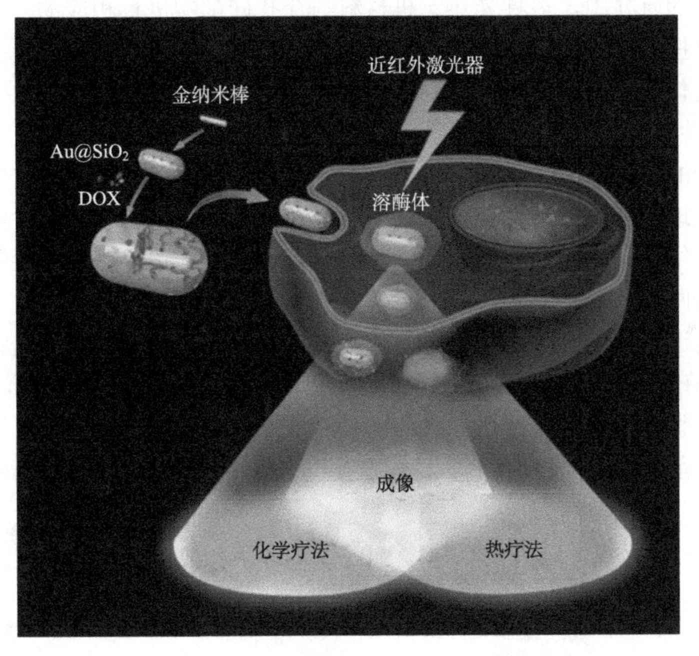

图 5-3 装载 DOX 的介孔硅包裹金纳米棒材料，并用于化疗与光热治疗的联合治疗

过渡金属硫化物和氧化物(如硫化钼[33]、硫化钨[34]等)作为研究热点的光热试剂也能与介孔硅形成多功能的结构。在近期的研究中，苏州大学刘庄教授等将介孔硅包裹在硫化钨的表面，装载化疗药物 DOX 之后，在细胞和活体水平都证明了光热诱导药物的释放并利用材料本身的物理性质还能实现多模态成

像(图 5-4)[34]。

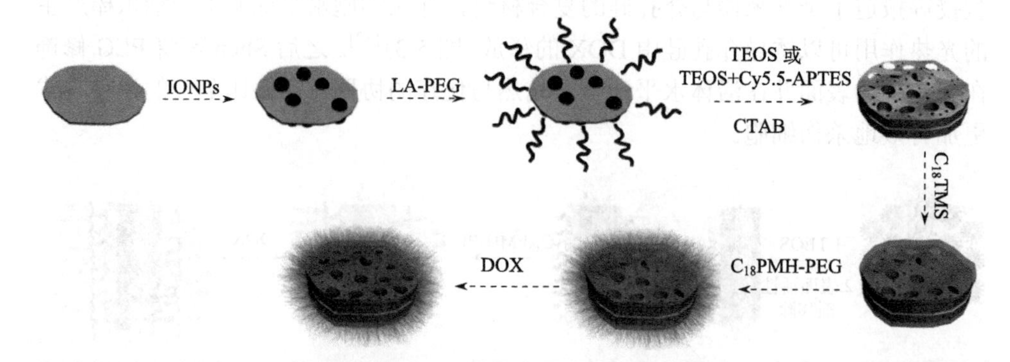

图 5-4 合成 WS_2-IO@MS-PEG 示意图

IONPs：四氧化三铁纳米颗粒；LA-PEG：硫辛酸聚乙二醇；Cy5.5-APTES：青色素-氨丙基三乙氧基硅烷；CTAB：十六烷基三甲基溴化铵；IO：四氧化三铁

在当前的研究中，多种光热无机材料与介孔硅都能进行相应的复合并能在生物应用中发挥重要的作用。研究者可以通过改变光热材料的种类、介孔硅的孔径与尺寸的变化以及药物的选择，为生物应用提供更多的可能。

2） 磁性材料

在近期的研究中，将磁性材料作为核，在其表面生长一层介孔硅的合成策略已经被系统地研究。三种主要核壳类型的介孔硅磁性复合材料为磁性纳米颗粒嵌入的介孔硅结构、磁性纳米颗粒为核的夹层复合结构、拨浪鼓状磁性复合结构。

a.磁性纳米颗粒嵌入的介孔硅结构

为了制造核壳结构的纳米复合材料，在核表面促进异相成核的过程是一个关键的问题。在 2006 年，Hyeon 课题组首先利用液相晶种生长的方法，将小于 20 nm 的疏水磁性颗粒成功地封装在介孔硅内(图 5-5)[35]。在这种情况下，通过修饰二次表面活性剂 CTAB，表面含有大量油酸分子的磁性颗粒可以从油相转移到水相。

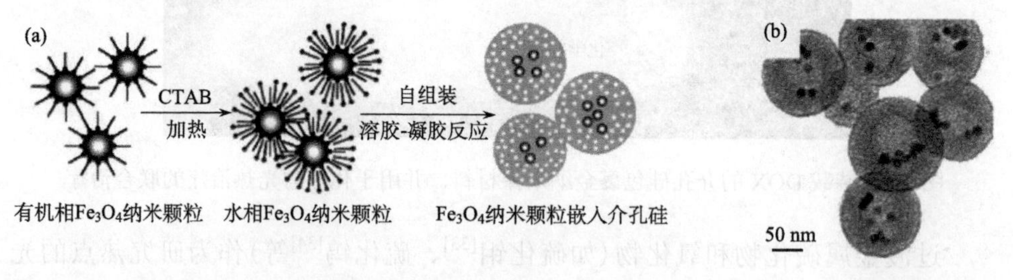

图 5-5 (a) 合成单分散的磁性纳米晶体嵌入的介孔硅(M-MMS)合成过程；(b) M-MMS 透射电镜图像

之后在含有 CTAB 的碱性溶液中，TEOS 会发生溶胶-凝胶反应，带有正电荷的磁性材料作为“晶核”通过静电作用可以促进介孔硅层的形成。表面活性剂 CTAB 不仅作为相转变的试剂还可以作为模板来形成介孔结构。之后，该课题组重新设计了合成的方法，可以让单个分散的四氧化三铁颗粒作为核，在其周围形成介孔硅层[36]。

利用这种合成方法，很多其他的课题组也制备得到相似的结构[37, 38]。Zhang 等合成了一种新颖的介孔磁性复合材料，它具有有序的介孔结构，并且当使用一系列的 CTAB（$C_{14}TAB$、$C_{16}TAB$、$C_{18}TAB$）作为模板时，孔径的尺寸成功地从 2.4 nm 增加到 3.4 nm[39]。随后，上海交通大学古宏晨课题组使用四甲基联苯胺/癸烷作为孔径的膨胀剂，这样孔径的大小可以从 3.8 nm 增加到 6.1 nm[37]。最近，他们发展了一种新的溶剂热法可以使复合材料孔径变化的范围更大（2.5～17.6 nm）[37]。

尽管成功地调节了孔径的大小，但是孔径大小的选择也要根据装载分子尺寸的大小来改变。传统的孔径大小（<4 nm）用来装载大部分的小分子药物已经足够大，但是 DNA/siRNA 蛋白、酶等大分子无法使用这种小尺寸孔径的材料装载。

b.磁性纳米颗粒为核的夹层复合结构

虽然上述提到的介孔硅复合磁性材料在活体应用上具有明显的优势，但是较低的磁饱和值依旧限制了它们在生物分离以及磁靶向的应用。因此，较大尺寸的磁性材料氧化铁（Fe_2O_3）或四氧化三铁（Fe_3O_4，50～500 nm）包裹的介孔硅引起了广泛的关注，因为它们具有更高的磁饱和值（>20 emu/g），这样会有更广泛的生物医学应用前景。这种方法一般是在磁性材料的表面包裹上一层实心硅，得到 Fe_3O_4@$nSiO_2$ 球（$nSiO_2$：实心二氧化硅）。之后加入二氧化硅前驱体以及模板生成的介孔硅，最终得到 Fe_3O_4@$nSiO_2$@$mSiO_2$（$mSiO_2$：介孔二氧化硅）的三明治结构的复合材料[40]。

在 2005 年，中国科学院上海硅酸盐研究所施剑林研究员等首次发展了这种三明治结构的磁性复合材料[41]。在研究中，产生的不规则孔径的有机模板通过煅烧除去，之后最初的 α-Fe_2O_3 核在氢气和氮气的环境下还原得到最终的 Fe_3O_4@$nSiO_2$@$mSiO_2$ 纳米球。得到的复合材料具有较高的磁饱和值（27.3 emu/g）和铁磁性的性质。这种微观结构在许多方面具有广泛的应用。中间的实心二氧化硅层可以防止磁性材料在环境中的腐蚀，介孔硅层不仅能够提供高的比表面积，而且其孔道结构可以吸附和装载生物大分子。在图 5-6 中，复旦大学赵东元教授等通过相似的方法制备了超顺磁性的介孔硅纳米微球[42]。这种方法制备得到的复合磁性材料的孔径都是垂直对齐的[图 5-6（b）和（c）]，许多较小尺寸的磁性颗粒（<15 nm）聚集形成了 300 nm 左右较大尺寸的磁性材料，这种磁性材料具有 53.3 emu/g 的高磁饱和值[图 5-6（c）]。

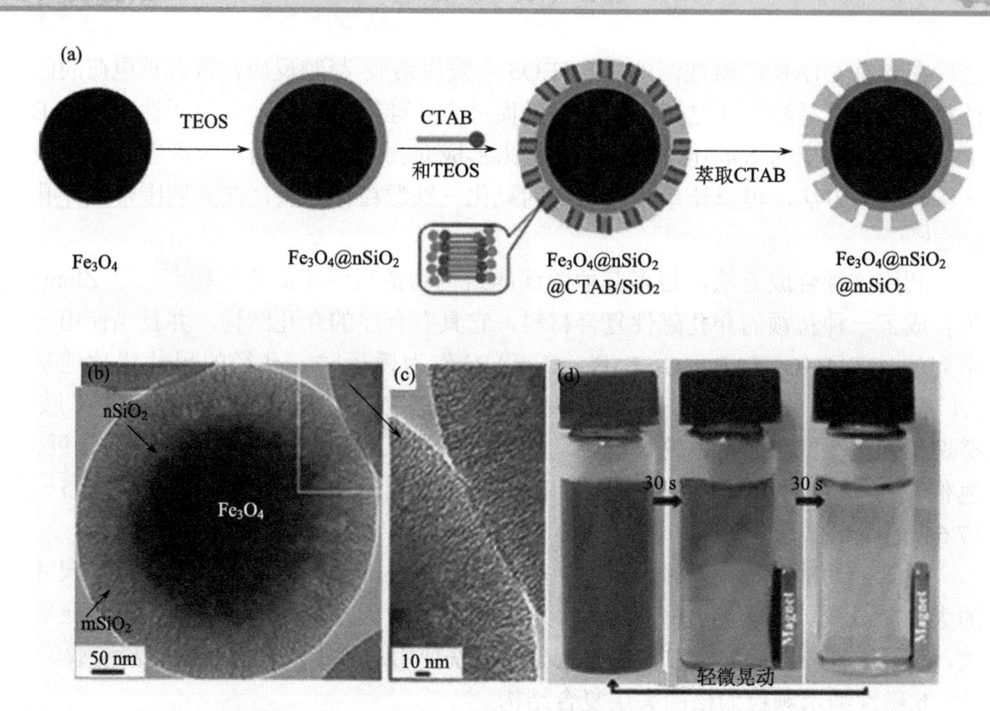

图5-6 (a)大尺寸磁性纳米球为核的磁-介孔硅纳米颗粒(M-MSNs)夹层结构的合成路线;(b,c)透射电子显微镜图像;(d)产物的照片

c.拨浪鼓状磁性复合结构

尽管较大尺寸的磁性颗粒为核可以产生迅速的磁响应，但是与此同时又降低了药物的装载率。近期，一种新型拨浪鼓状的空心介孔硅包裹的磁性材料可以很好地解决药物装载量的问题。这种纳米复合材料具有较大的内部空腔结构，它位于内部的磁性颗粒与外部的介孔层之间，这种特殊的设计和引人注目的结构让它具有密度低和表面积大等优势。较大的内部空腔结构在提高药物装载量的同时也可能显著增加磁化强度。

近年来，大量课题组开始致力于设计和合成这种拨浪鼓状结构。中国科学院上海硅酸盐研究所施剑林研究员等报道了一种水热处理得到的 Fe_2O_3@nSiO$_2$@mSiO$_2$ 介孔球，之后在氢气/氮气的环境下还原[图 5-7(a)和(b)][43]。形成的空腔证明是由中间层的实心硅和外部的介孔硅具有不同的收缩率导致的。在空腔存在的条件下，该复合材料可以有效地装载布洛芬并且具有缓释的作用。紧接着，该课题组制备了一系列的拨浪鼓状的复合材料，中间的实心硅可以在氨水条件下刻蚀掉[图 5-7(c)]。在移除中间的实心硅之后，磁饱和值也从 28.8 emu/g 提高到 35.7 emu/g。然而，这种选择性刻蚀的办法相对比较复杂，而且中间层只能是特定的组分。已经有其他的方法发展起来，如软模板法、硬模板法等。

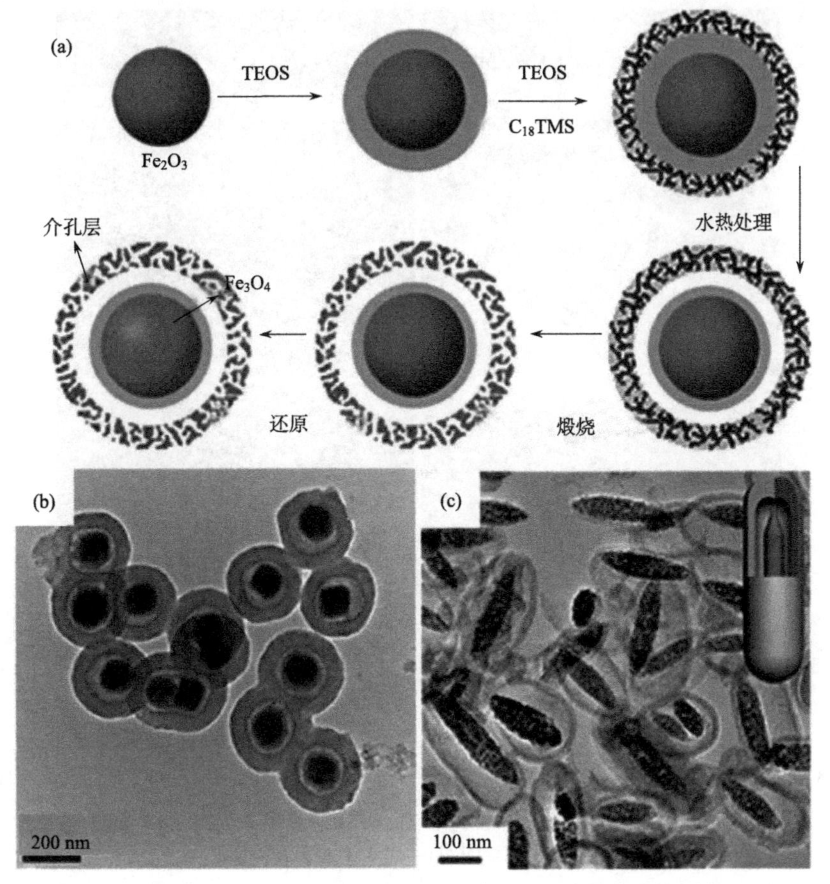

图 5-7　拨浪鼓状空心的 M-MSNs 的合成过程 (a)和透射电镜图像(b, c)

(a, b) 热处理法；(c) 刻蚀法

通过这些多功能的磁性与介孔硅的复合结构，可以实现磁共振成像、磁靶向治疗、磁响应的药物释放等应用。外层包裹的介孔硅也可以有效地装载 DNA/siRNA 等生物分子。

3) 上转换发光纳米材料

当前，稀土上转换纳米颗粒(UCNPs)具有独特的光学性质，通常可以将低能量的激发光有效地转换成高能量的可见光甚至是紫外光。由于 UCNPs 合成之后表面含有大量的疏水分子，因此发展了多种修饰方法将 UCNPs 疏水的表面转变成亲水，其中最主要的修饰方法是通过化学作用修饰上亲水的配体或生长一层亲水层材料[44]。在这些修饰方法中，在 UCNPs 表面生长二氧化硅纳米层具有明显的优势。生长一层亲水的二氧化硅层，一方面可以降低 UCNPs 的毒性，另一方面二氧化硅表面可以通过硅烷化反应连接上其他的功能性基团，为进一步的表面修饰和化学反应提供了条件(图 5-8)。

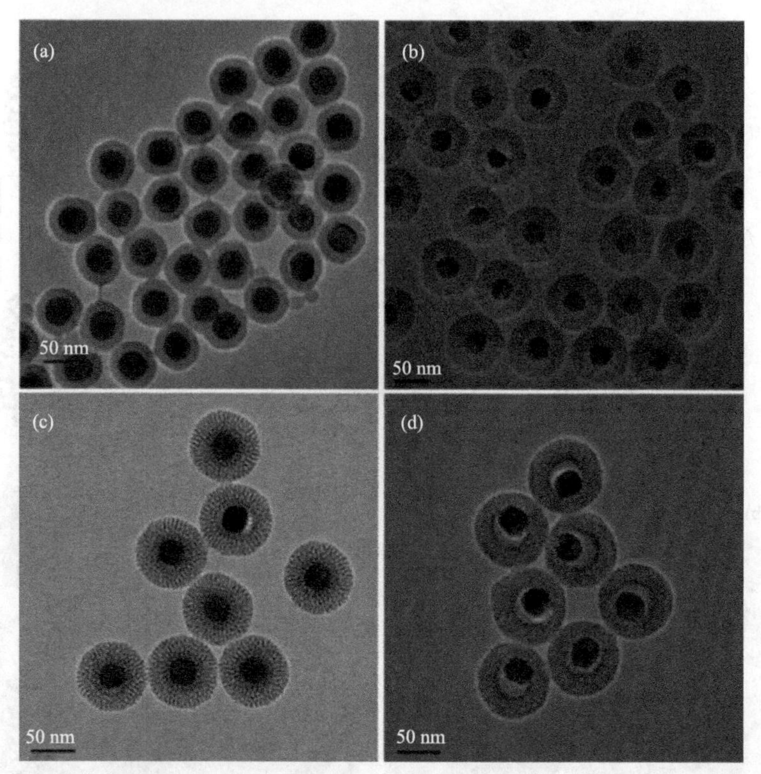

图 5-8 不同种类的 UCNP@SiO_2 纳米结构，包括 UCNP@nSiO_2（a）、UCNP@mSiO_2（b）、UCNP@nSiO_2@mSiO_2（c）、UCNP@hmSiO_2（d）

nSiO_2：实心二氧化硅；hmSiO_2：中空二氧化硅

a.实心二氧化硅包裹

在 UCNPs 材料表面生长二氧化硅层主要有以下两种方法：一种是利用反向微乳法在疏水配体覆盖的UCNPs表面生长二氧化硅[45]，另一种是利用Stöber法在亲水的 UCNPs 表面包裹二氧化硅[46]。

反向微乳法是在有机相中（环己烷）加入表面活性剂（CO-520），在加入硅烷试剂 TEOS 之后，氨水会催化它的水解，之后会在油酸或油胺包裹的 UCNPs 表面生长二氧化硅，这种反应是在环己烷溶液分散的水滴中进行的。可以通过改变加入 TEOS 的量来调节 UCNPs 表面二氧化硅层的厚度。

Stöber 法是将水溶性的 UCNPs 纳米颗粒溶解在含有氨水的水溶液中，之后加入 TEOS，通过 TEOS 的水解可以在 UCNPs 表面生长二氧化硅层。因此与反向微乳法不同的是，不需要精准地控制溶液中表面活性剂的含量，这样可以更大范围地调节硅层的生长厚度（1 nm～2 μm）。例如，Li 等在聚乙烯吡咯烷酮（PVP）修饰的 UCNP 纳米颗粒表面生长一层均匀的实心二氧化硅，硅层的厚度可以控制在 1～3 nm（图 5-9）[47]。

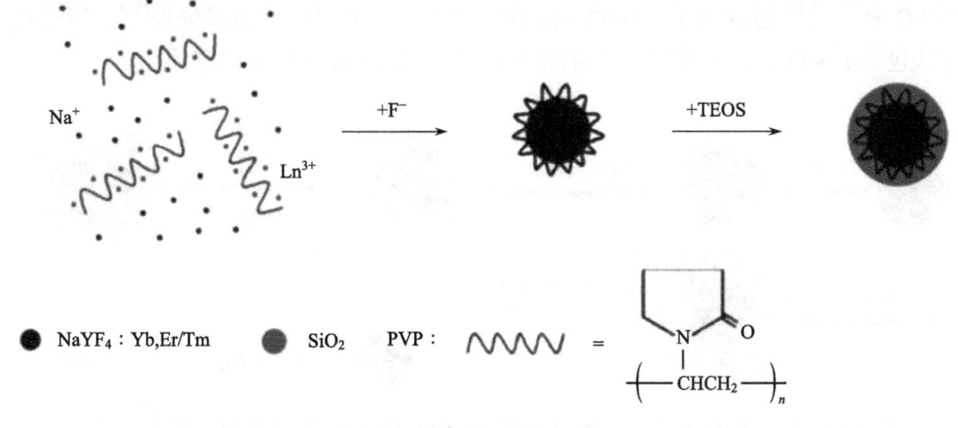

图 5-9　二氧化硅包裹掺杂了镧系元素的 PVP/$NaYF_4$纳米晶体过程

b.介孔硅包裹

通常有两种方法合成 UCNP@$mSiO_2$纳米颗粒。一种是直接在 UCNP 表面包裹 $mSiO_2$，另一种是在 UCNP@$mSiO_2$表面包裹 $mSiO_2$来得到 UCNP@$nSiO_2$@$mSiO_2$复合结构。

中国科学院上海硅酸盐研究所施剑林课题组报道了一种温度可控的超声方法(图 5-10)[48]，可以在疏水的 UCNPs 表面直接包裹上介孔硅。在该过程中，CTAB 可以将疏水的 UCNPs 表面转变成亲水的，而且也能作为介孔硅层形成的有机模板。在 $mSiO_2$层包裹的过程中，将温度控制在 25℃以下，超声的能量可以有效地防止纳米颗粒的聚集，这样有利于形成单分散的纳米复合结构。

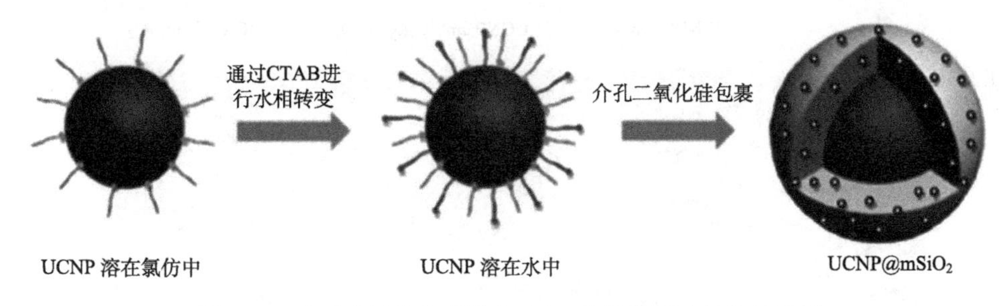

图 5-10　合成介孔硅包裹的 UCNPs 的核壳复合结构示意图

另一种方法就是在 UCNP@$nSiO_2$表面生长 $mSiO_2$，十八烷基三甲氧基硅烷(C_{18}TMS)作为成孔模板，在 UCNP@$nSiO_2$表面可以很容易生长一层厚度在 10～100 nm 的 $mSiO_2$(图 5-11)[49]。但是这种方法存在明显的缺点，即材料在除去 C_{18}TMS 时需要高温处理(550℃，6 h)，这可能会导致纳米颗粒的聚集。为了解决这个问题，施剑林课题组将成孔的模板剂换成十六烷基三甲基氯化铵(CTAC)，

CTAC 分子可以通过离子交换的方法直接除去，不需要进行高温处理[50]。用这种方法包裹 $mSiO_2$，由于实心硅层的存在可以提高 UCNPs 的化学稳定性。

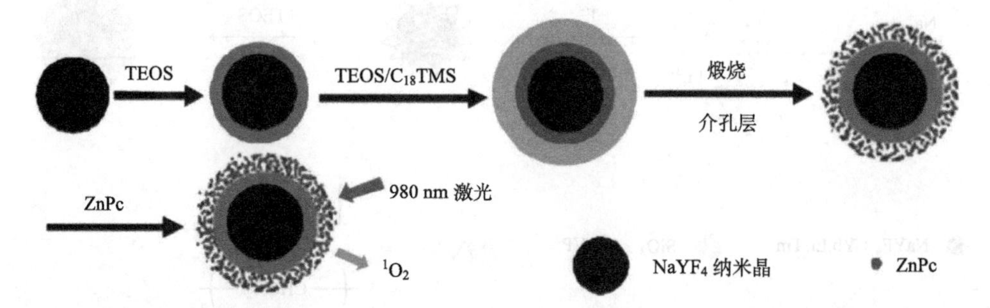

图 5-11　将锌酞菁(ZnPc)装载到 $NaYF_4$@$mSiO_2$ 的介孔硅层中并用于光动力治疗

c.空心介孔硅包裹

近年来，UCNP 为核，介孔硅为层，空腔位于核与壳之间的拨浪鼓状的 UCNP@$hmSiO_2$ 复合型载体在药物输送方面具有重要的研究价值。这种 UCNP 与介孔硅复合材料，由于其内部空腔的优势，在生物医学应用上具有重要的意义。该方法通常需要在 UCNP 表面生长两层实心二氧化硅(图 5-12)。

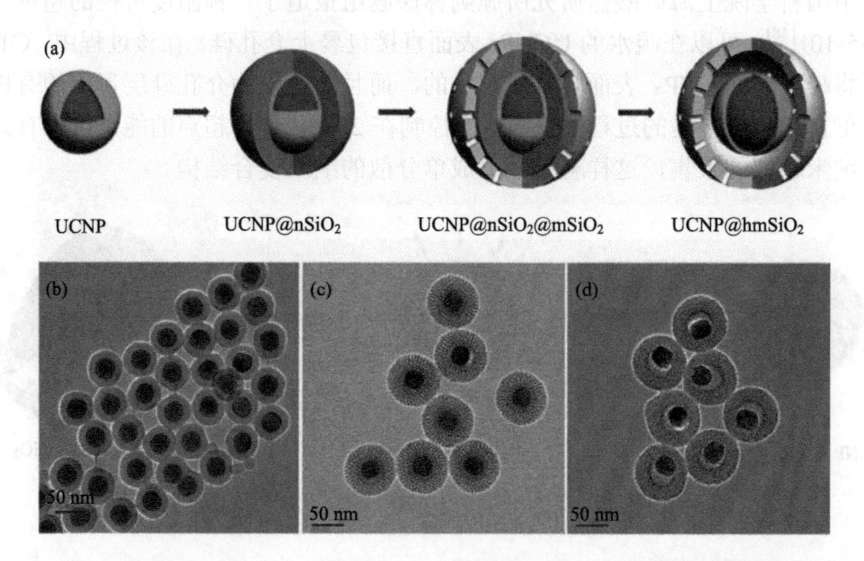

图 5-12　(a) UCNP@$hmSiO_2$ 的合成过程；(b) UCNP@$nSiO_2$、(c) UCNP@$nSiO_2$@$mSiO_2$、(d) UCNP@$hmSiO_2$ 透射电镜图像

将 UCNP 和介孔硅的性质结合，UCNP@SiO_2 的多功能纳米复合物在肿瘤的诊断治疗中可以作为有效的试剂。然而还有很大的空间提高 UCNPs 的量子产率，这种核壳结构可以有效地增加量子效率。复合结构的 UCNP@SiO_2 纳米颗粒在多

模态成像以及多种治疗方式等方面具有广阔的应用前景。

3. 空心介孔结构

空心结构的介孔材料(HMMs)作为介孔材料中的一种，由于具有空心的介孔纳米结构，在过去十年引起了研究者的兴趣。由于它的低密度、大的空腔空间、高的比表面积以及优异的生物相容性，HMMs 在很多领域都有很好的应用前景，如吸附与储藏、催化以及肿瘤的诊断与治疗等。

为了满足应用的需求，不同形貌的空心介孔材料，如球状、棒状、菱形及方块状等可以通过改变合成方法获得。然而空心介孔材料的稳定性问题制约了它们在多个领域的应用，为了提高材料的多样性以及具体的实际应用，其他组分如掺杂的二氧化硅(Ti，Zr)[51]、金属氧化物(TiO_2，ZrO_2，CeO_2，ZnO)[52,53]、金属(Pd)[54]、聚合物(PCL，PZS)[55,56]、碳以及其他化合物已经被设计和制备出来[57-59]。这类结构可以增加装载率，并且 HMMs 的介孔层比较容易功能化，这就为生物应用创造了更好的机遇。为了在介孔结构中产生空腔，大量的研究发展了空心的内腔与介孔层有效的结合，设计空心介孔材料的方法包括软模板法、硬模板法等。

1）软模板法

图 5-13 中阐明了软模板法制备空心介孔材料的详细步骤。合成 HMMs 从短暂形成核模板开始，之后几乎同时形成介孔层。核模板可以是在水滴中多相但灵活的液体颗粒，如乳滴、囊泡或者气泡，通常来源于前驱体分子、模板或者一些最初为了产生介孔结构的添加剂(途径 1)。当核模板是 HMM 前驱体附带的有机物时，可以通过萃取或煅烧的方法除去。在使用前驱体的分子液滴作为模板时，同

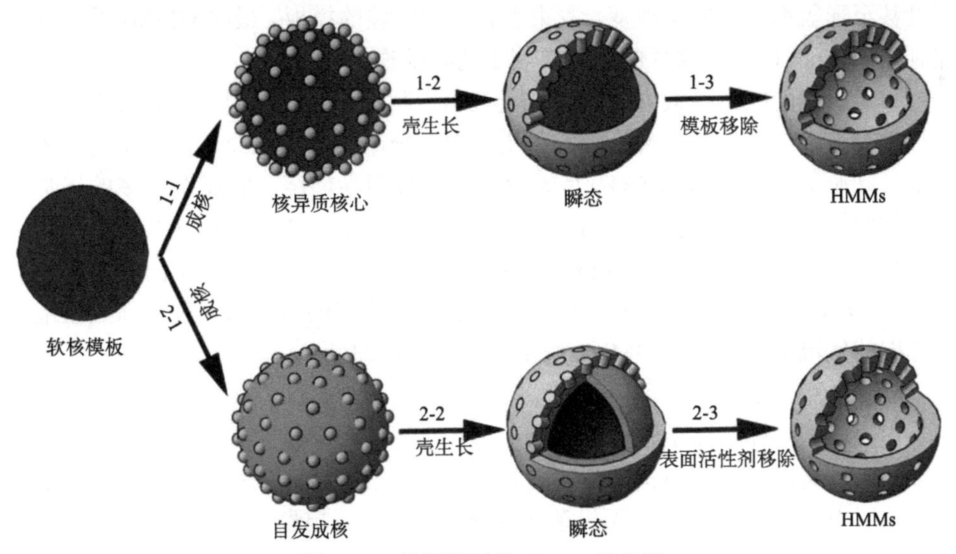

图 5-13　软模板制备 HMMs 示意图

样会成为软模板(途径 2)。这些分子之后会成为空心结构的建筑单元并在之后介孔结构层形成的过程中逐步消耗掉。因此在核模板的移除过程中，煅烧和萃取是必需的步骤。

a.微乳模板法

利用油包水/水包油的乳液方法，空心结构的介孔硅已经被报道。TEOS 通常在制备介孔硅材料中作为硅源。它在合成 HMMs 过程中可以在水溶液/凝胶中形成乳液并作为“空”模板。受到 Mou 等的启发，Mann 等通过延缓反应过程得到了空心介孔硅并具有有序的介孔层[60,61]。这个过程就是简单地稀释和中和 TEOS/CTAB 的混合水溶液。TEOS 乳滴在反应溶液中形成的关键步骤是稀释，因此要精确地控制反应的条件，包括搅拌速度、反应时间、稀释和中和过程中的时间延迟，这样才能保证 TEOS 液滴与界面反应相继地完成。

有趣的是，有研究发现表面活性剂本身可以作为核的模板来形成空腔结构。南开大学陈铁红教授成功地制备了形貌可控的空心介孔硅。他们使用一种阳离子表面活性剂(*N*-月桂酰肌氨酸，Sar-Na)作为模板[62]。同样地，阳离子表面活性剂模板具有形成乳液和胶束的双重功能。胶束聚集模板的方法已经被施剑林课题组报道，在合成球的尺寸和硅层厚度可调的 HMMs 时，他们运用了 *N*-十二基-*N*-甲基麻黄碱溴化物(DMEB)作为核模板[63]。众所周知，DMEB 在水中需要相对较低的聚集浓度就可以形成小的胶束聚集，因此它可以同时作为核以及介孔结构的双模板。在碱性条件下，TEOS 的水解速度比在中性条件下快，在 TEOS 与胶束聚合的 DMEB 自组装的过程中，HMMs 在模板移除后逐渐形成。当改变 pH 后，TEOS 的水解速度与介孔结构硅层的生长同样会发生改变。实际上颗粒的尺寸、硅层的厚度甚至形貌都可以发生改变。胶束聚合作为空腔的模板，最终 HMMs 的尺寸会控制在 100 nm 以下，这样的尺寸有利于药物输送。

虽然上述的胶束模板方法已经广泛应用于制备 HMMs，但是研究者也在继续寻找没有毒性的替代品来替换经常使用的对环境不友好的以及不溶于水的有机添加剂。超临界二氧化碳($scCO_2$)是无毒的，并且不易燃烧，它还有很多的优势，如高扩散性、低黏度以及高生物兼容性等使其对制备空心介孔材料具有巨大的潜力。Mokaya 等[64]发现使用 PEO-PPO-PEO 嵌段共聚物模板可以合成大孔径的 HMMs。HMMs 的孔径和形貌可以通过改变二氧化碳的压力来实现，而且压缩二氧化碳的气流量可以提高 HMMs 的单分散性和均匀性。

b.囊泡模板法

由于表面活性剂化学组分的多样性，各种形貌和形状的表面活性剂的聚集，包括胶束、囊泡以及液晶相在不同的表面活性剂条件下形成。无机组分可以引入囊泡的层中，可以得到有机/无机杂化的囊泡，在不影响囊泡结构的前提下，将有机部分除去后甚至可以形成一个无机组分的囊泡。当无机的组分是二氧化硅时，用它来构建囊泡的结构，最终的材料在替换了最初的表面活性剂组分之后，会更加稳定以及具有更好的生物兼容性。这种材料作为药物输送的囊泡在生物医学研究中具有广泛的前景。

Rankin 等报道了一种含有单一并且有序介孔硅层的囊泡状的空心二氧化硅，它是通过二氧化硅与一种用于囊泡模板的氟表面活性剂共组装得到的[65]。将氟表面活性剂(FC_4)和 CTAB 或 F127 混合，通过囊泡和液晶的双模板的方法会得到硅层厚度或介孔结构可调的周期性的介孔有机硅的空心结构。当 FC_4 和 CTAB 都用作模板时，可以通过阳离子的 FC_4 和带负电荷的硅烷试剂的相互作用生成复合囊泡。之后这些多组分的囊泡可以作为“核”继续生长介孔硅层，液晶的模板决定最终硅层的结构。

根据以上的描述，用于制备 HMMs 软模板的方法通常都是一锅法或者一步法就能实现，这种方法相对比较简单，而且材料的形貌、尺寸以及孔径等更加可控。但是精确地控制反应条件并不容易，这是因为软模板对反应的条件特别灵敏，如浓度、温度、搅拌速度甚至是前驱体成分。因此，通过软模板得到的 HMMs 通常具有大小不均一的尺寸或形貌。这是因为很难调控反应试剂在溶剂中的分散性。为了解决这些问题，研究者同样使用硬模板进行了大量的探索，也许可以发展双模板的方法来合成空心或多孔结构的介孔硅材料。

2）硬模板法

通常“坚硬”的纳米颗粒可以作为硬模板来当作核，当介孔层形成之后可以通过煅烧、溶解或刻蚀等方法除去核模板。在图 5-14 中概括了多种硬模板的方法合成空心介孔结构。在这些合成方法中，硬模板的合成是必不可少的，而且硬模板的选择直接决定了最终 HMMs 的尺寸与形貌。通过核模板形成介孔层之后，煅烧、刻蚀等是另一个必需的步骤。因此使用硬模板合成 HMMs 需要多步才能完成，然而 HMMs 的空隙空间以及颗粒的尺寸、单分散性等都可以通过改变硬模板的性质来调控。硬模板根据化学性质共分为三种：聚合物乳液、二氧化硅球以及碳球。

a.聚合物乳液作为硬模板

与液体乳胶相比，聚苯乙烯(PS)乳胶是一种定义明确和颗粒尺寸可调的现有材料。乳胶球已经用来作为核模板并与孔模板的表面活性剂形成双模板，可以合成大孔材料或大孔/介孔材料。Xia 等使用了乳胶颗粒作为硬模板成功地合成 HMMs，但是硅球层的孔径是微孔[66]。通过这种方法，选择不同尺寸的乳胶可以得到直径不同的空心结构，硅层的厚度也可以通过改变硅与乳胶的比例来调节。

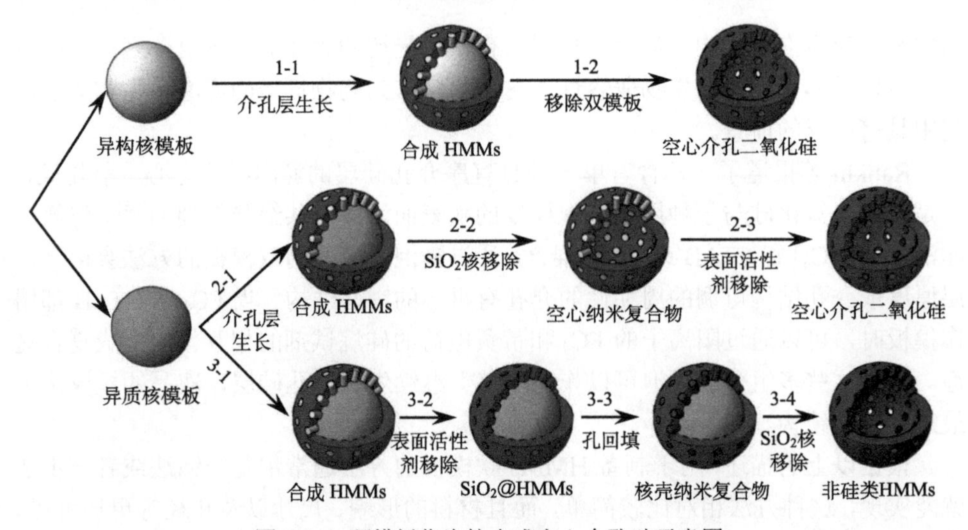

图 5-14　硬模板作为核合成空心介孔硅示意图

(1) 多相硬模板；(2, 3) 均相硬模板合成空心结构的介孔材料

在 2001 年，Wei 等首次使用带负电荷的胶体 PS 球来促进无机二氧化硅与表面活性剂胶束在 pH>12 的条件下自组装，通过这种方法获得空心结构的介孔硅球[67]。然而，通过 PS 乳胶和表面活性剂的双模板得到的介孔层通常是无序的。为了提高空心硅球上介孔孔道的周期性，Rankin 等使用了没有处理的 PS 乳胶和 CTAB 溶在浓氨水中来促进小颗粒(CTAB/聚集二氧化硅)和大颗粒的聚合，这样得到有序的孔结构[68]。但是不可逆的颗粒聚集会在合成的过程中发生，这样不利于活体水平的药物输送。

不仅是基于二氧化硅的空心介孔结构，其他非二氧化硅的空心介孔球同样可以使用 PS 乳胶作为硬模板。为了促进非硅的前驱体在 PS 球表面进行冷凝水解，在 PS 球表面需要修饰一些基团，如氨基、羧基以及羟基。Tang 等发现磁铁矿可以包裹在羧基化的 PS 球表面，这样可以得到介孔的磁性空心球[69]。在等离子体处理之后，羧基可以很容易地接到 PS 球上，之后钛异丙醇盐或四正丁氧基锗烷可以在 PS 球表面浓缩生成二氧化钛(TiO_2)或二氧化锗(GeO_2)，当核被氢氟酸溶解之后就可以形成空心的结构。

b.二氧化硅球作为硬模板

合成不同尺寸的二氧化硅球已经被进行了大量的研究，Stöber 法是合成均一的二氧化硅有效的方法之一。因此，二氧化硅球是非常适合作为核的硬模板。通过这种方法可以合成二氧化硅为核、介孔硅为壳的核壳结构。介孔氧化硅层($mSiO_2$)是通过 TEOS 的水解以及 C_{18}TMS 作为孔模板合成的。Ikeda 等通过使用热处理的方法而不是高温煅烧使碳源碳化，成功制备了空心介孔碳材料[70]。研究发现空心介孔碳(HMCSs)具有非常有序的、三维立方的介孔孔径。

虽然有很多文献报道了根据 SCMS 的硬模板来合成空心介孔碳球，但是之前很少使用这种方法来合成空心介孔硅。施剑林课题组发展了一种根据结构不同选择性刻蚀的方法来合成空心/拨浪鼓状的介孔硅球(图 5-15)[71]。研究发现在介孔层硅酸盐的缩合度明显比实心二氧化硅高，因为介孔层是通过 C_{18}TMS 和 TEOS 自组装生成的。碳酸钠溶液是一种合适的刻蚀剂，它能保证外面介孔层稳定的前提下选择性地刻蚀内部的实心硅。根据这些特点，可以合成颗粒尺寸与孔径可控的单分散空心介孔硅，而且对 DOX 具有非常大的装载量(1222 mg/g)。厦门大学郑南峰教授进一步简化了刻蚀的过程[72]。他们在碳酸钠溶液中加入阳离子表面活性剂 CTAB 来刻蚀实心硅，可以合成空心介孔硅球。阳离子表面活性剂在实心硅生成空心介孔结构的硅球过程中起到至关重要的作用：①作为软模板直接在硅层中生成介孔结构；②加速实心二氧化硅的刻蚀；③保护外层生成的介孔硅层。

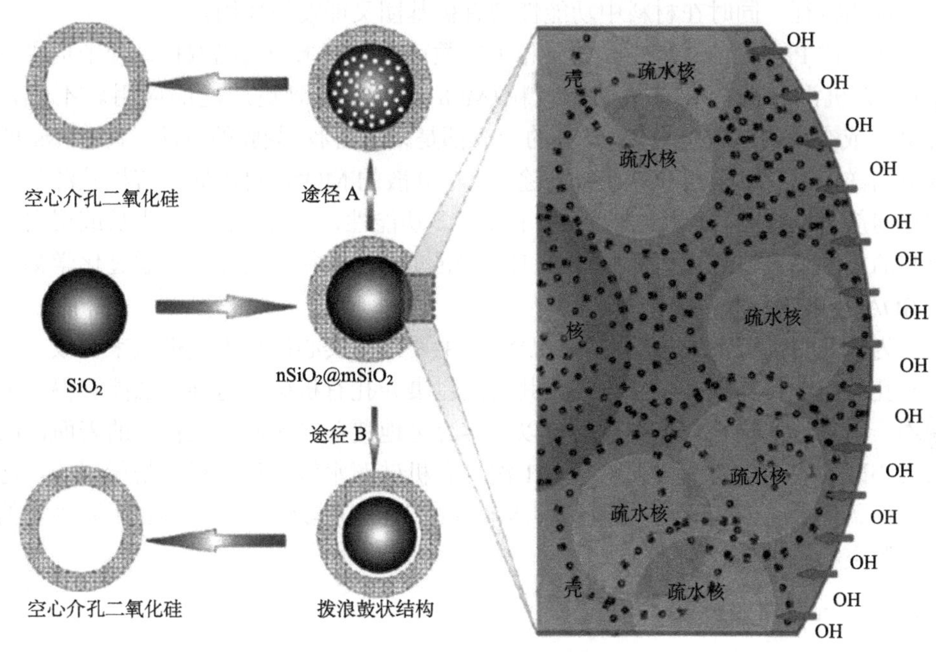

图 5-15　通过选择性刻蚀不同结构的方法来制备空心介孔结构球

途径 A：Na_2CO_3 溶液；途径 B：氨水溶液

$nSiO_2$：实心二氧化硅；$mSiO_2$：介孔二氧化硅

c.碳球作为硬模板

单分散的碳球在比较温和的条件下就能够合成，因此也可以作为硬模板。由于合成的碳球在其表面含有大量的羟基和羰基，这为吸附其他的颗粒或组分提供了有利的化学环境。Zhu 等使用碳球作为模板合成了空心介孔硅球以及拨浪鼓状

的 $Fe_3O_4@SiO_2$ 空心介孔球[73]。该反应是通过一步法在碳球的表面吸附铁的前驱体。与此同时，TEOS 发生水解，$C_{18}TMS$ 作为模板生成介孔结构，最后除去碳球和 $C_{18}TMS$，再将三氧化二铁在氢气条件下还原生成四氧化三铁。

二氧化硅球或碳球作为模板可以合成粒径可调、核的尺寸可控以及层的厚度可变的空心介孔结构。这些硬模板具有尺寸均一、形貌相同、分散性高以及表面容易修饰等特点。与软模板相比，将模板与介孔层的合成分开进行可以得到更加分散与均一的材料。然而，孔径的周期性变化很难控制，这是因为正常情况下使用 $C_{18}TMS$ 作为模板而不是 CTAB。

4. 有机硅介孔结构

20 世纪末，多个课题组合成了有序介孔的有机硅(PMOs)材料，之后有机与无机杂化材料逐渐成为纳米材料的研究热点[74]。这种 PMOs 材料具有无机介孔结构的特征，同时在材料中功能性的有机基团又能发挥作用。

在合成 PMOs 的过程中，如果相关参数可以在纳米级精确调控，分子构成的有机-无机混合的介孔有机纳米颗粒(MONs)可以得到更广泛的应用。不管是 MONs 或空心的 MONs(HMONs)的合成都是采用溶胶-凝胶的方法，HMONs 的合成同样可以有硬模板和软模板的途径。单分散的 MONs 可以通过有机硅源与结构导向剂(SDAs)的自组装合成。为了实现多功能性，可以通过原位生长或层层自组装的方法将无机颗粒作为 MONs/ HMONs 的核。孔径的尺寸可以通过化学刻蚀或 SDA 胶束的膨胀剂来控制。

为了获得高分散及均一的 HMONs，主要使用实心硅作为硬模板来合成。由于介孔硅能够作为核，可以直接在其表面包裹介孔有机硅，这种方法能够得到形貌均一的复合结构。介孔有机层可以非常容易地覆盖在实心二氧化硅的表面，因为实心硅的表面含有大量的 Si—OH 键，有机硅源水解的化学组分是相似的。通过碱性条件(Na_2CO_3 溶液)或氢氟酸溶液刻蚀完实心硅之后，可以得到不同种类的单分散空心有机硅。

5.2.2 介孔碳基材料

作为新兴发展的材料，介孔碳纳米颗粒(MCNs)由于具有特殊的物理/化学的性质已经引起了广泛的关注。它们可以作为电子材料用于燃料电池、气体储备以及催化工艺。特别是，它们具有高比表面积、大的孔径、可调的孔形态以及明确的表面性能。作为三维的碳基纳米材料，MCNs 可以克服碳纳米管和石墨烯的缺点：①三维球结构孔径规律、比表面积大、孔体积大、容易和生物分子相互作用；②具有相对较低的转动能的三维球在活体水平容易与肿瘤相互作用，来获得稳定和灵敏的检测信号。从化学组成分析，MCNs 和已经广泛研究的介孔硅相比具有很多的优势。因为单纯的碳基骨架可以通过 π 堆积/疏水作用与大多数芳香的药物之间发生作用。这意味着可以获得更高的药物装载量以及更加可控的药物释放。

然而，很少有文献报道关于 MCNs 用于生物医学工程，这主要是由于调控 MCNs 的形态、纳米结构以及亲水性具有较大的技术挑战。因此没有系统性的工作研究它们在细胞/活体水平上的生物学效应。尽管根据介孔硅合成的传统方法，利用碳的前驱体已经成功地制备 MCNs，但是很难合成形貌均一和高度分散的颗粒。目前为止，很难发展一种温和且有效的方法来得到高分散性、均一性、亲水性甚至是空心的纳米结构。在 MCNs 研究上，需要提供一种标准的合成方法来满足其在药物输送或分子成像等生物应用上的要求。

1. 传统介孔碳结构

已经有文章报道了关于合成 MCNs 方法。一种方法是使用二氧化硅作为硬模板，但是这种方法非常地挑剔。当制备小尺寸的 MCNs 时，很难使用硬模板的方法，因为碳源在二氧化硅的模板上进行覆盖时会发生团聚以及交联。现在已经有报道使用两亲性的三嵌段聚合物作为软模板以及酚醛树脂作为碳源来合成有序的介孔碳材料。主要有两种方法制备 MCNs，一种是在乙醇溶液中蒸发诱导自组装的方法(EISA)，另一种是在 60～70℃的水溶液条件下热处理的方法[1]。通过 EISA 的策略合成的 MCNs 通常是巨大的薄片，但是水溶液中合成的尺寸比较大。

复旦大学赵东元教授等利用低浓度的热处理的方法，合成了尺寸均一的 MCNs(图 5-16)[75]。使用三嵌段共聚物普朗尼克 F127 作为模板，酚醛树脂作为碳源。通过简单改变试剂的浓度，可以合成 20～140 nm 尺寸的有序结构的 MCNs，这种方法可能会成为合成 MCNs 的经典方法。这种 MCNs 结构具有较好的细胞渗透性、较高的药物装载率以及较低的细胞毒性等特点，因此可以应用于药物输送与细胞成像等方面。

当前研究表明，MCNs 对近红外光具有明显的吸收。由于 MCNs 表面具有很强的疏水性，可以有效地装载疏水性药物。中国科学院长春应用化学研究所曲晓刚课题组研究发现 MCNs 不仅可以作为光热材料用于光热治疗，还可以作为药物载体来装载药物实现化疗-光热治疗的协同治疗[76]。通过细胞内在的特点，设计响应性的药物释放。

2. 空心介孔碳结构

空心碳纳米球(HCSs)具有 sp^2 和 sp^3 碳原子并且含有大量的介孔孔道，它们有能力吸附和装载大量的药物分子。碳纳米球与管状或薄片状的纳米材料相比具有更好的生物兼容性，因为后者在进入细胞时可能会对细胞膜造成损害。另外，

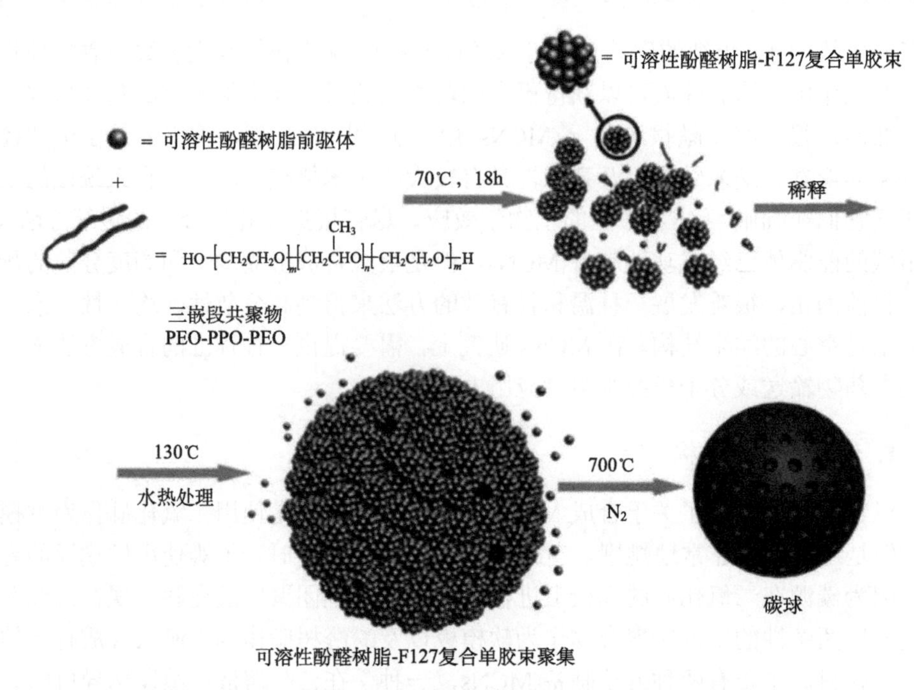

图 5-16 形成均匀有序的介孔碳纳米球过程(颗粒尺寸由浓度控制)

这种 sp^2 和 sp^3 碳纳米结构通常具有很好的催化性能，并且在生物体系中可以产生自由基，破坏生物体系的氧化还原平衡和诱发压力调节的响应，可以用来克服化疗的耐药性。

虽然 HCSs 具有很多的特点使其可以作为药物载体来装载化疗药物，但是它有两个缺点。一是使用传统方法制备的 HCSs 通常尺寸较大，很难有效地被细胞内吞。二是通过高温处理之后表面含有大量的碳纳米结构，HCSs 很难在水溶液中分散，这就导致 HCSs 在活体静脉给药后很难在血液中循环。

国家纳米科学中心陈春英课题组设计了一个尺寸在 90 nm 左右的 HCSs[77]。这种空心介孔结构含有均匀的孔道、粗糙的表面以及较大的空腔，非常适合药物装载和输送，同时增加细胞内氧化还原的状态。

中国科学院上海硅酸盐研究所施剑林课题组报道了一种空心的介孔碳材料(HMCNs)，它具有均匀性、分散性、亲水性并且具有红细胞的形貌(图 5-17)[78]。这种方法首先是在单分散的实心硅表面包裹上有序介孔有机二氧化硅(PMOs)形成 SiO_2@PMOs 纳米颗粒，这里使用的有机硅源是 1,4-二(三乙氧基甲硅烷基)苯(BTEB)。通过在 900℃条件下煅烧，有机/无机杂化的 PMOs 层可以直接转变成 SiO_2/C 结构。氢氟酸可以直接刻蚀掉 SiO_2/C 结构中二氧化硅的组分以及二氧化硅的核模板，因此单纯碳组分的空心结构可以采用一步法实现。在室温条件下超声，加入浓硝酸与硫酸可以将 HMCNs 氧化使其具有较好的水溶性。这种巧妙的设计赋予了 HMCNs 材料均一的形貌、结构以及组分，它们的空心介孔纳米结构可以增强药物的装载量，并且碳的组分使其与芳香的药物分子可以产生相互作用。而且与球形结构相比，红细胞装载的纳米颗粒在血液中更有利于药物的输送。

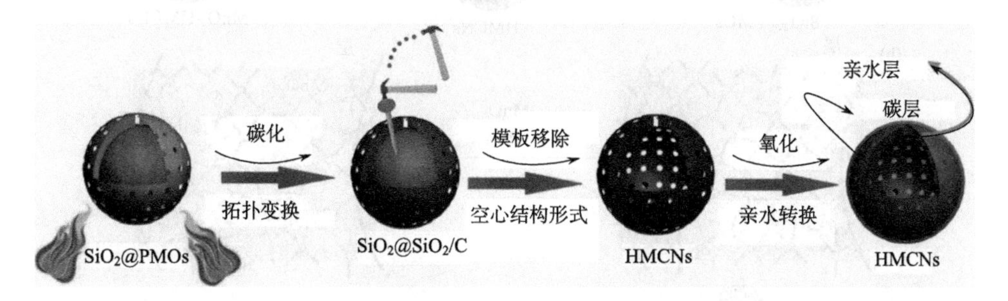

图 5-17　单分散性和高亲水性的 HMCNs 的合成过程示意图

3. 复合多功能的碳结构

MCNs 作为无机碳纳米材料中新的成员，碳框架赋予它们新的功能以及特殊的生理作用。然而，制备高分散性和亲水性的 MCNs 相关的智能复合材料依然具有非常大的挑战，这也是它在生物应用上最大的缺点。中国科学院上海硅酸盐研究所陈雨等设计了一种氧化锰与 MCNs 复合的功能性材料(图 5-18)[79]。MCNs 可以有效地装载化疗药物，氧化锰可以通过巧妙的氧化还原的策略覆盖在 MCNs 表面，氧化锰颗粒在酸性条件下可以降解并释放出锰离子来实现磁共振成像，与此同时装载在 MCNs 的化疗药物可以可控地释放出来。制备出来的无机复合材料具有独特的生物性能，如抗转移作用、较少造成红细胞溶血以及在活体水平具有优异的组织相容性。

Zhang 等将硫化铜(CuS)与 HMCNs 有效地结合起来，用于光热与化疗的联合治疗[80]。在该研究中，MCNs 首先在水热反应的条件下，采用硬模板法合成。碳球产生的功能性基团使其具有很好的亲水性以及内在的荧光的物理性质。移除模板之后，在水热反应的条件下，将铜离子和硫源加入 MCNs 中来完成 MCN 表面 CuS 的生长。CuS 颗粒可以防止转载的药物过早释放以及有效的光热作用。因此，这种复合材料具有温度、近红外光以及 pH 响应的 DOX 释放等特点。

5.2.3　其他介孔材料

1. 介孔金属氧化物

介孔金属氧化物(四氧化三铁、二氧化锆、五氧化二钽等)由于具有低密度、高比表面积、丰富的孔道可以作为载体装载药物分子[14,81]。金属物质具有特定的

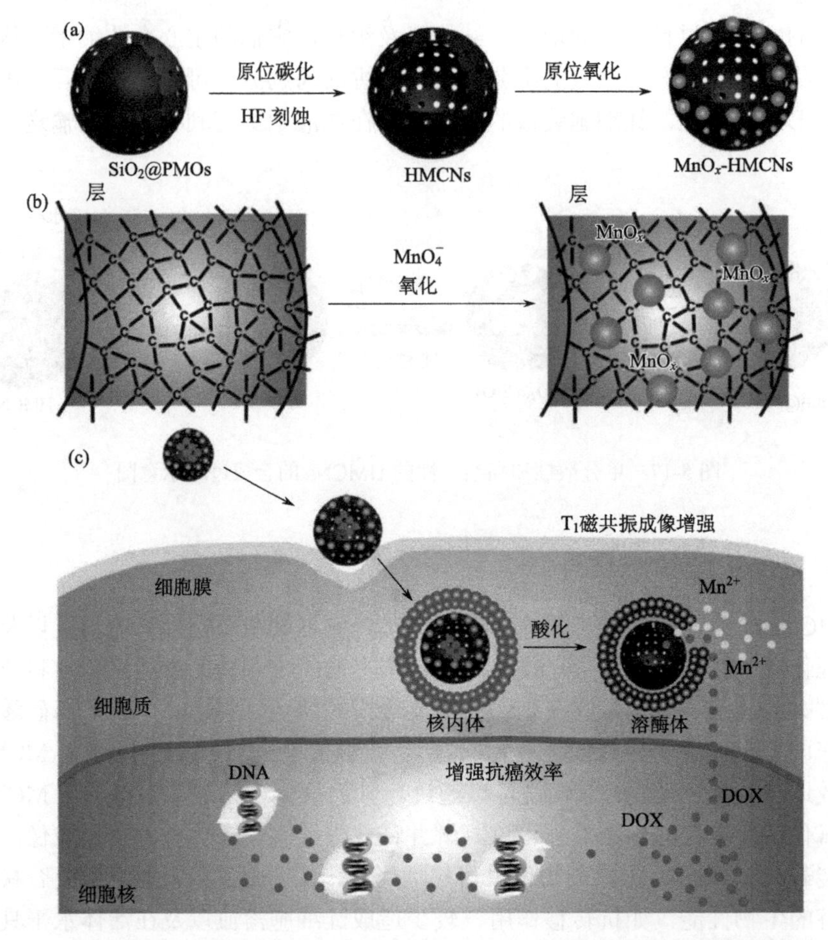

图 5-18 (a) 合成 MnO_x-HMCNs 复合材料示意图；(b) MnO_x 纳米颗粒连接到 HMCNs；(c) 细胞内吞以及 MnO_x-HMCNs 双 pH 响应诱导的 T_1 磁共振成像和化疗药物的释放

物理性质，赋予该载体在生物应用上多种功能，如磁共振成像/CT 成像、放射治疗/光热治疗等。

介孔四氧化三铁纳米颗粒具有介孔材料的优势，如大的比表面积、可调的孔结构及尺寸。它在生物分离、药物靶向输送、细胞成像上还具有明显优势，当与介孔材料其他特性相结合后可以在成像、诊断与治疗上发挥更大的作用。Leung 等制备了一种介孔四氧化三铁球，可以用介孔四氧化三铁来药物输送以及磁共振成像[82]。首先将四氧化三铁的表面包裹上聚丙烯酸(PAA)，之后在其表面生长一层二氧化硅。在真空热处理之后，将二氧化硅层刻蚀掉就可以得到介孔 Fe_3O_4 纳米颗粒，这种纳米颗粒的尺寸可以从 50 nm 调控到 200 nm。

许多重金属元素的纳米材料，如金、铋、钨、钽、铪等作为放疗增敏剂可以导致肿瘤损伤来提高放射治疗[83-86]。受到介孔硅转载药物的启发，Ta 作为重金属，苏州大学刘庄等合成介孔氧化钽纳米颗粒（mTa_2O_5）用来实现放疗增敏与药物装载的双重功能[87]。mTa_2O_5 纳米颗粒是采用溶胶-凝胶的方法合成的，将乙醇钽作为钽源，CTAB 作为成孔的表面活性剂。通过聚乙二醇表面修饰之后，获得的 mTa_2O_5-PEG 颗粒可以装载化疗药物 DOX 并具有 pH 响应的药物释放行为。另外，Ta 作为重金属可以吸收 X 射线，作为放疗增敏剂增强放射治疗（图 5-19）。随后，通过一步法设计了一种空心氧化钽包裹过氧化氢酶的纳米颗粒[88]。在室温条件下，在水和乙醇的混合溶液中加入钽源可以原位封装过氧化氢酶并形成空心氧化钽层（TaO_x@cat-PEG）。在该体系中，TaO_x 同样可以作为放疗增敏剂，封装的过氧化氢酶可以分解肿瘤部位的过氧化氢原位产生氧气，大大改善肿瘤部位的乏氧状态，增强放射治疗的效果。

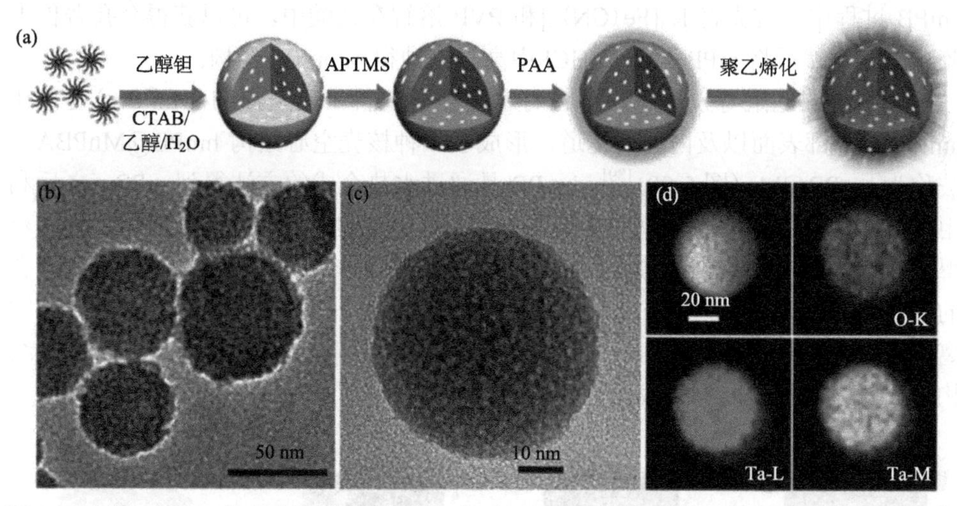

图 5-19 (a) mTa_2O_5 的合成和修饰示意图；(b,c) mTa_2O_5 纳米颗粒的透射电子显微镜图像和高分辨率的透射电子显微镜图像；(d) 高角环形暗场-扫描透射电子显微镜（HAADF-STEM）图像与元素映射

APTMS：3-氨丙基三乙氧基硅烷；PAA：聚丙烯酸

除了常见的介孔氧化物以外，厦门大学郑南峰课题组报道了一种空心的介孔二氧化锆纳米结构用于药物的输送[14]。研究者首先合成了不同尺寸的二氧化硅球作为核模板，之后在月桂醇聚氧乙烯醚的条件下，通过锆酸四丁酯的水解在其表面包裹一层二氧化锆。得到的纳米颗粒在 850℃下煅烧之后加入氢氧化钠溶液处理，在除去二氧化硅球之后，就可以形成空心介孔的 ZrO_2 纳米结构。中国科学院烟台海岸带研究所陈令新等设计了蛋黄-壳状的金纳米棒@空洞@介孔氧化钛纳米颗粒（AuNR@void@$mTiO_2$），该工作首先是将介孔硅包裹在金纳米棒表面，之后再包裹上介孔氧化钛，通过化学刻蚀的方法可以将介孔硅除去，形成蛋黄-壳状

材料。介孔氧化钛既能高效地装载药物又能释放药物，但它比介孔硅的化学性质更加稳定。

2. 其他介孔结构

除了以上常见的介孔材料以外，还有一部分介孔材料在生物医学领域也具有重要的地位。

普鲁士蓝(PB)在临床上处理放射性污染，已经被美国食品药品监督管理局(FDA)批准。由于具有空心的介孔结构、有效的铁离子活性、强的近红外光吸收以及高的光热转化效率，空心介孔的普鲁士蓝纳米颗粒(hmPB)可以作为优秀的药物载体和光热试剂。中国科学院上海硅酸盐研究所施剑林课题组将 *n*-全氟戊烷(PFP)装载到 hmPB 中，在活体上可以实现肿瘤的诊断与光热治疗[12]。在合成 hmPB 过程中，首先将 $K_3[Fe(CN)_6]$和 PVP 溶解在盐酸中，可以获得介孔普鲁士蓝(mPB)，然后将 mPB 溶解在 HCl 中高温刻蚀得到 hmPB 结构。

施剑林课题组等设计了一个含有锰离子的普鲁士蓝类似物(MnPBA)覆盖在 hmPB 的外部表面以及内部的孔道，形成了一种核壳空心结构 hmPB@MnPBA，被称为 hmPB@Mn(图 5-20)[89]。hmPB 是通过水热合成的方法得到 mPB。之后利用 PVP 保护的化学刻蚀的方法，使用盐酸作为刻蚀剂获得空心介孔结构。为了获得核壳空心结构的 hmPB@Mn，将反应好的 hmPB 作为模板，加入特定比例混合的锰离子与铁离子。这种方法合成的 hmPB@Mn 在肿瘤的区域实现 pH 诱导的锰离子释放，可以使 hmPB@Mn 作为一个 T1 造影剂。hmPB@Mn 具有空心介孔结构及高的表面积，能够装载化疗药物 DOX。

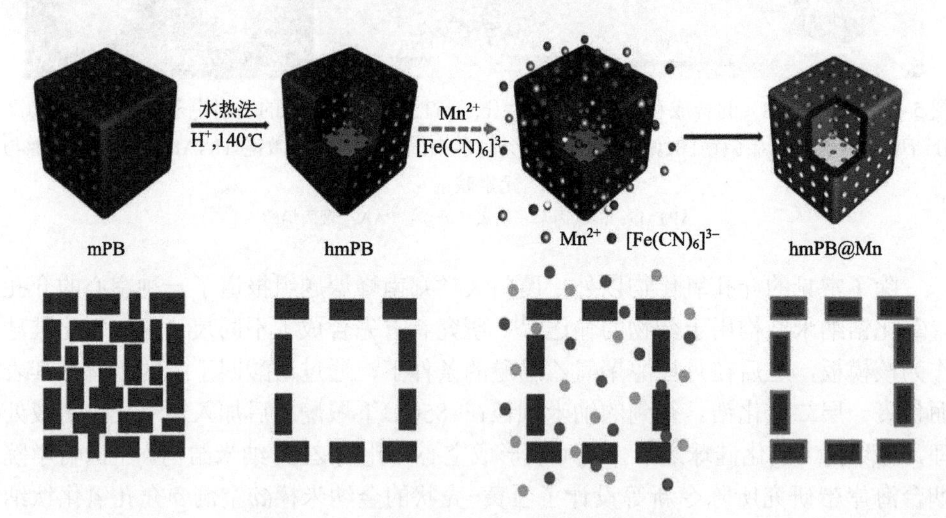

图 5-20　合成 hmPB@Mn 纳米颗粒示意图

介孔生物玻璃(MBG)含有特殊的介孔结构和高的表面积，它具有药物输送的能力而且可以在活体的微环境中特异性地释放。根据这些特点，功能性离子(如锂、锶、铜、硼)和药物分子(地塞米松、血管内皮生长因子、骨形成蛋白)已经装载到MBG中，并且都有相对较高的装载量和释放效率。从MBG中释放的治疗性离子或药物使它具有多功能性，如提高骨生成、血管生成、抗菌、杀伤肿瘤等。

除此之外，介孔复合材料由于能够具有两种或多种组分的功能也引起了研究者的关注。河北大学张金超课题组报道了一步法合成介孔硅/羟磷灰石(MSNs/HAP)杂化的药物载体(图 5-21)[90]。在合成介孔硅/羟磷灰石的杂化材料时，$CaCl_2$和$Na_2HPO_4 \cdot 12H_2O$分别作为Ca^{2+}和PO_4^{3-}的来源。HAP组分不仅在酸性条件下可以降解，而且能够提高药物的装载量以及释放的效率。MSNs/HAP的药物装载量是传统介孔硅的5倍。实验结果表明，该载体具有很好的生物兼容性，能够抑制肿瘤的生长，而且能够降低DOX的副作用，Wang等通过溶剂热处理合成了介孔氧化钛锆复合材料，而且钛和锆的比例可调[91]。这种颗粒尺寸在360 nm左右，孔径为3.7 nm。这种介孔氧化物复合材料具有较高的药物装载量，实验中装载了三种药物(布洛芬、地塞米松以及红霉素)。这种药物输送体系可以装载多种药物分子，在生物医学上具有更加广泛的应用。

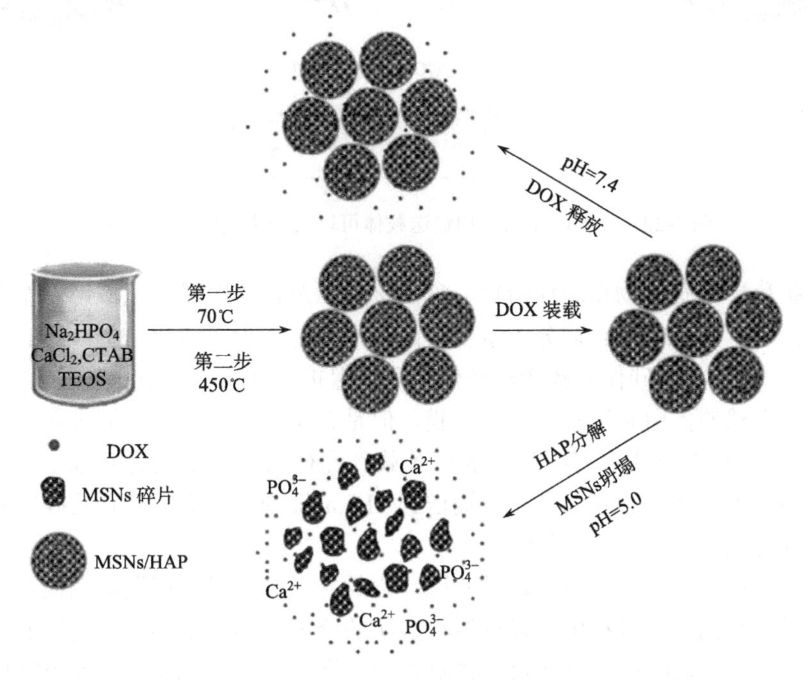

图 5-21　MSNs/HAP 复合物的合成、药物装载与释放以及降解的过程示意图

5.3 介孔材料用于药物载体的智能响应

介孔材料具有可调的多孔结构，因此它可以装载不同种类的分子，包括药物分子、治疗多肽、蛋白质以及基因等。介孔材料同样可以装载不同的疏水/亲水性质、不同的分子量以及功能的药物，如布洛芬[16]、盐酸阿霉素[92,93]、喜树碱[94]以及顺铂[95,96]等化疗药物（图 5-22）。

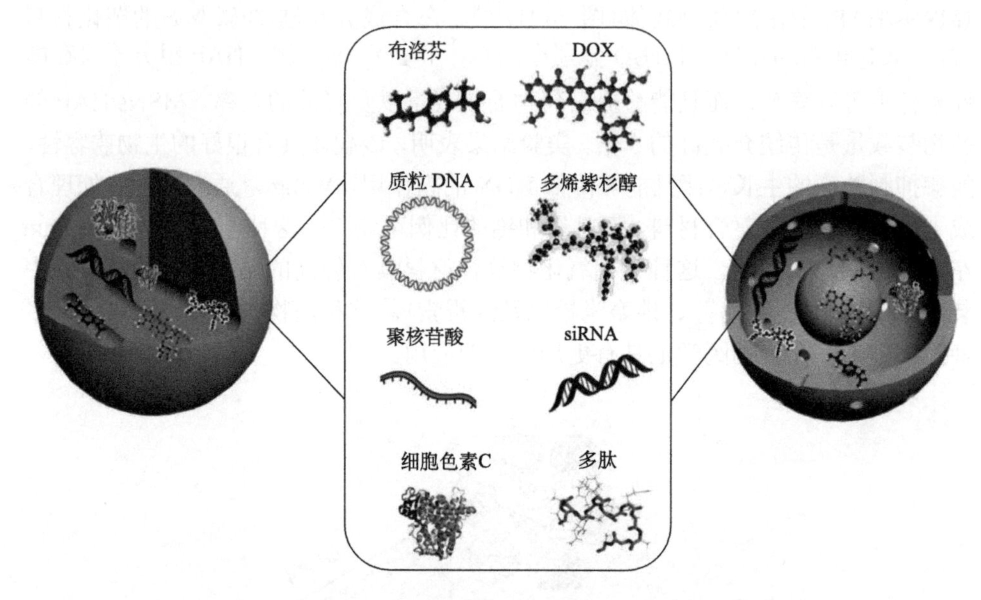

图 5-22 介孔硅作为药物输送载体可以装载不同的治疗试剂

多肽和蛋白质药物在癌症治疗、疫苗接种以及再生医学等领域可以作为潜在的治疗试剂。然而由于它们分子量较大而且不稳定的内在特点，蛋白质的输送变得十分困难[1]。介孔硅作为药物输送体系可以保护生物大分子防止其过早地降解。对于一些天然的蛋白质很难穿过细胞膜，但是介孔硅可以帮助它们进入细胞质。例如，Lin 和他的合作者将细胞色素 C 装载到孔径为 54 nm 的介孔硅中，之后可以将这种很难穿过细胞膜的蛋白质输送到 HeLa 细胞中，而且从介孔硅中释放的酶依然具有很高的催化活性[97]。

介孔硅被认为可以有效地输送基因。它的介孔结构以及可调的孔径可以装载基因分子，在输送的过程中可以躲避核酸酶的降解。为了增加负电荷核酸的装载效率，介孔硅的表面可以进行聚合物阳离子的修饰，包括聚酰胺基胺(PAMAM)、聚乙烯亚胺(PEI)以及甘露糖基化的聚乙烯亚胺(MP)，都可以在介孔硅表面自组装并用于基因输送。介孔硅的正电荷表面不仅可以增加同负电荷基因的静电作用，还可以通过“质子海绵效应”促进细胞内的溶酶体逃逸。

多种治疗试剂的互补和协同的治疗作用在很多疾病尤其是癌症治疗中经常使用。进行两种或多种药物分子的有效输送已经成为纳米医学领域的研究热点之一。由于小分子药物与大分子治疗试剂差别较大，传统的药物输送体系很难进行共同的装载，介孔硅已经被证明能够实现多种药物的输送作用。它们可以通过内部的孔道以及外部的颗粒表面装载不同的分子，这对控制不同药物的释放顺序十分有用。Lin 等设计了葡萄糖响应的输送体系，它可以同时装载胰岛素和环磷酸腺苷(cAMP)[98]。该体系中，葡萄糖酸修饰的胰岛素作为“盖子”堵住了介孔硅的孔道并将 cAMP 分子装载在孔道中。葡萄糖的引入可以诱导两种药物的释放。

传统给药方式如口服或注射，通常会导致药物在血液中迅速地释放和排出(图 5-23)。因此在较长的治疗周期里，原始的药物试剂需要较大的剂量来保证治疗的浓度。对于大多数的药物特别是抗肿瘤药物，会对正常细胞造成严重的副作用。在药物到达病灶部位之前，不希望它从载体中释放出来。这种“零提前释放”可以减少药物在非治疗部位的分布并提高药物在病灶位置的富集。刺激性-响应的可控释放体系(CDDSs)利用外部的刺激或内在微环境的差异性可以防止药物的提前泄漏并在特定部位释放装载的药物。

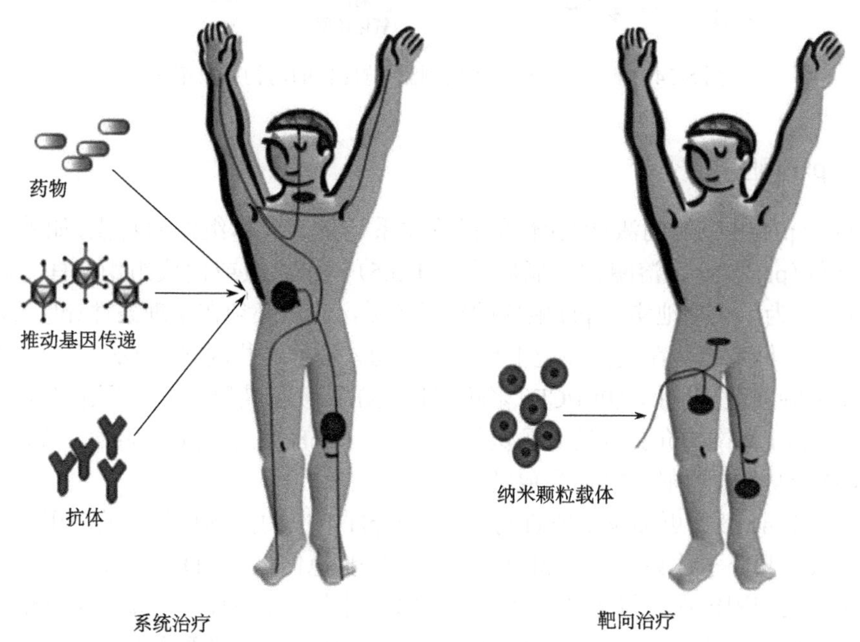

图 5-23　药物通过系统治疗和靶向治疗对比的示意图

将介孔材料尤其是介孔硅的孔道装载上药物之后，可以在其表面包裹上纳米“阀门”。通过不同的诱导方式，能够可控地打开和关闭“阀门”，这被称为刺激-

响应性的药物释放体系(图 5-24)[1]。不同响应性的策略包括内在的生理环境(pH、温度、氧化还原以及生物分子)或外部的刺激方式(光、磁性)等。

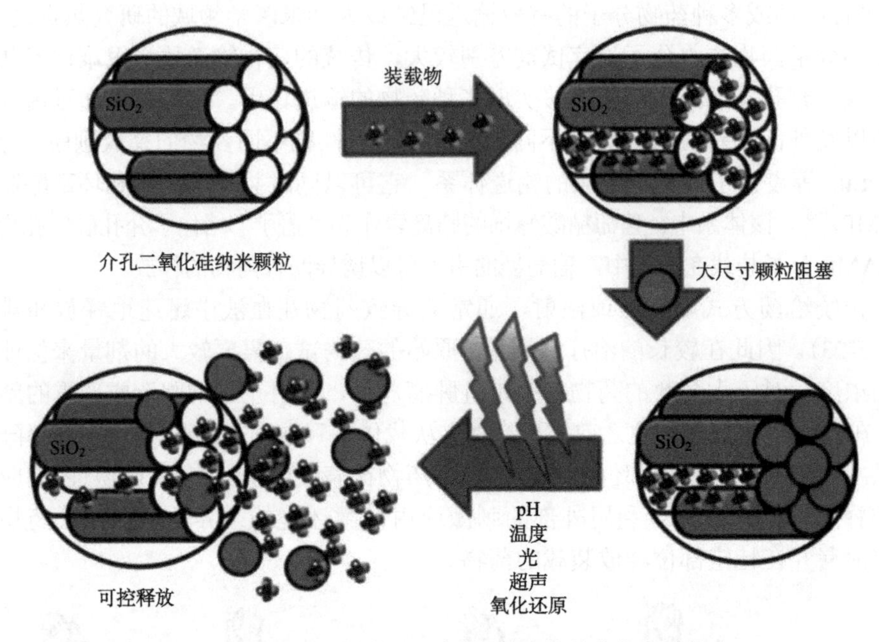

图 5-24　基于介孔硅的不同刺激-响应性的药物释放策略

5.3.1 pH 响应

设计 pH 响应的刺激-响应性的释放体系是基于人体组织的特点,如肿瘤和炎症部位(pH 6.8),溶酶体和脂质体(pH 5.5)等比血液或健康组织(pH 7.4)的 pH 更低。为了成功地实现 pH 响应的输送体系,载体必须在生理条件(pH 7.4)下保持稳定,但是能够在酸性环境下释放出药物。根据这些因素,Park 等将 pH 响应的聚丙烯亚胺/环糊精(PEI/CD)聚轮烷包裹在装载了药物的介孔硅纳米颗粒的表面[99]。PEI 修饰的介孔硅装载钙黄绿素之后,在 pH 11 下用 CD 阻塞。当 pH 5.5 时,CD 会从 PEI 上脱落从而释放钙黄绿素。

之后 Zink 教授更加系统地研究了 CD 在 pH 响应的药物释放上的应用[100]。该课题组根据超分子体系制备了 pH 响应的纳米阀,他们将 α-CD 环与苯胺基链烷烃通过氢键反应固定在二氧化硅表面。当 α-CD 在中性 pH 条件下与苯胺基链烷烃复合之后可以将介孔硅的孔径堵塞并阻止药物分子的释放。当剩余苯胺上的氮原子在低 pH 下被质子化,α-CD 环和苯胺基链烷烃之间的结合力会减小,之后 α-CD 脱落并进一步释放装载的药物[图 5-25(a)]。同一课题组利用 β-CD 纳米阀也能实现 pH 响应的药物释放体系[图 5-25(b)][101]。

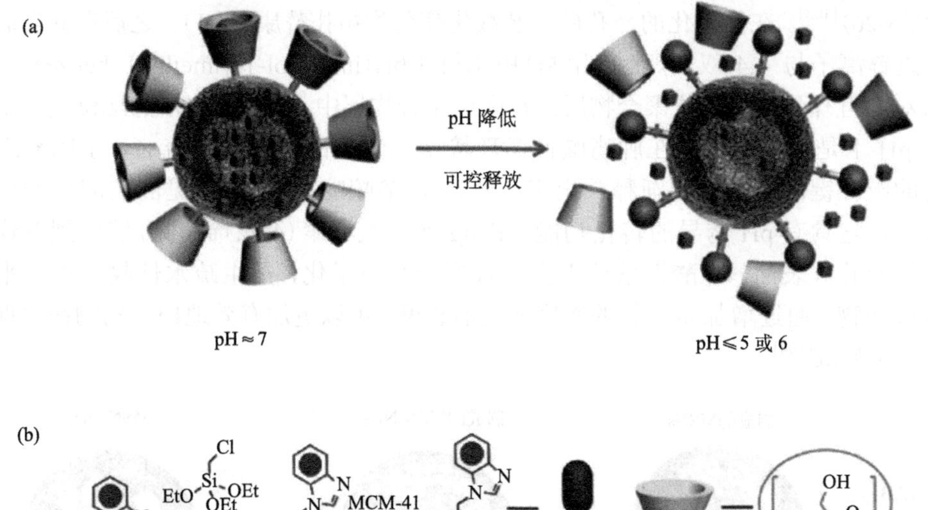

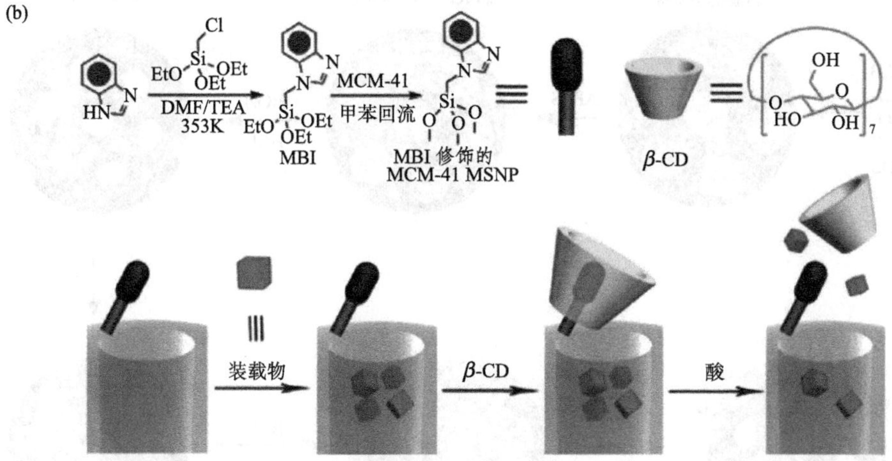

图 5-25　(a) 基于 α-CD 的 pH 响应的药物释放体系；(b) 基于 β-CD 体系合成苯胺基环糊精、装载药物、覆盖孔道以及在酸性条件下响应性的释放药物

DMF/TEA：二甲基甲酰胺/三乙胺；MBI：N-甲基苯并咪唑

通过酸响应的化学键也能实现药物的可控释放。例如，金和四氧化三铁纳米颗粒可以通过可逆的 pH 响应的硼酸盐酯键覆盖在装载了药物的介孔硅表面，该化学键会在酸性条件下水解。除此之外，酸响应的乙缩醛化学键可以连接金纳米颗粒与介孔硅，同样也能实现药物的可控释放。

中国科学院化学研究所江雷等进一步发展了 pH 响应 DNA 的纳米开关可以将金纳米颗粒吸附在介孔硅表面，该体系中通过调节水溶液中的 pH 可以控制 DNA 链的杂化和去杂化[102]。这种结构的变化可以打开和关闭介孔的开关，因此在酸性条件下实现装载药物的可控释放。

另一种常见的 pH 响应的开关是使用聚合物的策略。例如，上海交通大学车顺爱课题组将一种新颖的配位聚合物包裹在介孔硅上，实现 pH 响应的药物释放

(图 5-26)[103]。在氨基化的介孔硅中装载化疗药物拓扑替康(TPT)，之后在其表面通过锌离子与 1,4-双(咪唑-L-甲基)甲苯[1,4-bis(imidazol-1-ylmethyl) benzene，BIX]相互作用生成配位聚合物层。在配位聚合物层中，Zn 与 BIX 的配位键在中性 pH 下是稳定的，但在肿瘤酸性微环境中，装载的药物会随着 Zn 与 BIX 之间的配位键的破坏而逐渐释放出来。聚(4-乙烯嘧啶)是一种常见的响应性的聚合物，它具有 pH 诱导的转化功能。Feng 课题组将聚(4-乙烯嘧啶)嫁接到溴代化的介孔硅表面，在酸性条件下会导致聚合物质子化，产生疏水性收缩作用来释放药物。通过增加聚合物的密度或链的长度，可以更加有效地控制药物在生理条件下释放[104]。

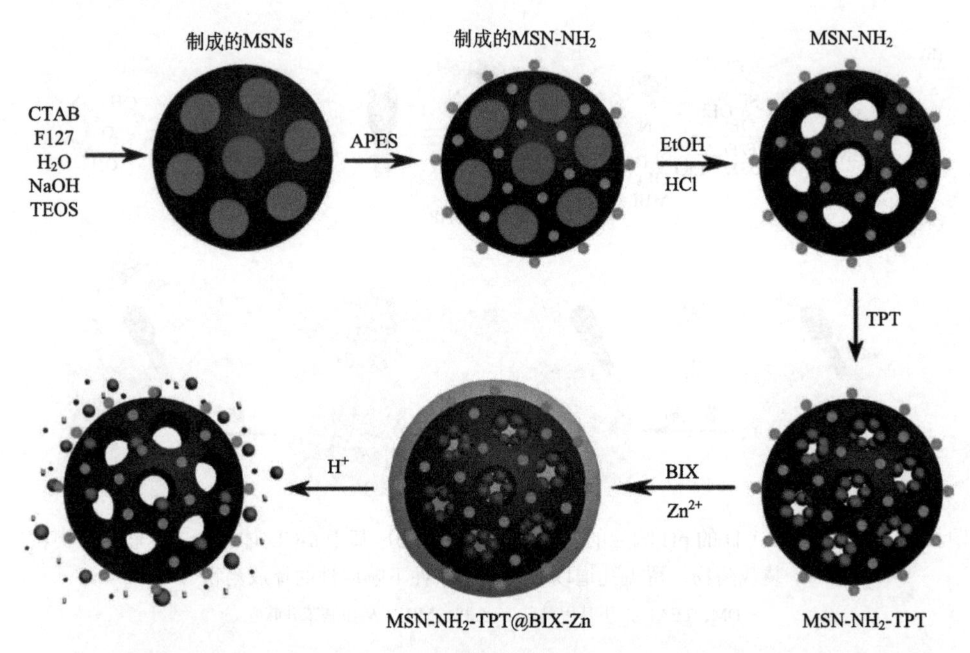

图 5-26 制备 MSN-NH$_2$-TPT@BIX-Zn 过程以及 pH 响应的药物释放

F127：普朗尼克 F-127；APES：3-氨丙基四乙氧基硅烷

5.3.2 氧化还原响应

大多数的肿瘤细胞内的谷胱甘肽(GSH)水平比细胞外的细胞水平高 100～1000 倍，根据这些信息，各种的堵孔剂如硫化镉、四氧化三铁或金颗粒可以通过二硫键设计不同的氧化还原响应的药物可控释放体系[74]。这些“纳米塞”在二硫键的还原剂下，如二硫苏糖醇(DTT)或巯基乙醇(ME)会由于二硫键的断裂从材料表面脱落并释放出装载的药物。Liu 等将交联的聚丙烯酸琥珀酰胺酯吸附在介孔硅表面，染料分子装载到孔道中之后，胱胺作为一个含有二硫键的一级胺加入体系中之后可以使聚合物链交联并堵塞孔道[105]。在加入 DTT 之后会破坏胱胺中的二硫键，在聚合物被破坏之后可以实现氧化还原的药物可控释放(图 5-27)。同时 Zink 等在介孔硅表面修饰上轮状化合物并用 α-CD 环包围，该轮状化学物的茎中含有二硫键[106]。在加入 DTT 之后，茎上的二硫键会被还原而断裂，进一步特异性地诱导药物的释放。Kim 等利用相似的方法将 CD 环通过二硫键共价连接到介孔硅的表面，同样可以实现 GSH-响应的药物可控释放[107]。

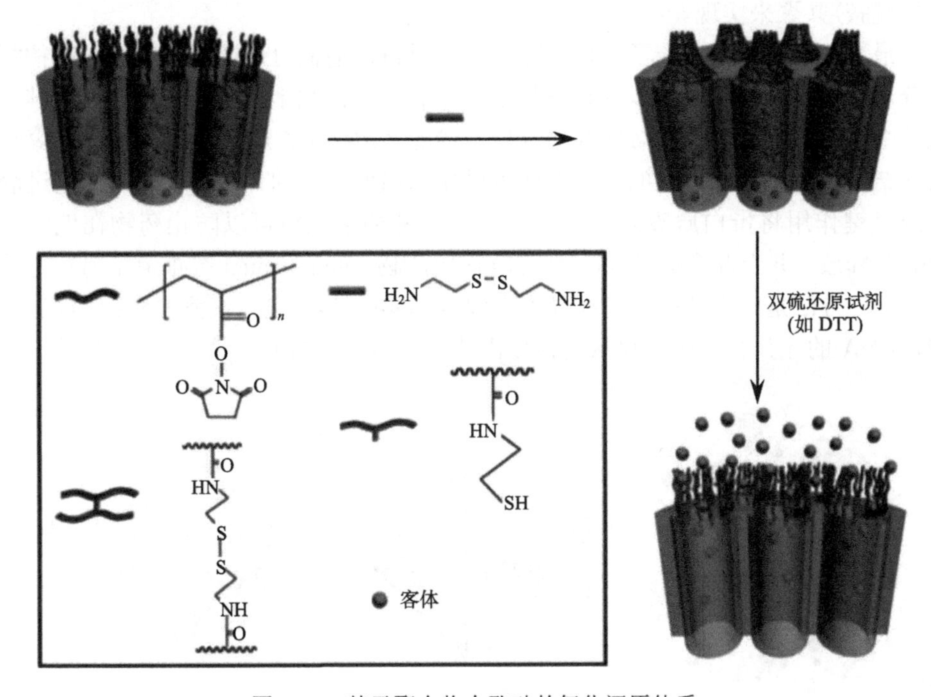

图 5-27　基于聚合物介孔硅的氧化还原体系

众所周知，传统的介孔硅难以快速地代谢，这主要是由于二氧化硅具有较好的化学稳定性。施剑林课题组报道了一种含有二硫键的空心介孔硅结构，在它的框架中形成—Si—S—S—Si—结构[97]。在较高的 GSH 浓度下，二硫键会断裂并促进空心介孔硅结构的坍塌，这样一方面可以实现肿瘤微环境响应的药物释放，另一方面载体会分解成小尺寸的纳米结构，利于排出体外并降低对活体的毒性。

5.3.3　温度响应

温度是另一个内在的刺激可以用来诱导介孔材料中药物的释放。例如，大多数肿瘤位置的温度要比正常组织的温度高。因此设计的温度响应的药物输送体系需要在温度高于 37℃时释放药物，在正常温度下不释放。温度敏感的聚合物如聚

(*N*-异丙基丙烯酰胺)(PNIPAM)及其衍生物包裹在介孔硅表面可以用于温度响应的释放体系，PNIPAM 改变它的分子链构象可以在水溶液中对温度产生响应。因此在低于临界溶液温度(LCST)的 32℃时，PNIPAM 的分子链会水合并在介孔硅的孔道表面形成伸展的链来阻止药物的释放。当温度升高到 LCST 会将聚合物链去水合导致构象的坍塌，打开孔道并随后释放药物。当升高生理条件下的 LCST，更适合在生物医学上的应用，可以通过与其他单体(如丙烯酰胺或 *N*-异丙基甲基丙烯酰胺)共聚来实现。

最近，Baeza 等设计了一种新颖的纳米材料，他们可以通过交变磁场来控制小分子和蛋白质的输送[108]。这种材料是将四氧化三铁纳米颗粒封装在二氧化硅的框架中并在外层修饰上温敏的共聚物聚乙烯亚胺-*β*-聚(*N*-异丙基丙烯酰胺)。聚合物的结构设计具有双重目的，一方面可以作为温度响应的开关，另一方面通过静电或氢键作用将蛋白质吸附在聚合物层。这种纳米颗粒可以防止药物在低温下(20℃)释放，并当温度达到 35～40℃时释放药物。Schlossauer 等报道了另一种策略，这种方法是在介孔硅的表面吸附上双链 DNA，当温度升高到 DNA 解链温度时，DNA 的序列会发生变化从而释放出荧光素（图 5-28）。

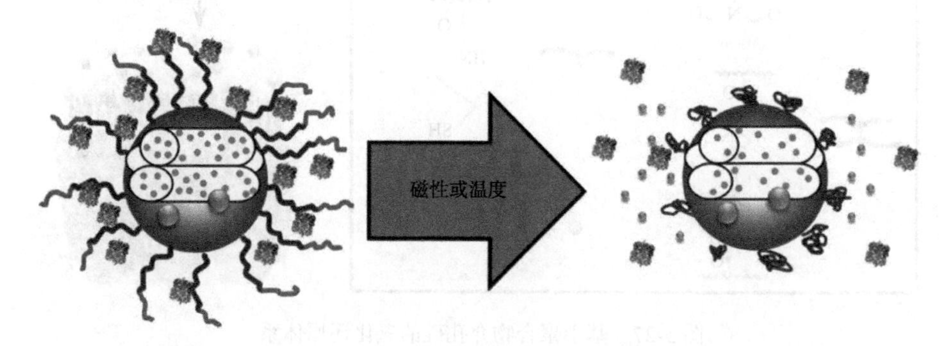

图 5-28　通过磁场或温度可以控制小分子或蛋白质的可控释放

5.3.4　磁响应

磁场可以作为外部刺激来诱导介孔材料中药物的释放。例如，Chen 等将四氧化三铁(Fe_3O_4)纳米颗粒覆盖在介孔硅的表面[109]。在该设计中，介孔硅首先进行 3-氨丙基三甲氧硅烷(APTES)修饰，之后装载上抗肿瘤药物喜树碱(camptothecin, CPT)。装载了药物的氨基化的介孔硅可以通过酰胺化反应共价连接上内消旋-2,3-二巯基丁二酸修饰的超顺磁性的 Fe_3O_4。在磁场的诱导下，化学键断裂并促使 Fe_3O_4 纳米颗粒从材料表面脱落，可以实现快速的药物释放。

Vallet-Regí 和他的合作者使用交变磁场作为外部刺激来实现“开关”响应的药物输送体系[110]。在这个体系中，寡核苷酸修饰的介孔硅封装了超顺磁性的

IONPs，装载了荧光素并用互补链功能化的IONPs覆盖住介孔硅的孔道。双链DNA的解链温度为 47℃，磁热作用可以达到这一温度。通过交变磁场可以检测装载了荧光素的介孔硅的磁响应释放效果，当磁热产生的温度超过 47℃，孔道会被打开并使装载的分子释放。这种纳米颗粒覆盖的体系是可逆的开关设置，当温度超过解链温度药物释放，但是温度降低时装载的药物会停止释放。这种完全可控的开关设置在纳米医学领域具有非常大的应用价值，如可以实现磁热与化疗的协同治疗(图 5-29)。

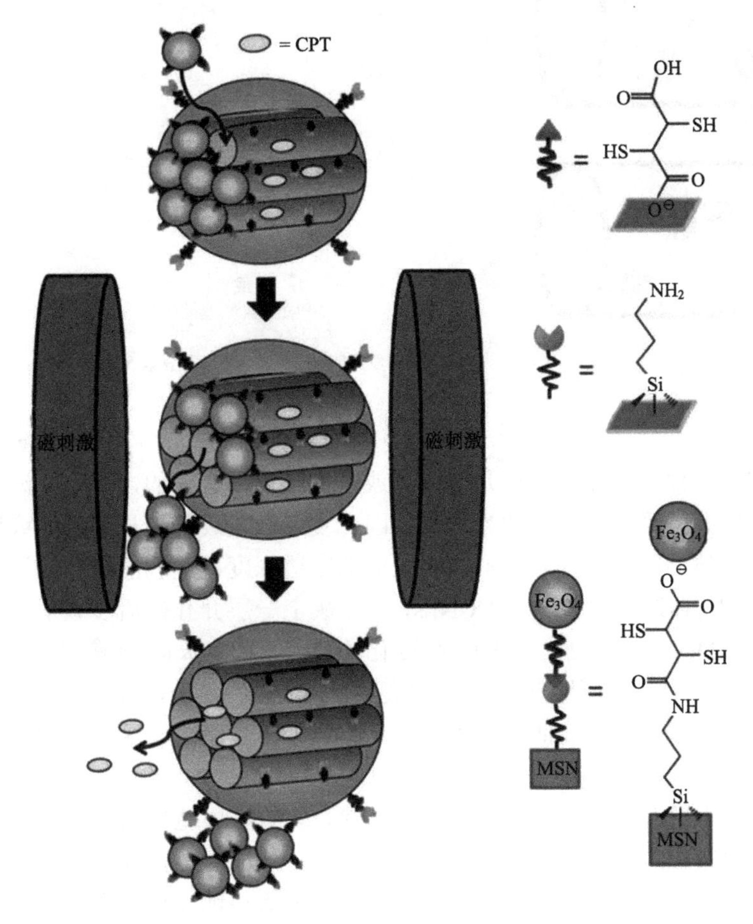

图 5-29　Fe_3O_4 纳米颗粒覆盖的介孔硅药物载体的合成与结构示意图

5.3.5　光响应

光响应的可控释放体系由于可以精确地控制治疗的位置和时间，因此越来越引起广泛的关注。在 2003 年，Fujiwara 等首次报道了通过光控制 MCM-41 型介孔硅装载的有机分子释放。Zink 教授等将偶氮苯吸附在介孔硅的孔道上，并通过特定波长的光来控制药物的释放(图 5-30)[111]。介孔硅中装载的分子在紫外光和可见光的同时照射下迅速地释放，偶氮苯基团既可作为"搅动器"又能作为开关。孔道表面的取代基偶氮苯发生可逆的顺式-反式的光异构化，这一作用会产生"搅拌"的功能来促进分子的扩散。

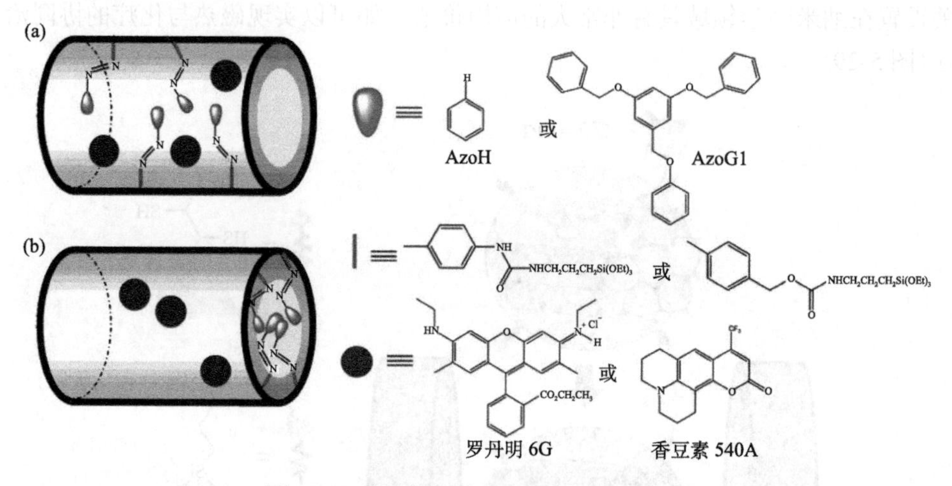

图 5-30 基于偶氮苯衍生物的光响应材料

当前大多数的光化学反应是在紫外或蓝光激发下进行的，但是短波长的激发光穿透深度有限且具有严重的光毒性。因此发展激发波长更长的红光或近红外光更有利于活体的应用，因为它们具有更深的穿透深度、更弱的光散射以及更低的光毒性。施剑林课题组合成了 UCNPs，在包裹上一层介孔硅后装载了化疗药物盐酸阿霉素(DOX)，之后将具有光转化作用的偶氮苯固定在介孔硅的孔中(图 5-31)[112]。当近红外光照射时，偶氮苯不断地发生顺-反异构的变化，会促进药物快速地释放。当激光照射结束时，药物又会停止释放，这一设计可以实现近红外光可控的药物释放。

除了以上的策略，光热响应的药物释放是光响应中重要的部分。近红外光吸收的纳米材料在近红外光的照射下会产生热量，从而促进药物的释放。已经有大量的文献报道光热作用一方面可以促进药物载体更多地被细胞摄取，另一方面能够促进药物在细胞内的释放。介孔硅与光热试剂复合并用于药物的可控释放已经被大量地探索，包括碳纳米管、石墨烯、金颗粒、硫化钨纳米片等。例如，苏州大学刘庄教授等报道了在单壁碳纳米管的表面包裹介孔硅，装载化疗药物 DOX 之后，能够在细胞和活体水平实现光热诱导药物的释放，达到光热与化疗的联合治疗效果[28]。

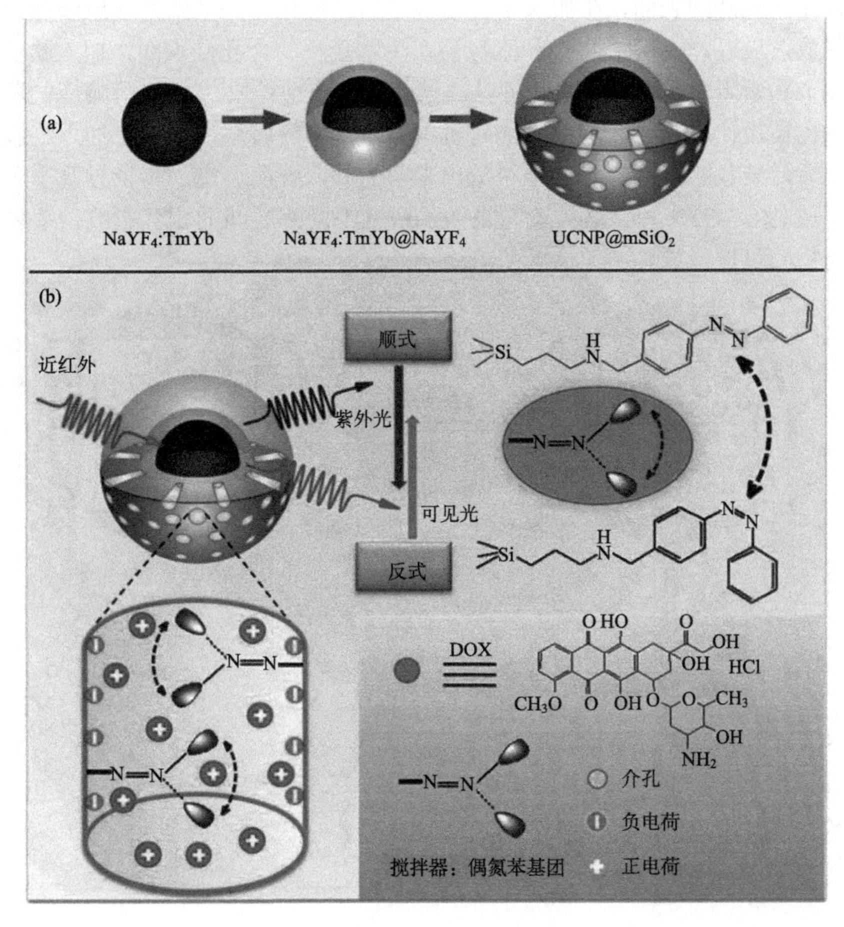

图 5-31　(a) 介孔二氧化硅包裹的上转换纳米颗粒示意图；(b) 利用 UCNPs 的性质实现近红外光响应的药物释放

5.3.6　生物响应

生物分子由于独特的生物相容性和有趣的生物活性，作为内在的刺激可以诱导分子的释放。在生物分子中，我们介绍酶、葡萄糖以及适配体靶向的生物刺激策略。

1. 酶响应开关

由于在非健康的组织中酶的存在和活性会异常地增加，因此用酶响应的纳米阀门阻塞介孔材料中药物的释放是一个非常有效的策略。Zink 等在介孔硅的孔道外修饰上轮烷，之后用酯连接的“硬塞”覆盖在轮烷上[113]。在加入猪肝酯酶(PLE)

之后，这种酯会发生水解并诱导药物释放出来。环糊精可以通过“点击化学”反应连接在介孔硅的表面，在加入 α-淀粉酶之后会催化这些基团并导致装载的钙黄绿素释放。最近，Bein 等将亲和素包裹在生物素化的介孔硅表面，加入胰蛋白酶会引起亲和素蛋白的水解，因此可以诱导装载的药物释放[114]。多酶响应的药物释放体系也被设计出来，在响应性的有机组分中含有酰胺和尿素。在加入酰胺酶和脲酶之后，装载的药物会可控地释放出来。另外，脲酶会进一步诱导几乎全部的药物释放(图 5-32)[115]。这种策略是为了研究不同酶之间的相互影响，多种方法实现药物的可控释放。

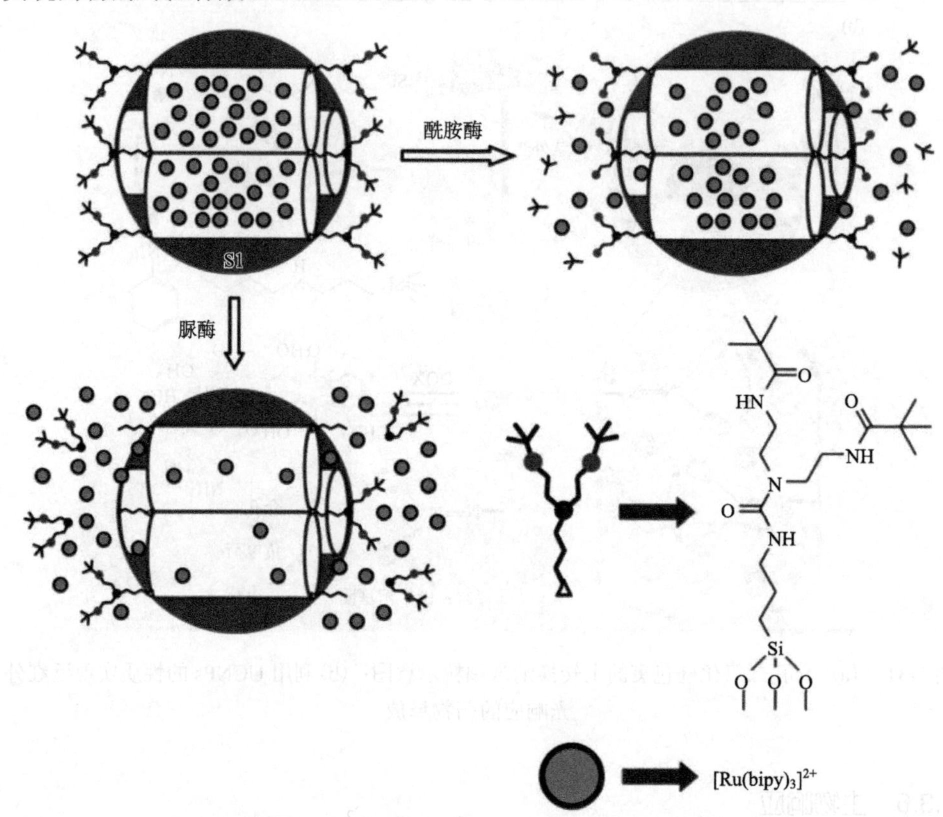

图 5-32　酰胺酶与脲酶的双重酶响应的药物可控释放体系

2. 葡萄糖响应的开关

传统的葡萄糖响应的胰岛素释放体系在多次循环之后胰岛素的浓度会降低。如果通过连续地输送环腺苷酸(cAMP)可以诱导活细胞中胰岛素的分泌物，就能激活胰腺 β 细胞中的 Ca^{2+}的通道，可以激发胰岛素的分泌。但是传统的药物载体会由于 cAMP 较差的细胞通透性，很难将其输送到细胞。因此设计葡萄糖响应的介孔硅材料是治疗糖尿病的一种新颖的策略。Zhao 等将胰岛素和 cAMP 同时装载到葡萄糖响应的介孔硅载体中，并实现缓慢和可控的释放[98]。cAMPs 葡萄糖酸改性胰岛素(G-Ins)蛋白通过可逆的共价键固定在苯基硼酸修饰的介孔硅表面，G-Ins 同样作为阀门覆盖在装载了 cAMP 的介孔孔道中(图 5-33)。糖类的存在如葡萄糖会诱导 G-Ins 和 cAMP 释放。一些糖类包括果糖、葡萄糖、半乳糖、甘露糖、乳糖以及麦芽糖检验其诱导释放的功能。在不同的糖类诱导中，G-Ins 的释放对果糖和葡萄糖更加敏感。这种双重释放体系建立了一个自动释放胰岛素的装置。

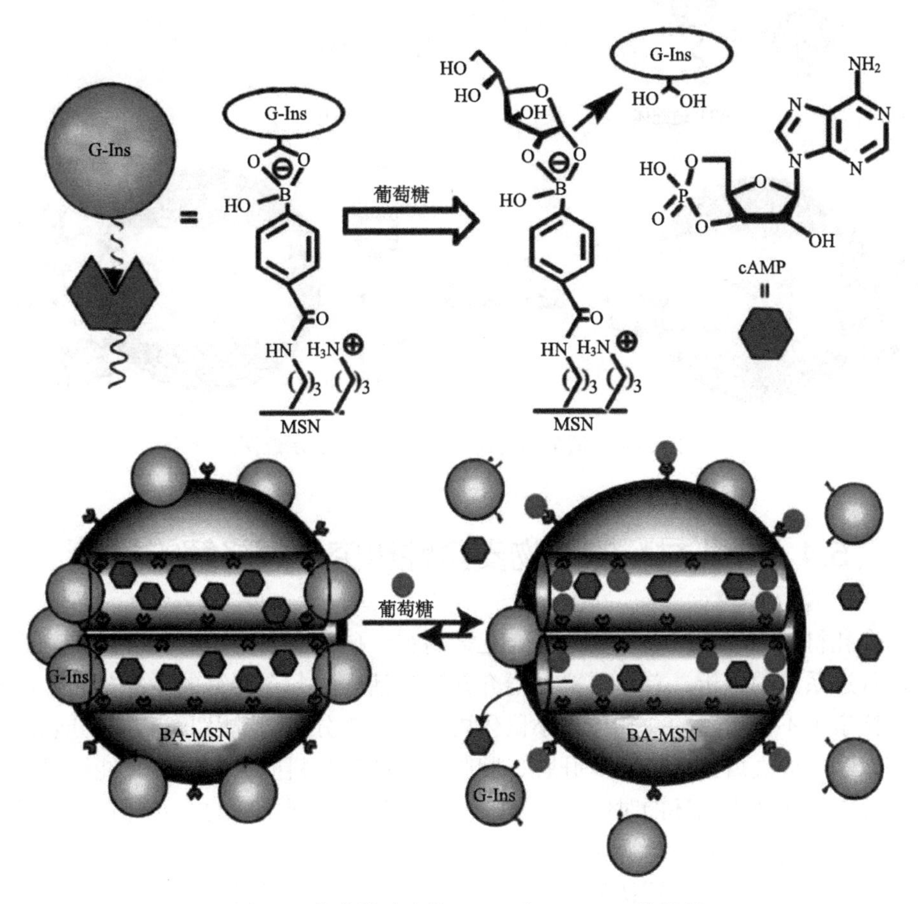

图 5-33　葡萄糖响应的 G-Ins 和 cAMP 可控释放

3. 适配体靶向响应的开关

核酸适配体是由单链寡核苷酸短序列组成，它可以高亲和性和特异性地靶向到特殊的靶点。寡核苷酸适配体，主要是 DNA 的适配体具有稳定性较好、不容易变性以及比抗体更加灵活地修饰等特点，因此可以作为优秀的候选来设计新颖的适配体靶向的介孔硅材料。

第一个关于适配体靶向作用点的介孔硅材料是在其表面覆盖上腺苷三磷酸(ATP)适配体修饰的金颗粒(图 5-34)[116]。近期，Özalp 和 Schäfer 使用适配体作为纳米阀门实现可切换的药物可控释放体系[117]。介孔硅修饰上ATP-绑定的DNA，可以通过 ATP 释放装载的分子。这种可逆的适配体纳米开关可以提供一种新颖的诱导体系，来实现各种生物刺激的药物输送。

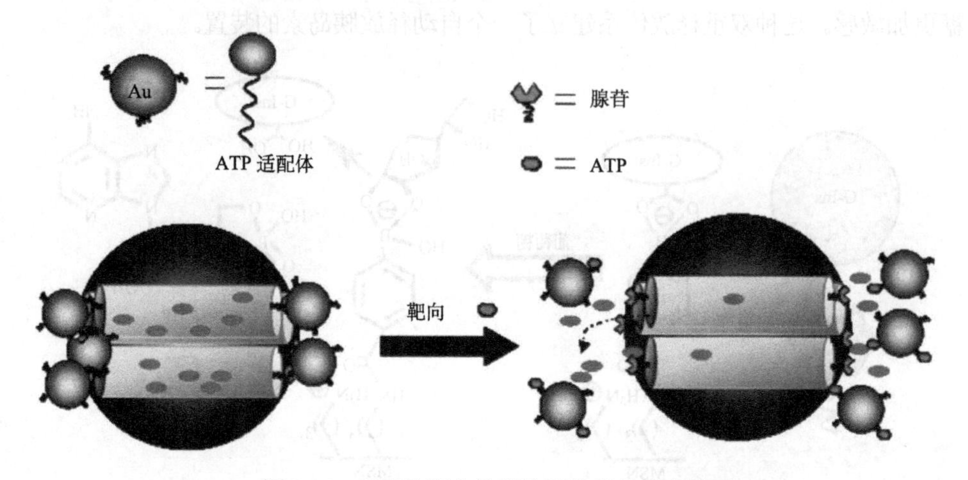

图 5-34 适配体靶向的药物可控释放示意图

5.4 介孔材料的生物安全性研究及可降解的探索

介孔材料中研究得最系统的是介孔硅材料，研究人员也对介孔硅的生物安全性进行过系统的分析。首先需要知道介孔硅在活体中各个器官的生物分布，研究人员探索了不同尺寸的介孔硅在小鼠体内的各器官分布情况[118]。当介孔硅表面修饰完聚乙二醇之后，可以减少肝脏、脾脏对介孔硅材料的摄取，并且能够显著延长介孔硅在血液中循环的时间。随着时间的推移，不同尺寸的介孔硅在小鼠器官中的分布也会发生明显的变化。

硅相关的材料通常被认为是低毒性和高相容性的无机材料，因此对活体不会产生明显的副作用。大量的实验证明介孔硅对不同细胞都没有产生明显的毒性，但是在实验过程中表面活性剂很难除干净，这会对细胞产生严重的副作用。

对于介孔硅的代谢研究，当前基于介孔硅的快速代谢的方法主要有两种。一种是设计尺寸在 10 nm 以下的介孔硅结构，因为该尺寸下，无机纳米材料可以通过肾小球并经过肾脏快速地代谢。另一种是在形成介孔硅材料时，将一些不稳定的化学键掺杂到硅的框架中，当在活体中输送时，这些介孔硅会由于掺杂的响应性化学键的断裂而坍塌，分解的小尺寸结构也能迅速地代谢出去。

对于其他介孔材料的安全性研究还有待进一步的探索，这主要是由于不同尺寸、不同组分以及不同的表面修饰都会改变材料的生物安全性。因此需要设计更加严谨的实验进行系统的探索。对于无机材料而言，虽然它具有更好的材料稳定性，但是这会导致其很难在生物体内降解，这也是未来无机介孔材料需要解决的问题。

5.5 结论与展望

本章系统地阐述了介孔结构的纳米载体的优势、分类以及在药物可控释放方面的广泛应用。介孔材料主要分为介孔硅材料、介孔碳基材料以及其他介孔材料。根据合成方法与化学结构的不同，介孔材料的结构可以分为传统介孔结构、核壳介孔结构、空心介孔结构以及有机硅介孔结构。介孔材料在药物可控释放领域得到了广泛的关注。根据响应的原理分为 pH 响应、温度响应、氧化还原响应、光响应、磁响应以及生物响应等。

当前，基于介孔结构的药物释放体系已经开展了大量的工作，并取得了一些令人兴奋的结果。但是如何更加高效地实现药物的可控释放还有待进一步的完善。主要的途径包括：①发展和改善介孔材料的结构，使其能够更加有效地装载多种治疗的试剂；②发展更加灵敏的响应释放策略，真正实现完全可控的药物释放体系；③在实现载体的作用之后，能够快速地在生物体内代谢出去，进一步降低对活体的副作用；④为了未来临床转化产业化的需求，发展稳定可重复可放大的工艺制备和修饰介孔材料也十分关键。

参 考 文 献

[1] Tarn D, Ferris D P, Barnes J C, Ambrogio M W, Stoddart J F, Zink J I. A reversible light-operated nanovalve on mesoporous silica nanoparticles. Nanoscale, 2014, 6: 3335-3343.

[2] Wu S H, Mou C Y, Lin H P. Synthesis of mesoporous silica nanoparticles. Chemical Society Reviews, 2013, 42: 3862-3875.

[3] Saint-Cricq P, Deshayes S, Zink J I, Kasko A M. Magnetic field activated drug delivery using thermodegradable azo-functionalised PEG-coated core-shell mesoporous silica nanoparticles. Nanoscale, 2015, 7: 13168-13172.

[4] Möller K, Müller K, Engelke H, Bräuchle C, Wagner E, Bein T. Highly efficient siRNA delivery from core-shell mesoporous silica nanoparticles with multifunctional polymer caps. Nanoscale, 2016, 8: 4007-4019.

[5] Hao N, Jayawardana K W, Chen X, Yan M. One-step synthesis of amine-functionalized hollow mesoporous silica nanoparticles as efficient antibacterial and anticancer materials. ACS Applied Materials and Interfaces, 2015, 7: 1040-1045.

[6] Liu J, Luo Z, Zhang J, Luo T, Zhou J, Zhao X, Cai K. Hollow mesoporous silica nanoparticles facilitated drug

delivery via cascade pH stimuli in tumor microenvironment for tumor therapy. Biomaterials, 2016, 83: 51-65.

[7] Fu J, Chen T, Wang M, Yang N, Li S, Wang Y, Liu X. Acid and alkaline dual stimuli-responsive mechanized hollow mesoporous silica nanoparticles as smart nanocontainers for intelligent anticorrosion coatings. ACS Nano, 2013, 7: 11397-11408.

[8] Luo Z, Hu Y, Cai K, Ding X, Zhang Q, Li M, Ma X, Zhang B, Zeng Y, Li P, Li J, Liu J, Zhao Y. Intracellular redox-activated anticancer drug delivery by functionalized hollow mesoporous silica nanoreservoirs with tumor specificity. Biomaterials, 2014, 35: 7951-7962.

[9] Chen Y, Meng Q, Wu M, Wang S, Xu P, Chen H, Li Y, Zhang L, Wang L, Shi J. Hollow mesoporous organosilica nanoparticles: a generic intelligent framework-hybridization approach for biomedicine. Journal of the American Chemical Society, 2014, 136: 16326-16334.

[10] Wu M, Meng Q, Chen Y, Du Y, Zhang L, Li Y, Zhang L, Shi J. Large-pore ultrasmall mesoporous organosilica nanoparticles: micelle/precursor co-templating assembly and nuclear-targeted gene delivery. Advanced Materials, 2015, 27: 215-222.

[11] Croissant J, Salles D, Maynadier M, Mongin O, Hugues V, Blanchard-Desce M, Cattoën X, Wong Chi Man M, Gallud A, Garcia M, Gary-Bobo M, Raehm L, Durand J O. Mixed periodic mesoporous organosilica nanoparticles and core-shell systems, application to *in vitro* two-photon imaging, therapy, and drug delivery. Chemistry of Materials, 2014, 26: 7214-7220.

[12] Jia X, Cai X, Chen Y, Wang S, Xu H, Zhang K, Ma M, Wu H, Shi J, Chen H. Perfluoropentane-encapsulated hollow mesoporous prussian blue nanocubes for activated ultrasound imaging and photothermal therapy of cancer. ACS Applied Materials and Interfaces, 2015, 7: 4579-4588.

[13] Zhang J, Fujiwara M, Xu Q, Zhu Y, Iwasa M, Jiang D. Synthesis of mesoporous calcium phosphate using hybrid templates. Microporous and Mesoporous Materials, 2008, 111: 411-416.

[14] Tang S, Huang X, Chen X, Zheng N. Hollow mesoporous zirconia nanocapsules for drug delivery. Advanced Functional Materials, 2010, 20: 2442-2447.

[15] Kresge C T, Leonowicz M E, Roth W J, Vartuli J C, Beck J S. Ordered mesoporous molecular sieves synthesized by a liquid-crystal template mechanism. Nature, 1992, 359: 710-712.

[16] Vallet-Regi M, Rámila A, Del Real R P, Pérez-Pariente J. A new property of MCM-41: drug delivery system. Chemistry of Materials, 2001, 13: 308-311.

[17] Lai C Y, Trewyn B G, Jeftinija D M, Jeftinija K, Xu S, Jeftinija S, Lin V S Y. A mesoporous silica nanosphere-based carrier system with chemically removable CdS nanoparticle caps for stimuli-responsive controlled release of neurotransmitters and drug molecules. Journal of the American Chemical Society, 2003, 125: 4451-4459.

[18] Mamaeva V, Sahlgren C, Lindén M. Mesoporous silica nanoparticles in medicine--recent advances. Advanced Drug Delivery Reviews, 2013, 65: 689-702.

[19] Yanagisawa T, Shimizu T, Kuroda K, Kato C. The preparation of alkyltrimethylammonium-kanemite complexes and their conversion to microporous materials. Bulletin of the Chemical Society of Japan, 1990, 63: 988-992.

[20] Lin H P, Mou C Y. Structural and morphological control of cationic surfactant-templated mesoporous silica. Accounts of Chemical Research, 2002, 35: 927-935.

[21] Anderson M T, Martin J E, Odinek J G, Newcomer P P. Effect of methanol concentration on CTAB micellization and on the formation of surfactant-templated silica (STS). Chemistry of Materials, 1998, 10: 1490-1500.

[22] Huh S, Wiench J W, Yoo J C, Pruski M, Lin V S Y. Organic functionalization and morphology control of mesoporous silicas via a co-condensation synthesis method. Chemistry of Materials, 2003, 15: 4247-4256.

[23] Kim T W, Chung P W, Lin V S Y. Facile synthesis of monodisperse spherical MCM-48 mesoporous silica nanoparticles with controlled particle size. Chemistry of Materials, 2010, 22: 5093-5104.

[24] Zhao D, Feng J, Huo Q, Melosh N, Fredrickson G H, Chmelka B F, Stucky G D. Triblock copolymer syntheses of mesoporous silica with periodic 50 to 300 angstrom pores. Science, 1998, 279: 548-552.

[25] Yoon S B, Sohn K, Kim J Y, Shin C H, Yu J S, Hyeon T. Fabrication of carbon capsules with hollow macroporous

core/mesoporous shell structures. Advanced Materials, 2002, 14: 19-21.
[26] Zheng F, Liang, Gao Y, Sukamto J H, Aardahl C L. Carbon nanotube synthesis using nesoporous silica templates. Nano Letters, 2002, 2: 729-732.
[27] Wang Y, Wang K, Zhao J, Liu X, Bu J, Yan X, Huang R. Multifunctional mesoporous silica-coated graphene nanosheet used for chemo-photothermal synergistic targeted therapy of glioma. Journal of the American Chemical Society, 2013, 135: 4799-4804.
[28] Liu J, Wang C, Wang X, Wang X, Cheng L, Li Y, Liu Z. Mesoporous silica coated single-walled carbon nanotubes as a multifunctional light-responsive platform for cancer combination therapy. Advanced Functional Materials, 2015, 25: 384-392.
[29] Khlebtsov B, Panfilova E, Khanadeev V, Bibikova O, Terentyuk G, Ivanov A, Rumyantseva V, Shilov I, Ryabova A, Loshchenov V, Khlebtsov N G. Nanocomposites containing silica-coated gold-silver nanocages and Yb-2,4-dimethoxyhematoporphyrin: Multifunctional capability of IR-luminescence detection, photosensitization, and photothermolysis. ACS Nano, 2011, 5: 7077-7089.
[30] Kónya Z, Puntes V F, Kiricsi I, Zhu J, Ager J W, Ko M K, Frei H, Alivisatos P, Somorjai G A. Synthetic insertion of gold nanoparticles into mesoporous silica. Chemistry of Materials, 2003, 15: 1242-1248.
[31] Liu J, Detrembleur C, de Pauw-Gillet M C, Mornet S, Jérôme C, Duguet E. Gold nanorods coated with mesoporous silica shell as drug delivery system for remote near infrared light-activated release and potential phototherapy. Small, 2015, 11: 2323-2332.
[32] Zhang Z, Wang L, Wang J, Jiang X, Li X, Hu Z, Ji Y, Wu X, Chen C. Mesoporous silica-coated gold nanorods as a light-mediated multifunctional theranostic platform for cancer treatment. Advanced Materials, 2012, 24: 1418-1423.
[33] Liu T, Chao Y, Gao M, Liang C, Chen Q, Song G, Cheng L, Liu Z. Ultra-small MoS_2 nanodots with rapid body clearance for photothermal cancer therapy. Nano Research, 2016, 9: 3003-3017.
[34] Yang G, Gong H, Liu T, Sun X, Cheng L, Liu Z. Two-dimensional magnetic $WS_2@Fe_3O_4$ nanocomposite with mesoporous silica coating for drug delivery and imaging-guided therapy of cancer. Biomaterials, 2015, 60: 62-71.
[35] Kim J, Lee J E, Lee J, Yu J H, Kim B C, An K, Hwang Y, Shin C H, Park J G, Kim J, Hyeon T. Magnetic fluorescent delivery vehicle using uniform mesoporous silica spheres embedded with monodisperse magnetic and semiconductor nanocrystals. Journal of the American Chemical Society, 2006, 128: 688-689.
[36] Kim J, Kim H S, Lee N, Kim T, Kim H, Yu T, Song I C, Moon W K, Hyeon T. Multifunctional uniform nanoparticles composed of a magnetite nanocrystal core and a mesoporous silica shell for magnetic resonance and fluorescence imaging and for drug delivery. Angewandte Chemie International Edition, 2008, 47: 8438-8441.
[37] Zhang J, Li X, Rosenholm J M, Gu H C. Synthesis and characterization of pore size-tunable magnetic mesoporous silica nanoparticles. Journal of Colloid and Interface Science, 2011, 361: 16-24.
[38] Lin Y S, Haynes C L. Synthesis and characterization of biocompatible and size-tunable multifunctional porous silica nanoparticles. Chemistry of Materials, 2009, 21: 3979-3986.
[39] Zhang L, Qiao S, Jin Y, Yang H, Budihartono S, Stahr F, Yan Z, Wang X, Hao Z, Lu G Q. Fabrication and size-selective bioseparation of magnetic silica nanospheres with highly ordered periodic mesostructure. Advanced Functional Materials, 2008, 18: 3203-3212.
[40] Wang Y, Li B, Zhang L, Song H, Zhang L. Targeted delivery system based on magnetic mesoporous silica nanocomposites with light-controlled release character. ACS Applied Materials and Interfaces, 2013, 5: 11-15.
[41] Zhao W, Gu J, Zhang L, Chen H, Shi J. Fabrication of uniform magnetic nanocomposite spheres with a magnetic core/mesoporous silica shell structure. Journal of the American Chemical Society, 2005, 127: 8916-8917.
[42] Deng Y, Qi D, Deng C, Zhang X, Zhao D. Superparamagnetic high-magnetization microspheres with an $Fe_3O_4@SiO_2$ core and perpendicularly aligned mesoporous SiO_2 shell for removal of microcystins. Journal of the American Chemical Society, 2008, 130: 28-29.
[43] Zhao W, Chen H, Li Y, Li A, Lang M, Shi J. Uniform rattle-type hollow magnetic mesoporous spheres as drug delivery carriers and their sustained-release property. Advanced Functional Materials, 2008, 18: 2780-2788.

[44] Muhr V, Wilhelm S, Hirsch T, Wolfbeis O S. Upconversion nanoparticles: From hydrophobic to hydrophilic surfaces. Accounts of Chemical Research, 2014, 47: 3481-3493.

[45] Arriagada F J, Osseo-Asare K. Synthesis of nanosize silica in a nonionic water-in-oil microemulsion: Effects of the water/surfactant molar ratio and ammonia concentration. Journal of Colloid and Interface Science, 1999, 211: 210-220.

[46] Stöber W, Fink A, Bohn E. Controlled growth of monodisperse silica spheres in the micron size range. Journal of Colloid and Interface Science, 1968, 26: 62-69.

[47] Li Z, Zhang Y. Monodisperse silica-coated polyvinyl-pyrrolidone/$NaYF_4$ nanocrystals with multicolor upconversion fluorescence emission. Angewandte Chemie International Edition, 2006, 45: 7732-7735.

[48] Liu J, Bu W, Zhang S, Chen F, Xing H, Pan L, Zhou L, Peng W, Shi J. Controlled synthesis of uniform and monodisperse upconversion core/mesoporous silica shell nanocomposites for bimodal imaging. Chemistry-A European Journal, 2012, 18: 2335-2341.

[49] Qian H S, Guo H C, Ho P C L, Mahendran R, Zhang Y. Mesoporous-silica-coated up-conversion fluorescent nanoparticles for photodynamic therapy. Small, 2009, 5: 2285-2290.

[50] Liu J, Bu J, Bu W, Zhang S, Pan L, Fan W, Chen F, Zhou L, Peng W, Zhao K, Du J, Shi J. Real-time *in vivo* quantitative monitoring of drug release by dual-mode magnetic resonance and upconverted luminescence imaging. Angewandte Chemie International Edition, 2014, 53: 4551-4555.

[51] Liang D, Chen J, Wang Y J, Liu J H, Li R F. Synthesis of Zr-containing Sba-15 with hollow spherical morphology. Chemistry Letters, 2009, 38: 672-673.

[52] Pan J H, Zhang X, Du A J, Sun D D, Leckie J O. Self-etching reconstruction of hierarchically mesoporous F-TiO_2 hollow microspherical photocatalyst for concurrent membrane water purifications. Journal of the American Chemical Society, 2008, 130: 11256-11257.

[53] Li Q, Chen W, Ju M, Liu L, Wang E. ZnO-based hollow microspheres with mesoporous shells: polyoxometalate-assisted fabrication, growth mechanism and photocatalytic properties. Journal of Solid State Chemistry, 2011, 184: 1373-1380.

[54] Li H, Liu J, Xie S, Qiao M, Dai W, Lu Y, Li H. Vesicle-assisted assembly of mesoporous Ce-doped Pd nanospheres with a hollow chamber and enhanced catalytic efficiency. Advanced Functional Materials, 2008, 18: 3235-3241.

[55] Liu W, Huang X, Wei H, Chen K, Gao J, Tang X. Facile preparation of hollow crosslinked polyphosphazene submicrospheres with mesoporous shells. Journal of Materials Chemistry, 2011, 21: 12964-12968.

[56] Paik P, Zhang Y. Synthesis of hollow and mesoporous polycaprolactone nanocapsules. Nanoscale, 2011, 3: 2215.

[57] Valle-Vigón P, Sevilla M, Fuertes A B. Synthesis of uniform mesoporous carbon capsules by carbonization of organosilica nanospheres. Chemistry of Materials, 2010, 22: 2526-2533.

[58] Zheng T, Zhan J, Pang J, Tan G S, He J, McPherson G L, Lu Y, John V T. Mesoporous carbon nanocapsules from enzymatically polymerized poly(4-ethylphenol) confined in silica aerosol particles. Advanced Materials, 2006, 18: 2735-2738.

[59] Wu M, Wang G, Xu H, Long J, Shek F L Y, Lo S M F, Williams I D, Feng S, Xu R. Hollow spheres based on mesostructured lead titanate with amorphous framework. Langmuir, 2003, 19: 1362-1367.

[60] Lin H P, Cheng Y R, Mou C Y. Hierarchical order in hollow spheres of mesoporous silicates. Chemistry of Materials, 1998, 10: 3772-3776.

[61] Fowler C E, Khushalani D, Mann S. Interfacial synthesis of hollow microspheres of mesostructured silica. Chemical Communications, 2001, (19): 2028-2029.

[62] Wang J, Xiao Q, Zhou H, Sun P, Yuan Z, Li B, Ding D, Shi A C, Chen T. Budded, mesoporous silica hollow spheres: hierarchical structure controlled by kinetic self-assembly. Advanced Materials, 2006, 18: 3284-3288.

[63] Feng Z, Li Y, Niu D, Li L, Zhao W, Chen H, Li L, Gao J, Ruan M, Shi J. A facile route to hollow nanospheres of mesoporous silica with tunable size. Chemical Communications, 2008, (23): 2629.

[64] Wang J, Xia Y, Wang W, Poliakoff M, Mokaya R. Synthesis of mesoporous silica hollow spheres in supercritical

CO_2/water systems. Journal of Materials Chemistry, 2006, 16: 1751-1756.

[65] Tan B, Lehmler H J, Vyas S M, Knutson B L, Rankin S E. Fluorinated-surfactant-templated synthesis of hollow silica particles with a single layer of mesopores in their shells. Advanced Materials, 2005, 17: 2368-2371.

[66] Lu Y, McLellan J, Xia Y. Synthesis and crystallization of hybrid spherical colloids composed of polystyrene cores and silica shells. Langmuir: the ACS Journal of Surfaces and Colloids, 2004, 20: 3464-3470.

[67] Zhu G, Qui S, Osamu T, Wei Y. Polystyrene bead-assisted self-assembly of microstructured silica hollow spheres in highly alkaline media. Journal of the American Chemical Society, 2001, 123: 7723-7724.

[68] Tan B, Rankin S E. Dual latex/surfactant templating of hollow spherical silica particles with ordered mesoporous shells. Langmuir, 2005, 21: 8180-8187.

[69] Huang Z, Tang F. Preparation, structure, and magnetic properties of mesoporous magnetite hollow spheres. Journal of Colloid and Interface Science, 2005, 281: 432-436.

[70] Ikeda S, Tachi K, Ng Y H, Ikoma Y, Sakata T, Mori H, Harada T, Matsumura M. Selective adsorption of glucose-derived carbon precursor on amino-functionalized porous silica for fabrication of hollow carbon spheres with porous walls. Chemistry of Materials, 2007, 19: 4335-4340.

[71] Chen Y, Chen H, Guo L, He Q, Chen F, Zhou J, Feng J, Shi J. Hollow/rattle-type mesoporous nanostructures by a structural difference-based selective etching strategy. ACS Nano, 2010, 4: 529-539.

[72] Fang X, Chen C, Liu Z, Liu P, Zheng N. A cationic surfactant assisted selective etching strategy to hollow mesoporous silica spheres. Nanoscale, 2011, 3: 1632-1639.

[73] Zhu Y, Kockrick E, Ikoma T, Hanagata N, Kaskel S. An efficient route to rattle-type Fe_3O_4@SiO_2 hollow mesoporous spheres using colloidal carbon spheres templates. Chemistry of Materials, 2009, 21: 2547-2553.

[74] Melde B J, Holland B T, Blanford C F, Stein A. Mesoporous sieves with unified hybrid inorganic/organic frameworks. Chemistry of Materials, 1999, 11: 3302-3308.

[75] Fang Y, Gu D, Zou Y, Wu Z, Li F, Che R, Deng Y, Tu B, Zhao D. A low-concentration hydrothermal synthesis of biocompatible ordered mesoporous carbon nanospheres with tunable and uniform size. Angewandte Chemie International Edition, 2010, 49: 7987-7991.

[76] Zhou L, Dong K, Chen Z, Ren J, Qu X. Near-infrared absorbing mesoporous carbon nanoparticle as an intelligent drug carrier for dual-triggered synergistic cancer therapy. Carbon, 2015, 82: 479-488.

[77] Wang L, Sun Q, Wang X, Wen T, Yin J J, Wang P, Bai R, Zhang X Q, Zhang L H, Lu A H, Chen C. Using hollow carbon nanospheres as a light-induced free radical generator to overcome chemotherapy resistance. Journal of the American Chemical Society, 2015, 137: 1947-1955.

[78] Chen Y, Xu P, Wu M, Meng Q, Chen H, Shu Z, Wang J, Zhang L, Li Y, Shi J. Colloidal RBC-shaped, hydrophilic, and hollow mesoporous carbon nanocapsules for highly efficient biomedical engineering. Advanced Materials, 2014, 26: 4294-4301.

[79] Zhang S, Qian X, Zhang L, Peng W, Chen Y. Composition-property relationships in multifunctional hollow mesoporous carbon nanosystems for pH-responsive magnetic resonance imaging and on-demand drug release. Nanoscale, 2015, 7: 7632-7643.

[80] Zhang L, Li Y, Jin Z, Chan K M, Yu J C. Mesoporous carbon/CuS nanocomposites for pH-dependent drug delivery and near-infrared chemo-photothermal therapy. RSC Advance, 2015, 5: 93226-93233.

[81] Yang X, Zhang X, Ma Y, Huang Y, Wang Y, Chen Y. Superparamagnetic graphene oxide–Fe_3O_4 nanoparticles hybrid for controlled targeted drug carriers. Journal of Materials Chemistry, 2009, 19: 2710-2714.

[82] Xuan S, Wang F, Lai J M Y, Sham K W Y, Wang Y X J, Lee S F, Yu J C, Cheng C H K, Leung K C F. Synthesis of biocompatible, mesoporous Fe_3O_4 nano/microspheres with large surface area for magnetic resonance imaging and therapeutic applications. ACS Applied Materials and Interfaces, 2011, 3: 237-244.

[83] Ma M, Huang Y, Chen H, Jia X, Wang S, Wang Z, Shi J. Bi_2S_3-embedded mesoporous silica nanoparticles for efficient drug delivery and interstitial radiotherapy sensitization. Biomaterials, 2015, 37: 447-455.

[84] Rabin O, Perez J M, Grimm J, Wojtkiewicz G, Weissleder R. An X-ray computed tomography imaging agent based

on long-circulating bismuth sulphide nanoparticles. Nature Materials, 2006, 5: 118-122.

[85] Roa W, Zhang X, Guo L, Shaw A, Hu X, Xiong Y, Gulavita S, Patel S, Sun X, Chen J, Moore R, Xing J Z. Gold nanoparticle sensitize radiotherapy of prostate cancer cells by regulation of the cell cycle. Nanotechnology, 2009, 20: 375101.

[86] Hainfeld J F, Dilmanian F A, Slatkin D N, Smilowitz H M. Radiotherapy enhancement with gold nanoparticles. Journal of Pharmacy and Pharmacology, 2008, 60: 977-985.

[87] Chen Y, Song G, Dong Z, Yi X, Chao Y, Liang C, Yang K, Cheng L, Liu Z. Drug-loaded mesoporous tantalum oxide nanoparticles for enhanced synergetic chemoradiotherapy with reduced systemic toxicity. Small, 2017, 13:1602869.

[88] Song G, Chen Y, Liang C, Yi X, Liu J, Sun X, Shen S, Yang K, Liu Z. Catalase-loaded TaO_x nanoshells as bio-nanoreactors combining high-Z element and enzyme delivery for enhancing radiotherapy. Advanced Materials, 2016, 28: 7143-7148.

[89] Cai X, Gao W, Ma M, Wu M, Zhang L, Zheng Y, Chen H, Shi J. A prussian blue-based core-shell hollow-structured mesoporous nanoparticle as a smart theranostic agent with ultrahigh pH-responsive longitudinal relaxivity. Advanced Materials, 2015, 27: 6382-6389.

[90] Hao X, Hu X, Zhang C, Chen S, Li Z, Yang X, Liu H, Jia G, Liu D, Ge K, Liang X J, Zhang J. Hybrid mesoporous silica-based drug carrier nanostructures with improved degradability by hydroxyapatite. ACS Nano, 2015, 9: 9614-9625.

[91] Wang X, Chen D, Cao L, Li Y, Boyd B J, Caruso R A. Mesoporous titanium zirconium oxide nanospheres with potential for drug delivery applications. ACS Applied Materials and Interfaces, 2013, 5: 10926-10932.

[92] Chang B, Guo J, Liu C, Qian J, Yang W. Surface functionalization of magnetic mesoporous silica nanoparticles for controlled drug release. Journal of Materials Chemistry, 2010, 20: 9941-9947.

[93] He Q, Gao Y, Zhang L, Zhang Z, Gao F, Ji X, Li Y, Shi J. A pH-responsive mesoporous silica nanoparticles-based multi-drug delivery system for overcoming multi-drug resistance. Biomaterials, 2011, 32: 7711-7720.

[94] Lu J, Liong M, Zink J I, Tamanoi F. Mesoporous silica nanoparticles as a delivery system for hydrophobic anticancer drugs. Small, 2007, 3: 1341-1346.

[95] Gu J, Su S, Li Y, He Q, Zhong J, Shi J. Surface modification-complexation strategy for cisplatin loading in mesoporous nanoparticles. Journal of Physical Chemistry Letters, 2010, 1: 3446-3450.

[96] Ahn B, Park J, Singha K, Park H, Kim W J. Mesoporous silica nanoparticle-based cisplatin prodrug delivery and anticancer effect under reductive cellular environment. Journal of Materials Chemistry B, 2013, 1: 2829-2836.

[97] Slowing I I, Trewyn B G, Lin V S Y. Mesoporous silica nanoparticles for intracellular delivery of membrane-impermeable proteins. Journal of the American Chemical Society, 2007, 129: 8845-8849.

[98] Zhao Y, Trewyn B G, Slowing I I, Lin V S Y. Mesoporous silica nanoparticle-based double drug delivery system for glucose-responsive controlled release of insulin and cyclic AMP. Journal of the American Chemical Society, 2009, 131: 8398-8400.

[99] Park C, Oh K, Lee S C, Kim C. Controlled release of guest molecules from mesoporous silica particles based on a pH-responsive polypseudorotaxane motif. Angewandte Chemie International Edition, 2007, 46: 1455-1457.

[100] Du L, Liao S, Khatib H A, Stoddart J F, Zink J I. Controlled-access hollow mechanized silica nanocontainers. Journal of the American Chemical Society, 2009, 131: 15136-15142.

[101] Zhao Y L, Li Z, Kabehie S, Botros Y Y, Stoddart J F, Zink J I. PH-operated nanopistons on the surfaces of mesoporous silica nanoparticles. Journal of the American Chemical Society, 2010, 132: 13016-13025.

[102] Chen L, Di J, Cao C, Zhao Y, Ma Y, Luo J, Wen Y, Song W, Song Y, Jiang L. A pH-driven DNA nanoswitch for responsive controlled release. Chemical Communications, 2011, 47: 2850.

[103] Xing L, Zheng H, Cao Y, Che S. Coordination polymer coated mesoporous silica nanoparticles for ph-responsive drug release. Advanced Materials, 2012, 24: 6433-6437.

[104] Liu R, Liao P, Liu J, Feng P. Responsive polymer-coated mesoporous silica as a pH-sensitive nanocarrier for

controlled release. Langmuir, 2011, 27: 3095-3099.

[105] Liu R, Zhao X, Wu T, Feng P. Tunable redox-responsive hybrid nanogated ensembles. Journal of the American Chemical Society, 2008, 130: 14418-14419.

[106] Ambrogio M W, Pecorelli T A, Patel K, Khashab N M, Trabolsi A, Khatib H A, Botros Y Y, Zink J I, Stoddart J F. Snap-top nanocarriers. Organic Letters, 2010, 12: 3304-3307.

[107] Kim H, Kim S, Park C, Lee H, Park H J, Kim C. Glutathione-induced intracellular release of guests from mesoporous silica nanocontainers with cyclodextrin gatekeepers. Advanced Materials, 2010, 22: 4280-4283.

[108] Baeza A, Guisasola E, Ruiz-Hernández E, Vallet-Regí M. Magnetically triggered multidrug release by hybrid mesoporous silica nanoparticles. Chemistry of Materials, 2012, 24: 517-524.

[109] Chen P J, Hu S H, Hsiao C S, Chen Y Y, Liu D M, Chen S Y. Multifunctional magnetically removable nanogated lids of Fe_3O_4-capped mesoporous silica nanoparticles for intracellular controlled release and MR imaging. Journal of Materials Chemistry, 2011, 21: 2535-2543.

[110] Ruiz-Hernández E, Baeza A, Vallet-Regí M. Smart drug delivery through DNA/magnetic nanoparticle gates. ACS Nano, 2011, 5: 1259-1266.

[111] Angelos S, Choi E, Vögtle F, de Cola L, Zink J I. Photo-driven expulsion of molecules from mesostructured silica nanoparticles. Journal of Physical Chemistry C, 2007, 111: 6589-6592.

[112] Liu J, Bu W, Pan L, Shi J. NIR-triggered anticancer drug delivery by upconverting nanoparticles with integrated azobenzene-modified mesoporous silica. Angewandte Chemie International Edition, 2013, 52: 4375-4379.

[113] Patel K, Angelos S, Dichtel W R, Coskun A, Yang Y W, Zink J I, Stoddart J F. Enzyme-responsive snap-top covered silica nanocontainers. Journal of the American Chemical Society, 2008, 130: 2382-2383.

[114] Schlossbauer A, Kecht J, Bein T. Biotin-avidin as a protease-responsive cap system for controlled guest release from colloidal mesoporous silica. Angewandte Chemie International Edition, 2009, 48: 3092-3095.

[115] Bernardos A, Mondragon L, Aznar E, Marcos M D, Martinez-Mañez R, Sancenon F, Soto J, Barat J M, Perez-Paya E, Guillem C, Amoros P. Enzyme-responsive intracellular controlled release using nanometric silica mesoporous supports capped with "saccharides". ACS Nano, 2010, 4: 6353-6368.

[116] Zhu C L, Lu C H, Song X Y, Yang H H, Wang X R. Bioresponsive controlled release using mesoporous silica nanoparticles capped with aptamer-based molecular gate. Journal of the American Chemical Society, 2011, 133: 1278-1281.

[117] Özalp V C, Schäfer T. Aptamer-based switchable nanovalves for stimuli-responsive drug delivery. Chemistry-A European Journal, 2011, 17: 9893-9896.

[118] Chen Y, Chen H, Shi J. *In vivo* bio-safety evaluations and diagnostic/therapeutic applications of chemically designed mesoporous silica nanoparticles. Advanced Materials, 2013, 25: 3144-3176.

第6章

稀土上转换发光纳米材料在生物医学中的应用

稀土上转换纳米材料，尤其是镧系元素掺杂的纳米晶体，是一种能够将低能量的光子转换成高能量光子的功能性材料。相比于传统意义上的下转换发光材料，如有机染料、荧光蛋白及量子点等，上转换发光材料拥有很多突出的性质：发光寿命较长、发射光谱可调节、发射带宽较窄、发射光的稳定性较高，尤其重要的是其在成像过程中受背景荧光的影响很低，有利于发展其在生物医学领域的应用。因此，近年来不断有研究将该类材料作为新型核酸检测探针、细胞成像探针、药物载体、活体诊疗平台进行多领域研究，在生物医学检测、成像及治疗领域表现出突出的应用价值和潜能，特别是其为肿瘤的早期诊断与治疗提供了新的视角。

6.1 稀土上转换纳米材料概述

6.1.1 稀土上转换纳米材料发光机制

传统意义上的发光是指某一物体在射线辐照、电子束撞击或外电场的作用下获得能量而处于激发状态，该能量以可见光、紫外光或近红外光的形式释放出来的过程。因此，发光即是以光的形式将物质的能量释放的过程，并且该过程具有一定的持续性。发光材料便是能够完成发光过程的材料。而上转换发光是指物体在红外或近红外光的激发下，发射出可见光的发光过程，可以将低能量的光辐射变成较高能量的光辐射。在发光过程中，材料可以吸收两个或两个以上的光子后只发射出一个光子，因该过程与斯托克斯定律相反，也被称为反斯托克斯发光。我们把能够完成上转换发光过程的材料称为上转换发光材料。

上转换发光包括三个过程：激发态光子吸收过程、能量转换过程、光子雪崩过程。激发态光子吸收过程指吸收两个或多个光子的激活离子从基态跃迁到激发态的过程，是上转换发光的基本过程，且不依赖于激活离子的浓度而完成。

能量转换过程是能量从供体向受体转换的过程。在上转换材料中，处于较高能量激发态的敏化剂在跃迁到较低能量的基态时，将能量传递给激活剂，使处于基态的激活剂达到一个较高能级的激发态。根据能量传递的方式不同，可以分为连续能量传递、交叉弛豫、协作敏化及协作上转换过程。①连续能量传递一般发生在不同离子之间，只有当处于激发态的敏化剂与处于基态的激活剂的能级匹配时才会发生。仅有敏化剂能够直接吸收激发光的能量而被激发，处于激发态的敏化剂将能量传递给处于基态的激活剂使其跃迁到激发态，自身则通过无辐射弛豫的方式回到基态，而处于激发态的激活剂有可能会再次吸收敏化剂传递的能量跃迁至更高的激发能级，这种过程即为连续能量传递过程。②交叉弛豫过程一般发生在具有相同性质的离子之间，同处于基态的激活剂和敏化剂吸收激发光光子而被激发至激发态，而被激发的敏化剂将能量传递给激活剂使其被激发至更高的能级，自身则无辐射跃迁至基态。③在协作敏化过程中，一个激活离子吸收了两个敏化离子传递的能量而被激发至更高的能级，敏化离子则无辐射跃迁至基态。④在协作上转换过程中，同时处于激发态的两个离子将能量结合并发射更高能量的光，两个离子则通过无辐射跃迁至基态，完成上转换发光过程。能量传递过程是敏化剂与激活剂之间的相互作用，与材料中敏化离子及激活离子的浓度直接相关。因此，上转换发光材料中必须具有足够高浓度的掺杂离子才能够保证能量传递的有效性和高效性(图 6-1)。

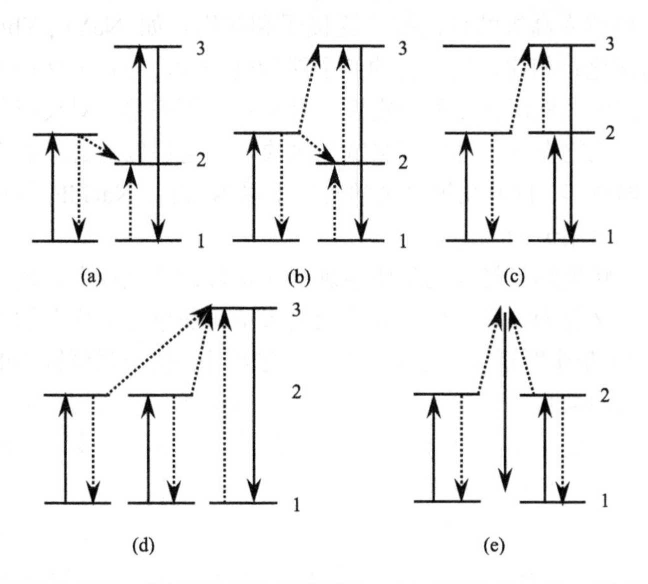

图 6-1　(a)能量转换过程；(b)连续能量传递过程；(c)交叉弛豫过程；(d)协作敏化过程；(e)协作上转换发光过程

光子雪崩过程对应的能级不再是离子的基态和激发态，而是离子对应某一激发态能级及其上级激发态能级，且该过程对激发光的能量有很大的依赖。当激发光的能量未达到某一阈值时，仅能表现出微弱的上转换发光强度；而当能量超过某一阈值时，上转换发光过程明显增强，产生的光子数如雪崩现象一样，因此被称为光子雪崩过程。

上述能量转化过程都是通过上转换发光材料中的激活离子实现的，具有大量亚稳态能级的离子在这方面的性能很突出；多项研究表明，具有 f 电子和 d 电子的离子可用作上转换发光材料的掺杂离子并在上转换纳米材料的合成制备中发挥着主导作用。近年来，稀土元素因具有丰富的 4f 电子能级间跃迁而备受关注，吸引着众多研究者在稀土发光的道路上不停地探索。

6.1.2 稀土上转换纳米材料的构成

上转换发光纳米材料由基质材料、激活剂及敏化剂构成。虽然上转换纳米材料的基质材料不能吸收能量，也无法发光，但基质材料是激活剂发光的“根据地”，激活剂合理的发射结果取决于基质材料是否具有良好的晶体场能。理想的上转换纳米材料基质应具备以下几种特征：①与掺杂离子晶格匹配；②化学稳定性较好；③晶格振动声子能量低。目前发展出的上转换纳米材料基质有很多种，大致可分为卤化物、氧化物、氟氧化物及含硫化物等，主要是 Y、Gd、Lu 的一些化合物。在众多已被报道的上转换纳米材料中，卤化物具有声子能量小、透光范围宽且上转换效率高等特性而被广泛接受和应用，如 $NaYF_4$:Yb/Er、$NaGdF_4$:Yb/Tm 等。与卤化物相比，氧化物的声子能量则较大，导致上转换发光的效率较低；但其具有突出的机械强度和稳定性，且制备过程简单，对反应条件的要求没有那么苛刻。硫化物在红外光区有很宽的吸收，稳定性较好且折射系数高，常被用作光纤放大器材料。目前在生物医学研究中以 $NaYF_4$、$NaGdF_4$ 等作为基质的上转换纳米材料的应用最为广泛。

通常，在上转换纳米材料的基质中进行元素掺杂是完成上转换发光的必备条件。元素的掺杂又分为单元素掺杂和双元素掺杂。在单元素掺杂的材料中，稀土离子主要通过 f-f 禁带跃迁实现发光。在这个过程中，振子强度较小的光谱会限制对离子激发能量的吸收，导致上转换发光的效率很低。改变这一缺陷可通过提高稀土元素的掺杂浓度实现，但与此同时会导致荧光的猝灭现象。因此，双元素掺杂材料便应运而生。在掺杂的双元素中，其中一种元素作为激活剂，另一种元素作为敏化剂。激活剂是上转换纳米材料发光的中心，需要具备较长的亚稳态寿命和丰富的能级。除了 Yb^{3+}、La^{3+}、Lu^{3+}及 Ce^{3+}等稀土离子，其他离子均可实现 f-f 禁带跃迁，所以具有较长的亚稳态寿命。目前常用的激活剂有 Er^{3+}、Tm^{3+}、Ho^{3+}。又由于离子的 4f 能级外层电子的屏蔽作用，能级寿命也较长，所获得的上转换效率也较高。其中，Er^{3+}的 $^4I_{15/2}$ 能级在 980 nm 激发光的激发下，能够发生 $^4F_{9/2}/^4S_{3/2} \rightarrow {}^4I_{15/2}$ 的跃迁，发射出红光和绿光，但绿光发射截面最大，绿色荧光也最强。Tm^{3+}的 $^3H_6$ 能级在 980 nm 激发光的激发下，能够发生 $^3H_4 \rightarrow {}^3H_6$ 的跃迁，发射出 800 nm 的近红外光。Ho^{3+}的 $^5I_8$ 能级在 980 nm 激发光的激发下，能够发生 $^5S_2/^5F_4 \rightarrow {}^5I_8$ 的跃迁，发射出 540 nm 的绿光。尽管激活剂的掺杂对于促进上转换发光有重要作用，但为了避免交叉弛豫作用导致的能量损失，一般激活剂掺杂的浓度不能太高，通常小于 2%(摩尔分数)。

引入敏化剂虽然有可能导致材料的声子能量升高，但其上转换发光的效率大幅度地提高。常用的敏化剂是 Yb^{3+}，以很高的浓度掺杂到基质中。Yb^{3+}的能级结构很特殊，仅含有一个激发态($^2F_{5/2}$)，因此量子产率很高，且在 950～1000 nm 范围内均有很强的跃迁吸收，其 $^2F_{7/2}\rightarrow{}^2F_{5/2}$ 的跃迁与常用激活剂 Er^{3+}、Ho^{3+}、Tm^{3+} 的 f-f 跃迁重叠程度很高，因此 Yb^{3+}成为最常用的敏化剂以吸收红外光子的能量传递给激活剂实现多光子加和，从而提高上转换发光的效率(图 6-2)。

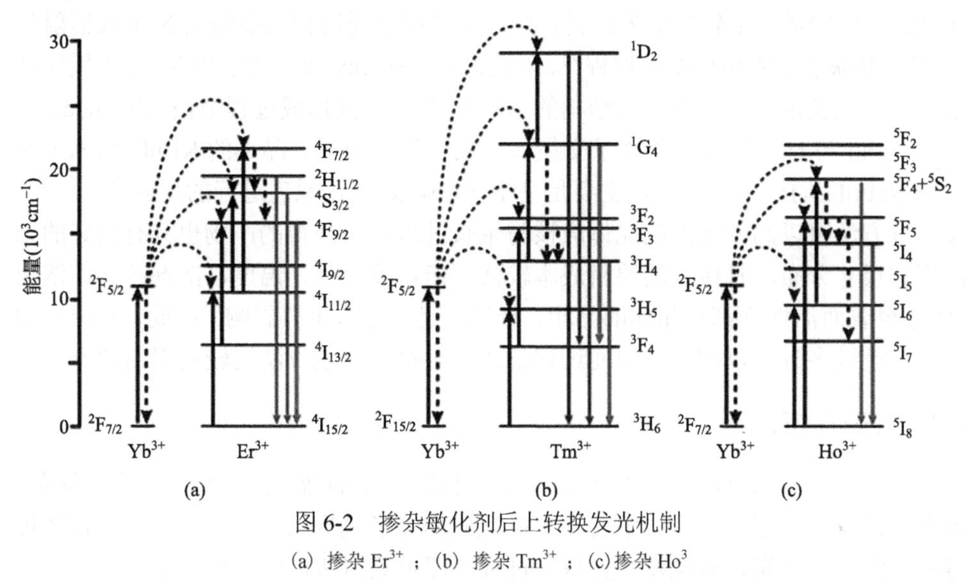

图 6-2　掺杂敏化剂后上转换发光机制

(a) 掺杂 Er^{3+}；(b) 掺杂 Tm^{3+}；(c)掺杂 Ho^{3}

6.2　稀土上转换纳米材料的合成

随着对稀土上转换纳米材料研究的深入，对其制备方法的探索也成为一个重要方向。制备方法是影响材料微观形貌、发光性能的重要基础，因此探索出合成工艺简单、反应时间较短、反应成本较低、产物可控的制备技术成为稀土上转换纳米材料研究的重点。目前主流的合成方法主要包括水热(溶剂热)法、共沉淀法、高温热分解法、溶胶-凝胶法、微乳液法等。

6.2.1　水热(溶剂热)法

水热(溶剂热)反应通常在高温高压的密闭反应容器中进行，体系的温度和压强高于溶剂的临界点以增强反应物的反应活性和溶解度。水热法一般采用水作为溶剂，而溶剂热法则使用有机溶剂代替水作为溶剂。采用水热(溶剂热)法合成上转换纳米材料的一般步骤为：将溶剂(如水、油酸等)、稀土离子溶液、氟化物溶液加入反应容器内形成均匀溶液，通过调控温度和反应时间控制晶体的生长，主要用于合成稀土氟化物纳米材料和磷化物纳米材料。

最具代表性的方法是由清华大学李亚栋教授课题组发展出来的液-固-液相界面诱导的水热法[1]。在该反应体系中，纳米颗粒在液-固-液相的转化及分离过程中被合成。基于此方法，多种结晶性良好、分散程度高且可控性强的上转换纳米颗粒被报道合成出来，如 $NaYF_4$、$BaGdF_5$、$KMnF_4$ 等。Lin 等采用溶剂热法以 $RE(OH)_3$ (RE 代表 Y、Sm、Eu、Gd、Tb、Dy 及 Ho)为原料合成了立方块状、棒状、球形的稀土上转换纳米材料，在合成过程中通过扫描电镜及 X 射线衍射仪(XRD)跟踪了晶体相转变的过程[2]。除此之外，Stucky 等报道了以 Y_2O_3 为模板通过阴离子交换水热法合成空心结构的 $NaYF_4$ 粒子，其形成过程遵循 Kirkendall 效应[3]。Chu 与 Hao 等采用阳离子交换法完成了晶体由立方晶形的 $KLnF_4$ 向六方晶形的 $NaLnF_4$ 的稳定转变，这主要是基于 Ostwald 熟化原理进行的反应[4]。

该方法可以高效地控制晶体成核与生长过程，所获得的产物也具有很好的结晶度和尺寸分布，且所需的原料成本较低。但在反应中，温度、溶剂种类、溶液 pH 甚至表面活性剂都对晶体的晶相、形貌、尺寸等有重要影响。因此，对反应的影响因素过多且难以控制，中间过程不能实时跟踪是该方法比较局限的地方。

6.2.2 共沉淀法

共沉淀法是以沉淀反应为基础，向含目标阳离子的盐溶液中加入特定沉淀剂，或者使盐发生水解使得原料中的离子以沉淀物的形式析出，所获得的沉淀物经过过滤、洗涤、干燥、煅烧及热分解等过程，即可获得所需的目标产物。

van Veggel 课题组报道了利用共沉淀法合成了 Er^{3+}、Ho^{3+}、Eu^{3+}、Nd^{3+}掺杂的 LaF_3 纳米颗粒，并检测了颗粒上转换发光的高效性[5]。Yi 利用该方法合成了立方体形的 $NaYF_4$:Yb^{3+}/Er^{3+}，通过调节体系中乙二胺四乙酸(EDTA)与 Ln^{3+}的相对量可使得产物颗粒从立方体向圆形转变，颗粒尺寸在 37～160 nm 之间[6]。Chow 等采用该方法用水溶性的镧系氯化物前驱体合成了粒径约 5 nm 且分布均匀的稀土上转换纳米颗粒(Yb-Er、Yb-Ho、Yb-Tm 共掺杂的 LaF_3)，其上转换发光强度相对于立方晶形的 $NaYF_4$:20%Yb^{3+}/2%Er^{3+}增强了 5 倍。在合成过程中以二乙基二硫代磷酸铵(ADDP)作为保护剂，对纳米颗粒的生长和提高颗粒的分散性具有重要的作用[7]。

该合成方法成本较低，获得的产物组分均匀且纯度较高，但在反应过程中产物会经历成核、生长、粗化及凝聚等复杂过程，可控性低，且最终产物发光强度相对较弱。

6.2.3 高温热分解法

高温热分解法作为目前合成稀土上转换纳米材料比较常用的合成方法，反应机理和控制方法均比较成熟，引入在高温下可裂解的稀土前驱体，控制反应温度，采用高沸点有机溶剂作为反应溶剂(如油酸、油胺、1-十八烯等)。传统的操作方法如下：预先制备稀土三氟乙酸盐，与高沸点有机溶剂混合后，在氮气保护环境下迅速升温至 250～300℃，稀土三氟乙酸盐前驱体发生裂解得到稀土氟化物颗粒。该过程是晶体成核、生长的过程，反应过程的控制对于产物的结晶性和发光性能有重要影响。

2005 年，北京大学严纯华教授课题组首次报道了采用高温热分解法合成 LaF_3 三角纳米盘的方法，以 $La(CF_3CO_2)_3$ 为原料，在油酸(OA)及 1-十八烯(ODE)的混合溶剂中经过高温加热形成稳定且尺寸均匀的纳米片，且 OA 还作为钝化配体可控制颗粒的生长以抑制颗粒的聚集。之后他们又发展出利用在三种溶剂中[OA/ODE/油胺(OM)]合成稀土氟化物的方法，发现 OA、OM 的相对比例及反应温度对颗粒的形貌及尺寸具有重要影响，并且通过调节这些因素可实现对反应的控制[8, 9]。Chow 课题组将该方法应用于合成尺寸较小且均一的 $NaYF_4$:Yb/Er 及 $NaYF_4$:Yb/Tm 纳米颗粒[10]。经过多次研究优化，该方法被证明是控制上转换纳米颗粒合成的最有效方法之一，被广泛应用于利用不同前驱体及反应条件合成特定稀土上转换纳米颗粒。

高温热分解法原子利用率高，制备出的材料具备以下特点：材料颗粒分散性好，尺寸均一度高，结晶度和纯度高，表面有可利用活性基团便于表面修饰。但是该方法对晶体的成核与生长过程具有十分苛刻的要求，且在反应过程中会产生氟化物等不利于环境友好的物质。

6.2.4 溶胶-凝胶法

溶胶-凝胶法的原理是反应物溶解在溶液中形成均匀溶液并发生聚合或水解反应，逐步形成具有空间结构的凝胶，再经过处理后可获得最终产物。

Prasad 等采用溶胶-凝胶法制备了 ZrO_2:Er 上转换纳米晶体[11]，并检测出该材料在 550 nm 及 670 nm 处具有较强的发射光。还有很多用类似的方法合成了以金属氧化物为基质的稀土上转换纳米材料，如 TiO_2: Er、$BaTiO_3$:Er 等。

该方法对反应温度的需求低、工艺简单，但反应时间长、过程难控制、易导致颗粒团聚、所形成的颗粒表面难以进行修饰等缺点限制了该方法的广泛应用。

6.2.5 微乳液法

微乳液法的原理是在反应体系有表面活性剂存在的情况下，两种互不相溶的溶液形成均匀稳定的小液滴，前驱体在这些小液滴中反应得到目标产物。

Shi 等采用十六烷基三甲基溴化铵、2-辛醇、水构成微乳液反应体系，以碱土金属硝酸盐和 NH_4F 为原料，分别制备了 100 nm 以下的 CaF_2 和 BaF_2 微粒[12]。Lee 等在分别带有 5 个和 9 个环氧乙烷的壬基酚醚、环己烷、水组成的微乳液体系中，以稀土硝酸盐和氨水为原料，制备了 Eu^{3+}掺杂的纳米 Y_2O_3[13]。之后，复旦大学李富友教授利用微乳液法合成了 Gd^{3+}、Yb^{3+}、Er^{3+}/Tm^{3+}共掺杂的 $NaLuF_4$ 上转换纳米颗粒，并将其用于小动物的活体成像[14]。

采用该方法进行制备稀土上转换纳米颗粒时操作方法简便，且产物粒径易于控制。但由于体系中液滴的分隔状态，产物的成核与生长过程受到限制，颗粒尺寸受到控制，防止颗粒的团聚，但产物的产量不高。

6.3 稀土上转换纳米材料的表面修饰

制备稀土上转换纳米材料的方法众多，所获得的产物也具有不同的化学成分、表面配体、发光性能。一般可将所合成的材料按照水溶性能分为水相和油相。相对于水相体系，油相反应体系获得的产物的应用范围更广、颗粒结晶度更高、性能更稳定。通过各种方法制备出的油相稀土上转换纳米颗粒通常具有均一的粒径、规则的形貌，且呈单分散性。但其表面具有丰富的疏水有机配体，如 OA、ODE、OM 等，一方面限制了材料在水溶液中的溶解性，另一方面意味着表面缺少可利用的活性基团，限制了其在生物医学领域的应用。因此，为了拓展其应用，需要对上转换纳米材料表面进行修饰。目前常用的表面修饰方法主要包括表面配体交换法、表面配体氧化法、阳离子辅助配体组装法、疏水作用力法、层层包裹法及无机壳层修饰法(图 6-3)[15]。

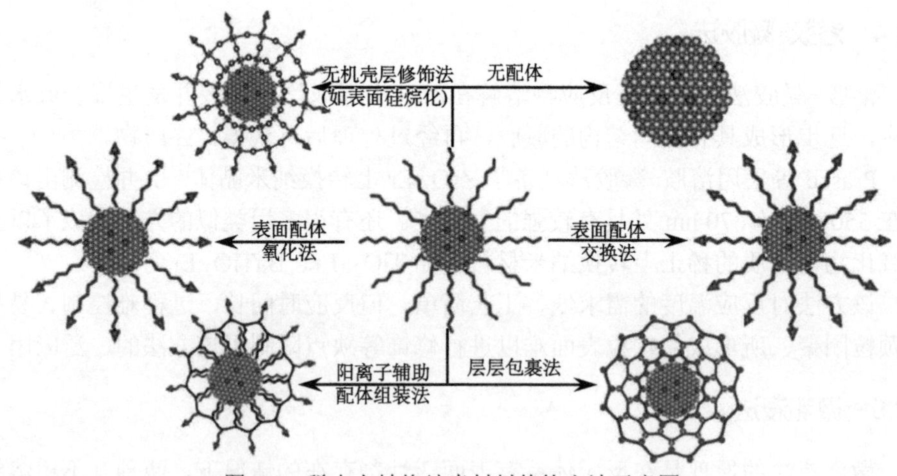

图 6-3 稀土上转换纳米材料修饰方法示意图

6.3.1 表面配体交换法

表面配体交换法是修饰油相纳米材料常用的方法。表面配体交换是指将表面的疏水配体利用双功能分子进行交换，从而获得在水相体系能够长期稳定的水溶性材料。该方法操作简单且不会对材料的形貌和尺寸产生影响。

Murray 等发展了通用的配体交换方法，其中亚硝四氟硼酸盐($NOBF_4$)作为中间配体，在后续的配体交换过程中充当中间桥梁的作用。$NOBF_4$ 加入体系后，首先形成 BF_4^- 配位的颗粒，由于 NO^+ 是一个强离去基团，在 BF_4^- 的作用下被还原成 NO，再被氧化成 NO_2。NO^+ 易与水反应，生成氟硼酸和亚硝酸，产生大量 BF_4^- 和 H^+，加速原有配体的离去，有利于形成 BF_4^- 配位的纳米颗粒。该类颗粒可在 *N,N*-二甲基甲酰胺(DMF)溶液中长期保存，之后通过引入新的配体进行快速表面功能化。该方法可以有效地对材料进行水溶性改性，但最大的缺陷在于反应过程中产生有毒气体 NO 和 NO_2，因此在操作过程中要做好防护工作[16]。

另外，聚丙烯酸(PAA)、聚乙二醇(PEG)类分子也常用作配体交换的配体。美国加利福尼亚大学殷亚东教授课题组首次提出了利用 PAA 对疏水性无机纳米颗粒进行表面修饰以实现纳米颗粒由油溶性向水溶性的转变[17]，这种方法同样也适用于稀土上转换纳米颗粒的修饰。van Veggel 等利用末端带有磷酸根的 PEG 对稀土上转换纳米材料进行了修饰，结果发现该方法对单纯核结构的稀土上转换纳米颗粒的荧光猝灭严重，而对核壳结构的颗粒的荧光则影响较小[18]。

6.3.2 表面配体氧化法

表面配体氧化法是指利用氧化性试剂对稀土上转换纳米颗粒表面的有机配体进行氧化，使得材料表面带上亲水性的配体以增强材料的水溶性。该方法不会对材料的形貌和尺寸产生影响，但仅对表面含碳碳双键的配体适用且易产生材料荧光的猝灭。

复旦大学李富友教授课题组研究出一种将含双键的有机表面配体氧化处理的方法。他们利用间氯-过氧化苯甲酸作为氧化剂，氧化材料表面含有碳碳双键的油酸配体获得三元环氧化物，在较温和的条件下与活性有机分子(如 mPEG-OH)发生开环反应，之后通过在油酸分子上嫁接亲水性分子使得材料具备水溶性特征[19]。北京大学严纯华教授课题组利用臭氧氧化的方法将稀土上转换纳米颗粒表面的油酸有机配体氧化成壬二酸或壬二醛，所获得的材料不仅具有良好的水溶性且形貌和晶相皆没有受到很大影响，修饰后的材料可进一步与带有氨基的生物分子进行偶联以实现多功能应用。

6.3.3 阳离子辅助配体组装法

阳离子辅助配体组装法主要是通过向稀土上转换纳米颗粒的溶液中加入某些金属阳离子及带有可与阳离子形成配位作用基团的有机配体，使得材料表面带上水溶性分子增强材料在水中的溶解性。

复旦大学李富友教授课题组首先报道了一种借助阳离子辅助的修饰方法（图 6-4）：通过阳离子交换在稀土上转换纳米材料表面引入 Gd^{3+}，再加入带有—COOH 的配体如叶酸、氨基己酸等，基于羧基与 Gd^{3+}的强螯合作用，可在稀土上转换纳米材料表面进行配体的组装，实现水溶性改性[20]。

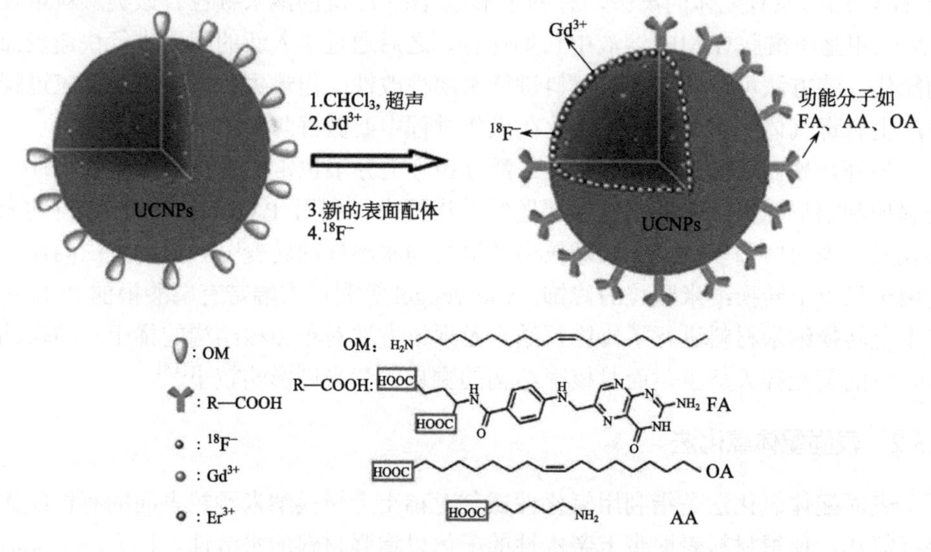

图 6-4 Gd^{3+}辅助的修饰方法示意图

6.3.4 疏水作用力法

带有表面疏水配体的稀土上转换纳米材料可以和一些两亲性的高分子中的疏水部分通过疏水作用力结合，从而利用亲水端的作用使得材料可被转移到水相中，增加稀土上转换纳米材料在水中的稳定性及生物相容性。常用的两亲性高分子有1-十八烯马来酸酐-聚乙二醇（C_{18}PMH-PEG）、二硬脂酰基磷脂酰乙醇胺-聚乙二醇（DSPE-PEG）、辛胺-聚丙烯酸-聚乙二醇（OA-PAA-PEG）等。该方法修饰的材料的水溶性与功能化和表面带有的配体存在紧密关系，但表面配体存在结合与解离的平衡过程，长时间存放后材料易因表面配体的脱落而产生团聚。

Chow 等利用聚丙烯酸与 $NaYF_4$:Yb,Er（Tm）表面的辛基及异丙基的疏水结合力对稀土上转换纳米材料进行了修饰，实现了材料表面的羧基功能化[21]。苏州大学刘庄教授等利用 OA-PAA-PEG 对 $NaYF_4$:Yb, Er (Tm)进行了修饰并首次证明了材料在细胞和活体的成像功能。他们首先制备出 OA-PAA-PEG 复合物，在有机溶剂氯仿中将 OA-PAA-PEG 与稀土上转换纳米材料混合，基于疏水作用，OA-PAA-PEG 有效地与材料表面的有机配体结合来实现材料的水溶性修饰[22]。

6.3.5 层层包裹法

层层包裹法是通过在稀土上转换纳米颗粒表面先后吸附具有相反电荷的聚电解质，利用聚电解质间的自组装作用，实现表面修饰。常用的聚电解质有阴离子聚丙烯酸(PAA)、聚-4-乙烯基苯磺酸钠(PSS)等及阳离子聚丙烯胺盐酸盐(PAH)。自组装层的厚度可通过控制聚电解质的组装层数实现，且获得的材料具有很稳定的力学性质及光学性能。

Caruso 课题组发展出一类通用的层层包裹法，该法可用于修饰疏水材料及合成亲水材料，后续可进一步应用于药物的装载和运输[23]。清华大学李亚栋教授课题组利用正负电荷之间的静电作用，将带正电荷的 PAH 和带负电荷的 PSS 通过层层包裹的方式连接在纳米晶的表面，同时外围的线形聚合物 PAH 留出大量的氨基可进一步功能化[24]。苏州大学刘庄课题组基于层层包裹法设计出一种 pH 响应性的稀土上转换纳米颗粒与光敏分子复合的结构，并将其用于活体的成像与肿瘤光动力治疗(图 6-5)[25]。

6.3.6 无机壳层修饰法

2008 年，新加坡国立大学张勇教授课题组发展了采用二氧化硅包裹稀土上转换纳米材料的方法，用来改善稀土上转换纳米材料的水溶性[26]。他们利用 Stöber 方法在稀土上转换纳米颗粒表面生长硅层，表面硅烷化聚合过程是通过正硅酸乙酯单体的水解和缩合反应完成的，可在纳米颗粒表面形成一层无定形的二氧化硅修饰层。研究还表明在修饰硅层过程中引入部分具有特定官能团的硅单体，可实现在修饰硅层的同时进行表面功能化，便于下一步生物偶联等。复旦大学李富友教授课题组利用反相微乳液法在稀土上转换纳米材料外层包裹二氧化硅后再引入带有氨基的硅源对其进行表面氨基化，以与叶酸偶联实现靶向功能[27]。中国科学院上海硅酸盐研究所的施剑林研究员课题组利用硅层修饰稀土上转换纳米材料时将光敏试剂亚甲基蓝同时包裹构建了多功能的纳米复合结构[28]。

除了在纳米材料表面修饰实体硅层外，还可生长具有更大比表面积的多孔硅层，这为后续的生物应用创造了有利条件。中国科学院长春应用化学研究所林君研究员课题组设计了多种多孔硅包裹的稀土上转换纳米颗粒结构，如 $Gd_2O_3:Er^{3+}$@$nSiO_2$@$mSiO_2$ 和 $NaYF_4:Yb^{3+}/Er^{3+}$@$nSiO_2$@$mSiO_2$，并利用该结构进行了药物装载和释放的研究[29,30]。

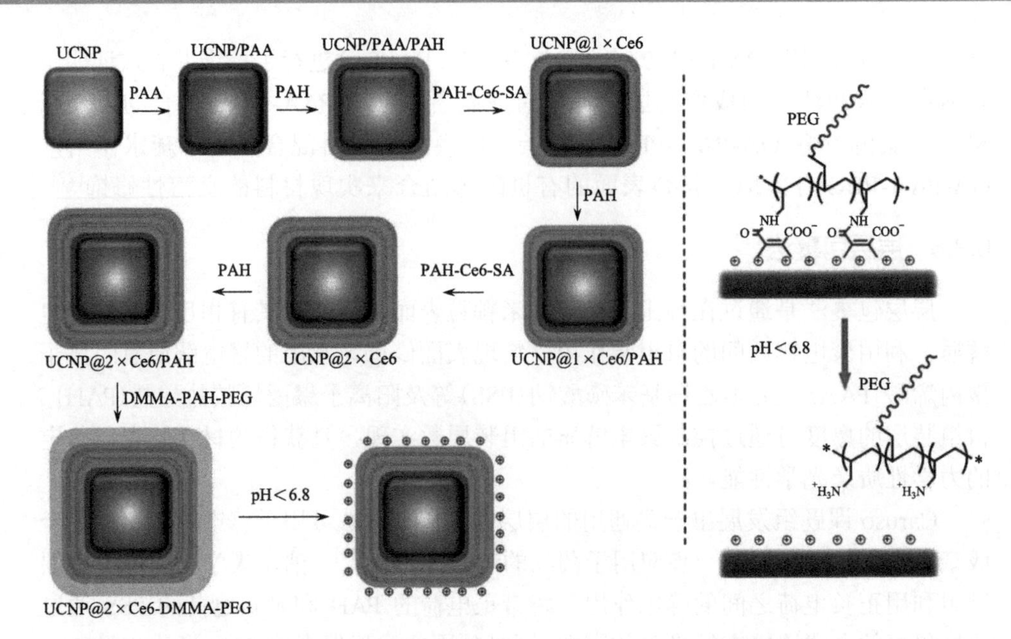

图 6-5 pH 响应的稀土上转换纳米颗粒与光敏分子复合的结构

Ce6：二氢卟吩 e6；SA：丁二酸酐；DMMA：2,3-二甲基马来酸酐

虽然纳米颗粒表面的二氧化硅层可使得材料具有很好的生物相容性、较低的生物毒性，但若表面残留硅烷试剂则会导致较强的毒性；体系中残留的氨基自由基也会吸收材料发射的光，不利于其在生物应用中的研究。因此，经过表面修饰后，产物的提纯尤为重要。

与传统的有机荧光染料和量子点相比，稀土上转换纳米材料具备优异的光学性质：荧光寿命长，不易被漂白，反斯托克斯位移大，发射光谱窄等。因此，大量的研究开始着眼于探究稀土上转换纳米材料在生物医学各领域的应用，包括生物检测、肿瘤成像、血管成像、淋巴结成像、多模态成像、药物输送及光学治疗等。稀土上转换纳米材料的发光是由近红外光介导的反斯托克斯光，使其能够作为一个良好的能量中介体向能量受体传递能量进行多种模式的检测和成像；稀土上转换纳米材料通常会经过表面修饰处理以增强水溶性和生物相容性，表面修饰介质可作为药物的载体对多种药物进行装载，增加药物的装载量；另外，稀土上转换纳米材料本身作为成像探针具有独一无二的成像优势，不受生物组织自发荧光的干扰，可实现超高灵敏成像与检测。尽管大量的实验已经证明稀土上转换纳米材料在生物医学领域具有很大的开发价值，但人们还是需要关注稀土上转换纳米材料在体内外的分布、代谢及毒性问题。深入地探究其生物安全性是将稀土上转换纳米材料应用于生物医学领域的必然前提，也是充分发掘其生物医学价值的保证。

6.4　稀土上转换纳米材料在生物检测领域的应用

在癌症的早期检测、DNA 免疫分析、蛋白质识别等生物检测过程中，检测灵敏度与特异性是评价检测方法的两个重要参数。荧光检测具有很高的灵敏度、很强的信号传导等特性，在众多的检测手段中成为一类出众的检测方法。传统的荧光检测探针包括有机荧光染料、量子点及镧系元素复合物等，但这些探针受背景荧光干扰强、荧光易猝灭且有潜在的长期毒性等。与此不同的是，利用稀土上转换纳米材料进行检测时具有不受背景荧光干扰、发光寿命长、组织穿透深度较深等特性，因此稀土上转换纳米材料成为生物检测的新一代纳米探针。另外，经过表面修饰的稀土上转换纳米材料的表面具有可与生物素相连的官能团，可复合特定的功能性材料进行特异性检测。

采用上转换信号进行生物检测的历史可追溯到 1999 年，研究人员制备出上转换荧光材料并首次证明了其在前列腺组织检测中的应用功能，之后稀土上转换纳米材料开始逐渐被广泛应用到各种生物检测中。近年来，利用稀土上转换纳米材料为基础的复合结构对蛋白质、核酸、离子等进行检测的研究取得了很大进展。

6.4.1　检测模型

根据稀土上转换纳米材料检测体系的信号形式，可以将以稀土上转换纳米材料为基体的检测体系分为多相检测与均相检测[31]。多相检测是指利用靶分子与依附于固相的捕捉分子间的特异性识别与强结合力而进行的检测。靶分子可以是生物小分子、蛋白质或氨基酸类的生物大分子，捕捉分子可以是与靶分子对应的特应性抗体、抗原、抗生物素蛋白、生物素等。通常根据检测体系的结构特征，可将多相检测体系分为多相“三明治”结构和竞争性结构(图 6-6)。多相“三明治”结构是指捕捉分子预先固化在固相基底上，经过清洗除去多余的捕捉分子，再与待测物混合，之后加入标记了上转换纳米颗粒的第二捕捉分子，除去多余的上转换纳米颗粒后，利用上转换荧光信号检测待测物。待测物的浓度可根据直接检测的上转换荧光的强度而量化。与多相“三明治”结构不同，竞争性结构是指将标记了稀土上转换纳米颗粒的待测物与自由待测物同时加入体系中，所测得的荧光信号与自由待测物的浓度成反比。

均相检测是指基于荧光共振能量转移的检测。荧光共振能量转移是指当两个荧光发色基团距离足够近时，供体分子可通过吸收一定频率的光子被激发至激发态，当电子回到基态前，通过偶极子的作用将能量转移至邻近的受体(距离一般小于 10 nm)，使得受体被激发至激发态并发射荧光的过程。稀土上转换纳米材料通常作为能量转移的供体存在。与多相检测不同的是，均相检测是一个在液态中进

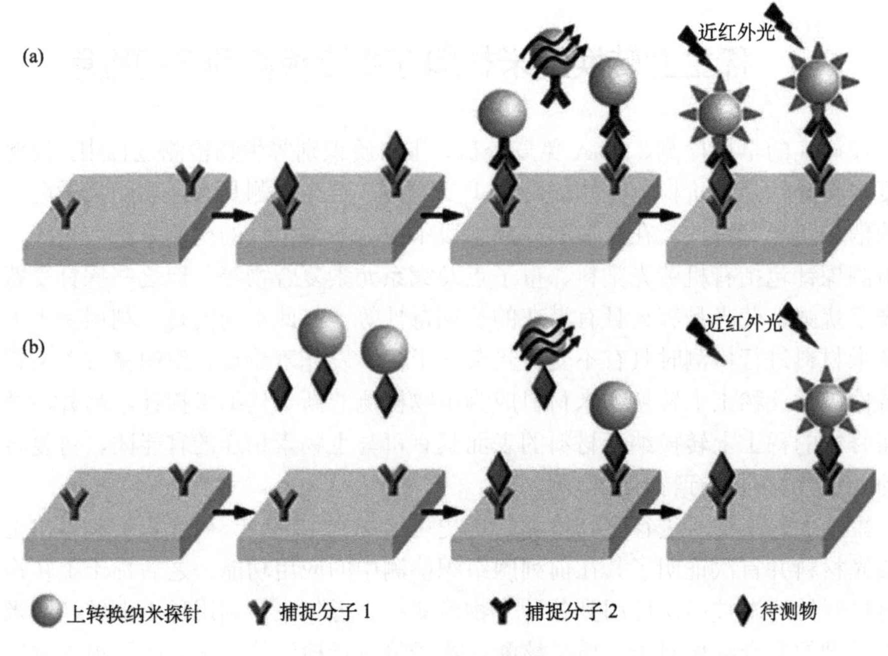

图 6-6 多相检测体系检测模型

(a)多相“三明治”结构；(b)竞争性结构

行的过程，可直接通过简单的混合方法达到检测目的而不涉及分离纯化的过程。均相检测的灵敏度依赖于能量共振转移的效率，而且供体的发射光谱和受体的吸收光谱重叠程度、供受体的偶极取向、供受体间的距离等因素均会对其效率产生重要影响。因此，为了获得最大能量共振转移效率并使检测灵敏度最大化，供受体的选择至关重要。通常可将均相检测结构分为均相“三明治”结构和抑制性结构(图 6-7)。在均相“三明治”结构中，稀土上转换纳米颗粒和受体均标记了可识别检测物的捕捉分子，最初两者在检测体系中由于缺少连接物而相互远离，则没有受体信号产生，一旦加入待检测物，稀土上转换纳米颗粒和受体均可与检测物连接，形成能量共振转移结构，使得受体信号产生或上转换信号减弱，可通过对光学信号的检测来量化待测物。在抑制性结构中，上转换荧光最初通过能量共振转移或荧光内滤效应被猝灭，加入待测物可破坏上转换纳米颗粒与受体间的连接，导致上转换荧光恢复。上转换荧光的强度与待测物的浓度呈正比关系，因此也可用来量化待测物，这种方法称为“荧光猝灭-恢复”法。在这种结构中，受体对上转换荧光的有效猝灭是关键，通常采用二氧化锰材料、碳材料、氧化石墨烯材料等对上转换荧光具有强吸收的材料作为受体。

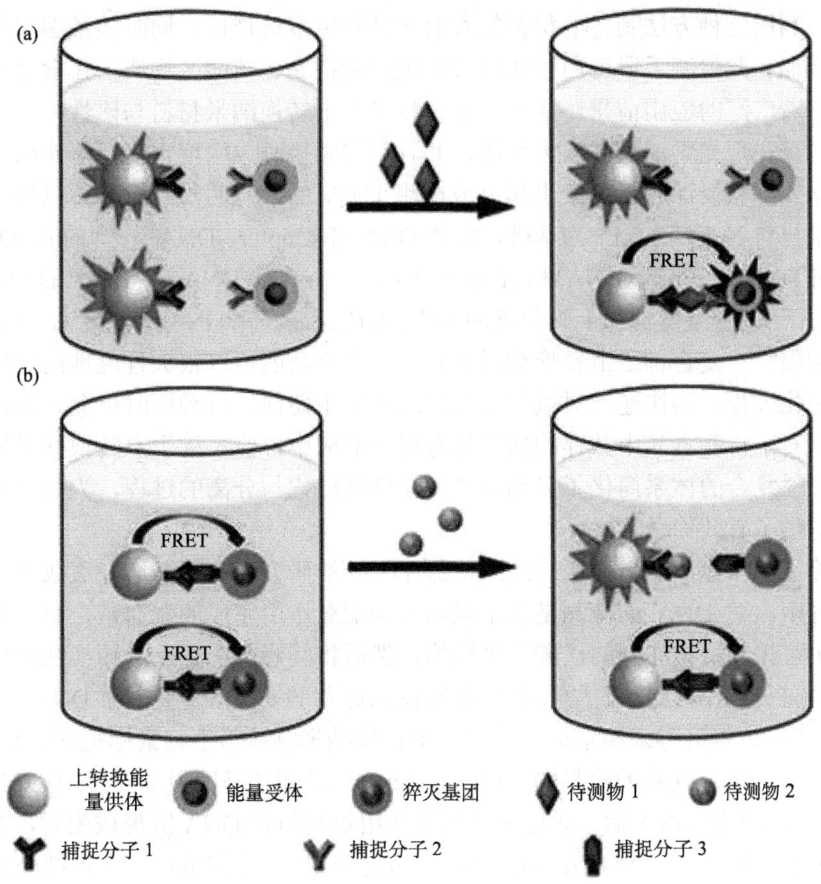

图 6-7 均相检测体系检测模型

(a) 均相“三明治”结构；(b) 抑制性结构

6.4.2 在核酸检测方面的应用

核酸是生物体内一类关键的生物分子，发挥着储存和传递遗传信息、调控生化行为、催化机体反应等功能。因此，对核酸分子包括 DNA 和 RNA 的检测，在基因学、分子生物学、分子药学等领域均具有重要研究意义和价值。对 DNA 的微量测定是将稀土元素掺杂的上转换纳米材料用于生物应用的典型实例。2001 年，Tanke 等首次采用 DNA 互补链标记的上转换纳米材料进行检测 DNA[32]。在近红外光的激发下，稀土上转换纳米材料几乎不受自发荧光的干扰，不仅可以有效地提高 DNA 杂化效率，还降低检测限，相比于常用的 Cy5 染料检测体系，其检测限可降低 4 倍。之后，复旦大学张凡教授等基于多色发光的稀土上转换纳米材料 ($NaYF_4$: Yb, Ho, Tm, Er) 发展出可用于信号传输与核酸编码的体系[33]。他们调控了材料中 Ho、Tm、Er 三种元素的不同掺杂比例，制备出十多种不同的发光材料，利用这种方法制备的材料的发射光谱有更多选择性，同时核酸编码数也大幅度增加。此检测手段可用于快速灵敏地检测抗原、核酸等物质，在食品及医疗领域有着广泛的应用前景。除此之外，将稀土上转换纳米材料与磁性纳米颗粒复合后，可实现光学信号的放大作用，并且对增强检测灵敏度也有显著作用。清华大学李亚栋教授课题组探索出超灵敏检测 DNA 的“三明治”结构：以稀土上转换纳米材料 $NaYF_4$:Yb,Er 为基础，捕获 DNA 链(Capture-DNA)修饰的 Fe_3O_4 颗粒与探针 DNA 链(Probe-DNA)修饰的 $NaYF_4$:Yb,Er 在靶 DNA 链(Target-DNA)的杂交作用下实现结合，再加上磁分离的作用，可达到最低靶 DNA 链浓度为 10 nmol/L 的检测限[34]。复合稀土上转换纳米材料与磁分离功能可以很大程度地简化样本分离及纯化过程，为快速、灵敏的生物检测提供了便捷。这种同时检测多种致病菌的方法对于检测食品中共存的病菌具有很大的应用价值。稀土上转换纳米材料与磁性材料复合的体系简化了多相检测方法样品纯化与分离的过程，为快速灵敏地检测提供了有效途径。

除了多相检测法，均相检测法检测 DNA 的研究也在不断地发展成熟。在这些研究中，对 DNA 的检测是基于碱基互补配对作用完成的。通常，研究者可以设计出可识别特定序列的核酸二级结构，然后将其修饰在稀土上转换纳米材料表面作为能量受体。复旦大学李富友教授课题组设计出一种检测 DNA 的模型[图 6-8(a)]：将链霉亲和素标记的稀土上转换纳米颗粒与生物素标记的捕获 DNA 相连，与靶 DNA 互补的信号 DNA(Reporter-DNA)和羧基四甲基罗丹明(TAMRA)相连，当加入靶 DNA 后，通过碱基配对作用识别与靶 DNA 链形成配对，缩短了上转换纳米材料与 TAMRA 的距离，形成能量供体-受体组合，在近红外光的照射下，检测到 580 nm 的发射光增强。在 10～50 nmol/L 浓度范围内，发射光强 I_{580}/I_{540} 呈现线性关系，可用于定量检测靶 DNA 的浓度[19]。武汉大学刘志洪教授课题组依据均相检测的竞争性结构也设计出有效检测 DNA 的体系[图 6-8(b)]：在稀土上转换纳米颗粒表面修饰 DNA 探针，在 π-π 共轭的作用下，富含电子的聚苯二胺聚合物(PMPD)可与之相连形成能量供体与受体而发光；当加入靶 DNA 后，碱基互补作用力更强，形成的 DNA 配对结构 PMPD 则从结构中脱落，失去能量转移功能则不再发射可见光，通过发射光可进行靶 DNA 的浓度检测，检测浓度范围为 0.1～6.0 nmol/L[35]。

6.4.3 在疾病标志物检测方面的应用

疾病标记物的类型可能是蛋白质、DNA、RNA 或异常细胞产生的化学物质等。早期对疾病标记物的检测旨在减少疾病带来的痛苦、降低治疗成本，而稀土上转换纳米材料的发展为疾病的早期检测开拓了新的时代。研究人员开发出将免疫标记的稀土上转换纳米颗粒作为示踪分子的免疫层析技术，称为侧向流动检测技术，

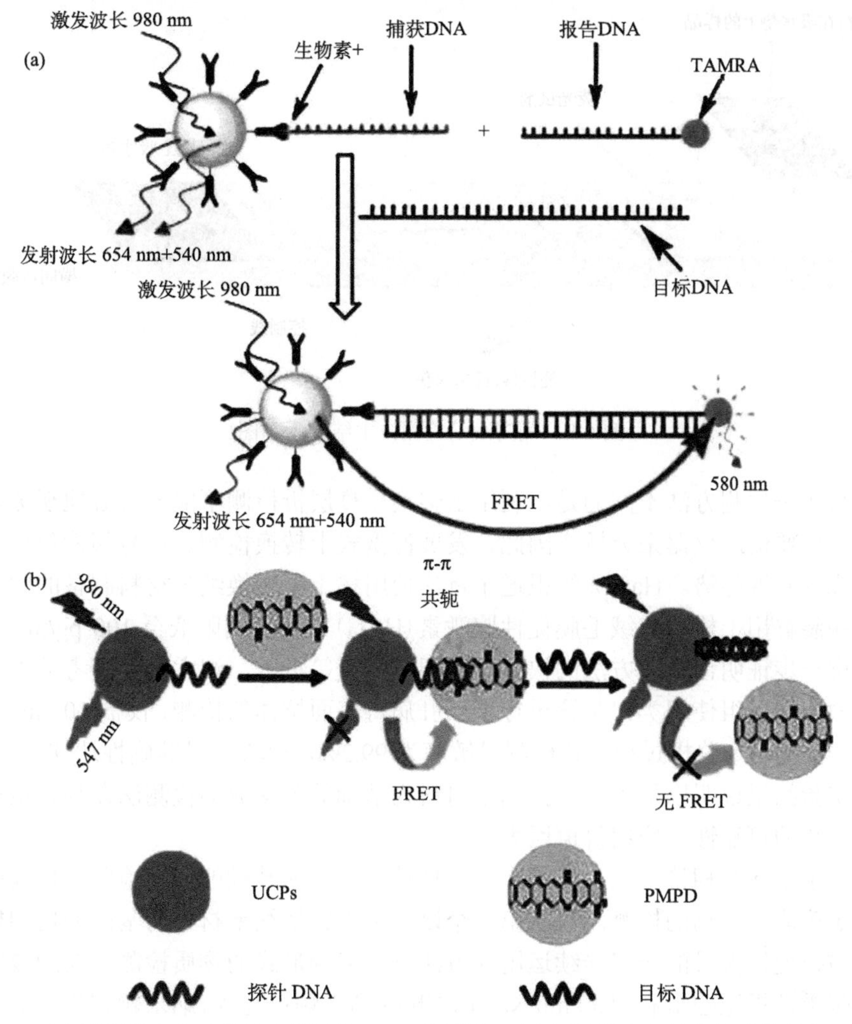

图 6-8　(a)基于稀土上转换纳米材料的 DNA 传感器；(b)基于稀土上转换纳米材料与 PMPD 的 DNA 检测结构

是典型的多相检测应用实例(图 6-9)[36]。近年来该技术发展迅速，并有望应用于即时快速检验领域。由于稀土上转换纳米颗粒具有抗光漂白能力强、无自发荧光干扰等特点，其检测灵敏度和特异性相比传统检测方法都有很大优势。

Corstjens 等利用该方法制作的检测试纸用于检测人类乳头瘤病毒，相对于常用的金纳米颗粒检测法，其检测灵敏度提高了 100 倍[35]；Niedbala 等采用竞争法在同一条试纸上喷有不同抗原分子的 10 条检测线用以检测唾液中安非他明、甲基安非他明、苯环己哌啶、鸦片剂的含量，形成了多指标上转换免疫层析技术[36]。

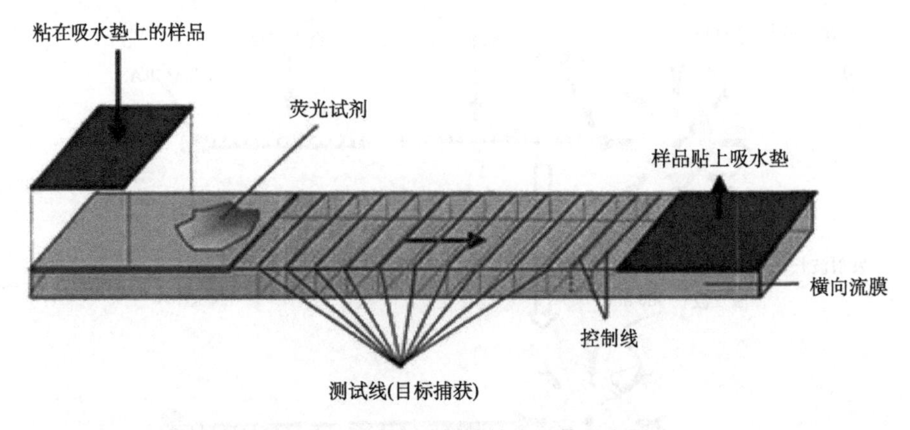

图 6-9 侧向流动检测技术结构示意图

与传统检测方法不同的是，利用上转换免疫层析检测不能够直观地观测检测结果，需要借助仪器来分析。因此，发展便携式上转换检测、信号阅读免疫检测装置成为发展趋势。Hampl 等报道了首次使用稀土上转换纳米材料制备的侧向流动检测装置用于检测人绒毛膜促性腺激素(HCG)，其检测限低至 100 pg/mL[38]。为了进一步证明该检测方法的快速、简便、灵敏等特征，澳大利亚麦考瑞大学金大勇教授课题组使用类似装置进行了乙肝病毒表面抗体的检测，仅需 10 min 即可完成样品处理、分析过程，其检测灵敏度为 99.2%，检验结果准确性达 97.4%[39]。这些实验结果说明以稀土上转换纳米材料为基础的侧向流动检测法在临床检测上具有很高的可靠性，应用价值巨大。

除了上述多相检测法，以稀土上转换纳米材料为基础的均相检验法也被广泛应用于疾病标志物的检测。自从第一个以稀土上转换纳米材料为基础的均相检测体系被报道，大量的研究陆续运用该方法进行多种形式的物质检测。新加坡国立大学张勇教授课题组利用 50 nm $NaYF_4$:Yb,Er 纳米颗粒与 Au 纳米颗粒构成的复合结构用于检测抗生物素蛋白(avidin)，其检测限可达 0.5 nmol/L[40]。香港理工大学郝建华教授课题组设计出寡核苷酸修饰的 $BaGdF_5$:Yb,Er 上转换纳米颗粒与 Au 纳米颗粒构成上转换荧光能量共振转移生物传感器，检测流行性感冒病毒的 H7 血细胞凝集素基因，其检测限可达 7 pmol/L[41]。由于癌症的多发性和高致死性，该方法对于癌症的早期检测也具有重要意义，引起了众多研究者探索的兴趣。中国科学院福建物质结构研究所陈学元研究员课题组首次将 CaF_2:Ce/Tb 作为探针，利用时间分辨的荧光能量共振转移原理进行卵巢癌尿激酶型纤溶酶原激活物受体(suPAR)的检测，检测限可低至 328 pmol/L，与癌症患者血清中 suPAR 的浓度相当，大大提高了卵巢癌标记物的检测灵敏度[42]。

另外，基于上转换纳米材料与氧化石墨烯之间非辐射能量转移这一事实，武汉大学刘志洪教授课题组设计了稀土上转换纳米材料-氧化石墨烯复合结构用于检测人血清样本中的葡萄糖。通过在聚醚酰亚胺(PEI)作保护剂的稀土上转换纳米颗粒表面组装凝集素 A，在能量受体氧化石墨烯(GO)上共价交联壳聚糖，当两者混合在一起时，凝集素 A 和壳聚糖能够特异性地结合，使稀土上转换纳米材料与氧化石墨烯形成能量供体-受体组合。由于氧化石墨烯特殊的电子学性质，在 200～700 nm 之间均有较强的光学吸收。在不存在葡萄糖的情况下，氧化石墨烯与稀土上转换纳米颗粒间紧密结合，在激发光的照射下，氧化石墨烯能够通过能量共振转移吸收稀土上转换纳米材料在 540 nm 处的荧光，使得上转换荧光信号被削弱；而当有葡萄糖存在时，凝集素 A 与葡萄糖之间的结合力比凝集素 A 与壳聚糖之间的结合力更强，葡萄糖可将氧化石墨烯从稀土上转换纳米颗粒上替代，稀土上转换纳米材料与葡萄糖结合而远离氧化石墨烯，上转换荧光得到恢复，通过测定 540 nm 处荧光的变化实现对葡萄糖浓度的检测，检测限为 0.025 μmol/L [图 6-10(a)][43]。他们基于此原理又设计出一种检测基质金属蛋白酶(MMP-2)的体系，以 PEI 修饰的稀土上转换纳米材料为能量供体，MMP-2 底物多肽修饰的碳纳米颗粒为能量受体，多肽中包含 π 电子富集区，可与碳纳米颗粒通过 π-π 共轭相互作用，与稀土上转换纳米材料复合后导致上转换荧光的猝灭；加入 MMP-2 时，MMP-2 可特异性识别底物序列 PLGVR 并将其在 G 与 V 之间切割，碳纳米颗粒远离稀土上转换纳米颗粒，然后通过测定上转换荧光的恢复对 MMP-2 进行量化

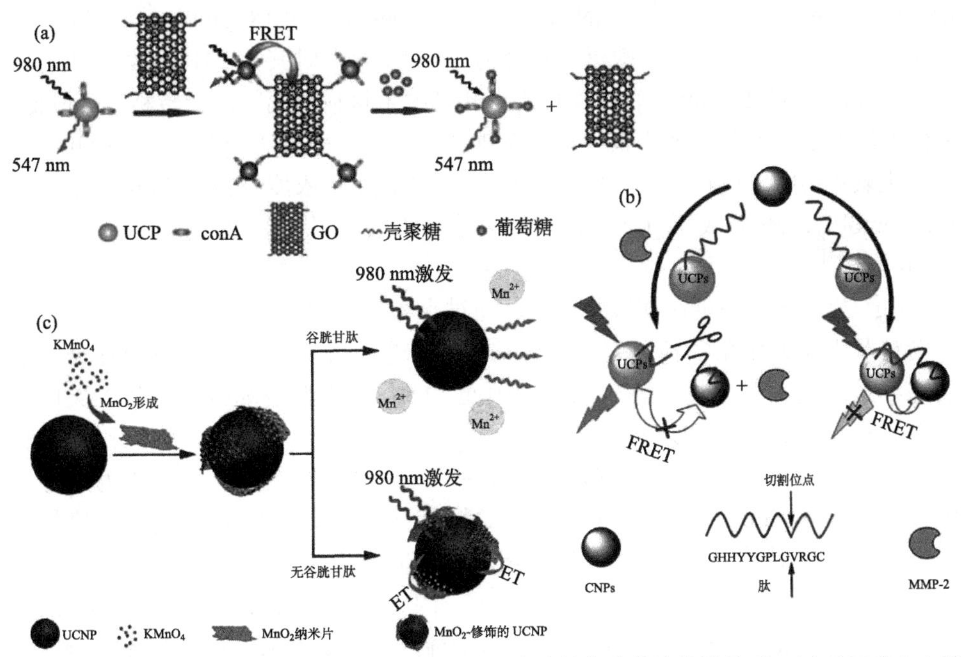

图 6-10　(a)基于稀土上转换纳米材料与石墨烯复合结构的葡萄糖检测体系；(b)基于稀土上转换纳米材料与多肽复合结构的 MMP-2 检测体系；(c)基于稀土上转换纳米材料与二氧化锰复合结构的 GSH 检测体系

[图 6-10(b)][44]。此外，还利用二氧化锰纳米片对谷胱甘肽(GSH)敏感这一事实设计了快速检测细胞内GSH含量的体系。被二氧化锰包裹的上转换纳米材料在475 nm处发射的荧光很弱，当在GSH存在的情况下，二氧化锰被还原成Mn^{2+}，上转换纳米材料在475 nm处的荧光得以恢复，通过稀土上转换纳米材料在475 nm处荧光的变化实现对GSH的检测，检测限为0.9 μmol/L。同时，该方法还实现了对细胞内的GSH分布情况的成像，形成了检测与成像复合的体系[图 6-10(c)][45]。

6.4.4 在离子检测方面的应用

随着环境科学与生命科学的不断发展，人们对金属离子、剧毒阴离子的检测也越来越重视。因此，研究人员不断地发现和发展了多种检测方法，尽管取得了很多实质性的进展，但每一种方法都存在着一些缺陷，如检测体系合成工艺复杂、易受其他离子交叉干扰或背景信号干扰等。其中，采取上转换荧光能量共振转移方法检测生物样品中离子的报道层出不穷，常将稀土上转换纳米材料作为能量供体进行检测如Fe^{3+}、Hg^{2+}、Cu^{2+}、CN^-等离子，将可识别离子的染料或复合物作为能量的受体，利用稀土上转换纳米材料的发光信号进行离子检测。

CN^-是一类可影响细胞呼吸功能的剧毒离子，复旦大学李富友教授课题组首次报道了使用上转换纳米粒子($NaYF_4$:Yb/Er/Tm)与对CN^-敏感的染色体的复合物(Ir 复合物)进行CN^-检测的研究，其检测限可达 0.18 μmol/L[46]。$[(ppy)_2Ir(dmpp)]PF_6$是一种对CN^-敏感的复合物，在CN^-存在时其在531 nm处的吸收大幅度下降，$[(ppy)_2Ir(dmpp)]PF_6$与稀土上转换纳米材料之间的能量转移效率降低，促使上转换信号增强。他们基于该体系进行了优化，采用$[(ppy)_2Ir(dmpp)]PF_6$与稀土上转换纳米材料复合，不仅实现了对CN^-的低浓度检测，其检测限可达37.6 μmol/L，还形成了CN^-特异性检测的体系，几乎不受其他离子的干扰(图 6-11)[47]。

Hg^{2+}及其化合物可在环境中富集，通过水体及食物链进入人体。Hg^{2+}及其化合物对人体健康存在多种危害，能够在体内积累且无法通过代谢排出体外，引发神经系统紊乱及恶性肿瘤等疾病。因此，Hg^{2+}被认为是威胁环境和人类健康的最危险元素和污染物之一。因此，对Hg^{2+}的检测对环境治理及疾病预防具有重要实际意义。复旦大学李富友课题组利用Hg^{2+}特异性的复合物作为能量受体，与$NaYF_4$:Yb/Er/Tm上转换纳米颗粒复合后可实现对Hg^{2+}的低浓度检测(约 9.8 nmol/L)[48]。另外引人关注的是，Hg^{2+}在微生物甲醇化的作用下会转化成对胎儿神经系统、内脏产生破坏的$MeHg^+$，因此除了检测Hg^{2+}，对$MeHg^{2+}$的检测也具有重要意义。该课题组还设计出基于稀土上转换纳米材料的$MeHg^+$响应检测体系：稀土上转换纳米材料与hCy7复合，且其检测限可低至0.18 ppb(parts per billion)，远低于美国国家环境保护局对血液$MeHg^+$含量的规定。该体系不会由于

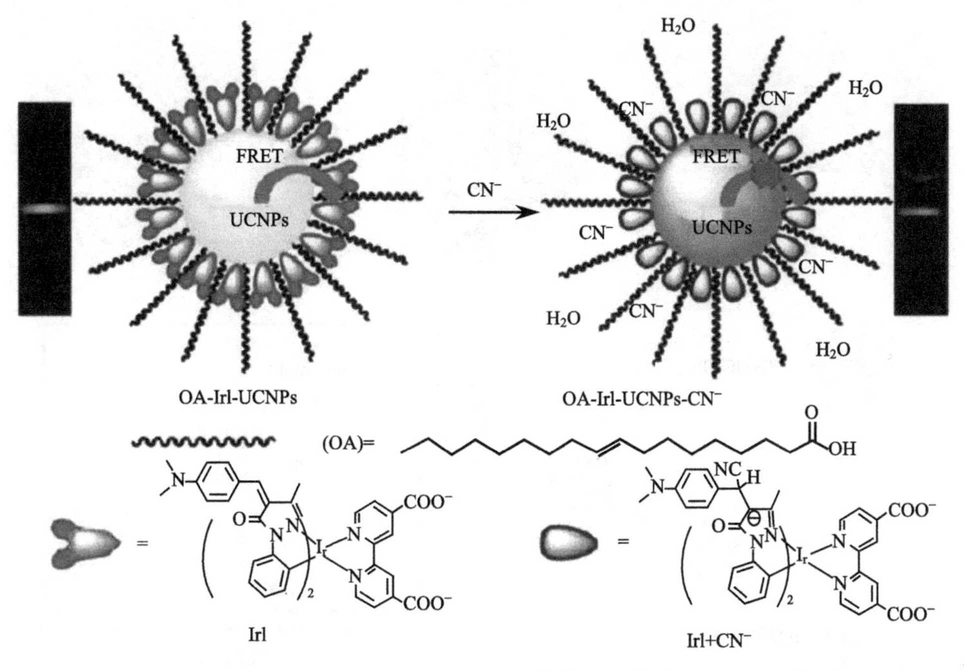

图 6-11　基于$[(ppy)_2Ir(dmpp)]PF_6$与稀土上转换纳米材料复合的 CN^-检测体系

其他金属离子的干扰而降低对 $MeHg^+$的选择性，且在体内外的检测均可实现[48]。

除了离子外，众多研究表明活性氧自由基也是导致多种疾病产生的根本原因。其中，羟基自由基(•OH)是最活泼的自由基之一，可引起核酸、蛋白质、脂质等生物分子的损伤，引发机体炎症、肿瘤等疾病。因此，对活体内高特异性、高灵敏度的•OH 检测对于疾病早期检测和诊断具有重要意义。然而，由于体内•OH 的活性很高且浓度较低，一直以来对其的检测都非常具有挑战性。新加坡国立大学张勇教授课题组首次利用稀土上转换纳米材料作为能量供体与荧光探针(胭脂红酸)复合后用于检测•OH，但这种方法的检测限较高，在活体检测上的灵敏度不够高[49]。基于此，武汉大学刘志洪教授课题组改进了能量传递体系，以 $NaYF_4$ @$NaYF_4$:Yb,Tm@$NaYF_4$ 为供体，•OH 敏感的偶氮染料(mOG)为能量供体，mOG 的吸收峰与上转换材料的发射峰恰好重叠，复合后的体系上转换荧光被 mOG 完全吸收，但当 mOG 与•OH 反应后发生分解不再吸收上转换荧光，使得上转换荧光得以恢复，可用于对•OH 的定量检测(图 6-12)。该体系对•OH 的检测可低至 1.2 fmol/L，在细胞和活体水平均表现出优秀的检测能力[50]。

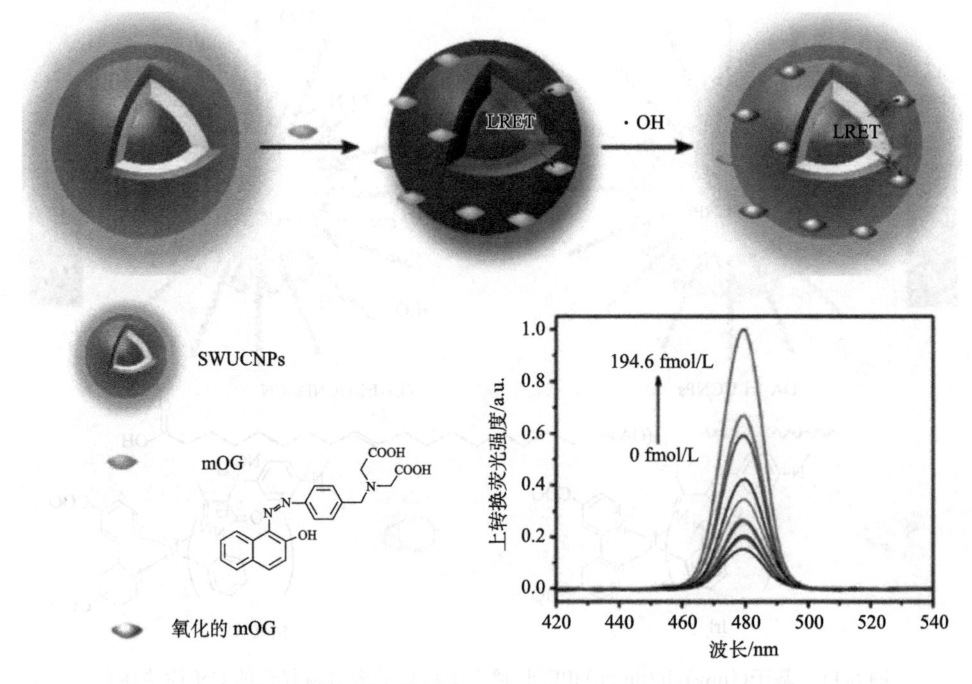

图 6-12 基于 mOG 与稀土上转换纳米材料复合结构的•OH 检测体系示意图及不同•OH 浓度下上转换荧光的强度变化

6.4.5 在 pH 和温度检测方面的应用

监测 pH 及温度的变化对于深刻理解生理、病理过程具有重要意义。近年来，利用荧光探针检测 pH 和温度成为生物传感与成像的重要发展方向，其检测特点是非接触性且灵敏度高。2009 年，Wolfbeis 等首次报道了以上转换纳米材料为基础的 pH 传感器。他们制备出含 $NaYF_4$:Yb/Er 上转换纳米棒及溴百里酚蓝混合物的水凝胶，并测出上转换荧光强度随 pH 从 6 上升至 10 的变化而发生下降，绿色荧光与红色荧光的比值可用于探测 pH[51]。南京大学陈洪渊院士研究团队报道了 $NaYF_4$:Yb/Er 纳米棒与 pH 显色剂 ETH5418 复合的薄膜结构可用于血液 pH 的线性测定。ETH5418 在 540 nm 与 660 nm 处的吸收峰与 $NaYF_4$:Yb/Er 的发射峰完全匹配，随着 pH 由 6 变至 9，ETH5418 在 660 nm 处的吸收呈线性增强，而在 540 nm 处的吸收不发生变化，根据能量共振转移后上转换发射光的 I_{660}/I_{540} 数值可检测实时的 pH[52]。

近年来，稀土上转换纳米材料作为可替代传统下转换荧光材料的新型荧光探针得到快速发展，推动了生物检测技术的进步与创新。该类材料拥有很多优势性质：荧光寿命长，不受背景荧光干扰，发射谱较窄，不易被光漂白等，因此拓展了其在抗体、DNA、疾病标志物、离子、pH 及温度方面的检测价值，在生物领域、食品领域及环境领域均有广泛的应用前景。

尽管稀土上转换纳米材料是一类具有很大应用前景的生物探针材料，但若将其应用在生物医学检测领域，仍有众多挑战需要研究者继续进行克服。第一，上转换荧光的发光效率需要进一步提高以满足临床疾病诊断更低检测限的需求；第二，需要优化检测体系的制备方法以快速、大批量地制备检测装置；第三，需要发展多模态检测体系以弥补单一检测体系的不足；第四，解决材料在体内外的稳定性和长期毒性或副作用以拓展其在活体生物检测的应用价值。

6.5　稀土上转换纳米材料在生物成像领域的应用

随着人们对疾病的认识不断深入，对于疾病检测技术的要求也在不断提高。近年来，分子生物影像技术的快速发展，如核磁共振成像(MRI)、超声成像(PA)、电子计算机断层扫描(CT)、单光子发射计算机断层成像(SPECT)等技术，为疾病的成像及诊断提供了可靠性依据。除此之外，发光成像技术的飞速发展也为生物成像提供了更多视角。发光成像技术是指基于可发光的探针信号进行的可视化成像技术，其信号形式可以是发射光的波长、强度及寿命等，这种成像方式具有成像时间短、灵敏度高、对组织非破坏性等特点，因此近年来被广泛应用于生物医学成像研究中。随着各种成像设备的进一步发展，荧光成像技术发展成为目前相对成熟的一种光学成像技术。例如，荧光显微镜的发展促进了荧光成像在细胞水平的应用，可实现实时观测标记物与细胞的相互作用及其在细胞中的行为；随着新的标记方法及成像技术的进一步发展，对组织样品及细胞内细微结构变化的追踪成像成为可能；小动物活体成像系统的发展又为活体层次的成像提供了可能。因此，荧光成像技术在细胞、组织及活体成像方面均有广泛应用。

荧光有机染料及荧光蛋白是常用的荧光成像标记物，但因它们在成像时受到激发光照射后易发生光漂白现象，且背景荧光信号较高，致使成像效果不佳。与此不同的是近年来发展迅速的稀土上转换纳米材料，该类材料具有很高的光稳定性，且在成像时几乎不受背景荧光干扰，因此有利于在细胞、组织及活体水平获得高灵敏度的成像效果。同时，生物组织对激发光和发射光的吸收也是传统光学生物成像的一大难题，该现象会大大削弱光学信号的强度及穿透深度，限制生物成像的有效性。而研究人员发现，在波长 700～110 nm 之间，生物组织对光的吸收性比较小，因此利用该波段激发光进行激发或使用该波段的发射光进行成像均可有效提高成像的穿透深度和灵敏度(图 6-13)。稀土上转换纳米材料可采用近红外光进行激发，发射光可在紫外光、可见光及近红外光波段内进行调节，因此稀土上转换纳米材料发光成像的方法可以有效利用该“光学窗口”获得传统荧光成像无法比拟的优势。

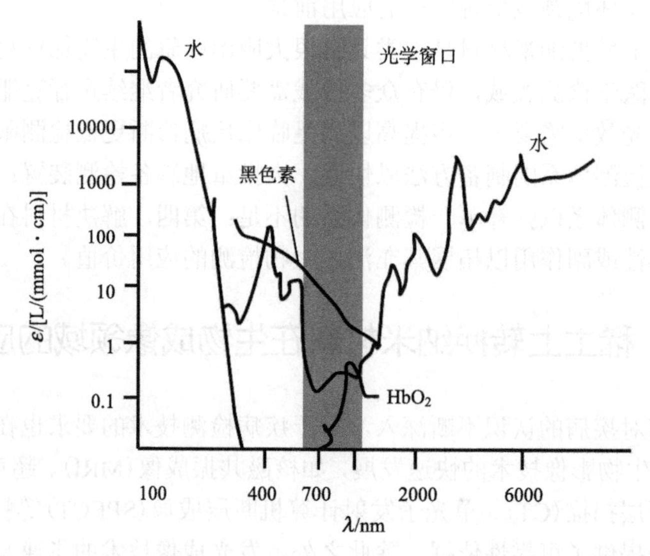

图 6-13　体内不同物质对不同波长光的吸收。HbO_2：氧合血红蛋白

所有的成像技术在灵敏度、组织穿透深度、分辨率及成像成本等方面各有优势和缺点，可以说没有一种影像技术是完美的。因此，单一模式的成像方式不再能够满足现代医学、生物学的需求，双模态和多模态的成像方式可综合两种或多种成像模式的优点，近年来其应用范围在不断地被拓展，相应的成像探针也成为研究的重点。目前已发展出的双模式探针有 PET-光学成像双模式探针、SPECT-光学成像双模式探针、表面增强拉曼散射-荧光双模式成像探针等。

基于以上原因，如何构建以稀土上转换纳米材料为基础、融合多种成像技术为一体的成像探针、发展多模态成像技术成为目前有关稀土上转换发光成像研究的热点。

6.5.1　稀土上转换纳米材料用于体外细胞成像

1999 年，Tanke 等首次利用稀土上转换纳米材料(Y_2O_2S:Yb,Tm)研究在前列腺组织石蜡切片中特异性抗原的分布情况[53]。实验结果中发现，采用上转换纳米材料进行标记不但实现了单分子的检测，甚至比传统染色方法更为可靠，这大大鼓舞了人们利用上转换纳米材料进行生物标记成像的信心。新加坡国立大学张勇教授课题组在体外示踪方面做了不少工作，为稀土上转换纳米材料在体外成像的发展做出了突出贡献。他们首先合成了直径约 21 nm 的上转换纳米颗粒($NaYF_4$:Yb:Er)，在其表面修饰硅层后，与分离出的骨髓间质干细胞及骨骼肌成肌细胞共同培养，经过 24 h 后，通过共聚焦(confocal)激光扫描显微镜观察到细胞内存在发光的稀土上转换纳米颗粒，且分布在细胞质中和细胞核周围。他们还在上转换纳米颗粒表面连接了叶酸靶向分子，与叶酸受体高表达的人结肠腺癌细胞(HT29)和卵巢癌细胞(OVCAR3)共同培养证明了叶酸靶向细胞的有效性[54]。苏州大学刘庄教授课题组将稀土上转换纳米材料作为细胞追踪试剂，在共聚焦显微镜下观测到材料进入细胞的能力，并证明材料对细胞几乎不产生明显毒性；他们还采用不同发射光的稀土上转换纳米材料与细胞共同孵育，实现了细胞水平的多色成像[55]。

6.5.2 稀土上转换纳米材料用于小动物活体成像

利用稀土上转换纳米材料进行生物成像可获得很高的成像灵敏度，且几乎不受生物背景荧光的干扰，因此在活体成像方面具有很突出的应用优势。为了丰富稀土上转换纳米材料成像的多样性，根据需要在上转换纳米材料中掺杂不同的稀土元素可以获得具有不同发射光谱的材料，再经过表面修饰处理增强其生物相容性可应用于多色上转换成像。另外一种可获得多色上转换发光体系的方法是将稀土上转换纳米材料与量子点或有机染料复合，在近红外光照射下，稀土上转换纳米材料与量子点或有机染料之间发生荧光共振能量转移，实现对发射光谱的调节。

苏州大学刘庄教授课题组通过调节掺杂在稀土上转换纳米材料中的元素种类及各元素相对掺杂比例获得了三种具有不同发射光谱的材料($NaY_{0.78}Yb_{0.2}Er_{0.02}F_4$，$NaY_{0.69}Yb_{0.3}Er_{0.01}F_4$，$NaY_{0.78}Yb_{0.2}Tm_{0.02}F_4$)，并将三种材料分别注射到小鼠皮下，在 980 nm 激光激发下实现了活体的三色成像。之后又将三种有机染料(RhB、R6G、TQ1)与稀土上转换纳米材料复合后获得五色成像的体系[55]。

稀土上转换纳米材料除了可被用于体外细胞成像与追踪，在活体示踪方向的应用也是一个研究重点。复旦大学李富友教授课题组构建的 β-$NaLuF_4$:Gd/Yb/Tm 材料在活体细胞示踪方面表现出很高的检测灵敏度。皮下及静脉注射后，即使每个细胞平均仅含 50 个及 100 个稀土上转换纳米颗粒也可被有效地检测，组织穿透深度可达 2 cm[56]。近年来，细胞追踪尤其是干细胞的追踪，在生物医学成像领域掀起了研究的热潮。苏州大学刘庄教授课题组将稀土上转换纳米材料用于干细胞的标记并进行长期的体内追踪实验。结果表明该方法不仅可以达到单细胞水平的检测，而且对标记后的细胞在细胞增殖及分化功能方面并没有产生影响[57]。以上充分显示了稀土上转换纳米材料在活体示踪方面的应用潜力。

另外，稀土上转换纳米材料还可用于血管成像。心血管疾病是除了肿瘤之外对人类健康的另一大威胁，而血管通透性病变及功能异常的早期检测可很大程度上帮助检测预防心血管类疾病。血管成像可以提供如血管数量、血管通透性及血管间距等血管功能相关的信息，由于稀土上转换纳米材料的发光成像具备优良的组织穿透深度及光稳定性且不受背景荧光的干扰，Hilderbrand 课题组首次报道了其在活体血管成像方面的应用。他们合成了聚乙二醇修饰的 Y_2O_3:Yb/Er 材料，并将其通过尾静脉注射的方式注射到小鼠体内，在近红外光照射下实现了对耳部血管的清晰成像，其血管定位与利用传统荧光染料成像获得的结果一致[58]。

除此之外，稀土上转换纳米材料在淋巴成像方面的应用为淋巴成像技术开拓了新的途径。淋巴结转移被认为是肿瘤转移的途径之一。浸润肿瘤细胞可穿过淋巴管壁，脱落后汇集在淋巴结，再随淋巴管增殖转移至其他组织造成肿瘤的转移。因此，对前哨淋巴结的鉴别成为抑制肿瘤转移的重要环节。但由于淋巴结结构细微复杂，鉴别难度较大，临床迫切需要发展实时有效的淋巴结成像技术。复旦大学李富友教授课题组构建了水溶性稀土上转换纳米材料($NaYF_4$:Yb:Tm)用于裸鼠腋下淋巴结(ALNs)成像，表现出很高的信噪比(图 6-14)[59]。

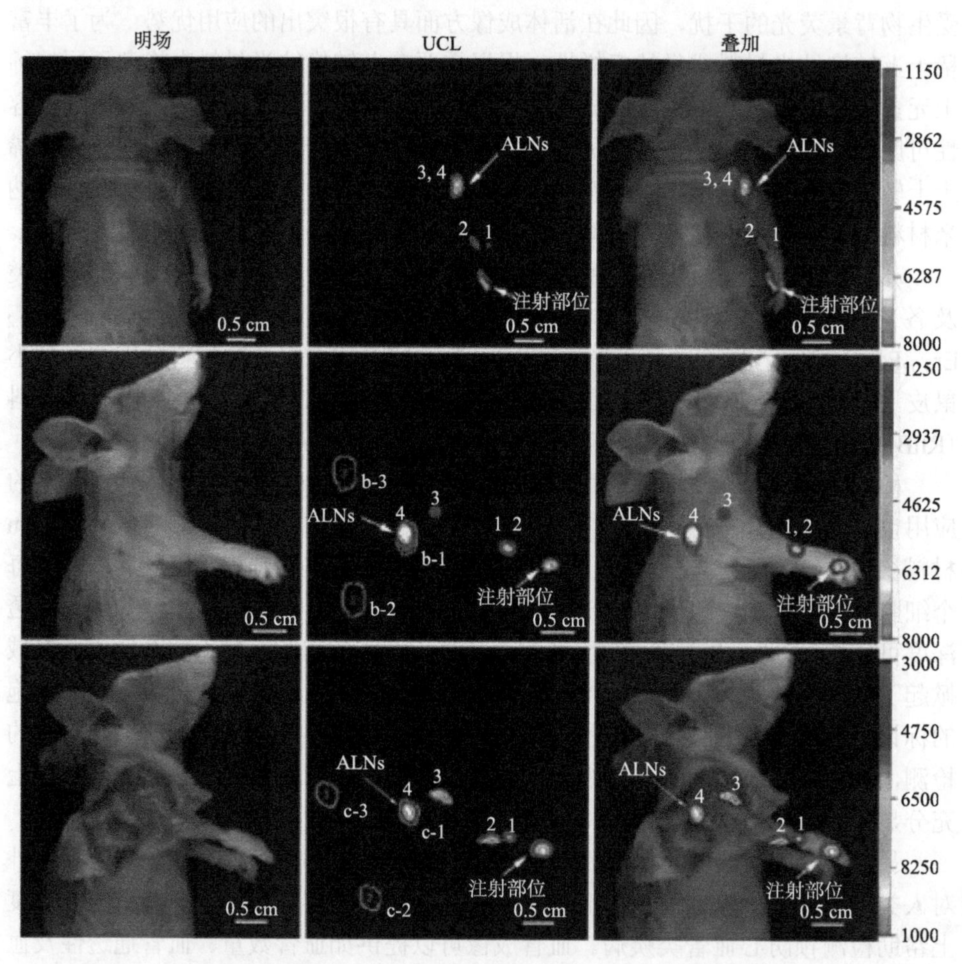

图 6-14　稀土上转换纳米材料在淋巴管成像方面的应用

尽管稀土上转换纳米材料在生物成像方面已经表现出极大的优势，但随着疾病诊断对成像分辨率、成像灵敏度等要求的不断提高，发展复合多种模式的成像探针成为一个主流趋势。单模态成像通常只能够反映生物体较为单一的信息，而为了获得更全面的相关信息，则需要发展双模态甚至多模态成像技术。近年来，随着对上转换纳米材料研究的深入，以上转换纳米材料为基础的多模态成像探针得到快速发展。目前已经发展出多种构建稀土上转换纳米材料为基础的多模态影像探针的方法。其一，构建核壳结构。如将超顺磁性的四氧化三铁纳米材料与稀土上转换纳米颗粒复合(Fe_3O_4@$NaLuF_4$:Yb,Er/Tm)可赋予材料体系磁共振成像(MRI)的功能。在稀土上转换纳米材料的外层包裹含钆的壳层也可使材料具备多功能成像的特质，如已报道的 $NaYbF_4$:Er^{3+}@$NaGdF_4$ 结构。尽管核壳结构构建的纳米材料具备多种成像功能，但其合成方法复杂，且易导致上转换荧光的猝灭及材料颗粒尺寸变大等问题。其二，一步法合成特殊离子掺杂的稀土上转换纳米颗粒。该方法通过将特定颗粒如 Gd^{3+}、Mn^{2+}、$^{18}F^-$、$^{153}Sm^{3+}$等，掺杂在上转换晶格结构中，获得具备单一晶格结构的稀土上转换纳米材料。在材料体系中，Gd^{3+}和 Mn^{2+}通常用作构建磁共振成像稀土上转换纳米材料的掺杂离子，Yb^{3+}与 Lu^{3+}被用作构建 CT 成像上转换探针的掺杂离子，$^{18}F^-$及 $^{153}Sm^{3+}$被用于构建 PET、SPECT 成像的上转换探针。该方法可通过简单的合成步骤即制备出具有复合功能的稀土上转换纳米材料。其三，利用功能性分子复合物。该方法将功能性分子与稀土上转换纳米材料复合以获得多功能的复合结构。如 Gd^{3+}复合结构(Si-DOTA-Gd)用来修饰稀土上转换纳米材料，使得材料具备出色的上转换成像和磁共振成像功能；将 Gd^{3+}-DOTA 与 RGD 标记的稀土上转换纳米材料可用于肿瘤的靶向成像。

磁共振成像与上转换成像的结合是当前研究稀土上转换纳米材料在生物成像领域的热点。磁共振成像作为目前强有力的非侵入型成像模式之一，可以获得高空间分辨率及高清晰度的图像，实现对三维组织甚至软组织的成像。但由于其成像灵敏度较低，限制了其在生物医学领域的应用范围。然而，随着高灵敏度的上转换荧光成像技术的发展，有很多研究将上转换成像与磁共振成像复合并证明了其提高成像灵敏度的有效性。首先，在稀土上转换纳米材料的基础上构建纵向弛豫造影的(T1 加权)磁共振成像与上转换成像的复合探针。在镧系元素中，Gd^{3+}因具有 7 个未成对电子而具有最大顺磁磁矩，常被用作 T1 加权磁共振造影剂。Hyeon 等首次报道将 $NaGdF_4$:Yb/Er 纳米颗粒用于对乳腺癌细胞磁共振-上转换复合成像[60]。除此之外，他们还合成 Gd^{3+}壳层包裹的稀土上转换纳米颗粒($NaYF_4$:Yb/Er@ $NaGdF_4$)。表面壳层不仅具备磁共振成像的功能，还抑制了表面荧光衰变及晶格缺陷，增强了上转换荧光的发光强度，再将光动力治疗试剂(Ce6)与之结合后实现了在双模态成像指导下的光动力治疗[61]。另外，四氧化三铁纳米颗粒不仅具备良好的超顺磁性，其生物相容性也较为突出，将稀土上转换纳米材料与之复合后可实现磁共振横向弛豫造影(T2 加权的磁共振成像)。苏州大学刘庄教授课题组构建的具有复合功能的纳米颗粒($NaYF_4$:Yb/Er@Fe_3O_4@Au)不仅实现了 T2 加权磁共振成像，还有效地避免了金壳对上转换荧光的猝灭效应，使得最终实现上转换荧光及磁共振双模态成像指导下的磁靶向光热治疗及对循环肿瘤细胞(CTC)的检测和分离[62]。

CT 成像是临床常用的一种诊断成像技术，根据机体不同组织对 X 射线的吸收系数不同，可获得空间分辨率很高的三维组织成像。目前临床常采用碘化物作为影像试剂，该类试剂需通过肾脏代谢排出体外，因此增加了产生肾脏毒性的风险。Au 纳米颗粒、Bi_2S_3 纳米材料及 TaO_x 材料是目前研究最多的 CT 成像探针。尽管 CT 成像具有很大的诊断优势，但其检测灵敏度较低，尤其对肿瘤组织等软组织不能够与其他正常组织区分开，因此发展将 CT 成像与上转换成像复合的成像探针可以获得更多有效的机体信息。由于稀土上转换纳米材料中常含有 Lu、Yb 等重原子元素，对 X 射线具有很高的吸收系数，因此可用于 CT 成像，实现上转换成像与 CT 成像复合的双模态成像。

除此之外，PET/SPECT 成像在临床上常用于全身性成像诊断及病灶的准确性定位，其成像强度很高，因此将上转换荧光成像与 PET/SPECT 成像结合也是近年来一种备受关注的双模态成像技术。PET 成像在临床诊断中用于放射性同位素标记物的示踪，常用的同位素为 $^{18}F^-$等。由于合成的稀土上转换纳米材料常含有氟元素，因此可以在合成过程中将 $^{18}F^-$掺入稀土上转换纳米材料的晶格结构中，以制得同时具备上转换成像及 PET 成像双功能的材料。复旦大学李富友教授课题组成功制备出 $^{18}F^-$标记的稀土上转换纳米材料($NaYF_4$:Yb/Tm)，并将其用于小鼠活体成像及淋巴成像，同时可完成对 $^{18}F^-$标记的材料生物分布的追踪。但由于 $^{18}F^-$的半衰期只有 2 h，很大程度上限制了该类材料在生物成像方面的应用。因此，该课题组又探索出一种在一步水热法合成稀土上转换纳米材料($NaLuF_4$:Yb/Tm)的过程中将 $^{18}F^-$用半衰期更长的 $^{153}Sm^{3+}$(46.3 h)替代的方法，制备出的材料可用于长期 SPECT 成像及生物分布情况研究[63]。

近年来，除了双模态成像技术，以稀土上转换纳米材料为基础，复合上转换成像、磁共振成像、CT 成像及 SPECT 成像的三模态成像、四模态成像技术也在不断地得以发展和应用。中国科学院上海硅酸盐研究所施剑林教授课题组报道了首个具有三模态成像功能的稀土上转换纳米材料成像探针($NaYF_4$:Yb/Er/Tm/Gd@SiO_2-Au@PEG)复合材料可以同时实现上转换成像、T1 加权磁共振成像及 CT 增强成像[64]。为了避免 Au 对上转换荧光的吸收而影响成像效果，他们又利用 TaO_x 对稀土上转换纳米材料进行表面修饰，构建了 TaO_x@$NaYF_4$:Yb/Er/Tm@$NaGdF_4$ 的结构，可同时实现 CT/MR/UCL 的三模态成像[65]。Qu 等报道了可实现体内长循环的稀土上转换纳米材料(Gd_2O_3:Yb^{3+}/Er^{3+})，通过水热法制备的材料再经过 PEG

修饰，材料的水溶性和生物相容性良好，为活体成像提供了可能性。除了 T1 加权型探针，复旦大学李富友教授课题组报道了四氧化三铁与稀土上转换纳米材料复合结构(Fe_3O_4@$NaLuF_4$:Yb/Er/Tm)用于细胞、活体的 T2 加权磁共振、上转换成像及 CT 成像[66]。

为了获得最精准、灵敏的影像学信息，将上述几种成像模式有机复合成为一个理想选择。复旦大学李富友教授课题组构建了核壳结构的稀土上转换纳米材料[$NaLuF_4$:Yb,Tm@$NaGdF_4$(^{153}Sm)]，并证明了其在四模态成像上的有效性，可同时获得磁共振成像、上转换成像、CT 成像及 SPECT 成像[63]。这种复合成像方式可以从多层次、多方位提供机体的诊断信息，对于疾病的精准检测具有重要意义。

目前，稀土上转换纳米材料在生物成像领域的应用已经有了众多报道，其中包括细胞成像、组织切片成像、血管成像、淋巴成像等。除此之外，其在肿瘤成像方面的应用是研究的热点。肿瘤成像对于肿瘤的精确定位、提高肿瘤治疗的疗效有至关重要的作用，而肿瘤的靶向又成为准确定位的关键影响因素。肿瘤靶向是以特定的生物标记物识别肿瘤的特异性靶点，达到将肿瘤与正常组织区分的目的，提高成像灵敏度和治疗效果。目前常用的肿瘤靶向方法包括将材料与抗体蛋白、FA 或磁纳米颗粒等结合，实现有效的靶向结果。将肿瘤靶向基团与成像材料通过共价、吸附等作用力相连，可使材料在肿瘤部位富集，从而通过荧光信号实现对肿瘤部位的精准定位，而不在其他正常组织中累积以降低背景荧光信号干扰的影响。复旦大学李富友教授课题组首先制备出 UCNP@SiO_2(FITC)-NH_2 结构，在其表面通过共价键连接了肿瘤细胞靶向分子 FA。实验结果表明，经过一段时间的共同孵育培养，该体系对具有 FA 受体的细胞系(如 KB)有高效靶向的功能，而不含 FA 受体的细胞对其几乎没有摄取[27]；他们还利用精氨酸-甘氨酸-天冬氨酸多肽(RGD)在稀土上转换纳米材料表面进行标记，实现靶向肿瘤细胞特异性表达的整合素从而进行肿瘤的靶向成像[67]。

利用稀土上转换纳米材料作为成像探针的技术在近几年得到大力发展，众多研究结果也表明该类成像探针具备成像灵敏度高、分辨率高等优势，但在将其应用于临床诊断之前，还有很长的研究路程需要努力。首先，稀土上转换纳米材料的生物安全性和生物相容性需要加以关注和实验证明，目前对于稀土上转换纳米材料的体内清除机制还未明确，且采用 980 nm 激发光易产生过热效应对机体带来热损伤。另外，表面修饰手段仍需进一步优化，防止材料在网状内皮系统聚集。最后，对于多模态成像的成像仪器亟待研发，实现多模态一体化成像。总之，我们殷切地期待以稀土上转换纳米材料为基础的成像探针用于疾病早期检测及诊疗中。

6.6 稀土上转换纳米材料在活体肿瘤治疗领域的应用

随着肿瘤逐渐成为人类健康的首要威胁，人们对寻求更有效的肿瘤治疗方式越关注。传统的肿瘤治疗手段包括手术治疗、化学药物治疗、放射性治疗等。传统治疗手段在杀死肿瘤细胞的同时也会对正常组织、细胞造成巨大损伤，长期使用化学药物治疗可增加肿瘤耐药性，放射性治疗会导致强烈的毒副作用，手术局部切除肿瘤后有极大复发的可能等。因此，传统的治疗效果有着较大的局限性。在过去几年中，新型纳米材料的发展为肿瘤诊疗提供了新的途径并取得长足发展。稀土上转换纳米材料作为一类新兴的具有独特性质的重要材料，关于其在肿瘤治疗方面的应用研究在近些年来受到广泛关注。首先，利用其独特的光学信号为早期肿瘤诊断提供了途径；其次，稀土上转换纳米材料可作为药物载体，与传统药物体系相比，更易于实现药物的可控性释放，且具有一定的主动或被动靶向功能，减少药物对正常组织或器官的损伤；另外，稀土上转换纳米材料在肿瘤光学治疗方法中的应用也为治疗手段的革新提供了可能，包括光热治疗、光动力治疗、光促进联合治疗。因此，构建具有复合功能的稀土上转换纳米材料体系可同时实现肿瘤诊断与治疗，进一步开发稀土上转换纳米材料在肿瘤治疗领域的应用价值和应用前景，为稀土上转换纳米材料在医学领域的发展提供更多可能。

6.6.1 稀土上转换纳米材料用于药物载体

目前临床使用的肿瘤治疗药物多数是组织非特异性的，在治疗过程中，药物在体内的分布广泛，为机体带来不可忽视的副作用。为了提高药物的疗效、降低毒副作用，研究者需要探索并选择更合适的药物载体。目前，药物载体包括脂质体、纳米颗粒、聚合物体系等。其中，药物载体的载药率及药物载体能否实现可控性药物释放成为筛选优异载体的重要参考因素。

以稀土上转换纳米材料为基础的纳米药物载体作为一种新型药物装载介质，在药物缓释、靶向释放等方面均具有强大的优势，可实现体内长循环及被动靶向功能，能够有效提高药物利用率，降低对其他组织的副作用。另外，稀土上转换纳米材料又具有独特的光学性质和良好的生物相容性，其在构建可追踪型药物输送载体方面的潜力也非常巨大。稀土上转换纳米材料拥有纳米尺度的独特性质，具备很高的比表面积，可实现对化疗药物或基因药物的高效率装载。

稀土上转换纳米材料作为药物载体的有利用稀土上转换纳米材料表面修饰的疏水区及多孔硅层两种装载方式。①通常采用 PEG 类两亲型高分子与稀土上转换纳米材料表面的油酸等组装，其中形成的疏水区域可用于装载疏水型抗癌药物。如阿霉素(doxorubicin)便可采用该方法进行装载输送，且释放呈现 pH 依赖性，在酸性条件下释放率更高，这更利于其在弱酸性的肿瘤微环境中进行释放，这种释放过程可通过共聚焦显微镜进行监测[图 6-15(a)][68]。②将药物装载在多孔硅的孔道中。布洛芬(ibuprofen, IBU)曾作为一类模型药物被用来研究多孔硅修饰的稀土上转换纳米材料的药物装载行为[图 6-15(b)]。研究发现，由于多孔硅的比表面积巨大，可以装载大量的布洛芬，但是在装载完成后，稀土上转换纳米材料的荧光被大幅度猝灭。基于此，药物的装载量可通过检测上转换荧光的猝灭确定，而药物的释放又可通过检测荧光的恢复实现[69]。

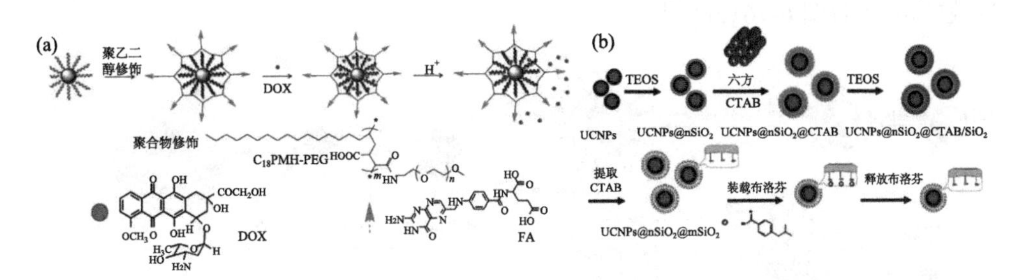

图 6-15　(a) pH 诱导的基于稀土上转换纳米材料的药物释放体系；(b)基于稀土上转换纳米材料表面多孔硅的药物装载体系

除了药物装载率的影响外，药物的可控性释放对于降低药物毒副作用、提高治疗效果也是至关重要的影响因素。可控性释放即通过采取一定手段实现药物在特定时间、特定部位释放适当的药物量以达到治疗的目的。目前，在药物可控性释放的研究中，光控药物释放体系被认为是一种比较温和、有效、可控性强的方法。然而，由于组织穿透深度的局限性，紫外光和可见光仅适用于浅表层的药物释放，而近红外光控型的释放体系则更具备穿透深层组织的优势，因此稀土上转换纳米材料的发展为构建近红外光光控型药物释放体系提供了新的途径。

新加坡国立大学 Liu 等报道了一种近红外光光控型的药物载体，以稀土上转换纳米材料($NaYF_4$:Yb/Er@$NaYF_4$)为载体，在其表面修饰多孔硅后通过疏水作用与两种高分子作用，经过催化聚合形成光敏感体系，DOX 被装载在高分子疏水区，经过近红外光照射后，聚合物在上转换发射光的作用下发生解离，药物得以释放。该体系有力地证明了稀土上转换纳米材料作为光控药物载体在特定部位、特定时刻进行药物的可控性释放的有效性和高效性[图 6-16(a)][70]。施剑林教授课题组报道了一种偶氮类修饰的稀土上转换纳米材料($NaYF_4$:Tm/Yb@$NaYF_4$)用于光控药物释放。该偶氮类分子在紫外光照射下为顺式异构体，而在可见光照射下则为反式异构体。因此，在近红外光的照射下，稀土上转换纳米材料同时发射出紫外光和可见光，可持续地促进该分子在顺式和反式结构间的转化来促进阿霉素的释放[图 6-16(b)][71]。各项研究除了在细胞水平证明了稀土上转换纳米材料作为一类光控药物释放载体的有效性，其在小动物活体水平的应用也在不断地被探索和发展。复旦大学李富友教授课题组将稀土上转换纳米材料用于小动物活体可控药物载体的构建。他们将光活性剂(氨基香豆素)与抗癌药物(苯丁酸氮芥)结合并装载于 $NaYF_4$:Tm/Yb@$NaLuF_4$@$mSiO_2$ 的硅层中，在近红外光的照射下，由于光活性剂与药物发生解离使得药物被释放。该体系随着近红外光的照射与撤离呈现出明显的“ON-OFF”现象，且在低功率光的照射下即可达到良好的细胞杀伤效果，在活体肿瘤的抑制方面也表现出明显效果，进一步证明了近红外光控制下的药物释放的可行性[图 6-16(c)][72]。

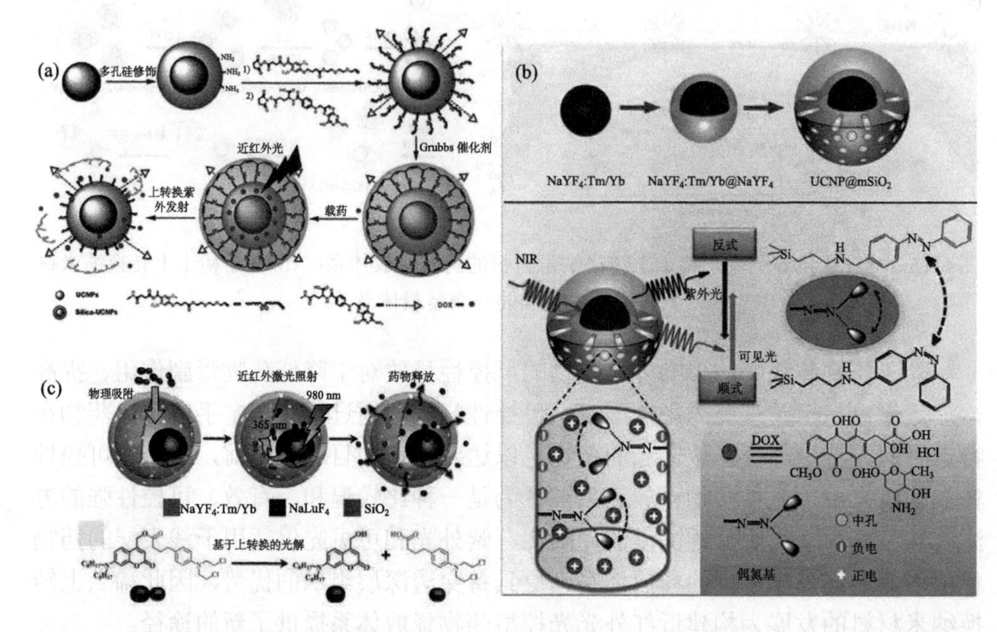

图 6-16 (a)以稀土上转换纳米材料($NaYF_4$:Yb/Er@$NaYF_4$)为载体构建的近红外光光控型的药物载体；(b)近红外光控制上转换纳米复合载体的结构变化实现药物的释放；(c)基于上转换纳米载体的“ON-OFF”药物释放结构

除了控制药物在近红外光照射下的释放达到可控的目的，还可以采取光促进化疗药物的变性的方式来完成。顺铂[Pt(Ⅱ)]药物的抗癌作用强，活性高，是临床常用的抗癌药物之一；但其毒副作用很高，不能特异性识别肿瘤，易产生耐药性。因此，设计出药效强、副作用小且具有肿瘤特异性识别功能的铂类药物成为当前研究的热点。新加坡南洋理工大学 Xing 等利用稀土上转换纳米材料能够在近红外光照射下发射出紫外光，从而将毒性很低的顺铂前药[Pt(Ⅳ)]转化成具有强毒性的Pt(Ⅱ)[70]。中国科学院长春应用化学研究所林君研究员课题组报道了将 Pt(Ⅳ)共价连接到 $NaYF_4$:Yb^{3+}/Tm^{3+}@$NaGdF_4$/Yb^{3+}的表面，在近红外光的激发下，稀土上转换纳米颗粒发射出紫外光，将 Pt(Ⅳ)转变成 Pt(Ⅱ)并诱导其释放。这种复合材料可以有效地抑制肿瘤的增长，其产生的肿瘤抑制效果比直接利用紫外光照射肿瘤部位产生的效果更好[73]。

虽然利用稀土上转换纳米材料作为光控型药物载体相比于可见光和紫外光具备很大的优势，但稀土上转换纳米材料光转化效率很低仍是该类体系的局限之处，且长时间、高功率的照射会为机体带来严重的热损伤，影响组织正常机能。因此，研究出更高强度的光源及更高转化效率的稀土上转换纳米材料也成为亟待解决的问题。

6.6.2　稀土上转换纳米材料用于光动力治疗

光动力治疗是一类非传统肿瘤治疗的方法，指在氧分子存在的条件下，以特定波长的照射光激发光敏剂，处于激发态的光敏剂将能量传递给周围的氧，产生对细胞具有毒性的单线态氧，导致细胞受损及死亡。因此，光动力治疗的三要素即光敏剂、氧气、特定波长的光照。目前使用的光敏剂大多是卟啉类分子，多数难溶于水且在肿瘤部位的富集效应差，难以达到有效治疗浓度；且该类分子需要用可见光激发，在人体组织的穿透性极差，仅适用于体表恶性肿瘤、口腔肿瘤、食管肿瘤等，这些缺陷限制了光动力治疗在临床的发展前景。因此发展出能够提高光敏分子溶解性、提升肿瘤部位富集度、增加组织穿透性的方法对拓展光动力治疗在临床的应用有重要意义。越来越多的研究结果表明稀土上转换纳米材料是解决这一系列问题的选择之一，原因有：稀土上转换纳米材料具备很高的肿瘤高通透性和滞留效应(EPR 效应)，肿瘤部位富集度高；经过表面修饰，可装载疏水性的光敏分子，解决光敏剂难溶性问题；采用近红外光作为激发光源，组织穿透深度大大增加。利用稀土上转换纳米材料实现光动力治疗的原理一般是在近红外光的照射下，稀土上转换纳米材料被激发发射出短波长、能量更强的可见光或紫外光，被吸附或连接在稀土上转换纳米材料表面的光敏剂被上转换的发射光激发，将能量传递给周围的氧分子或三线态氧，再将这些分子激发为单线态氧或氧自由基，对肿瘤细胞产生毒性，损坏肿瘤部位血管等。

Prasad 首次提出了基于稀土上转换纳米材料的光动力治疗的理论。2007 年，新墨西哥大学的 Zhang 等在细胞水平证实了这一理论。他们将光敏剂(merocyanine-540) 掺在稀土上转换纳米材料外层包裹的硅层中 ($NaYF_4$:Yb/Er@SiO_2)，在近红外光的照射下实现上转换能量共振转移，光敏剂吸收能量后产生的单线态氧对共同孵育的膀胱癌细胞产生杀伤作用。厦门大学郑南峰教授课题组制备出将光敏分子 AlC_4Pc 共价掺杂在硅层的结构，这种方法可防止光敏剂的脱落流失从而获得更高的光动力治疗效果[75]。但在该类体系中，由于包裹硅层的致密结构限制了氧分子的进入及活性氧的扩散，所产生的光动力治疗效果不高。

为了克服该缺陷提高光动力治疗的效果，有研究发展出以下方法：①在稀土上转换材料表面修饰多孔硅层，保证更多的氧分子进入反应体系以产生更多单线态氧。Zhang 等将光敏分子 ZnPc 通过疏水作用吸附到多孔硅中，实现了近红外光诱导的光动力治疗[图 6-17(a)][76]。②与利用光敏分子疏水性直接吸附不同，采用将光敏分子共价连接到上转换外层包裹的多孔硅孔道内也是提高光动力治疗效果的有效方法。严纯华教授课题组将疏水性光敏分子 SPCD/HP 与多孔硅孔道共价连接，不仅解决了光敏分子的溶解度及稳定性问题，还为单线态氧的扩散提供了条件[图 6-17(b)][77]。③通过共价连接的方法将光敏剂直接与稀土上转换纳米材料连接也被证明是一种可行方法。荷兰阿姆斯特丹大学 Zhang 等将玫瑰红(Rose Bengal, RB)分子直接利用酰胺反应修饰到稀土上转换纳米材料表面，并修饰了叶酸靶向分子[图 6-17(c)][78]。这种方式不仅可以提高光敏分子的装载量减少光敏分子的脱落，还可以缩短光敏分子与上转换纳米材料间的距离，有利于能量转移的发生。

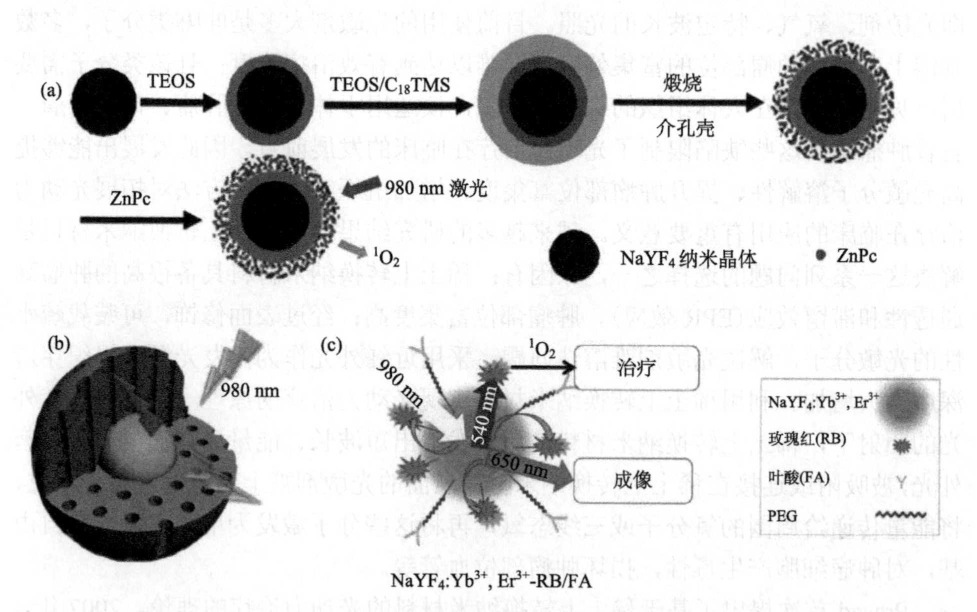

图 6-17 (a)在稀土上转换纳米材料表面修饰多孔硅后吸附光敏分子 ZnPc 并将之用于光动力治疗；(b)疏水性光敏分子 SPCD/HP 与稀土上转换纳米颗粒表面的多孔硅孔道共价连接的结构；(c)将光敏剂 RB 直接与稀土上转换纳米材料连接的结构

苏州大学刘庄教授等通过将光敏分子 Ce6 吸附在稀土上转换发光纳米颗粒表面，通过能量共振转移原理首次在动物水平上实现了近红外光诱导下的高效肿瘤光动力治疗，长期生物分布和毒理学数据也表明该类材料在完成局部肿瘤治疗的功能后能够被逐渐清除出体外而无明显毒副作用[图 6-18(a)][79]；在此基础上，他们发展了具有 pH 响应表面电荷翻转功能的稀土上转换纳米颗粒，用于肿瘤微环境靶向响应的光动力治疗，进一步提高针对肿瘤治疗的特异性[图 6-18(b)][80]；在最近的工作中，他们还发展了蛋白质包覆的稀土上转换纳米颗粒用于光敏分子和吸光染料的共装载，实现了近红外诱导光动力和光热协同治疗[图 6-18(c)][81]。这些相关工作在动物水平证明了基于稀土上转换纳米颗粒近红外诱导光动力治疗的可行性，实验结果表明这一策略的组织穿透能力比传统可见光激发光动力治疗有了大幅度的提高，有利于大体积肿瘤和深部组织肿瘤的高效治疗。

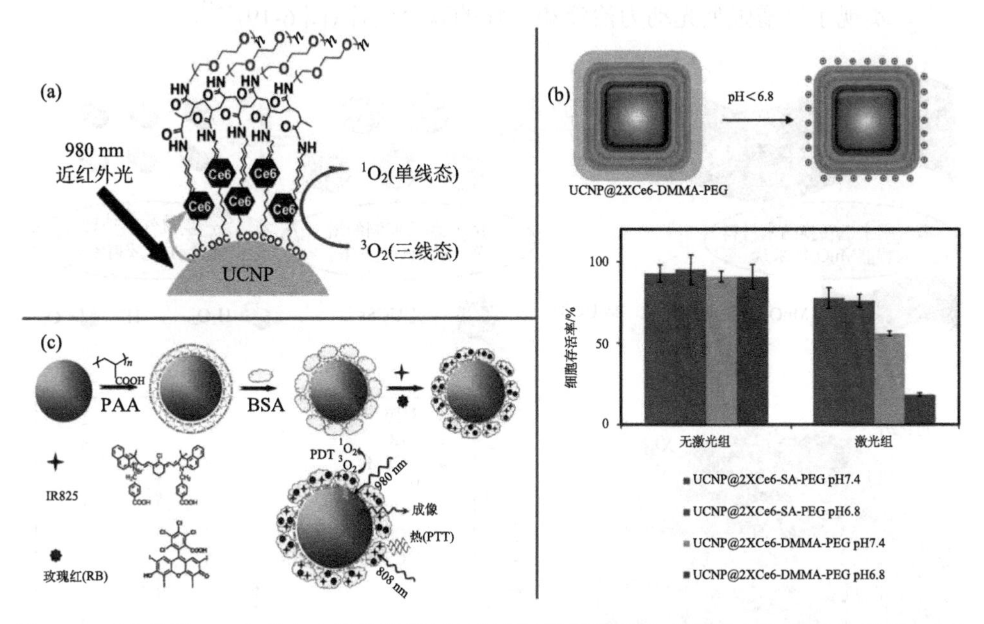

图 6-18　(a)基于 Ce6 与稀土上转换纳米材料复合结构的活体光动力治疗体系；(b) 肿瘤 pH 响应性的光动力治疗体系；(c)蛋白质包覆的稀土上转换纳米材料用于光动力治疗的体系

BSA：牛血清白蛋白；PTT：光热治疗

为了进一步提高光动力治疗的效果，研究表明利用单一波长光源激发两种光敏剂分子的方法是一种可取措施。新加坡 Zhang 等将两种光敏分子(ZnPc/MC540)同时装载在稀土上转换纳米材料表面，在 980 nm 激光的激发下，上转换纳米颗粒同时发射绿光和红光，并同时激发 ZnPc 与 MC540 以增强光动力治疗效果。同时，对该材料进行叶酸靶向分子修饰首次实现了活体叶酸靶向的光动力治疗[82]。2013 年，国家纳米科学中心赵宇亮教授等报道了一种将化疗药物 DOX 及光敏剂 Ce6 同时装载在稀土上转换纳米材料上的方法，实现了化疗-光动力的联合治疗。在近红外光的照射下，稀土上转换纳米材料与 Ce6 实现荧光共振能量转移，达到很好的光动力治疗效果；而与此同时，DOX 在弱酸性条件下被释放实现化疗作用。在细胞水平的实验结果显示同时装载 Ce6 和 DOX 在近红外光照射下可实现比任何单一治疗方式更好的联合治疗效果[83]。

除此之外，研究还表明实体肿瘤在恶性肿瘤所占比例非常大，肿瘤乏氧又是实体瘤的一个重要特征，与肿瘤的复发和转移密切相关，且会降低肿瘤对化疗、光动力治疗及放疗的敏感性。因此，克服肿瘤的乏氧环境对于增强肿瘤治疗效果具有重要意义。中国科学院上海硅酸盐研究所施剑林教授课题组以稀土上转换纳米材料为基础设计了克服肿瘤乏氧的体系，利用肿瘤部位过氧化氢浓度过高的特点及二氧化锰可与过氧化氢反应产生氧气的性质，将二氧化锰纳米片与稀土上转换纳米材料复合，实现了氧增强型光动力治疗和放疗的联合治疗(图 6-19)[84]。

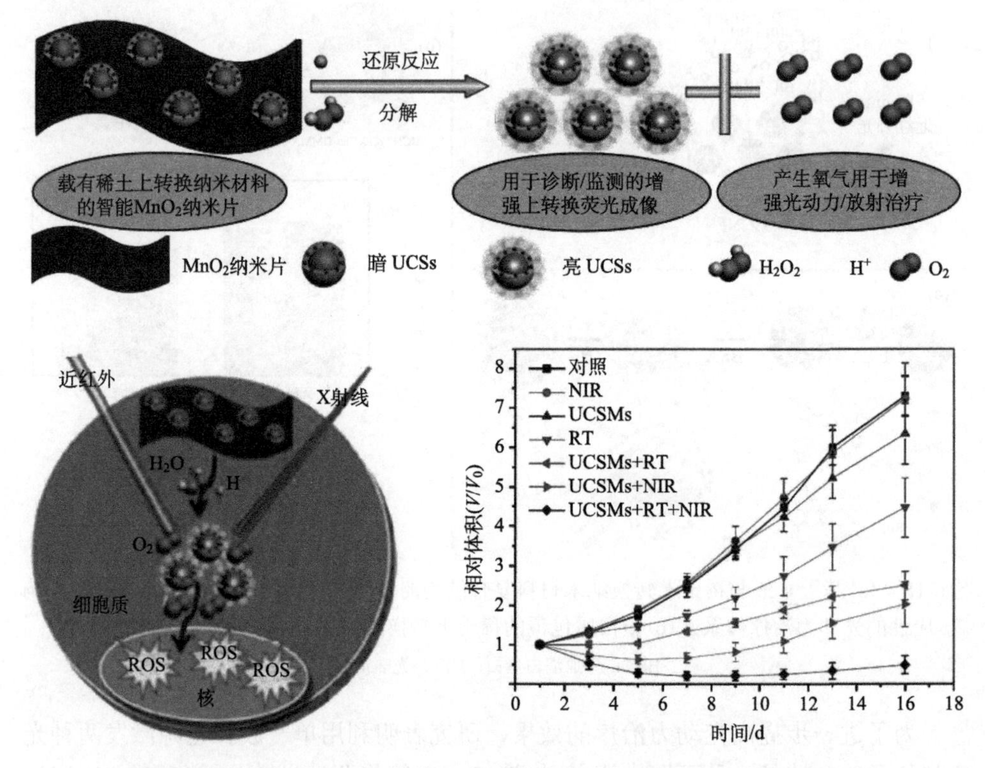

图 6-19 基于稀土上转换纳米材料构建的克服肿瘤乏氧的体系

ROS：活性氧分子

6.6.3 稀土上转换纳米材料用于放疗

放疗是肿瘤治疗方法三大手段之一。放疗是指通过在肿瘤部位辐照不同能量的 X 射线或 γ 射线以抑制和消除肿瘤细胞的治疗方法。但放疗只对一些对射线敏感性高的肿瘤有较好的效果，且目前肿瘤组织中的乏氧环境导致存在放射抵抗，放疗的疗效一直达不到让人满意的效果。因此，在放疗的过程中，通常引入一些辅助手段降低肿瘤对辐射的抵抗及提高肿瘤组织对射线的敏感性，研究安全、有效的放疗增敏剂成为近年来临床放射疗法领域的一大热点。

放疗增敏即通过特定方式来强化放射对肿瘤细胞的损伤或抑制肿瘤细胞的修复功能，主要通过提高肿瘤部位乏氧细胞对射线的敏感性来实现。近些年来常用的放疗增敏剂包括铂类药物、硝基咪唑类化合物、环氧化酶-2 抑制剂及新型纳米材料等。其中，含有高 Z 重原子的纳米材料引起了广泛的关注。当肿瘤组织活细胞内分布该类高电子密度的重金属元素时，在 X 射线或 γ 射线的辐照下，重金属原子通过电离碰撞或激发-应激等过程产生及释放出带电粒子和辐射光子，之后将能量转移至肿瘤组织中，使得肿瘤细胞内 DNA 断链最终导致细胞凋亡。因此，很多研究中报道了在材料中掺杂此类高 Z 金属元素用作制备放疗增敏剂的有效方法。稀土上转换纳米材料中通常含有 Y^{3+}、Yb^{3+}、Gd^{3+}等高原子序数，相比于直接在原子序数较低的肿瘤组织照射射线，有稀土上转换纳米材料富集时，这种能量对细胞所产生的损伤效应更强，达到显著的放疗增敏作用。

中国科学院上海硅酸盐研究所施剑林教授课题组构建了第一个高 Z 元素掺杂的稀土上转换纳米材料体系，并证明了其在 CT 影像导航下增敏放疗的有效性。他们通过高温热分解法合成了分散性及稳定性良好的稀土上转换纳米颗粒($BaYbF_5$: Er)，并在其表面修饰了靶向分子 RGD。实验结果证明该体系由于 Ba^{2+}及 Yb^{3+}的高 Z 性质，不仅可被用作 CT 成像的造影剂，还可使得放疗的效果得到很大程度的增强[85]。

另外，除了采用高 Z 重金属元素实现放疗增敏效果，部分抗癌药物本身即可作为一类对放疗敏感的药物实现放疗增敏，如 CDPP、Dtxl 等。施剑林教授课题组首次将放疗敏感性药物 CDDP 装载在硅包裹的稀土上转换纳米材料上实现了化疗-放疗的联合治疗。该实验结果显示将 CDDP 装载在稀土上转换纳米材料上，不管是细胞水平还是动物水平，在经过射线辐照后，CDDP 均可杀死更多的肿瘤细胞，表现出更强的肿瘤细胞生长抑制效果。除此之外，在稀土上转换纳米材料表面连接叶酸靶向分子，可实现小鼠体内靶向影像导航下的化疗-放疗联合治疗[86]。

另外，施剑林教授课题组报道了一种“利用肿瘤乏氧”的策略来实现高效的肿瘤治疗目的。他们设计了上转换发光探针与生物还原型药物替拉扎明(TPZ)及光敏分子 SPCD 复合的多功能结构：TPZ 对乏氧细胞具有特异的细胞毒性，可在乏氧细胞内代谢产生自由基，自由基与 DNA 大分子结合，导致 DNA 损害和细胞死亡；综合光敏分子在上转换发光激发下产生的光动力治疗效果，可实现放疗与化疗的联合治疗[87]；另外，NO 在体内参与很多生命过程，是一类安全性高、无毒性的重要物质，且研究发现，在乏氧环境下高浓度的 NO 对增强放疗的效果具有明显作用。因此，他们还基于参与稀土上转换纳米材料构建了“规避肿瘤乏氧”的体系，实现了 X 射线响应的 NO 原位释放、乏氧可控的放疗增敏[88]。

当前肿瘤治疗的手段包括化疗、光动力治疗、放疗，而单一的肿瘤治疗手段均具有一定的缺陷性，如化疗时采用高剂量化疗药物带来的毒副作用、光动力治疗和放疗对氧的依赖性限制了其在乏氧肿瘤治疗方面的应用等。为了获取更好的治疗效果，实现对肿瘤的彻底抑制，发展出多种治疗手段相结合的治疗方式成为一个策略。目前，多项研究表明，将光动力治疗与化疗结合、放疗与光热疗法结合等方式可实现 1+1>2 的协同治疗效果。同时，众多的研究显示稀土上转换纳米材料可同时实现放疗与光动力治疗的结合、光动力治疗与化疗的结合、放疗与化疗的结合或多种治疗方式结合的治疗方式。为了彻底消除肿瘤细胞，不仅可以将两种治疗方式进行联用，三种治疗手段同时联用也是一种可能，各种治疗方式之间存在的协调效应对治疗效果也有重要影响。中国科学院上海硅酸盐研究所施剑林教授课题组采用同时装载放疗增敏药物 Dtxl 及光敏剂 HP（血卟啉）的稀土上转换纳米材料，在近红外光和 X 射线的照射下，同时将化疗-放疗-光动力治疗联合使用。经过观察，在治疗完成后的 120 天内，肿瘤被完全消除并且没有发生复发[89]。利用 X 射线辐照不仅能够直接破坏 DNA 链，还可以增强肿瘤细胞对药物及 ROS 的敏感性，可导致 DNA 被彻底破坏，细胞凋亡或死亡。

肿瘤治疗是当代医学领域的一大难题，也为众多研究者提出了更多的挑战。随着材料科学、纳米医学的快速发展，为肿瘤治疗提供了新的可能和选择。稀土上转换纳米材料因其独特的发光性质、生物相容性质引起了众多研究的关注。稀土上转换纳米材料为深层肿瘤治疗提供了可能；可通过调节稀土上转换纳米材料发光光谱实现对多种光敏剂的激发；稀土上转换纳米材料可作为化疗药物或光敏剂的载体，有效提高药物在肿瘤部位的富集；掺杂高 Z 重金属的元素可使得稀土上转换纳米材料对 X 射线具有强吸收，实现放疗增敏效果；稀土上转换纳米材料体系可实现多种治疗手段的复合，达到治疗方法互补联合的效果。虽然稀土上转换纳米材料在肿瘤治疗领域具有更广阔的应用前景，但对其的研究尚处于实验室阶段，构建以稀土上转换纳米材料为基础的肿瘤诊疗一体化平台仍存在一些挑战。

6.7 稀土上转换纳米材料的生物安全性评价

随着稀土上转换纳米材料在生物医学各领域的应用价值被发掘，其生物安全性也成为关注的热点。材料在细胞内及体内的分布、代谢及毒性与材料本身所具有的稳定性、颗粒尺寸、表面电性及使用量有关。

纳米材料的细胞内化及在细胞内的分布情况决定了材料对细胞器的影响甚至对细胞或活体的毒性效应。因此，研究材料的细胞内化和胞内分布对于评价材料的生物安全性有至关重要的作用。

稀土上转换纳米材料表面的电性及其与带负电性的细胞膜之间的静电作用会

很大程度地影响材料产生的细胞毒性及细胞内吞的材料量。Wong 课题组的研究发现，稀土上转换纳米材料表面电性很大程度上决定了细胞的摄取率，正电性的 PEI-UCNP(50 nm，51.1 mV)经过与细胞共同孵育后，在细胞中观察到明显的上转换荧光；而电中性的 PVP-UCNPs(50 nm，10.2 mV)及负电性的 PAA-UCNPs(50 nm，–22.6 mV)与细胞共同孵育后，检测到的荧光则相对很弱[90]。同样，使用电感耦合等离子体质谱(ICP-MS)检测细胞内元素量化的结果也显示正电性上转换纳米材料比电中性和负电性的材料进入细胞的量明显增多。另外，除了表面带电性对细胞摄取量的影响，他们还发现，提高材料与细胞共同孵育的浓度也可以加快细胞对材料的摄取速度，但同时也增加了产生细胞毒性的风险。因此，孵育浓度的选择对材料细胞毒性评价也是至关重要的。

尽管很多研究表明稀土上转换纳米材料可被细胞摄取，但关于该摄取过程的细致研究还很少。Hyeon 课题组设计了抑制性实验，将细胞松弛素 D 加入细胞培养液中会干扰在内吞过程中发挥重要作用的肌动蛋白微丝的功能，结果显示尺寸大小约 35 nm、PEG 修饰了的稀土上转换纳米颗粒并不能进入细胞，而是仅存在于细胞膜的周围[91]。另外，Wong 课题组利用红色荧光分别标记了 HeLa 细胞的网格蛋白和胞膜穴，将两种细胞与正电性的稀土上转换纳米材料共同孵育后发现上转换荧光始终与红色网格蛋白重叠，并且随之从细胞膜向细胞核边缘移动，而与红色胞膜穴无重叠现象发生。通过实验证明了稀土上转换纳米材料通过网格蛋白介导的内吞作用进入细胞，虽其确切的细胞器分布情况并无进一步证明，但稀土上转换纳米材料在细胞内可能分布的细胞器有溶酶体、细胞质，而在细胞核、线粒体或内质网中不存在分布[90]。

除了关注稀土上转换纳米材料与细胞的相互作用，材料在活体水平的分布情况也是另外一个重点。材料在活体内分布与材料的注射方式密切相关，主要注射方式包括尾静脉注射、动脉注射及皮下注射。

大部分的研究表明，通过静脉注射稀土上转换纳米材料，除超小尺寸颗粒外，其他颗粒均在肝脾等富集。这与其尺寸大小和表面配体的种类无关，归因于网状内皮系统的吞噬作用。然而，材料在单个器官的分布量和比例则与材料颗粒尺寸及表面配体有着密切的关系。例如，聚乙二醇是影响材料体内动力学最有效的配体之一，其在材料表面可形成多种不同的构象，防止材料与血液成分凝聚、被蛋白酶促降解等，因此可大大延长材料在体内的血液循环时间。

动脉注射是另外一种药物输入方式，根据文献报道，相对于尾静脉注射，采用动脉注射稀土上转换纳米材料至小鼠体内，材料在肿瘤部位的富集量增加了 3 倍。因此，利用动脉注射稀土上转换纳米材料可作为提高肿瘤药物富集量、增强治疗效果的可能性途径[92]。

与静脉注射和动脉注射都不相同，通过皮下注射的纳米材料可进入淋巴系统。

李富友教授课题组将稀土上转换纳米材料通过皮下注射到小鼠右后肢，30 min 后进行 CT 成像，从成像结果可清晰地分辨出淋巴引流，通过上转换成像证实了稀土上转换纳米材料可通过淋巴引流进入注射部位附近的淋巴管[59]。除此之外，上转换成像也显示通过皮内注射和皮下注射的材料并不能在数小时内循环进入体内主要器官。

6.7.1 排泄

根据 FDA 标准规定，所有药物制剂尤其是诊断制剂，在注入人体后，必须在合理时间内从体内彻底清除。纳米材料作为一种药物载体，在体内的清除和代谢也是评价其生物安全性的重要指标。药物从体内清除的途径包括肝胆排泄和肾脏排泄。

肝脏是清除体内外源物质或颗粒的主要器官，所有通过胆汁排泄系统的颗粒会首先经过肝脏代谢过程。经过长时间实验监测，发现稀土上转换纳米材料通过胆汁排泄的速度极慢，并且排泄出的材料在尺寸、形貌上并没有发生改变，说明材料在体内的稳定性很好，但不能够被分解而排出体外。

由于稀土上转换纳米材料不能参与胞内分解代谢的过程，所以肾脏排泄成为清除体内稀土上转换纳米材料的理想方式。肾脏排泄可大大降低材料在体内的滞留和毒性，主要包括三个过程：肾小球滤过、肾小管分泌和肾小球重吸收。通常认为，材料的颗粒尺寸是影响肾脏排泄的重要因素。通过实验发现，水合粒径小于 10 nm 的稀土上转换纳米材料通过尾静脉注射至小鼠体内，在 0.5～6 h 时间段内均在小鼠膀胱中可探测到高浓度稀土上转换纳米材料的存在。同样在肠部也发现了材料的分布。这不仅说明材料尺寸可影响材料从体内的排泄，也验证了小尺寸的稀土上转换纳米材料可通过尿液及粪便进行外排的事实。但材料尺寸不是决定排泄方式的唯一因素，表面修饰等也会对其产生影响[93]。

6.7.2 毒性

稀土上转换纳米材料在生物医学检测、成像及治疗方面均具临床转化的潜力，但发展稀土上转换纳米材料临床应用的必要前提是对其进行细胞、活体毒性评价，充分研究其生物安全性。

通常，细胞毒性评价包括细胞活性检测、细胞行为检测、细胞自噬等方面。首先，线粒体活性实验可作为检验材料对细胞活性影响的检测方法，如 MTT 法、MTS 法、CKK-8 法。不同浓度(0.05～20000 mg/mL)的稀土上转换纳米材料与细胞共同孵育不同的时间(1～36 h)，测定其对细胞活性的影响。结果显示细胞活性仍保持在 75%以上，证明稀土上转换纳米材料对细胞的活性几乎不产生影响。通过稀土上转换纳米材料标记细胞以追踪细胞行为，也未发现材料对细胞增殖、细胞转移产生明显的不良影响。

6.8　结论与展望

稀土掺杂的上转换纳米材料由于其独特的性能在生物医学中有着广泛的研究和应用。本章从稀土上转换纳米材料机理研究、可控合成及性能优化、在生物检测方面的应用、在生物成像方面的应用及在肿瘤治疗方面的应用等方面对稀土上转换纳米材料进行了介绍。

与传统的量子点或荧光染料相比，稀土上转换纳米材料具备很多优点：发光性质稳定、发射光谱较窄且可调、不易产生光漂白、几乎不受背景荧光的干扰、组织穿透能力强等。因此，近年来稀土上转换纳米材料成为生物医学研究的热点。以稀土上转换纳米材料为基础构建的均相检测和多相检测体系，形成了对核酸、疾病标志物、离子、pH 和温度响应性的探针。相比于传统的荧光检测探针，其具有很高的检测灵敏度且可实现特异性的检测，为基因诊断、疾病早期检测、环境和生命科学研究和生理病理的研究提供了新的检测途径。稀土上转换纳米材料利用生物成像的“光学窗口”，以近红外光或红外光为激发光，很大程度地增加了组织穿透深度，可实现细胞示踪、血管成像、淋巴结成像及肿瘤成像。在稀土上转换纳米材料的基础上与其他功能性材料复合，构建出磁共振成像、CT 成像、PET 成像、SPECT 成像与上转换成像结合的多模态成像探针，实现高分辨率、高灵敏度的生物成像。以稀土上转换纳米材料为载体，可实现对肿瘤治疗药物尤其是疏水性药物的高效装载和输送，使得响应性药物载体、可控性药物释放成为可能；将光敏剂与稀土上转换纳米材料复合可构建肿瘤光动力治疗体系；由于稀土上转换纳米材料中通常含有高 Z 重金属元素，对 X 射线有强吸收，有利于增强放疗的效果。利用稀土上转换纳米材料与多功能的分子和结构结合，可实现肿瘤成像指导下的靶向联合治疗，有效提高肿瘤治疗的效果。稀土掺杂的上转换纳米材料作为一类新型生物应用材料，在生物检测、生物成像及肿瘤治疗方向均显示出巨大的优势和应用前景。发展以稀土上转换纳米材料为基础的诊疗一体化平台成为研究重点，也为低检测限检测、高分辨率成像、靶向肿瘤治疗提供了新的途径。

尽管稀土上转换纳米材料在生物医学领域显示非常可观的潜在价值，但基于目前的研究，稀土上转换纳米材料仍有很多缺陷和待改进之处。

(1) 上转换发光效率有待提高。由于镧系元素的能量吸收横截面较小、非辐射跃迁能量损失较大，稀土上转换纳米材料的发光效率普遍比较低，量子产率在 1% 以下。尽管有研究报道了多种优化改善方法 ，但整体的发光效率还有待进一步提高。

(2) 稀土上转换纳米材料的生物安全性问题。与其他无机纳米材料一样，稀土上转换纳米材料的潜在毒性仍是令人担忧的问题。尽管目前的体内外实验有力地证明了稀土上转换纳米材料是一种生物相容性良好、对机体不产生明显毒性的材料，但其体内长期毒性仍需进一步观察和探究。另外，对稀土上转换纳米材料的表面修饰仍有待发展更加有效的方法以提高材料的生物相容性。

(3)低成本且安全的一体化装置。目前稀土上转换纳米材料的激发大多还仅限于采用 980 nm 的激发光，但这种激发装置制造成本相对较高，不能够对检测信号进行自动分析，且未实现与检测系统或成像一体化，这也不利于拓展稀土上转换纳米材料在实际生活中的广泛应用。另外，降低激发光对机体产生的损伤也应当引起关注。因此，发展具备激发、检测和成像综合功能的安全装置也是未来的重点方向。

(4)个体化精准肿瘤诊疗探针。虽然很多的研究表明以稀土上转换纳米材料为基础的肿瘤检测、成像及治疗体系具备其他材料不具备的特性，如检测灵敏度高、成像分辨率高、组织穿透深度深等，但类似的体系对肿瘤，尤其是早期肿瘤的响应还不够智能，靶向性和特异性还未达到让人满意的结果。因此，在将来的研究中探究“智能化”的上转换纳米探针将成为打造个体精准化诊疗探针的重要选择。

参考文献

[1] Wang X, Zhuang J, Peng Q, Li Y. A general strategy for nanocrystal synthesis. Nature, 2005, 437: 121-124.

[2] Xu Z, Li C, Yang P, Zhang C, Huang S, Lin J. Rare earth fluorides nanowires/nanorods derived from hydroxides: hydrothermal synthesis and luminescence properties. Crystal Growth & Design, 2009, 9: 4752-4758.

[3] Zhang F, Shi Y, Sun X, Zhao D, Stucky G D. Formation of hollow upconversion rare-earth fluoride nanospheres: nanoscale kirkendall effect during ion exchange. Chemistry of Materials, 2009, 21: 5237-5243.

[4] Yang L, Li Y, Li Y, Li J, Hao J, Zhong J, Chu P. Quasi-seeded growth, phase transformation, and size tuning of multifunctional hexagonal $NaLnF_4$ (Ln = Y, Gd, Yb) nanocrystals via in situ cation-exchange reaction. Journal of Materials Chemistry, 2012, 22: 2254-2262.

[5] Stouwdam J W, van Veggel F C. Near-infrared emission of redispersible Er^{3+}, Nd^{3+}, and Ho^{3+} doped LaF_3 nanoparticles. Nano Letters, 2002, 2: 733-737.

[6] Yi G, Lu H, Zhao S, Ge Y, Yang W, Chen D, Guo L H. Synthesis, characterization, and biological application of size-controlled nanocrystalline $NaYF_4$: Yb, Er infrared-to-visible up-conversion phosphors. Nano Letters, 2004, 4: 2191-2196.

[7] Yi G S, Chow G M. Colloidal LaF_3: Yb, Er, LaF_3: Yb, Ho and LaF_3: Yb, Tm nanocrystals with multicolor upconversion fluorescence. Journal of Materials Chemistry, 2005, 15: 4460-4464.

[8] Mai H X, Zhang Y W, Si R, Yan Z G, Sun L D, You L P, Yan C H. High-quality sodium rare-earth fluoride nanocrystals: controlled synthesis and optical properties. Journal of the American Chemical Society, 2006, 128: 6426-6436.

[9] Zhang Y W, Sun X, Si R, You L P, Yan C H. Single-crystalline and monodisperse LaF_3 triangular nanoplates from a single-source precursor. Journal of the American Chemical Society, 2005, 127: 3260-3261.

[10] Yi G S, Chow G M. Synthesis of hexagonal-phase $NaYF_4$: Yb, Er and $NaYF_4$: Yb, Tm nanocrystals with efficient up-conversion fluorescence. Advanced Functional Materials, 2006, 16: 2324-2329.

[11] Patra A, Friend C S, Kapoor R, Prasad P N. Upconversion in Er^{3+}: ZrO_2 nanocrystals. The Journal of Physical Chemistry B, 2002, 106: 1909-1912.

[12] Hua R, Zang C, Shao C, Xie D, Shi C. Synthesis of barium fluoride nanoparticles from microemulsion. Nanotechnology, 2003, 14: 588.

[13] Lee M H, Oh S G, Yi S C. Preparation of Eu-doped Y_2O_3 luminescent nanoparticles in nonionic reverse microemulsions. Journal of Colloid and Interface Science, 2000, 226: 65-70.

[14] Zhou J, Zhu X, Chen M, Sun Y, Li F. Water-stable $NaLuF_4$-based upconversion nanophosphors with long-term validity for multimodal lymphatic imaging. Biomaterials, 2012, 33: 6201-6210.

[15] Yang D, Li C, Lin J. Multimodal cancer imaging using lanthanide-based upconversion nanoparticles. Nanomedicine, 2015, 10: 2573-2591.

[16] Dong A, Ye X, Chen J, Kang Y, Gordon T, Kikkawa J M, Murray C B. A generalized ligand-exchange strategy enabling sequential surface functionalization of colloidal nanocrystals. Journal of the American Chemical Society, 2010, 133: 998-1006.

[17] Zhang T, Ge J, Hu Y, Yin Y. A general approach for transferring hydrophobic nanocrystals into water. Nano Letters, 2007, 7: 3203-3207.

[18] Boyer J C, Manseau M P, Murray J I, van Veggel F C. Surface modification of upconverting $NaYF_4$ nanoparticles with PEG-phosphate ligands for NIR (800 nm) biolabeling within the biological window. Langmuir, 2009, 26: 1157-1164.

[19] Chen Z, Chen H, Hu H, Yu M, Li F, Zhang Q, Zhou Z, Yi T, Huang C. Versatile synthesis strategy for carboxylic acid-functionalized upconverting nanophosphors as biological labels. Journal of the American Chemical Society, 2008, 130: 3023-3029.

[20] Liu Q, Sun Y, Li C, Zhou J, Li C, Yang T, Zhang X, Yi T, Wu D, Li F. ^{18}F-labeled magnetic-upconversion nanophosphors via rare-earth cation-assisted ligand assembly. ACS Nano, 2011, 5: 3146-3157.

[21] Yi G S, Chow G M. Water-soluble $NaYF_4$:Yb, Er(Tm)/$NaYF_4$/polymer core/shell/shell nanoparticles with significant enhancement of upconversion fluorescence. Chemistry of Materials, 2007, 19: 341-343.

[22] Cheng L, Yang K, Zhang S, Shao M, Lee S, Liu Z. Highly-sensitive multiplexed *in vivo* imaging using PEGylated upconversion nanoparticles. Nano Research, 2010, 3: 722-732.

[23] Meiser F, Cortez C, Caruso F. Biofunctionalization of fluorescent rare-earth-doped lanthanum phosphate colloidal nanoparticles. Angewandte Chemie International Edition, 2004, 43: 5954-5957.

[24] Wang L, Yan R, Huo Z, Wang L, Zeng J, Bao J, Wang X, Peng Q, Li Y. Fluorescence resonant energy transfer biosensor based on upconversion-luminescent nanoparticles. Angewandte Chemie International Edition, 2005, 44: 6054-6057.

[25] Wang C, Cheng L, Liu Y, Wang X, Ma X, Deng Z, Li Y, Liu Z. Imaging-guided pH-sensitive photodynamic therapy using charge reversible upconversion nanoparticles under near-infrared light. Advanced Functional Materials, 2013, 23: 3077-3086.

[26] Li Z, Zhang Y, Jiang S. Multicolor core/shell-structured upconversion fluorescent nanoparticles. Advanced Materials, 2008, 20: 4765-4769.

[27] Hu H, Xiong L, Zhou J, Li F, Cao T, Huang C. Multimodal-luminescence core-shell nanocomposites for targeted imaging of tumor cells. Chemistry-A European Journal, 2009, 15: 3577-3584.

[28] Chen F, Zhang S, Bu W, Chen Y, Xiao Q, Liu J, Xing H, Zhou L, Peng W, Shi J. A uniform sub-50 nm-sized magnetic/upconversion fluorescent bimodal imaging agent capable of generating singlet oxygen by using a 980 nm laser. Chemistry-A European Journal, 2012, 18: 7082-7090.

[29] Xu Z, Li C, Hou Z, Yang D, Kang X, Lin J. Facile synthesis of an up-conversion luminescent and mesoporous Gd_2O_3: Er^{3+}@ $nSiO_2$@$mSiO_2$ nanocomposite as a drug carrier. Nanoscale, 2011, 3: 661-667.

[30] Kang X, Cheng Z, Li C, Yang D, Shang M, Ma P A, Li G, Liu N, Lin J. Core-shell structured up-conversion luminescent and mesoporous $NaYF_4:Yb^{3+}/Er^{3+}@nSiO_2@mSiO_2$ nanospheres as carriers for drug delivery. The Journal of Physical Chemistry C, 2011, 115: 15801-15811.

[31] Liu Y, Tu D, Zhu H, Chen X. Lanthanide-doped luminescent nanoprobes: controlled synthesis, optical spectroscopy, and bioapplications. Chemical Society Reviews, 2013, 42: 6924-6958.

[32] van de Rijke F, Zijlmans H, Shang L, Vail T, Raap A K, Niedbala R S, Tanke H J. Up-converting phosphor reporters for nucleic acid microarrays. Nature Biotechnology, 2001, 19: 273.

[33] Zhang F, Shi Q, Zhang Y, Shi Y, Ding K, Zhao D, Stucky G D Fluorescence upconversion microbarcodes for multiplexed biological detection: nucleic acid encoding. Advanced Materials, 2011, 23: 3775-3779.

[34] Wang L, Li Y. Green upconversion nanocrystals for DNA detection. Chemical Communications, 2006, (24): 2557-2559.

[35] Wang Y, Wu Z, Liu Z. Upconversion fluorescence resonance energy transfer biosensor with aromatic polymer nanospheres as the lable-free energy acceptor. Analytical Chemistry, 2012, 85: 258-264.

[36] Niedbala R S, Feindt H, Kardos K, Vail T, Burton J, Bielska B, Li S, Milunic D, Bourdelle P, Vallejo R. Detection of analytes by immunoassay using up-converting phosphor technology. Analytical Biochemistry, 2001, 293: 22-30.

[37] Corstjens P, Zuiderwijk M, Brink A, Li S, Feindt H, Niedbala R S, Tanke H. Use of up-converting phosphor reporters in lateral-flow assays to detect specific nucleic acid sequences: a rapid, sensitive DNA test to identify human papillomavirus type 16 infection. Clinical Chemistry, 2001, 47: 1885-1893.

[38] Hampl J, Hall M, Mufti N A, Yung-mae M Y, MacQueen D B, Wright W H, Cooper D E. Upconverting phosphor reporters in immunochromatographic assays. Analytical Biochemistry, 2001, 288: 176-187.

[39] Lu Y, Lu J, Zhao J, Cusido J, Raymo F M, Yuan J, Yang S, Leif R C, Huo Y, Piper J A. On-the-fly decoding luminescence lifetimes in the microsecond region for lanthanide-encoded suspension arrays. Nature Communications, 2014, 5(6183): 3741.

[40] Li Z, Zhang Y. An efficient and user-friendly method for the synthesis of hexagonal-phase $NaYF_4$:Yb, Er/Tm nanocrystals with controllable shape and upconversion fluorescence. Nanotechnology, 2008, 19: 345606.

[41] Ye W W, Tsang M K, Liu X, Yang M, Hao J. Upconversion luminescence resonance energy transfer (LRET)-Based biosensor for rapid and ultrasensitive detection of avian influenza virus H7 subtype. Small, 2014, 10: 2390-2397.

[42] Zheng W, Zhou S, Chen Z, Hu P, Liu Y, Tu D, Zhu H, Li R, Huang M, Chen X. Sub-10 nm lanthanide-doped CaF_2 nanoprobes for time-resolved luminescent biodetection. Angewandte Chemie, 2013, 125: 6803-6808.

[43] Zhang C, Yuan Y, Zhang S, Wang Y, Liu Z. Biosensing platform based on fluorescence resonance energy transfer from upconverting nanocrystals to graphene oxide. Angewandte Chemie International Edition, 2011, 50: 6851-6854.

[44] Wang Y, Shen P, Li C, Wang Y, Liu Z. Upconversion fluorescence resonance energy transfer based biosensor for ultrasensitive detection of matrix metalloproteinase-2 in blood. Analytical Chemistry, 2012, 84: 1466-1473.

[45] Deng R, Xie X, Vendrell M, Chang Y T, Liu X. Intracellular glutathione detection using MnO_2-nanosheet-modified upconversion nanoparticles. Journal of the American Chemical Society, 2011, 133: 20168-20171.

[46] Liu J, Liu Y, Liu Q, Li C, Sun L, Li F. Iridium(III) complex-coated nanosystem for ratiometric upconversion luminescence bioimaging of cyanide anions. Journal of the American Chemical Society, 2011, 133: 15276-15279.

[47] Yao L, Zhou J, Liu J, Feng W, Li F. Iridium-complex-modified upconversion nanophosphors for effective LRET detection of cyanide anions in pure water. Advanced Functional Materials, 2012, 22: 2667-2672.

[48] Liu Y, Chen M, Cao T, Sun Y, Li C, Liu Q, Yang T, Yao L, Feng W, Li F. A cyanine-modified nanosystem for *in vivo* upconversion luminescence bioimaging of methylmercury. Journal of the American Chemical Society, 2013, 135: 9869-9876.

[49] Mei Q, Li Y, Li B N, Zhang Y. Oxidative cleavage-based upconversional nanosensor for visual evaluation of antioxidant activity of drugs. Biosensors and Bioelectronics, 2015, 64: 88-93.

[50] Li Z, Liang T, Lv S, Zhuang Q, Liu Z. A rationally designed upconversion nanoprobe for *in vivo* detection of

hydroxyl radical. Journal of the American Chemical Society, 2015, 137: 11179-11185.

[51] Sun L N, Peng H, Stich M I, Achatz D, Wolfbeis O S. pH sensor based on upconverting luminescent lanthanide nanorods. Chemical Communications, 2009, 33 (33) :5000-5002.

[52] Xie L, Qin Y, Chen H Y. Polymeric optodes based on upconverting nanorods for fluorescent measurements of pH and metal ions in blood samples. Analytical Chemistry, 2012, 84: 1969-1974.

[53] Zijlmans H, Bonnet J, Burton J, Kardos K, Vail T, Niedbala R, Tanke H. Detection of cell and tissue surface antigens using up-converting phosphors: a new reporter technology. Analytical Biochemistry, 1999, 267: 30-36.

[54] Jalil R A, Zhang Y. Biocompatibility of silica coated $NaYF_4$ upconversion fluorescent nanocrystals. Biomaterials, 2008, 29: 4122-4128.

[55] Cheng L, Yang K, Shao M, Lee S T, Liu Z. Multicolor *in vivo* imaging of upconversion nanoparticles with emissions tuned by luminescence resonance energy transfer. The Journal of Physical Chemistry C, 2011, 115: 2686-2692.

[56] Liu Q, Sun Y, Yang T, Feng W, Li C, Li F. Sub-10 nm hexagonal lanthanide-doped $NaLuF_4$ upconversion nanocrystals for sensitive bioimaging *in vivo*. Journal of the American Chemical Society, 2011, 133: 17122-17125.

[57] Wang C, Cheng L, Xu H, Liu Z. Towards whole-body imaging at the single cell level using ultra-sensitive stem cell labeling with oligo-arginine modified upconversion nanoparticles. Biomaterials, 2012, 33: 4872-4881.

[58] Hilderbrand S A, Shao F, Salthouse C, Mahmood U, Weissleder R. Upconverting luminescent nanomaterials: application to *in vivo* bioimaging. Chemical Communications, 2009, (28): 4188-4190.

[59] Cao T, Yang Y, Gao Y, Zhou J, Li Z, Li F. High-quality water-soluble and surface- functionalized upconversion nanocrystals as luminescent probes for bioimaging. Biomaterials, 2011, 32: 2959-2968.

[60] Park Y I, Kim J H, Lee K T, Jeon K S, Na H B, Yu J H, Kim H M, Lee N, Choi S H, Baik S I. Nonblinking and nonbleaching upconverting nanoparticles as an optical imaging nanoprobe and T1 magnetic resonance imaging contrast agent. Advanced Materials, 2009, 21: 4467-4471.

[61] Park Y I, Kim H M, Kim J H, Moon K C, Yoo B, Lee K T, Lee N, Choi Y, Park W, Ling D. Theranostic probe based on lanthanide-doped nanoparticles for simultaneous *in vivo* dual-modal imaging and photodynamic therapy. Advanced Materials, 2012, 24: 5755-5761.

[62] Cheng L, Yang K, Li Y, Chen J, Wang C,Shao M, Lee S T, Liu Z. Facile preparation of multifunctional upconversion nanoprobes for multimodal imaging and dual-targeted photothermal therapy. Angewandte Chemie, 2011, 123: 7523-7528.

[63] Yang Y, Sun Y, Cao T, Peng J, Liu Y, Wu Y, Feng W, Zhang Y, Li F. Hydrothermal synthesis of $NaLuF_4$:^{153}Sm, Yb, Tm nanoparticles and their application in dual-modality upconversion luminescence and SPECT bioimaging. Biomaterials, 2013, 34: 774-783.

[64] Xing H, Bu W, Zhang S, Zheng X, Li M, Chen F, He Q, Zhou L, Peng W, Hua Y. Multifunctional nanoprobes for upconversion fluorescence, MR and CT trimodal imaging. Biomaterials, 2012, 33: 1079-1089.

[65] Xiao Q, Bu W, Ren Q, Zhang S, Xing H, Chen F, Li M, Zheng X, Hua Y, Zhou L. Radiopaque fluorescence-transparent TaO_x decorated upconversion nanophosphors for *in vivo* CT/MR/UCL trimodal imaging. Biomaterials, 2012, 33: 7530-7539.

[66] Zhu X, Zhou J, Chen M, Shi M, Feng W, Li F. Core-shell Fe_3O_4@$NaLuF_4$: Yb, Er/Tm nanostructure for MRI, CT and upconversion luminescence tri-modality imaging. Biomaterials, 2012, 33: 4618-4627.

[67] Xiong L, Chen Z, Tian Q, Cao T, Xu C, Li F. High contrast upconversion luminescence targeted imaging *in vivo* using peptide-labeled nanophosphors. Analytical Chemistry, 2009, 81: 8687-8694.

[68] Wang C, Cheng L, Liu Z. Drug delivery with upconversion nanoparticles for multi-functional targeted cancer cell imaging and therapy. Biomaterials, 2011, 32: 1110-1120.

[69] Yang Y, Qu Y, Zhao J, Zeng Q, Ran Y, Zhang Q, Kong X, Zhang H. Fabrication of and drug delivery by an upconversion emission nanocomposite with monodisperse LaF_3:Yb,Er core / mesoporous silica shell structure. European Journal of Inorganic Chemistry, 2010, (33): 5195-5199.

[70] Yang Y, Velmurugan B, Liu X, Xing B. NIR photoresponsive crosslinked upconverting nanocarriers toward selective intracellular drug release. Small, 2013, 9: 2937-2944.

[71] Liu J, Bu W, Pan L, Shi J. NIR-triggered anticancer drug delivery by upconverting nanoparticles with integrated azobenzene-modified mesoporous silica. Angewandte Chemie International Edition, 2013, 52: 4375-4379.

[72] Zhao L, Peng J, Huang Q, Li C, Chen M, Sun Y, Lin Q, Zhu L, Li F. Near-infrared photoregulated drug release in living tumor tissue via yolk-shell upconversion nanocages. Advanced Functional Materials, 2014, 24: 363-371.

[73] Dai Y, Xiao H, Liu J, Yuan Q, Ma P A, Yang D, Li C, Cheng Z, Hou Z, Yang P. *In vivo* multimodality imaging and cancer therapy by near-infrared light-triggered trans-platinum pro-drug-conjugated upconverison nanoparticles. Journal of the American Chemical Society, 2013, 135: 18920-18929.

[74] Zhang P, Steelant W, Kumar M, Scholfield M. Versatile photosensitizers for photodynamic therapy at infrared excitation. Journal of the American Chemical Society, 2007, 129: 4526-4527.

[75] Zhao Z, Han Y, Lin C, Hu D, Wang F, Chen X, Chen Z, Zheng N. Multifunctional core-shell upconverting nanoparticles for imaging and photodynamic therapy of liver cancer cells. Chemistry-An Asian Journal, 2012, 7: 830-837.

[76] Qian H S, Guo H C, Ho P C L, Mahendran R, Zhang Y. Mesoporous-silica-coated up-conversion fluorescent nanoparticles for photodynamic therapy. Small, 2009, 5: 2285-2290.

[77] Qiao X F, Zhou J C, Xiao J W, Wang Y F, Sun L D, Yan C H. Triple-functional core-shell structured upconversion luminescent nanoparticles covalently grafted with photosensitizer for luminescent, magnetic resonance imaging and photodynamic therapy *in vitro*. Nanoscale, 2012, 4: 4611-4623.

[78] Liu K, Liu X, Zeng Q, Zhang Y, Tu L, Liu T, Kong X, Wang Y, Cao F, Lambrechts S A. Covalently assembled NIR nanoplatform for simultaneous fluorescence imaging and photodynamic therapy of cancer cells. ACS Nano, 2012, 6: 4054-4062.

[79] Wang C, Tao H, Cheng L, Liu Z. Near-infrared light induced *in vivo* photodynamic therapy of cancer based on upconversion nanoparticles. Biomaterials, 2011, 32: 6145-6154.

[80] Wang C, Cheng L, Liu Z. Upconversion nanoparticles for photodynamic therapy and other cancer therapeutics. Theranostics, 2013, 3: 317-330.

[81] Chen Q, Wang C, Cheng L, He W, Cheng Z, Liu Z. Protein modified upconversion nanoparticles for imaging-guided combined photothermal and photodynamic therapy. Biomaterials, 2014, 35: 2915-2923.

[82] Idris N M, Gnanasammandhan M K, Zhang J, Ho P C, Mahendran R, Zhang Y. *In vivo* photodynamic therapy using upconversion nanoparticles as remote-controlled nanotransducers. Nature medicine, 2012, 18: 1580-1585.

[83] Tian G, Zhang X, Gu Z, Zhao Y. Recent advances in upconversion nanoparticles - based multifunctional nanocomposites for combined cancer therapy. Advanced Materials, 2015, 27: 7692-7712.

[84] Fan W, Bu W, Shen B, He Q, Cui Z, Liu Y, Zheng X, Zhao K, Shi J. Intelligent MnO_2 nanosheets anchored with upconversion nanoprobes for concurrent pH-/H_2O_2-responsive UCL imaging and oxygen-elevated synergetic therapy. Advanced Materials, 2015, 27: 4155-4161.

[85] Xing H, Zheng X, Ren Q, Bu W, Ge W, Xiao Q, Zhang S, Wei C, Qu H, Wang Z. Computed tomography imaging-guided radiotherapy by targeting upconversion nanocubes with significant imaging and radiosensitization enhancements. Scientific Reports, 2013, 3, 1751.

[86] Fan W, Shen B, Bu W, Chen F, Zhao K, Zhang S, Zhou L, Peng W, Xiao Q, Xing H. Rattle-structured multifunctional nanotheranostics for synergetic chemo-/radiotherapy and simultaneous magnetic/luminescent dual-mode imaging. Journal of the American Chemical Society, 2013, 135: 6494-6503.

[87] Liu Y, Liu Y, Bu W, Cheng C, Zuo C, Xiao Q, Sun Y, Ni D, Zhang C, Liu J. Hypoxia induced by upconversion-based photodynamic therapy: towards highly effective synergistic bioreductive therapy in tumors. Angewandte Chemie, 2015, 127: 8223-8227.

[88] Fan W, Bu W, Zhang Z, Shen B, Zhang H, He Q, Ni D, Cui Z, Zhao K, Bu J. X-ray radiation-controlled NO-release for on-demand depth-independent hypoxic radiosensitization. Angewandte Chemie, 2015, 127: 14232-14236.

[89] Fan W, Shen B, Bu W, Chen F, He Q, Zhao K, Zhang S, Zhou L, Peng W, Xiao Q. A smart upconversion-based mesoporous silica nanotheranostic system for synergetic chemo-/radio- /photodynamic therapy and simultaneous MR/UCL imaging. Biomaterials, 2014, 35: 8992-9002.

[90] Jin J, Gu Y J, Man C W Y, Cheng J, Xu Z, Zhang Y, Wang H, Lee V H Y, Cheng S H, Wong W T. Polymer-coated $NaYF_4$: Yb^{3+}, Er^{3+} upconversion nanoparticles for charge-dependent cellular imaging. ACS Nano, 2011, 5: 7838-7847.

[91] Bae Y M, Park Y I, Nam S H, Kim J H, Lee K, Kim H M, Yoo B, Choi J S, Lee K T, Hyeon T. Endocytosis, intracellular transport, and exocytosis of lanthanide-doped upconverting nanoparticles in single living cells. Biomaterials, 2012, 33: 9080-9086.

[92] Sun Y, Feng W, Yang P, Huang C, Li F. The biosafety of lanthanide upconversion nanomaterials. Chemical Society Reviews, 2015, 44: 1509-1525.

[93] Cao T, Yang Y, Sun Y, Wu Y, Gao Y, Feng W, Li F. Biodistribution of sub-10 nm PEG-modified radioactive/upconversion nanoparticles. Biomaterials, 2013, 34: 7127-7134.

第7章 生物矿化无机纳米材料在生物医学中的应用

7.1 生物矿化材料概述

自然界的万物千姿百态，功能各异，无机矿物作为生物体的重要组成部分，存在于生物体中至少已有35亿年的历史，从最初的简单细菌、微生物直至后来逐步演变的复杂生物体，如植物、动物等，体内均可形成矿物。矿物以其复杂多样的存在形成了不同的生物体并在生物体系中起着不同的作用。而在生物体中，在有机物的参与下，有机大分子与无机离子在界面处发生相互作用从而形成无机矿物的过程，我们称之为生物矿化过程。至今，已发现的天然生物矿化材料便有70余种，如生物体中构成牙齿和骨骼的羟基磷灰石[$Ca_{10}(PO_4)_6(OH)_2$]，构成贝壳、化石等的碳酸钙($CaCO_3$)，以及组成硅藻的重要成分二氧化硅(SiO_2)等(图7-1)。此外，利用生物矿化原理进行人工合成的有机和无机材料的种类更是难计其数，几乎涵盖了生物界的各个领域[1]。

图7-1　自然界中存在的生物矿化材料

7.1.1　生物矿化机理

生物矿化是一个复杂的动态过程，受到生物有机质、晶体自身生长机制以及外界环境等各方面的综合调控作用。自 1988 年英国科学家 Mann 提出界面有组织矿化的观点并总结生物矿化机制以来，生物矿化研究历经近 30 年的发展。大量研究表明，细胞调制过程控制着生物矿物的成核、生长以及组装过程，一般认为生物体内的矿化过程分为四个阶段：①有机大分子的预组织以构造有序的反应微环境；②界面分子的识别、相互作用以及成核、生长与聚集；③生长调制使晶体初步形成亚单元；④细胞参与诱导亚单元组装形成多级结构的矿物，即生物矿化材料[2]。由于其具有的特殊多级结构和组装方式以及呈现出的特殊光学、磁学、力学等性质，近年来生物矿化材料已受到了化学、物理、生物以及材料学等多学科领域研究者的广泛关注。尤其是在生物医学领域，矿化材料以其优异的生物安全性、相容性和潜在的降解行为，已在生物检测、药物载体设计、癌症治疗、骨组织工程等多领域发挥着越来越重要的作用[3,4]。

7.1.2　生物矿化的仿生合成

仿生合成是以有机物为模板，将生物矿化的机理引入无机材料合成领域，来调控无机物的成核和生长，从而制得具有特殊形貌及功能的人工无机材料。与传统无机材料制备相比，仿生合成更加高效和绿色环保。通过模拟生物体矿化过程，不仅能实现分子层次的化学设计，还能实现从纳米到微米级的合成以及对材料的形貌、晶体结构的调控，因此，该方法成为合成材料的研究热点[5]。而随着仿生研究的不断深入，仿生材料已从单纯地复制生物矿物，逐渐过渡到对自然界中生物矿化原理的研究，从而优化仿生合成的策略及合成方式，最终制备出性能优越的各类无机材料。至今，仿生材料主要以各类双亲性表面活性剂作为模板诱导矿化[6]。此外，各类生物及相关生物分子，如微生物、多肽、蛋白质(酶)、氨基酸、DNA 等，也常用作生物矿化的模板材料。在生物医药领域，仿生矿化材料为开发性能优异的材料提供了全新的方向。尽管其机理还有待探索和证实，但仿生矿化材料的应用潜力不可估量。

7.1.3　仿生与矿化纳米材料

纳米材料，即在三维空间中至少有一维处于纳米尺度(1～100 nm)范围内的材料，因其独特的小尺寸效应、表面与界面效应、量子尺寸效应、宏观量子隧道效应而使其光学、磁学、热学等性质发生了翻天覆地的变化[7]。随着新兴技术以及检测手段的不断开发与优化，纳米材料已得到了广泛的关注与发展。而通过控制和合成纳米尺度的生物矿化材料，即无机矿化纳米材料，不仅拓宽了矿化材料的应用范围，而且极大地提高了其物理化学性质。特别是考虑到当前无机纳米材料在生物医学领域发展所面临的瓶颈与挑战，如潜在的长期毒性、生物学效应、降解行为以及临床推广等，无机矿化材料作为一种生物内源性物质将在很大程度上克服以上问题，为纳米材料在生物医学上的应用提供新的契机。

因此，本章将全面而系统地介绍当前已发展成熟的几种典型的无机矿化纳米材料，以及以生物质诱导合成的新型无机仿生矿化材料，同时着重介绍它们在生物医学尤其是肿瘤诊疗上的应用，并提出其未来可能的发展方向。

7.2 钙基无机矿化纳米材料

生物矿化物质广泛存在于生物体内，而钙基矿化材料占据了矿化材料总量的一半，其中以碳酸盐的存在形式最为广泛。已发现的钙基矿化材料主要包括碳酸钙、磷酸钙、羟基磷灰石、硅酸钙、硫酸钙等，而通过不同生物矿化过程又可以控制其不同的晶体结构与形貌，从而形成新的矿化材料。例如，碳酸钙作为一种典型的生物矿化材料，其已知的存在形式便有 6 种，即无定形碳酸钙、单水碳酸钙、六水碳酸钙、球文石、文石和方解石，不同的晶形又可以形成不同的形状，从而在生物活动中有着不同的作用(表 7-1)。例如，珊瑚虫外骨骼中的无机钙是珊瑚的重要生命组成成分；海胆骨针中有效成分——碳酸钙，能有效地抵御外界攻击，起到保护的作用。而对于矿化机理的深入研究更为合成高级复合材料提

表 7-1 碳酸钙生物矿化在生物体中的存在形式、位置及其功能

名称	来源	分子式	生物体	位置	功能
碳酸钙	方解石(calcite)	$CaCO_3$	有孔虫	壳	外骨骼
			三叶虫	眼睛状体	光学成像
			软体动物	贝壳	外骨骼
			甲壳类动物	角质层	机械保护
			鸟类	蛋壳	保护，提供钙源
			哺乳动物	内耳	重力感受器
	文石(aragonite)	$CaCO_3$	放射类物种	细胞壁	外骨骼
			软体动物	贝壳	浮力装置
			鱼类	头部	重力感应器
	球文石(vaterite)	$CaCO_3$	腹足类动物	贝壳	外骨骼
			海鞘类动物	骨针	保护
	无定形(ACC)	$CaCO_3 \cdot nH_2O$	甲壳类动物	角质层	机械强度
			植物	叶子	钙库
			非脊椎动物	前驱体	待定

供了新的方法。在应用上，由于具有优异的生物相容性、生物活性、可降解性以及化学稳定性，大多数钙基材料已被广泛应用到生物医学领域并扮演着重要的角色。例如，在生物组织材料研究中，大量研究工作表明，与传统的生物可降解性有机高分子(如聚乳酸、聚氨基酸)相比，钙基材料与组织间存在着特殊的亲和力，能够快速、有效地促进受损组织的修复同时减少免疫排斥反应[8]。

尽管钙基材料已在生物医学等各个领域，尤其在骨组织修复中得到了广泛应用。然而在癌症诊断与治疗方面，矿化材料过大的尺寸(宏观或微米级别)、致密的结晶度，往往降低了它的表面活性，阻碍了它在活体水平上的应用，特别是作为诊断与治疗的载体，很难有效地靶向到病灶部位(肿瘤)。将钙基材料控制在纳米尺度内能够有效地增强材料的比表活性，延长其在体内的循环时间。此外，借助纳米材料在肿瘤内部特殊的增强渗透及滞留(EPR)效应，可以提高材料的肿瘤靶向及富集效果[9, 10]。到目前为止，应用在癌症诊疗上的钙基纳米材料主要包括无定形纳米碳酸钙以及纳米磷酸钙等。

7.2.1　纳米碳酸钙

碳酸钙是大自然界中最为广泛存在的矿物之一，是构成无脊椎动物外骨骼的重要组成成分，如海胆、珊瑚和海绵等。在自然界中，碳酸钙主要以球文石(无定形)、文石和方解石等形式存在，其中方解石型和文石型热力学性质较为稳定。以贝壳为例，其组成中 95%以上为碳酸钙(文石结构)。无定形是碳酸钙最不稳定的存在形式，在含水介质中很容易转化为方解石或文石。

与文石和方解石相比，无定形碳酸钙的比表面积较高、溶解性和分散性更好、密度较低，因此获得更多的关注。无定形碳酸钙的发现至今已有 60 余年。早在 1968 年 Josefsson 等曾在文石层形成过程中发现了空心无定形碳酸钙的存在，但由于无定形是一个很不稳定的相，很难通过实验模拟观察到[11]。直到 20 世纪 90 年代，Aizenberg 等在研究绵针骨中蛋白的填充时发现了外层不定形碳酸钙，并证明了从绵针骨中提取的蛋白质可以使不定形碳酸钙稳定存在于体外，由此开辟了以生物介质为模板诱导无定形碳酸钙的研究方向[12]。至今，各种各样的有机质，如蛋白质、氨基酸、生物大分子、双亲嵌段聚合物等，均已被成功地用于无定形碳酸钙的合成。此外，随着电子显微镜、原子力显微镜、同步辐射光源显微成像技术的发现与应用，对于纳米矿化过程与机理的研究也在不断深入。特别是伴随着纳米技术的发展，对于无定形碳酸钙的矿化研究与方法设计也日臻成熟，即使不需要模板，也可以得到稳定存在的无定形碳酸钙。值得一提的是，将无定形碳酸钙控制在纳米尺度内，可以极大地提高碳酸钙的比表面积、表面活性以及降解速率，因此已被广泛地应用在塑料、造纸、涂料、橡胶、日用、化工、油墨、牙膏等各个行业。在生物医学领域，无定形纳米碳酸钙以其优异的生物相容性及可降解性也已逐渐开始被用于纳米载体的构建、诊疗一体化的研究，这为其在纳米生物医药领域开辟了全新的方向[13]。

7.2.2 纳米碳酸钙合成方法

1. 碳化法

碳化法合成碳酸钙是工业上合成纳米材料较为成功的典范，它是以石灰乳和二氧化碳为原料进行碳化反应，其合成流程主要包括：①煅烧，将石灰($CaCO_3$)在高温条件下煅烧为石灰石，$CaCO_3 \longrightarrow CaO + CO_2$；②消化，将石灰石在消化釜中加水消化得到$Ca(OH)_2$乳液，$CaO + H_2O \longrightarrow Ca(OH)_2$(乳液)；③碳化，将石灰乳与二氧化碳混合反应得到纳米碳酸钙，$Ca(OH)_2 + CO_2 \longrightarrow CaCO_3 + H_2O$；④将得到的碳酸钙经改性、过滤、干燥、研磨、过筛得到精细的纳米碳酸钙颗粒。

而根据操作方式的不同，又可以分为间歇碳化法、连续喷雾法和超重力法。

间歇碳化法是国内外最常用的纳米碳酸钙生产方法，一般采用低温搅拌鼓泡式碳化，将$Ca(OH)_2$乳液加入鼓泡塔中，通入CO_2气体，并通过不断搅拌来改善反应体系的传质和传热效果，同时，通过调节$Ca(OH)_2$浓度、CO_2气体流量、反应温度、添加剂用量等来控制碳酸钙的粒径大小。为了得到非晶相纳米碳酸钙，在反应体系中通常会加入大量的醇类物质。

连续喷雾法起源于20世纪70年代，经由日本白石工业公司开发与研究。一般情况下，CO_2气体经碳化塔底部进入，与从碳化塔顶部淋下的石灰乳液滴形成逆向对流，通过接触进行碳化反应，制得纳米碳酸钙。通过改变喷嘴压力与口径可改变雾化液滴的直径，从而影响碳化碳酸钙颗粒大小。

超重力法合成纳米碳酸钙最早由北京化工大学超重力工程技术研究中心开发与应用。与以上两种碳化法不同，超重力法通过产生远大于地球重力加速度的环境，将流动的液体分裂成微米至纳米级的液膜或液滴，增加相界面，加快分子间的扩散和相间传质过程，从而控制碳酸钙的生长方式。将氢氧化钙乳液置于高速旋转的旋转床(rotating packed bed, RPB)内，同样采用逆向对流的方式通入CO_2气体，反应得到纳米碳酸钙。

碳化法作为一种工业化合成碳酸钙的方法，工艺成熟、价格低廉，满足了不同行业的需求。

2. 复分解法

复分解法合成纳米碳酸钙主要采用水溶性钙盐和水溶性碳酸盐在合适的反应条件下发生复分解反应得到纳米碳酸钙。其中，在反应体系中一般会加入适量的添加剂，如聚丙烯酸、己二酸、木糖醇、油酸、羧甲基纤维素钠等调控碳酸钙晶体结构、成核速率和粒径大小。根据原料的不同，复分解法又分为氯化钙-碳酸铵法、氯化钙-苏打法(苏尔维法)、石灰-苏打法。

3. 微乳液法

微乳液法[14,15]指的是两种互不相溶的溶剂在表面活性剂的作用下形成乳液，在乳液微腔成核、聚结、团聚，热处理后得到纳米粒子，主要包括水包油型(O/W)、油包水型(W/O)和双连续型(B/C)等，如图 7-2 所示，而合成纳米碳酸钙主要采用油包水型。基本步骤是：将可溶性钙盐和可溶性碳酸盐分别溶于单微乳中，然后在一定条件下混合两相微乳，限制钙离子和碳酸根离子在微腔中成核和生长，从而得到纳米级别的碳酸钙。发生的反应如下

$$Ca^{2+}(aq)+CO_3^{2-}(aq)=\!=\!=CaCO_3(s)$$

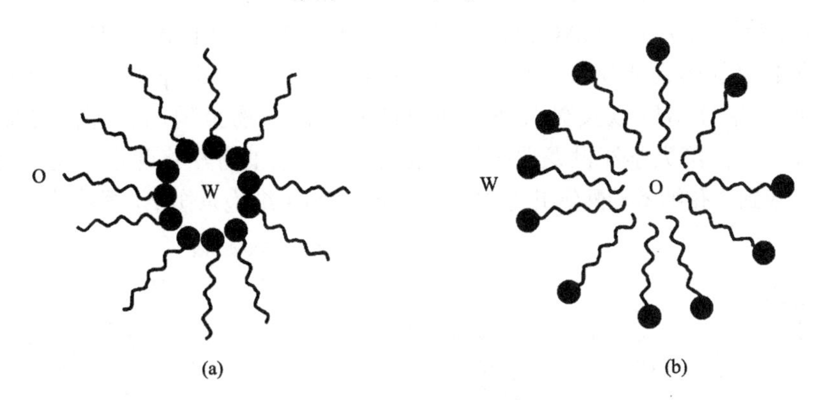

图 7-2　油包水型微乳(a)和水包油型微乳(b)示意图

微乳液法合成纳米碳酸钙，其优势是所需的实验装置和操作相对简单，粒径分布窄，可控，稳定性好。通过改变表面活性剂与助表面活性剂的种类和比例、反应速率和温度、搅拌速度以及其他添加剂及其用量可人为地调控颗粒的大小。该方法的不足之处是不能大批量地生产，受多种因素影响，重复性差。

4. 其他方法

至今，基于不同的反应机理，各种各样的方法已被开发并用于无定形纳米碳酸钙的合成。通过碳酸酯在碱作用下水解产生二氧化碳来制备无定形碳酸钙。Wegner 等报道，在室温下在含有碳酸二甲酯和氯化钙的水溶液中加入氢氧化钠，2.5 min 内便可水解碳酸二甲酯得到无定形碳酸钙[16]。通过碳酸氢铵挥发产生二氧化碳并扩散到氯化钙乙醇溶液中，得到碳酸钙。中国科学技术大学俞书宏教授课题组将碳酸氢铵粉末与氯化钙溶液置于密闭的干燥箱中，通过气相扩散反应得到

了尺寸均一的多孔碳酸钙纳米球[17]。此外，通过加入稳定剂，如镁离子、树枝状高分子、嵌段聚合物等同样可以制备得到无定形碳酸钙。

7.2.3 无定形纳米碳酸钙的生物应用

1. 药物载体

由于肿瘤快速的生长代谢，消耗糖分并产生大量乳酸，由此肿瘤往往呈现出微酸的特性，因而根据肿瘤微环境微酸的特点设计 pH 敏感的药物载体，可以有效地实现药物的可控释放[18]。碳酸钙作为一种酸敏感的材料，在酸性条件下可被快速降解为无毒的钙离子及二氧化碳气体。因此，相对于其他无机纳米材料，开发碳酸钙纳米载体用于药物的运载具有特殊的优势及应用价值。至今，基于纳米碳酸钙的药物载体已被广泛开发与利用。例如，Zhao 等将化疗药物阿霉素装载到无定形碳酸钙纳米颗粒中(ACC)，通过二氧化硅包裹得到了 ACC-DOX@silica，并实现了超高的药物装载率。实验发现，在正常生理条件下(pH 7.4)，药物很少释放，而在生理温度以及微酸条件下(pH 6.5)，药物呈现出快速的释放行为(图 7-3)[17]。同济大学汪世龙课题组通过层层自组装的方法将疏水性化疗药物依托泊苷装载到介孔纳米碳酸钙孔道中，在对 SGC-7901 细胞杀伤中，载药的纳米碳酸

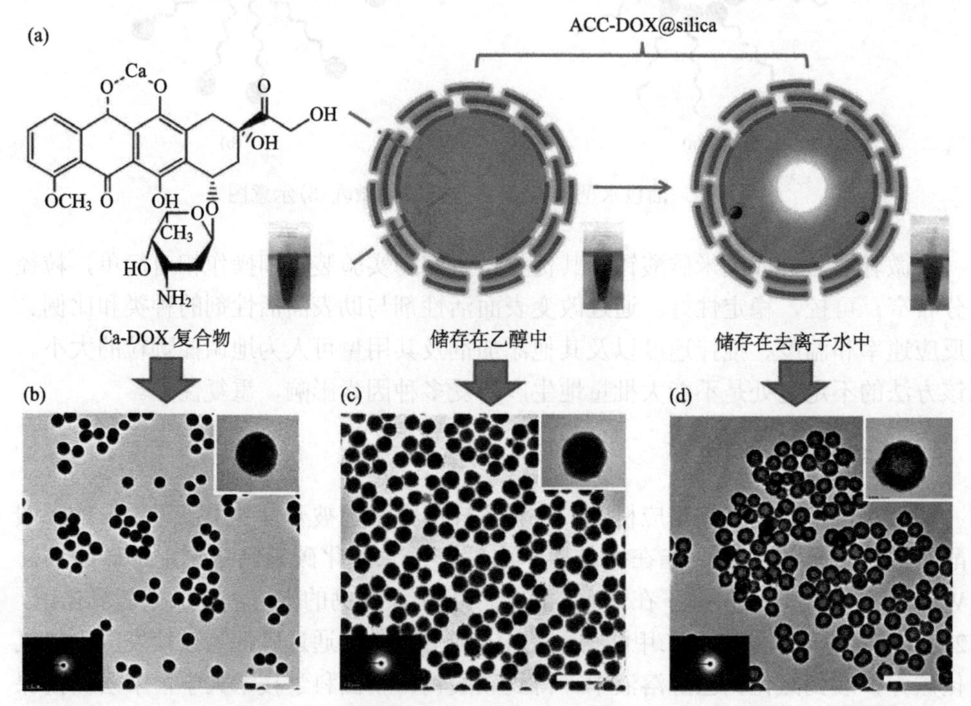

图 7-3 ACC-DOX@silica 纳米反应器溶于不同溶剂中的示意图以及相对应的 TEM 图片

钙比相同剂量的药物显示出更强的细胞杀伤能力。在活体水平上，由于纳米材料通过 EPR 效应被动靶向到肿瘤区域，因此比游离的药物具有更强的肿瘤生长抑制效果[19]。以纳米碳酸钙为载体构建的载药系统已逐渐引起大家的关注。其优异的生物相容性及可降解性使其具备了临床转化的可能。

2. 基因输送

在基因治疗中，如何设计合理的基因载体用于安全可靠的基因运输显得至关重要。非病毒类基因载体以其优异的安全性、超低的免疫原性以及可批量化生产得到了广泛的研究。然而大多数非病毒类载体并不具备优异的生物相容性，其潜在的毒性同样阻碍了其发展[20]。值得一提的是，在各种各样基因载体合成中，将钙离子与 DNA 结合，通过加入碳酸盐以诱导产生 $CaCO_3$-DNA 可显著提高载体的生物相容性以及可控释放行为。例如，通过温和的共沉淀法，武汉大学程巳雪等将穿膜肽(KALA)以及鱼精蛋白硫酸盐(PS)装载到 $CaCO_3$-DNA 纳米复合物中(KALA/PS/$CaCO_3$/DNA)。实验结果显示，在低的 DNA 浓度下，与未功能化的 $CaCO_3$-DNA 相比，该多功能性基因载体可明显提高基因的摄取以及核定位，从而提高了基因转染效率。考虑到实际应用中基因的浓度很难达到基因治疗的浓度需求，该体系期望在基因治疗中发挥更加重要的作用[21]。

3. 生物成像

以纳米碳酸钙为载体构建肿瘤成像体系不仅可以发挥碳酸钙 pH 响应特性，设计 pH 响应性的成像机制，还可以利用碳酸钙本身的特性，通过肿瘤微酸环境分解碳酸钙产生二氧化碳气体用于超声成像(UI)。例如，苏州大学刘庄教授等通过气相扩散反应，采用一锅法合成了含有磁共振造影剂二氢卟吩 e6-锰 Ce6(Mn)的纳米碳酸钙。实验结果显示，在微酸环境下，随着碳酸钙骨架的降解，Ce6(Mn)也随之释放。由于游离的 Ce6(Mn)与更多的水分子接触，因此磁共振强度得以大幅度地增强。在活体水平上，将碳酸钙纳米颗粒分别注射到肿瘤和肌肉组织中，通过比较发现，由于纳米颗粒在肿瘤微酸环境中的解离，所以显示出更强的磁共振信号，因此可用于特异性的肿瘤成像[22]。此外，利用碳酸钙分解产生的二氧化碳气体用于超声造影剂，Lee 等以嵌段聚合物 PEG-PAsp 为模板原位矿化合成了纳米尺寸的碳酸钙纳米颗粒，在微酸条件下，该纳米颗粒分解得到的二氧化碳气体可在肿瘤区域产生超强的超声回波信号并可以保持长时间的信号强度。相比之下，正常的肝脏以及皮下组织却没有任何超声信号。因此该工作为发展具有超声能力的纳米载体提供了一定的借鉴和指导作用(图 7-4)[23]。

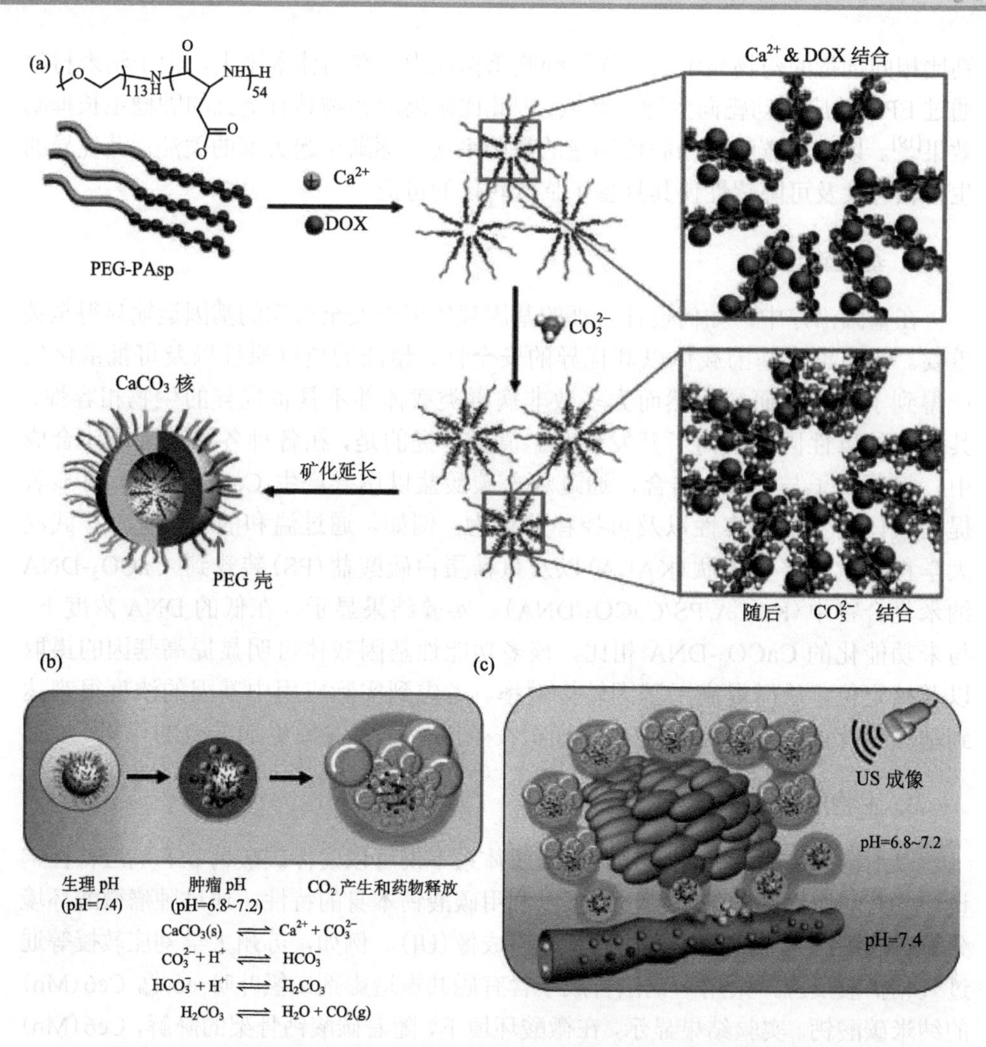

图 7-4 (a)合成 DOX-$CaCO_3$-MNPs 示意图；(b)CO_2 产生以及药物释放机理；(c)DOX-$CaCO_3$-MNPs 在肿瘤部位分解产生气泡并触发药物释放

7.3 纳米磷酸钙

磷酸钙作为一种重要的生物矿化材料，是人体硬组织(骨骼和牙齿等)最主要的无机组成成分。生物体中的磷酸钙盐主要有羟基磷石灰[Hap, $Ca_{10}(PO_4)_6(OH)_2$]、缺钙磷灰石[CDHAP, $Ca_{10-x}(PO_4)_{6-z}(OH)_{2-x}$]和磷酸八钙[OCP, $Ca_8(HPO_4)_2(PO_4)_4 \cdot 5H_2O$]等，因生物矿化方式的不同，这些磷酸钙在不同组织中的含量及行使的功能也各不相同。例如，羟基磷灰石主要存在于骨和牙齿中，它能保持器官的稳定性、硬度和功能。磷酸八钙主要存在于牙齿和尿结石中，在生物矿化形成磷灰石过程中起重要作用。在生命活动中，磷酸钙为组织提供了良好的机械性能和生物活性，同时其优异的生物相容性、生物降解性、骨传导性及吸附性等特点也引起了科学家对于人工磷酸钙的广泛研究。

而随着对于磷酸钙生物矿化研究的不断深入，科学家发现生物体在合成磷酸钙时往往趋向生成纳米尺寸的结构单元。尽管骨和牙釉质的层次结构各异，它们的基本无机组成单元也都是纳米磷酸钙。研究发现，骨中磷灰石晶体尺寸大致范围是 30～50 nm 长，15～30 nm 宽，2～4 nm 厚[24]。骨作为生物体最主要的钙化组织，化学结构复杂，尽管主要构成为羟基磷灰石，但组分并不统一，通常钙缺乏或碳酸根含量增多。在微观结构上，骨的基本单元在纳米尺寸上结构有序，由纳米结构的磷灰石镶嵌在 I 型胶原分子而构成，因此骨通常被称为是一种纳米纤维复合材料。最新研究表明，骨中矿物纳米晶体结构可以为骨组织提供最佳的断裂强度和最大承受力[25,26]。此外，纳米磷灰钙也为生物体各种功能代谢提供了必需的钙离子和磷酸盐。因此，纳米磷酸钙在生命活动中扮演着至关重要的角色。随着研究的不断深入，至今人工合成的纳米磷酸钙材料无论在组成、结构、尺寸还是在形貌和结晶度都能很好地匹配天然纳米磷酸钙，因此已在骨组织与牙齿修复和替换、药物的装载与可控释放、基因转染及疾病的诊断与治疗等生物医学领域得到了广泛的应用。

7.3.1 纳米磷酸钙合成方法

纳米磷酸钙的合成受多种因素影响，如温度、溶液 pH、反应时间、反应物的浓度等。此外，前驱体的种类决定了纳米磷酸钙的生成与性质。至今，合成纳米磷酸钙的方法主要包括过饱和溶液法[69]、微波辅助法、水热法、溶胶-凝胶法等。

1. 过饱和溶液法

在室温条件下，直接将过饱和的可溶性钙盐与可溶性磷酸盐混合，成核并生长成磷酸钙。由于在磷酸钙形成初期，产物主要为介稳相的无定形磷酸钙(ACP)团簇，比表面积大，吸附位点多，因此利用该 ACP 团簇原位装载药物，可获得超高的药物装载量。然而随着沉积时间的延长，ACP 会通过溶解、成核、再结晶的过程逐渐转变为微米或者更大尺寸的磷酸钙晶体。因此，在该体系中为了获得稳定存在的无定形纳米磷酸钙，通常会加入一定量的稳定剂来调控 ACP 的进一步生长。例如，中国科学院上海硅酸盐研究所朱英杰课题组在室温条件下通过在 $CaCl_2$ 和 $(NH_4)_3PO_4$ 混合体系中加入两亲性三嵌段共聚物 P123 (PEO-PPO-PEO) 获得了直径小于 100 nm 的 P123/ACP 纳米复合物(图 7-5)[27]。此外，其他共聚物，如聚乳酸-聚乙二醇(PLA-mPEG)[28]、聚乳酸-羟基乙酸-聚乙二醇(PLGA-mPEG)[29]

和聚乳酸-聚乙二醇-聚乳酸(PLA-PEG-PLA)[30]等都已被成功地用于辅助纳米磷酸钙的合成。

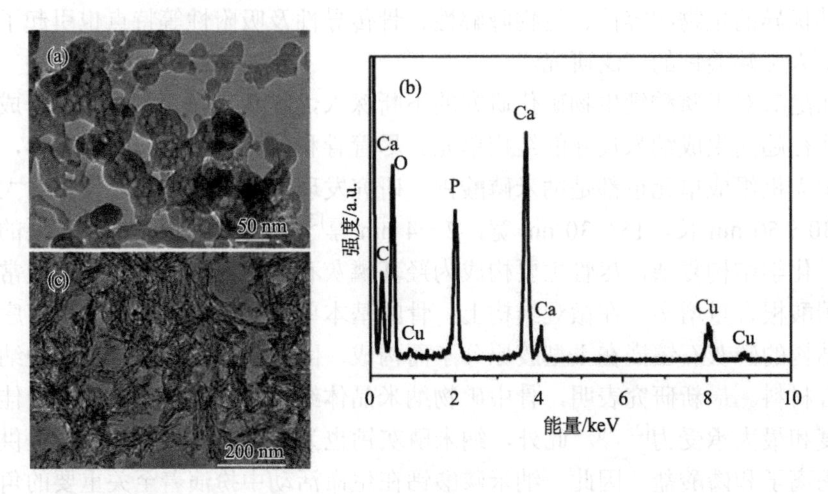

图 7-5 P123/ACP 纳米复合物的透射电镜图以及 EDS 图

2. 微波辅助法

微波辅助法是利用微波辐射与物质间相互作用产生热量从而生成材料的一种方法。自 1986 年微波辅助合成有机材料被首次报道以来，微波辅助法合成纳米材料也引起了科学家的关注。作为一种新颖的合成方法，微波辅助法具有高反应速率、低能耗、高效率以及快速省时、绿色环保等特点。在合成纳米磷酸钙上，用微波加热不仅能缩短反应时间，还能获得具有独特结构和形貌的磷酸钙纳米材料。例如，采用微波辅助的“熔融盐”杂化途径，通过微波加热 $NaNO_3$、$Ca(NO_3)_2 \cdot 4H_2O$、KH_2PO_4 和尿素并改变不同比例参数，可得到不同结构的磷酸钙纳米晶须(nanowhiskers)，如单相羟基磷灰石(single-phase hydroxyapatite，HA)、单相磷酸三钙(single-phase tricalcium phosphate，TCP)和两相羟基磷灰石-磷酸三钙(HA-TCP)纳米晶须[31]。通过微波加热含有 $CaCl_2 \cdot 2H_2O$ 和腺苷三磷酸的水溶液，可以得到高度稳定的超小无定形纳米磷酸钙(10 nm)，且尺寸均一，分散性好，可以在磷酸缓冲液(PBS)中稳定分散超过 150 h 而没有任何沉淀(图 7-6)[32]。此外，Kumar 等发现微波强度能够影响磷酸钙的尺寸与形貌。在含有硝酸钙和正磷酸的溶液中，随着微波辐照强度的增加，纳米磷酸钙形状由类针状(needle-like)、针状(acicular)逐渐变成薄片(platelet)[33]。因此，通过人为控制微波条件，不仅能够探究磷酸钙生长机理，而且可以获得不同结构及形貌的磷酸钙纳米材料。

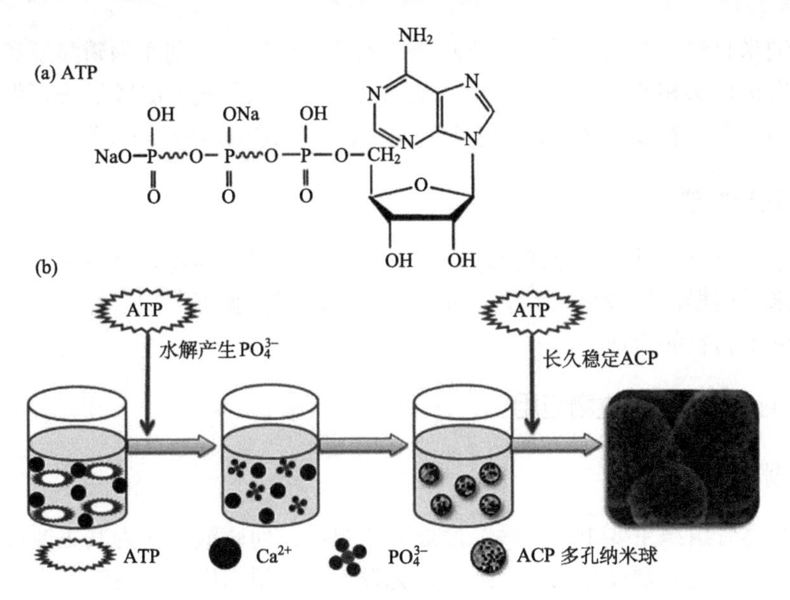

图 7-6　以 ATP 介质的微波辅助法合成纳米磷酸钙示意图

3. 水热法

水热法是将反应物置于一个密闭的反应器中，通过连续不断地升温与加压，使溶液过饱和，继而重结晶得到纳米材料，通常，腔室压力由常压至 100 MPa，温度在 80～400℃之间。至今，水热法合成纳米磷酸钙已相当成熟，早在 20 世纪 90 年代，Lui 等在密闭的反应釜中加热 $Ca(OH)_2$、$Ca(H_2PO_4)_2 \cdot H_2O$ 和去离子水，利用水热法获得了羟基磷灰石(HA)粉末。其形貌为针状，长 130～170 nm，宽 15～25 nm[34]。而在另外一项研究中，通过改变前驱体的种类，在含有磷酸三钙(tricalcium phosphate)和硝酸的反应釜中，改变压力为 2 MPa，温度为 200℃，加热 1 h 即可成功制得磷酸钙晶须[35]。相比于其他方法，水热法步骤简单，生成的纳米材料结晶度完整、热应力较小、内部缺陷少。

4. 溶胶-凝胶法

溶胶-凝胶法是一种优异的合成方法，涉及分子水平上钙离子和磷酸根离子的反应，因此得到的纳米磷酸钙具有更高的纯度与质量。在实验研究中，多采用四水合硝酸钙、氨水和磷酸作为反应前驱体，通过室温搅拌、生长得到凝胶，最终经钙化和烧结得到纳米磷酸钙。由于反应物高的反应活性，溶胶-凝胶可以在低温、低压的条件下进行。此外，高活性的溶胶-凝胶粉末也降低了钙化和烧结的处理温度。而溶胶-凝胶法的不足之处在于生成凝胶需要很长的时间，因此成胶过程往往会适当升高温度或压力来加速此过程。Tseng 等报道了利用低温溶胶-凝胶法合成磷酸钙纳米材料。在该体系中，亚磷酸三乙酯和硝酸钙分别作为磷酸源和钙源，同时分别选取水和乙醇作为溶剂相。从观察结果可以得到，凝胶过程可促进磷酸钙的结晶，合成温度为350℃，低于其他文献所报道的溶胶-凝胶温度[36]。

5. 其他方法

除了以上方法外，静电纺丝法[37]、含磷生物分子作为磷源合成法[38]，或选择合适纳米反应器，如胶束、微乳、囊泡、脂质双层薄膜等[39-41]，都已被广泛用于磷酸钙纳米材料的合成。

7.3.2 纳米磷酸钙的生物应用

1. 骨组织修复

生物体骨组织主要由磷酸钙、胶原和水组成，而磷酸钙作为其主要成分为骨组织提供了一定的硬度与韧性。通过研究发现，骨组织中的磷酸钙多由纳米级别的羟基磷灰石颗粒组成，在化学组成和晶体结构上与人工合成的无机磷酸钙相似。因此纳米磷酸钙已广泛应用于骨组织修复上。早在1920年，Albee等就将磷酸钙生物陶瓷用于生物体上。由Angstrom Medical公司所研发的纳米磷酸钙NanOss也已成功用作骨填充物，并通过了FDA的批准[42]。因此纳米磷酸钙拥有很好的临床转化可能。作为骨组织支架材料的构建，Guo等通过烧结法制备得到了具有致密结构的纳米磷酸钙，相较于普通的纳米磷酸钙，其致密度更容易促进细胞的增殖。在更进一步的研究中，将纳米磷酸钙与聚合物复合，可同时提高纳米磷酸钙与组织间的黏附和聚合物的力学性能以及生物活性，为纳米磷酸钙在骨组织修复及支架搭构上提供了新的医学方向。例如，清华大学崔福斋教授课题组将纳米磷酸钙有序地沉积到胶原纤维上形成了类骨结构支架材料，所得到的纳米复合骨修复材料，其多孔的结构与人体骨组织中的微观结构相似，有利于促进成骨细胞的迁移生长以及营养物质的交换[43]。由此可见，纳米磷酸钙在骨组织工程上的应用，其优势显著，还有很大的开发价值。

2. 药物载体

纳米材料作为有效的药物载体，可以显著提高药物的装载，保持药物的活性，并使药物直达病灶，降低毒副作用。至今，已发展的药物载体主要包括胶束、囊泡、聚合物微球以及水凝胶等。尽管部分纳米载药体系已经进入临床，但如何有效地控制药物的释放以及降低纳米载体的长期毒性至今仍无法解决。纳米磷酸钙作为生物内源性材料，生物相容性好，具有优异的pH响应性，降解产物Ca^{2+}不会产生任何生理毒性。此外，大多数纳米磷酸钙在生长过程中趋向于生成不规则的形貌，其粗糙表面富含大量的 P 和 C 残基，有利于与药物的相互作用，提高药物的装载量。到目前为止，以磷酸钙为载体构建纳米载药系统已得到了广泛的关注并已成功用于各类药物的装载，如化疗药物顺铂、盐酸阿霉素、胰岛素、siRNA、治疗性蛋白等[44,45]。在小动物活体水平治疗上，北卡罗来纳大学黄立夫教授课题组提出了以磷脂双分子层稳定纳米磷酸钙(LCP)，并以此为基础开展了一系列有趣的工作，如将小的干扰 RNA 装载到磷酸钙中，可有效沉默 H-460 细胞中的相关基因。与不含磷酸钙的脂质体载体相比，活体基因沉默效率提高了 3～4 倍，体现出磷酸钙 pH 响应性释放药物的优势(图 7-7)[40]。以同样的方法将三磷酸吉西他滨装载到 LCP 中，可实现有效的细胞周期捕获(S 期)，致使癌细胞凋亡，由此在活体水平上实现了高效的肿瘤抑制[46]。

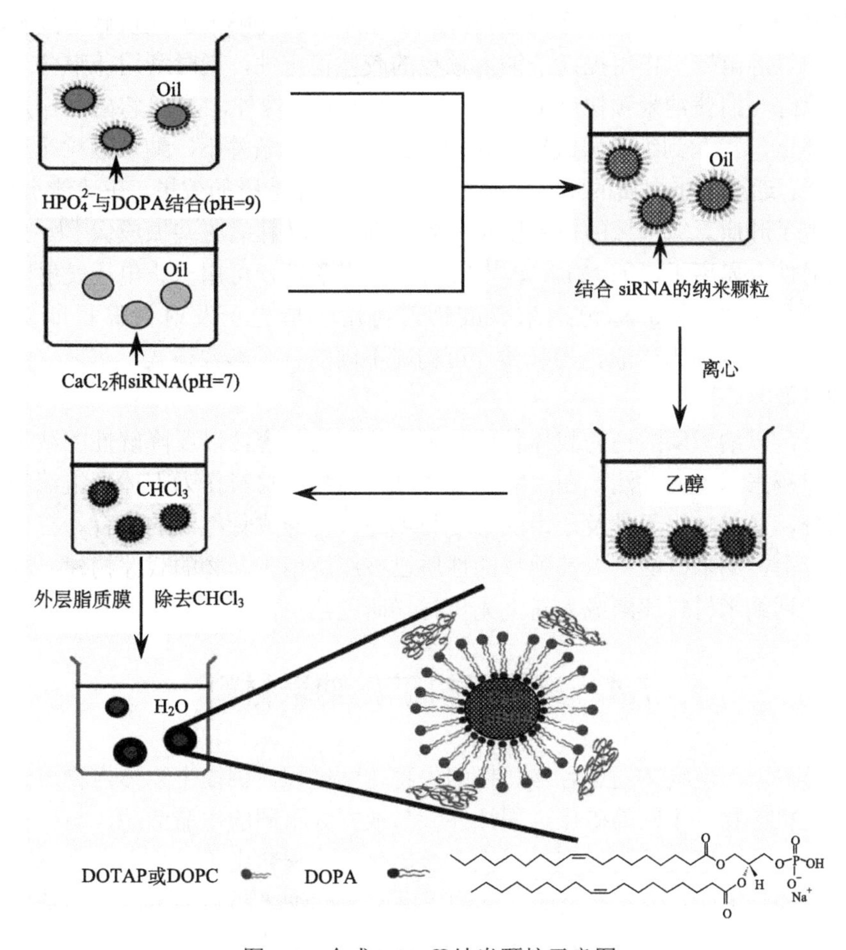

图 7-7　合成 LCP-Ⅱ纳米颗粒示意图

3. 生物成像

分子影像为基于纳米磷酸钙载体的癌症治疗提供了实时的监控以及定向的导航。至今，基于纳米磷酸钙载体的成像设计主要有镧系发光离子的掺杂、有机染料的表面功能化等。实验发现，控制镧系金属的掺杂，能够降低荧光发射峰的宽度，从而提高荧光强度。同时，通过掺杂不同的金属离子可实现多色发光，如铕基纳米磷酸钙发射红光，而铽基纳米磷酸钙发射绿光。此外，提高复合材料的结晶度也能提高材料的发光强度[47]。将荧光分子偶联到磷酸钙表面，如 Altinoglu 等将近红外染料吲哚菁绿(ICG)掺杂到纳米磷酸钙中，相较于游离态的 ICG 分子，复合纳米材料荧光量子效率以及光稳定性大大提高，成功实现了深组织(3 cm)乳腺癌肿瘤的近红外成像[48]。将四个磷酸根基团结构的卟啉分子共价修饰到磷酸钙表面，通过静电排斥作用提高了纳米颗粒的胶体稳定性，同时利用卟啉分子的荧光实时追踪与捕获纳米颗粒进细胞行为。除了荧光成像外，Mi 等将磁共振造影剂锰离子(Mn^{2+})掺杂到纳米磷酸钙颗粒中。在肿瘤酸性条件下，纳米颗粒解离释放出锰离子，通过与蛋白质的结合，大大提高了磁共振造影的效果。在活体水平上，成功实现了肿瘤乏氧区域的检测以及毫米级别的肝转移瘤磁共振成像[49]。此外，利用放射性金属离子，如 ^{177}Lu 、^{111}In 等标记磷酸钙，可用于正电子发射断层成像 (PET)[50]；以 ^{64}Cu 标记纳米碳酸钙，可用于单光子发射计算机断层成像 (SPECT)[51]。以纳米磷酸钙为载体，可构建不同的分子影像模式，实现安全有效的生物成像。

至今，以纳米磷酸钙为载体发展具有良好生物相容性以及降解性的纳米复合物正引起越来越多的关注，在生物医学领域，磷酸钙材料作为人体硬组织的重要组成成分，已成功用于骨及牙齿的修复与填充，诱导成骨组织的发育。在癌症诊断与治疗上，纳米碳酸钙以其独特的性质已被广泛用于药物的载体构建。因此，发展磷酸钙纳米材料逐渐成为新型无机材料研究热点。

7.4 其他无机矿化纳米材料

自然界中，生物体通过各自严格的生物化学过程，调控生物体内物质结晶从而生成无机矿物，不同的矿化过程往往参与或主导不同的生命活动，与生物体的新陈代谢、基因调控等密切相关。大多数矿化纳米材料由 H、C、O、Ca、Mg、Si、Fe、Mn、P、S 等元素组成，其中以钙基矿化纳米材料为主导，其他常见矿化纳米材料主要包括含铁矿化纳米材料、二氧化硅矿化纳米材料、ⅡA 族金属矿化纳米材料等。

7.4.1　含铁矿化纳米材料

众所周知，自然界中的许多生物，如候鸟、鱼类和海龟等动物能够准确地完成长时间的季节迁徙。通过对这些生物的研究，科学家发现在它们体内含有大量的磁颗粒，因此能够在球磁场导航下完成迁徙。到目前为止，已发现的生物含铁矿化纳米材料主要有鲑鱼、细菌、石鳖等体内的磁铁矿(Fe_3O_4)，笠贝中的针铁矿[α-FeO(OH)]，海绵等体内的纤铁矿[(γ-FeO(OH)]，以及动植物体内的水铁矿($5Fe_2O_3 \cdot 9H_2O$)等。其中，趋磁细菌，是一种能沿磁场方向定向运动的微生物，因其在自然界中广泛分布而引起科学家的关注。大多数趋磁细菌能够在胞内形成磁小体，其主要组成有 Fe_3O_4、Fe_3S_4、FeS_2 和 FeS 等，大小为 30～120 nm，并由磷脂双分子膜包裹[52]。通过分离得到的磁小体形态完整，结晶高，尺寸均一，并且处于稳定的单磁畴范围。此外，外层包被的有机膜能够很好地降低颗粒间的相互作用，提高了其溶液分散性。相比于其他人工合成的磁性纳米材料，磁小体具有更好的生物相容性、更低的毒性。作为一种理想的生物矿化纳米材料，已被成功用于磁性材料的开发、核磁共振成像、生物工程技术、细胞的磁分离与捕获、肿瘤诊断与治疗以及靶向药物载体等各个领域。

通常，磁小体从人工培养的趋磁细菌中获得，而根据磁小体的不同用途，所需要的磁小体组分也各不相同。例如，为了实现肿瘤的靶向富集，通常会利用趋磁细菌对于乏氧细胞的靶向性而选择活的趋磁细菌作为载体，经静脉注射靶向到乏氧的肿瘤组织中。然而由于受细菌毒性的限制，趋磁细菌载体很难实现临床的转化。在肿瘤的磁热治疗应用中，通常会选择从趋磁细菌中提取链状的磁纳米颗粒以满足磁热能量转换的要求。而大多数情况下，科学家会选择磁小体作为研究对象，通过去除有机膜，同时包裹磷脂层作为稳定剂以提高其分散性和稳定性。磁小体的主要制备方法有超声法、氢氧化钠处理、弗氏压碎法以及匀浆法等。分离与纯化过程主要包括磁分离磁小体、蛋白酶 K 去除蛋白、苯甲基磺酰氟抑制蛋白酶活性、DNA 酶切除 DNA 以及利用伽马射线辐照等。其中，伽马射线辐照去除活性有机物是最常用的方法。随着对趋磁细菌研究的不断深入以及分离纯化技术的日臻成熟，磁小体已被大量用于生物医学领域，主要包括以下几方面。

1. 磁共振成像

磁小体进入生物体后，特异性高，生物安全性好。至今，磁小体作为磁共振造影剂用于肿瘤的成像已被国内外学者相继报道。例如，Matin 等发现通过尾静脉注射的趋磁细菌可以很好地靶向到小鼠肿瘤，同时作为磁共振造影剂实现了肿瘤的可视化磁共振成像(图 7-8)。有趣的是，他们发现小尺寸的磁小体(25 nm)具有很好的 T1 加权磁共振成像效果；相反地，大尺寸的磁小体(50 nm)成像效果却很差[53]。Hyeon 等报道了一种类似于磁小体的管状纳米氧化铁。经聚乙二醇修饰后，该纳米颗粒展现出超高的弛豫率[324 L/(mmol・s)]，可实现单细胞的标记以及移植胰腺癌的成像[54]。此外，将荧光染料与趋磁细菌耦合，可同时实现磁共振和荧光双模态成像[55]。

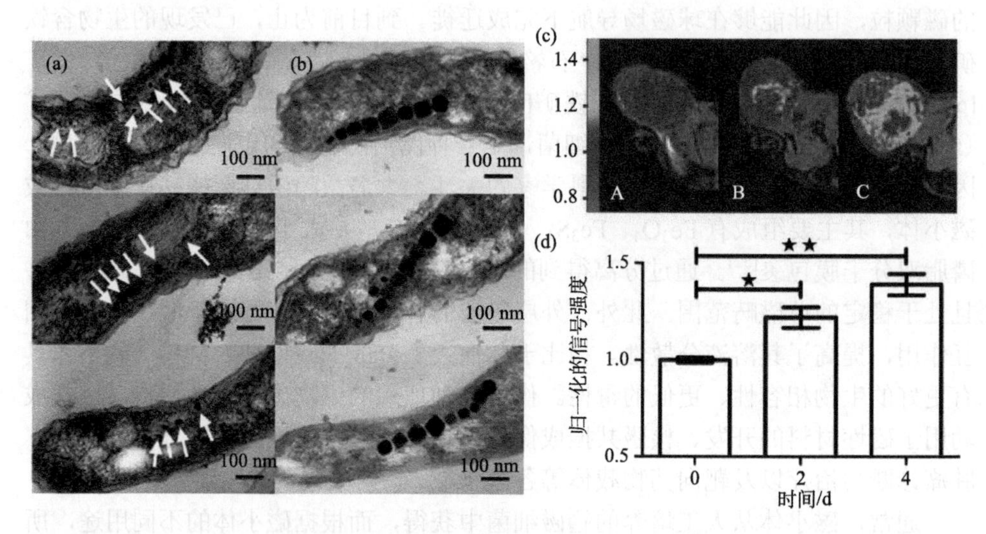

图 7-8　趋磁性细菌用于小鼠的磁共振成像

2. 磁热治疗

在外加交变磁场下，磁性纳米颗粒会由于磁滞损耗或松弛损耗而产生热量，当温度达到癌细胞耐受温度时，即可以杀死肿瘤。与合成四氧化三铁相比，磁小体同时兼具大的尺寸、铁磁性以及高度的结晶度，因此在磁热治疗上具有一定的优势。而在对于不同磁小体的研究中，人们发现不同形貌的磁小体也具有不同的磁热转换效率。例如，为了评估不同磁小体的抗肿瘤活性，Alphandéry 将相同剂量的链状磁小体与球状磁小体分别注射到小鼠的 MDA-MB-231 乳腺癌肿瘤中，然后置于相同交变磁场内，通过比较发现，相较于分散的单个磁小体，链状的磁小体具有更好的磁热转换效率，因而可以实现更佳的抑瘤效果(图 7-9)[56]。

3. 药物载体

具膜结构的磁小体与人工合成的磁粒相比，生物相容性好，同时膜表面的蛋白质可用于结合特殊的受体。此外，磁小体表面具有更多的化学基团可实现不同药物的偶联。通过磁靶向还可以明显降低药物的毒副作用，使药物直达病灶，因而磁小体可作为一种理想的载体已广泛用于蛋白质、核酸、小分子药物等的输送。例如，中国农业大学李颖等将化疗药物盐酸阿霉素(DOX)共价偶联到磁小体中，可显著提高化疗药物对肝癌的治疗效果，其抗癌活性提高了近 8%。同时，以磁小体为载体在很大程度上降低了化疗带来的毒副作用。在该体系中，纯 DOX 的致死率达到 80%，而将药物负载到磁小体上，其毒性降到 20%。因此基于磁小体的药物载体优势显著[57]。

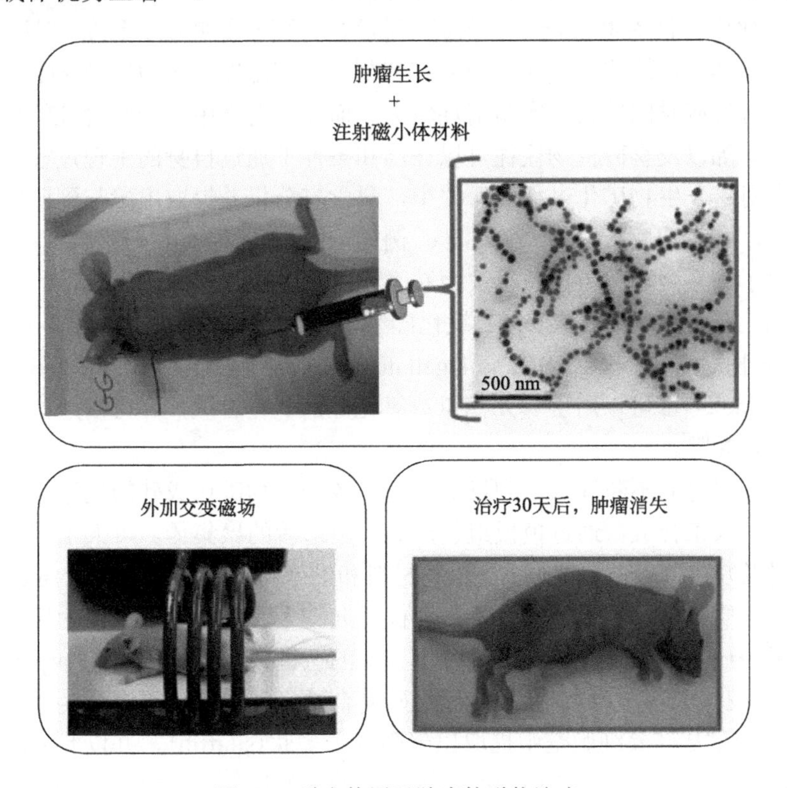

图 7-9 磁小体用于肿瘤的磁热治疗

4. 其他应用

作为一种多功能载体，磁性矿化纳米材料已经引起大家的广泛关注，除了以上应用外，还包括酶的固定化、连接抗体用于免疫检测、磁分离污水处理、基因载体以及临床医药研发等[58,59]。此外，作为生物体内源性物质，磁矿化纳米颗粒以其优异的生物相容性、多功能性等，在复合材料的设计、临床转化上逐渐被开发与优化。

7.4.2 二氧化硅矿化纳米材料

二氧化硅广泛存在于自然界中，与其他矿物共同构成了岩石。天然二氧化硅称为硅石，约占地壳质量的12%，其存在形式有结晶态和无定形态两种，并多以方石英、鳞石英、石英三种不同的形式存在。至今，合成二氧化硅的主要方法包括物理方法和化学方法，其中物理方法有机械球磨法、真空法、物理粉碎法和冷凝法等，化学方法有共沉淀法、气相沉积法、溶胶-凝胶法、微乳液法、Stöber法等[60-62]。然而，这些方法通常需要在苛刻的反应温度、压力以及 pH 等条件下完成，并且反应时间较长，实验消耗较大。而在大自然中，一些含硅的动植物，如硅藻、海绵以及喜硅植物往往可以在温和条件下通过自身的生理过程得到二氧化硅。在对这一生物矿化过程的研究中，科学家分析并提取出参与到矿化的生物活性分子，并成功模拟得到二氧化硅。例如，Sumper 和 Kröger 等从硅藻矿化过程中提取了一系列相关蛋白质以及丙胺类物质，并以这些分子为模板，在温和的温度和 pH 条件下成功地模拟出二氧化硅纳米颗粒[63, 64]。类似地，无论从海绵内，还是从植物、领鞭毛虫(choanoflagellates)内提取的硅蛋白(silicatein)、丙胺(propylamine)等都可以用于体外模拟二氧化硅的矿化合成，并可以严格调控晶体的生长与形貌[65]。

而随着研究的不断深入，到目前为止，各种生物矿化成硅的过程都得到了很好的模拟与人工合成。通过模板组装形成特定形貌的聚集体，可人工诱导得到不同结构以及功能的硅基无机材料、生物材料和纳米材料等，其中以 DNA、氨基酸、多肽、蛋白质、多糖等生物大分子为模板研究较多。例如，以多糖为模板，通过多糖分子的羟基基团与硅醇基团具有特异性的氢键或共价键作用，Karpenko 等利用溶胶-凝胶法成功合成了多糖-二氧化硅复合纳米材料[66]；以多肽为模板，德国 Kröger 等最早从硅藻细胞壁中提取出聚阳离子多肽(silaffin)，并以此多肽为模板成功地在体外诱导产生尺寸均一的二氧化硅纳米颗粒[63]。在进一步多肽研究中，人们发现侧链含有官能团的多肽更利于二氧化硅的水解反应。此外，利用 DNA 热力学上的稳定性、机械刚性以及特殊的分子识别能力和选择性。以改性的阳离子 DNA 为模板，通过特异性地吸附阴离子硅前驱体并调节 DNA 链的长度、形状与序列，可以合成出具有不同形貌与结构的二氧化硅纳米颗粒。

尽管与传统合成二氧化硅相比，生物仿生与矿化合成纳米二氧化硅具有更加优异的生物相容性以及更低的毒副作用。然而对于矿化过程的基础研究仍相对薄弱，限制了二氧化硅矿化纳米材料的应用范围。至今，在生物医学领域，矿化二氧化硅纳米材料主要应用集中于以下几方面。

1. 酶的固定

Luckarift 等以海藻中提取的多肽(G5)为模板，通过生物矿化过程一锅反应成功得到了二氧化硅-酶的纳米复合物。对丁酰胆碱酯酶的装载，可实现超过 90%的固定效率以及 20%的装载率[67]。此外，二氧化硅无机框架对酶起到了一定的保护作用，可明显提高酶的热稳定性同时降低酶的释放。与以往矿化硅不同，该体系完全在水相中合成，条件温和，不需要添加其他化学试剂，因此大大提高了酶的活性。在最新的研究中，华东理工大学袁渭康课题组在二氧化硅矿化过程中同时加入三种脱氢酶(dehydrogenase)，通过多步级联反应，实现了二氧化碳的催化氧化制得甲醇。与游离的脱氢酶相比，该多酶体系反应活性更高，热稳定性以及化学稳定性更好，可用于长时间储存[68]。至今，生物矿化的纳米二氧化硅已被证实适用于各种酶的固定，特别是一些具有生物响应性的硅纳米颗粒，并已成功用于流化床(fluidised bed)、微流设备(microfluidic devices)、填充床(packed bed)等的构建上[69]。

2. 药物载体

在矿化二氧化硅纳米材料的生物应用中，用于荧光染料、化疗药物以及抗菌药物等的装载与可控释放研究相对广泛而深入。例如，Shiba 等以人工合成的蛋白质(#284)为模板，矿化得到#284@silica 纳米颗粒。在该体系中，#284 蛋白不仅用于矿化模板，而且作为一种穿膜蛋白诱导细胞的凋亡[70]。实验发现，该纳米颗粒在水溶液中可以被慢慢水解，从而释放出装载的药物，为设计生物可降解性矿化硅材料提供了一定的借鉴。此外，de Cola 等以治疗性蛋白(TRAIL)为模板，利用有机硅前驱体的水解，成功制得可降解性的二氧化硅纳米颗粒。当细胞摄入该毒性纳米颗粒时，外层有机硅的双硫键在细胞还原性环境中被切断，从而释放出毒性蛋白，由此实现对 C6 胶质瘤(C6 glioma)的选择性杀伤(图 7-10)[71]。

3. 生物传感器

除了以上应用外，矿化硅纳米材料也被用于生物传感器的构建。例如，Millner Chaniotakis 等在碳纳米纤维(CNF)或金属电极上，通过化学沉积法将二氧化硅-酶纳米复合物沉积到电极表面。以乙酰胆碱酶(AChE)为催化剂，催化硫代乙酰胆碱(ATCh)分解产生乙酸和胆碱(TCh)。通过实验发现，该 CNF-AChE-silica 生物传感器不仅可以延长设备的使用时间，而且可以改善酶的热稳定性，保护酶不受外界蛋白酶的侵袭。此外，该二氧化硅固定酶系统可以明显提高检测的灵敏度及响应性[72]。作为一种理想的生物传感器构建方式，该体系同样适用于不同酶的固定。

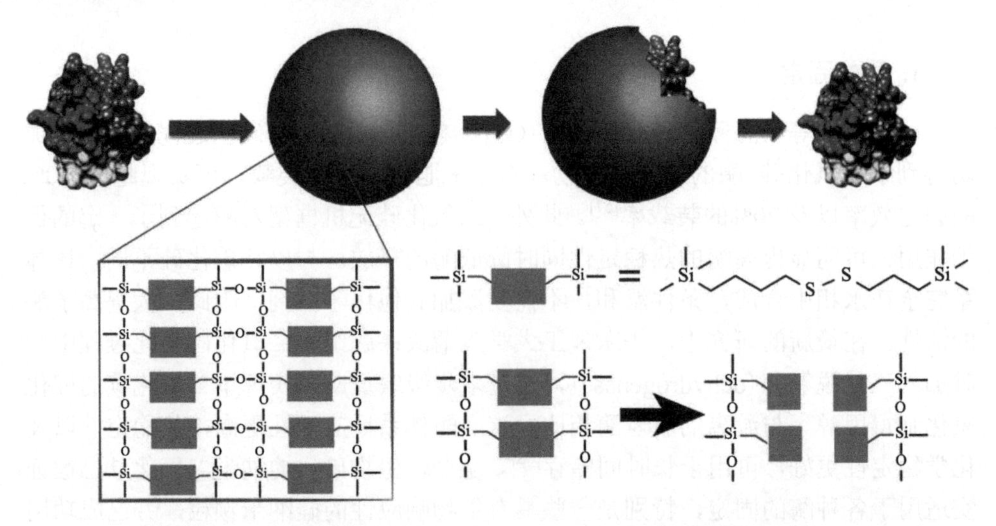

图 7-10 可降解性纳米硅球用于 TRAIL 蛋白的装载及可控释放

7.4.3 新型仿生矿化纳米材料

尽管基于生物体存在的矿化质来设计纳米矿化材料无论从种类、功能还是用途上都已相当成熟，但受限于材料本身的特性，大多数矿化材料如钙、硅、铁等并不具备其他无机材料的特性，尤其不能匹敌具有特殊功能的金属材料，如具备生物成像及光学治疗的功能、特异性抗菌杀菌的功能等。因此，利用生物仿生及矿化机理指导合成新型无机仿生纳米材料显得尤为重要，不仅能满足不同的功能需求，更重要的是，相比于传统材料的合成方法，该无机仿生纳米材料的合成往往需要较为苛刻的反应条件，如高温、高压、极端 pH 条件等。通过仿生合成能够大大提高材料本身的生物相容性与安全性，因此为材料合成提供了一种经济、高效、环保的选择。目前，仿生矿化模板主要包括微生物、蛋白质、核酸、氨基酸、多肽等。针对不同的生物医药用途，具备不同功能的无机纳米材料被开发与利用。

1. 以微生物为模板

在自然界中，以微生物为模板往往能获得具有特殊光学、化学、光电子化学以及电子学性能的纳米材料。通过微生物复杂的物理、化学、生理过程，不仅能有效地改变金属离子的化学价态，诱导金属离子的沉积，还能够以微生物作为微小的化学反应器，用于合成纳米颗粒。在此过程中，微生物作为还原剂和稳定剂，无需借助其他化学试剂的参与。因此该过程安全、无毒、环境友好。至今，各种各样的微生物，如细菌、真菌甚至植物等，已成功用于合成纳米颗粒，主要包括金、银纳米颗粒的仿生制备。例如，将硝酸银溶液置于轮枝霉菌中（*Verticillium* sp.），可在胞内形成纳米银颗粒；与尖孢镰刀菌（*Fusariu moxysporum*）共同孵育时，可在胞外原位矿化得到纳米银颗粒[73]。而通过控制反应溶液的 pH、温度、反应时间及浓度等又可以得到不同尺寸与形貌的纳米颗粒。除金属单质外，微生物也被用于合成金属化合物。例如，Bansal 等以致病性真菌 *Fusarium oxysporum* 作为纳米反应器，在室温下将乙酸钡、六氟钛酸钾与真菌混合，通过真菌蛋白缩合与调节这些前驱物分子，从而合成出粒径为 4～5 nm 的超小钛酸钡纳米颗粒[74]。

2. 以蛋白质为模板

蛋白质（酶）作为最常见的生物活性物质，在仿生矿化中研究最为深入，应用最为广泛，已成功用于合成不同晶形、形貌以及功能的纳米颗粒。到目前为止，被广泛研究的蛋白质主要有牛血清蛋白（BSA）、人血清白蛋白（HSA）以及储铁蛋白（Ferritin）等。例如，苏州大学刘庄教授等以人血清白蛋白为模板，原位矿化合成了具备 pH/H_2O_2 双响应的二氧化锰（MnO_2）纳米颗粒，通过负载光敏分子二氢卟吩 e6（Ce6）以及化疗药物顺铂（cisplatin）（HSA-MnO_2-Ce6&Pt），成功用于肿瘤微环境的改善以及活体水平的光动力/化疗联合治疗（图 7-11）[75]。中国科学院生物物

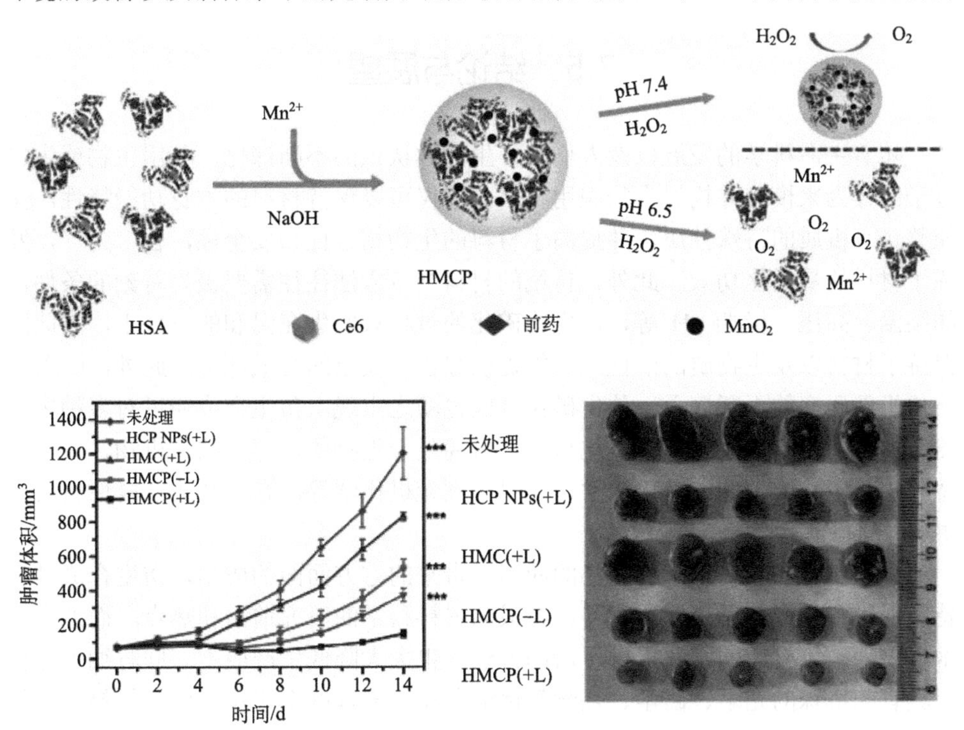

图 7-11　蛋白-MnO_2 纳米颗粒用于改善肿瘤乏氧以实现肿瘤的联合治疗

理研究所阎锡蕴课题组利用储铁蛋白作为纳米模板，原位矿化得到四氧化三铁纳米颗粒(magnetoferritin nanoparticles，M-HFn)。该纳米颗粒外层包被的转铁蛋白能够很好地靶向肿瘤组织的转铁受体 1(TfR1)，此外，内部的四氧化三铁能够催化过氧化氢，产生颜色变化，因此可以用于肿瘤的可视化监测[67]。

3. 以多肽为模板

多肽作为蛋白质水解的中间产物，多以一级线形结构存在，在仿生矿化的过程中，多肽模板多作为还原剂或配位基团，所合成的纳米颗粒具有优异的生物相容性，至今以多肽为模板已成功用于金属单质或硫化纳米颗粒的合成。例如，从硅化蛋白 silicaffin-1A 中获得的 R5 多肽(H_2N-SSKKSGSKGSKRRLL-COOH)由 19 个氨基酸组成，能在中性溶液中诱导 SiO_2 和 TiO_2 的前驱物发生缩合反应，生成相应的无机纳米颗粒。Stone 等以 R5 多肽为模板，合成了二氧化硅纳米颗粒，同时在矿化过程中包裹丁酰胆碱酯酶(butyrylcholinesterase)，可显著提高酶的稳定性[67]。Lu 等设计合成了一系列短肽，通过一锅水溶液矿化法，成功制得了 CdTe 和 CdZnTe 量子点 (QDs)，该方法简单方便，能够有效地用于细胞的荧光标记，并有望用于各种疾病的诊断与治疗[77]。

7.5 结论与展望

随着生命科学的发展以及人们对于生物体认识的不断深化，利用生物或生物分子的行为来模仿并构思生物医用材料，不仅可以保持材料的本身功能特性，又能整合有机质的特殊性质，并提高了材料的生物相容性和安全性，合二为一，发挥了材料的最大化功效。此外，传统的材料制备方法往往需要极为苛刻的条件，如高温、高压、极端 pH 等，而生物矿化的过程只发生在温和的条件下，因此既保持了材料以及生物质的活性，又能提供绿色、安全的合成环境。此外，随着对矿化机理研究的不断深入，仿生矿化合成也随之出现。仿生合成通过对多种多样传统材料的仿生合成，使得矿化材料不再局限于生物体已存在的无机物，大大拓宽了矿化研究的领域，从生物学、材料学到无机化学等，它为合成功能性材料提供了一条新途径。

近些年，随着仿生矿化材料的应用所带来的方方面面的成功，仿生合成具有特定形貌和结构的无机复合材料已经成为材料科学的研究前沿和热点。而纳米技术不仅为矿物材料的制备提供了新的方法，也大大降低生产成本。同时纳米材料所具有的特殊的光学、磁学、热学等性能，在很大程度上优化了矿化材料的功能特性，为矿物材料在高新技术领域的应用提供新的途径和生长点。在今后的发展中，一定会有源源不断的新的矿化材料出现。而基于矿化纳米材料的研究更加值得科学家的深入研究。当然，虽然生物矿化纳米材料经历了二十几年的发展已经取得了一些成绩，但是仍有许多问题亟待解决，如生物矿化过程中晶体的成核和生长的调控因素需要进一步深入理解；如何准确通过生物分子的调控来控制无机晶体的成核、生长和形貌也需要更为精确的方法。因此，发展纳米矿化材料机遇与挑战并存，仍需要我们的共同努力。

参考文献

[1] 崔福斋, 冯庆玲, 唐睿康, 张天蓝, 欧阳健明, 王爱华, 王夔. 生物矿化. 北京: 清华大学出版社: 2007.
[2] Mann S. Biomineralization and biomimetic materials chemistry. Journal of Materials Chemistry, 1995, 5: 935-946.
[3] Baeuerlein E. Biomineralization: Progress in Biology, Molecular Biology and Application. John Wiley & Sons, 2004.
[4] Achal V, Mukherjee A, Kumari D, Zhang Q. Biomineralization for sustainable construction-A review of processes and applications. Earth-Science Reviews, 2015, 148: 1-17.
[5] Zan G, Wu Q. Biomimetic and bioinspired synthesis of nanomaterials/nanostructures. Advanced Materials, 2016, 28: 2099-2147.
[6] Laha S, Luthy R G. Effects of nonionic surfactants on the solubilization and mineralization of phenanthrene in soil-water systems. Biotechnology and Bioengineering, 1992, 40: 1367-1380.
[7] Ramesh K T. Nanomaterials. In Nanomaterials, Springer, 2009: 1-20.
[8] Holzwarth J M, Ma P X. Biomimetic nanofibrous scaffolds for bone tissue engineering. Biomaterials, 2011, 32: 9622-9629.
[9] Fang J, Nakamura H, Maeda H. The EPR effect: unique features of tumor blood vessels for drug delivery, factors involved, and limitations and augmentation of the effect. Advanced Drug Delivery Reviews, 2011, 63: 136-151.
[10] Maeda H, Wu J, Sawa T, Matsumura Y, Hori K. Tumor vascular permeability and the EPR effect in macromolecular therapeutics: a review. Journal of Controlled Release, 2000, 65: 271-284.
[11] Josefsson J O. Induction and inhibition of pinocytosis in *Amoeba proteus*. Acta Physiologica, 1968, 73: 481-490.
[12] Aizenberg J, Addadi L, Weiner S, Lambert G. Stabilization of amorphous calcium carbonate by specialized macromolecules in biological and synthetic precipitates. Advanced Materials, 1996, 8: 222-226.
[13] Zhongliang T. Production situation of nano-calcium carbonate and its application process in China. Chemical Industry and Engineering Progress, 2003, 22: 372-375.
[14] Malik M A, Wani M Y, Hashim M A. Microemulsion method: a novel route to synthesize organic and inorganic nanomaterials: 1st Nano Update. Arabian Journal of Chemistry, 2012, 5: 397-417.
[15] Solans C, Izquierdo P, Nolla J, Azemar N, Garcia-Celma M. Nano-emulsions. Current Opinion in Colloid & Interface Science, 2005, 10: 102-110.
[16] Faatz M, Gröhn F, Wegner G. Amorphous calcium carbonate: synthesis and potential intermediate in biomineralization. Advanced Materials, 2004, 16: 996-1000.
[17] Zhao Y, Luo Z, Li M, Qu Q, Ma X, Yu S H, Zhao Y. A preloaded amorphous calcium carbonate/doxorubicin@ silica nanoreactor for pH-responsive delivery of an anticancer drug. Angewandte Chemie International Edition, 2015, 54: 919-922.
[18] Vander Heiden M G, Cantley L C, Thompson C B. Understanding the Warburg effect: the metabolic requirements of cell proliferation. Science, 2009, 324: 1029-1033.
[19] Peng H, Li K, Wang T, Wang J, Wang J, Zhu R, Sun D, Wang S. Preparation of hierarchical mesoporous $CaCO_3$ by a facile binary solvent approach as anticancer drug carrier for etoposide. Nanoscale Research Letters, 2013, 8: 321.

[20] Thomas C E, Ehrhardt A, Kay M A. Progress and problems with the use of viral vectors for gene therapy. Nature Reviews Genetics, 2003, 4: 346.

[21] Wang C Q, Gong M Q, Wu J L, Zhuo R X, Cheng S X. Dual-functionalized calcium carbonate based gene delivery system for efficient gene delivery. RSC Advances, 2014, 4: 38623-38629.

[22] Dong Z, Feng L, Zhu W, Sun X, Gao M, Zhao H, Chao Y, Liu Z. $CaCO_3$ nanoparticles as an ultra-sensitive tumor-pH-responsive nanoplatform enabling real-time drug release monitoring and cancer combination therapy. Biomaterials, 2016, 110: 60-70.

[23] Min K H, Min H S, Lee H J, Park D J, Yhee J Y, Kim K, Kwon I C, Jeong S Y, Silvestre O F, Chen X. pH-controlled gas-generating mineralized nanoparticles: a theranostic agent for ultrasound imaging and therapy of cancers. ACS Nano, 2015, 9: 134-145.

[24] Wang L, Nancollas G H, Henneman Z J, Klein E, Weiner S. Nanosized particles in bone and dissolution insensitivity of bone mineral. Biointerphases, 2006, 1: 106-111.

[25] Ji B, Gao H. Mechanical properties of nanostructure of biological materials. Journal of the Mechanics and Physics of Solids, 2004, 52: 1963-1990.

[26] Fratzl P, Gupta H, Paschalis E, Roschger P. Structure and mechanical quality of the collagen-mineral nano-composite in bone. Journal of Materials Chemistry, 2004, 14: 2115-2123.

[27] Cao S W, Zhu Y J, Wu J, Wang K W, Tang Q L. Preparation and sustained-release property of triblock copolymer/calcium phosphate nanocomposite as nanocarrier for hydrophobic drug. Nanoscale Research Letters, 2010, 5: 781.

[28] Chen F, Huang P, Zhu Y J, Wu J, Cui D X. Multifunctional Eu^{3+}/Gd^{3+} dual-doped calcium phosphate vesicle-like nanospheres for sustained drug release and imaging. Biomaterials, 2012, 33: 6447-6455.

[29] Wang K W, Zhou L Z, Sun Y, Wu G J, Gu H C, Duan Y R, Chen F, Zhu Y J. Calcium phosphate/PLGA-mPEG hybrid porous nanospheres: a promising vector with ultrahigh gene loading and transfection efficiency. Journal of Materials Chemistry, 2010, 20: 1161-1166.

[30] Wang K W, Zhu Y J, Chen F, Cao S W. Calcium phosphate/block copolymer hybrid porous nanospheres: preparation and application in drug delivery. Materials Letters, 2010, 64: 2299-2301.

[31] Jalota S, Tas A C, Bhaduri S B. Microwave-assisted synthesis of calcium phosphate nanowhiskers. Journal of Materials Research, 2004, 19: 1876-1881.

[32] Qi C, Zhu Y J, Zhao X Y, Lu B Q, Tang Q L, Zhao J, Chen F. Highly stable amorphous calcium phosphate porous nanospheres: microwave-assisted rapid synthesis using ATP as phosphorus source and stabilizer, and their application in anticancer drug delivery. Chemistry-A European Journal, 2013, 19: 981-987.

[33] Siddharthan A, Seshadri S, Kumar T S. Influence of microwave power on nanosized hydroxyapatite particles. Scripta Materialia, 2006, 55: 175-178.

[34] Liu H S, Chin T S, Lai L, Chiu S, Chung K, Chang C, Lui M. Hydroxyapatite synthesized by a simplified hydrothermal method. Ceramics International, 1997, 23: 19-25.

[35] Yubao L, de Groot K, de Wijn J, Klein C, Meer S. Morphology and composition of nanograde calcium phosphate needle-like crystals formed by simple hydrothermal treatment. Journal of Materials Science: Materials in Medicine, 1994, 5: 326-331.

[36] Liu D M, Troczynski T, Tseng W J. Water-based sol-gel synthesis of hydroxyapatite: process development. Biomaterials, 2001, 22: 1721-1730.

[37] Ma Z, Chen F, Zhu Y J, Cui T, Liu X Y. Amorphous calcium phosphate/poly (D, L-lactic acid) composite nanofibers: electrospinning preparation and biomineralization. Journal of Colloid and Interface Science, 2011, 359: 371-379.

[38] Zhao J, Zhu Y J, Cheng G F, Ruan Y J, Sun T W, Chen F, Wu J, Zhao X Y, Ding G J. Microwave-assisted hydrothermal rapid synthesis of amorphous calcium phosphate nanoparticles and hydroxyapatite microspheres using cytidine 5′-triphosphate disodium salt as a phosphate source. Materials Letters, 2014, 124: 208-211.

[39] Ingert D, Pileni M P. Limitations in producing nanocrystals using reverse micelles as nanoreactors. Advanced

Functional Materials, 2001, 11: 136-139.

[40] Li J, Yang Y, Huang L. Calcium phosphate nanoparticles with an asymmetric lipid bilayer coating for siRNA delivery to the tumor. Journal of Controlled Release, 2012, 158: 108-114.

[41] Tseng Y C, Xu Z, Guley K, Yuan H, Huang L. Lipid-calcium phosphate nanoparticles for delivery to the lymphatic system and SPECT/CT imaging of lymph node metastases. Biomaterials, 2014, 35: 4688-4698.

[42] Paul W, Sharma C P. Nanoceramic matrices: biomedical applications. American Journal of Biochemistry and Biotechnology, 2006, 2: 41-48.

[43] Liu X, Wang X M, Chen Z, Cui F Z, Liu H Y, Mao K, Wang Y. Injectable bone cement based on mineralized collagen. Journal of Biomedical Materials Research Part B: Applied Biomaterials, 2010, 94: 72-79.

[44] Barroug A, Kuhn L, Gerstenfeld L, Glimcher M. Interactions of cisplatin with calcium phosphate nanoparticles: *in vitro* controlled adsorption and release. Journal of Orthopaedic Research, 2004, 22: 703-708.

[45] Li J, Chen Y C, Tseng Y C, Mozumdar S, Huang L. Biodegradable calcium phosphate nanoparticle with lipid coating for systemic siRNA delivery. Journal of Controlled Release, 2010, 142: 416-421.

[46] Zhang Y, Kim W Y, Huang L. Systemic delivery of gemcitabine triphosphate via LCP nanoparticles for NSCLC and pancreatic cancer therapy. Biomaterials, 2013, 34: 3447-3458.

[47] Satterlee A B, Huang L. Current and future theranostic applications of the lipid-calcium-phosphate nanoparticle platform. Theranostics, 2016, 6: 918.

[48] Altınoğlu E I, Russin T J, Kaiser J M, Barth B M, Eklund P C, Kester M, Adair J H. Near-infrared emitting fluorophore-doped calcium phosphate nanoparticles for *in vivo* imaging of human breast cancer. ACS Nano, 2008, 2: 2075-2084.

[49] Mi P, Kokuryo D, Cabral H, Wu H, Terada Y, Saga T, Aoki I, Nishiyama N, Kataoka K. A pH-activatable nanoparticle with signal-amplification capabilities for non-invasive imaging of tumour malignancy. Nature Nanotechnology, 2016, 11: 724-730.

[50] Satterlee A B, Yuan H, Huang L. A radio-theranostic nanoparticle with high specific drug loading for cancer therapy and imaging. Journal of Controlled Release, 2015, 217: 170-182.

[51] Ashokan A, Gowd G S, Somasundaram V H, Bhupathi A, Peethambaran R, Unni A, Palaniswamy S, Nair S V, Koyakutty M. Multifunctional calcium phosphate nano-contrast agent for combined nuclear, magnetic and near-infrared *in vivo* imaging. Biomaterials, 2013, 34: 7143-7157.

[52] Frankel R B, Blakemore R P. Magnetite and magnetotaxis in microorganisms. Bioelectromagnetics, 1989, 10: 223-237.

[53] Benoit M R, Mayer D, Barak Y, Chen I Y, Hu W, Cheng Z, Wang S X, Spielman D M, Gambhir S S, Matin A. Visualizing implanted tumors in mice with magnetic resonance imaging using magnetotactic bacteria. Clinical Cancer Research, 2009, 15: 5170-5177.

[54] Lee N, Kim H, Choi S H, Park M, Kim D, Kim H C, Choi Y, Lin S, Kim B H, Jung H S. Magnetosome-like ferrimagnetic iron oxide nanocubes for highly sensitive MRI of single cells and transplanted pancreatic islets. Proceedings of the National Academy of Sciences, 2011, 108: 2662-2667.

[55] Lisy M R, Hartung A, Lang C, Schüler D, Richter W, Reichenbach J R, Kaiser W A, Hilger I. Fluorescent bacterial magnetic nanoparticles as bimodal contrast agents. Investigative Radiology, 2007, 42: 235-241.

[56] Alphandéry E. Applications of magnetosomes synthesized by magnetotactic bacteria in medicine. Frontiers in Bioengineering and Biotechnology, 2014, 2(2): 5.

[57] Sun J B, Duan J H, Dai S L, Ren J, Zhang Y D, Tian J S, Li Y. *In vitro* and *in vivo* antitumor effects of doxorubicin loaded with bacterial magnetosomes (DBMs) on H22 cells: the magnetic bio-nanoparticles as drug carriers. Cancer Letters, 2007, 258: 109-117.

[58] Lang C, Schüler D. Biogenic nanoparticles: production, characterization, and application of bacterial magnetosomes. Journal of Physics: Condensed Matter, 2006, 18, S2815.

[59] Hergt R, Hiergeist R, Zeisberger M, Schüler D, Heyen U, Hilger I, Kaiser W A. Magnetic properties of bacterial

magnetosomes as potential diagnostic and therapeutic tools. Journal of Magnetism and Magnetic Materials, 2005, 293: 80-86.

[60] Wu S H, Mou C Y, Lin H P. Synthesis of mesoporous silica nanoparticles. Chemical Society Reviews, 2013, 42: 3862-3875.

[61] Rahman I A, Padavettan V. Synthesis of silica nanoparticles by sol-gel: size-dependent properties, surface modification, and applications in silica-polymer nanocomposites-a review. J Nanomater, 2012, 2012(11): 8.

[62] Bagwe R P, Yang C, Hilliard L R, Tan W. Optimization of dye-doped silica nanoparticles prepared using a reverse microemulsion method. Langmuir, 2004, 20: 8336-8342.

[63] Kröger N, Deutzmann R, Sumper M. Polycationic peptides from diatom biosilica that direct silica nanosphere formation. Science, 1999, 286: 1129-1132.

[64] Sumper M, Kröger N. Silica formation in diatoms: the function of long-chain polyamines and silaffins. Journal of Materials Chemistry, 2004, 14: 2059-2065.

[65] Leadbeater B. Ultrastructure and deposition of silica in loricate choanoflagellates. In Silicon and siliceous structures in biological systems, Springer, 1981: 295-322.

[66] Shchipunov Y A, Karpenko T. y. Y. Hybrid polysaccharide-silica nanocomposites prepared by the sol-gel technique. Langmuir, 2004, 20: 3882-3887.

[67] Luckarift H R, Spain J C, Naik R R, Stone M O. Enzyme immobilization in a biomimetic silica suport; air force research lab tyndall afb fl materials and manufacturing directorate/AIRBASE TECHNOLOGIES DIV: 2004.

[68] Xu S W, Jiang Z Y, Lu Y, Wu H, Yuan W K. Preparation and catalytic properties of novel alginate-silica-dehydrogenase hybrid biocomposite beads. Industrial & Engineering Chemistry Research, 2006, 45: 511-517.

[69] Foote R S, Khandurina J, Jacobson S C, Ramsey J M. Preconcentration of proteins on microfluidic devices using porous silica membranes. Analytical Chemistry, 2005, 77: 57-63.

[70] Sano K I, Minamisawa T, Shiba K. Autonomous silica encapsulation and sustained release of anticancer protein. Langmuir, 2010, 26: 2231-2234.

[71] Prasetyanto E A, Bertucci A, Septiadi D, Corradini R, Castro-Hartmann P, de Cola L. Breakable hybrid organosilica nanocapsules for protein delivery. Angewandte Chemie International Edition, 2016, 55: 3323-3327.

[72] Davis F, Law K A, Chaniotakis N A, Fournier D, Gibson T, Millner P, Marty J L, Sheehan M A, Ogurtsov V I, Johnson G. Ultra-sensitive determination of pesticides via cholinesterase-based sensors for environmental analysis. Comprehensive Analytical Chemistry, 2007, 49: 311-330.

[73] Ahmad A, Mukherjee P, Senapati S, Mandal D, Khan M I, Kumar R, Sastry M. Extracellular biosynthesis of silver nanoparticles using the fungus Fusarium oxysporum. Colloids and Surfaces B: Biointerfaces, 2003, 28: 313-318.

[74] Bansal V, Poddar P, Ahmad A, Sastry M. Room-temperature biosynthesis of ferroelectric barium titanate nanoparticles. Journal of the American Chemical Society, 2006, 128: 11958-11963.

[75] Chen Q, Feng L, Liu J, Zhu W, Dong Z, Wu Y, Liu Z. Intelligent albumin-MnO_2 nanoparticles as pH-/H_2O_2-responsive dissociable nanocarriers to modulate tumor hypoxia for effective combination therapy. Advanced Materials, 2016, 28: 7129-7136.

[76] Fan K, Cao C, Pan Y, Lu D, Yang D, Feng J, Song L, Liang M, Yan X. Magnetoferritin nanoparticles for targeting and visualizing tumour tissues. Nature Nanotechnology, 2012, 7: 459-464.

[77] He H, Feng M, Hu J, Chen C, Wang J, Wang X, Xu H, Lu J R. Designed short RGD peptides for one-pot aqueous synthesis of integrin-binding CdTe and CdZnTe quantum dots. ACS Applied Materials & Interfaces, 2012, 4: 6362-6370.

第8章

低维碳基纳米材料在生物医学中的应用

8.1 低维碳材料概述

碳纳米材料是一类低维的纳米材料，在过去30年间引起广泛的关注。在1985年，英国化学家哈罗德·沃特尔·克罗托博士和美国科学家理查德·斯莫利在莱斯大学制备出第一种富勒烯，使得全球科学家第一次知道富勒烯的存在[1]。另外，两种同素异形体碳纳米管和石墨烯分别在1991年和2004年被发现，这两种碳材料的发现是科学领域的重大发现[2, 3]。碳纳米材料主要是由 sp^2 碳原子形成一个无缝的网络 π 电子共轭结构，而碳点则是混合 sp^2 和 sp^3 碳原子加缺陷和杂原子结构，这四种碳纳米材料得到广泛的关注(图 8-1)。这些低维碳纳米材料具有有趣的物理化学性质，由于量子限制效应，许多不寻常的光、电、磁和化学性质，可以应用于电子、光电、可再生能源、生物医学等方面[4,5]。

在过去的20年间，利用其独特的物理化学性质、尺寸小以及相对大的比表面积，碳纳米材料被广泛地应用于生物医学领域。纳米科学和生物学之间的联系源于纳米材料与维持生命的基本功能的许多基本的生物分子之间具有相似的尺寸。碳纳米材料通常范围为 1 μm～1 nm，与生物体内蛋白质的尺寸(1～100 nm)和DNA(2～3 nm)相当，并与生物体内的自然屏障包括离子通道(几纳米)和肾小球滤过屏障(5～10 nm)相当[6]。碳纳米材料的良好的尺寸使它们可以作为理想纳米载体用于药物和基因的靶向运输。此外，一些碳纳米材料特有的光学特性在生物医学应用领域引起广泛的关注。碳纳米材料如碳纳米管和石墨烯在近红外Ⅰ区(NIR-Ⅰ，750～1000 nm)具有很强的光学吸收，可用于光声成像和光热治疗[7]。单壁碳纳米管(SWCNTs)在近红外Ⅱ区(NIR-Ⅱ, 1000～1700 nm)特有的长波长荧光发射性质，减少了光子的散射，可以用于深层组织成像[8]。此外，碳纳米材料具有相对大的比表面积和 π 电子共轭结构，可以通过 π-π 相互作用将疏水性超分子装载到SWNTs和石墨烯表面，这是将疏水药物运送到体内的最基本的方法[9]。

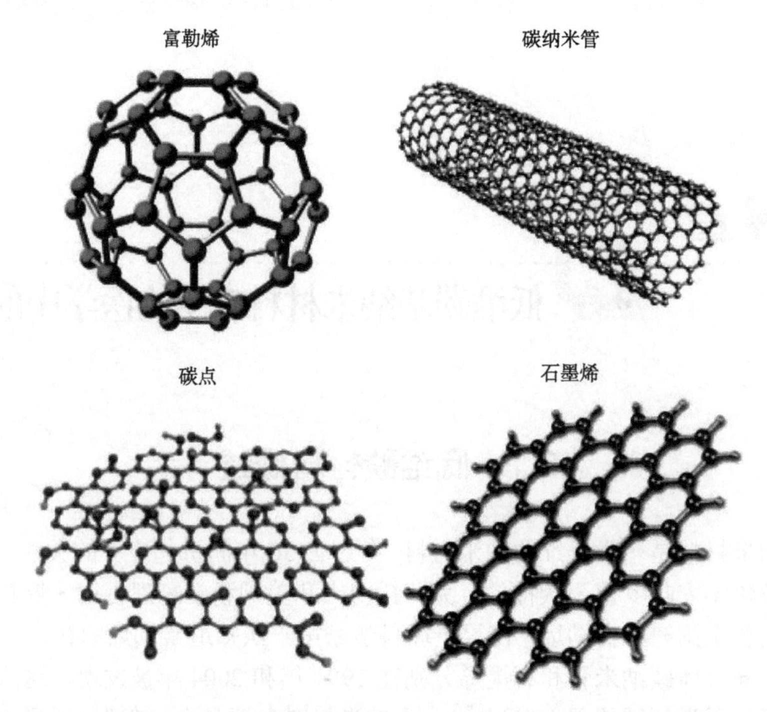

图 8-1 低维碳纳米材料主要包含富勒烯、碳纳米管、碳点和石墨烯

在本章中，我们将详细介绍碳纳米材料包括碳点、碳纳米管和石墨烯等三种碳材料的表面修饰、生物成像、药物和基因的装载和输送，以及在肿瘤治疗方面的应用。最后，我们将对该类材料的生物安全性和潜在的毒性进行详细概述和总结，希望通过我们的介绍使科研工作者能够更深入地了解碳纳米材料在生物医学领域的应用。

8.2 碳 点

自从 2006 年第一次发现以来，碳点(C dots)作为量子点(QD)新家族成员引起了广泛的关注，并有望成为新型的荧光纳米材料[10]。碳点是一类零维的碳纳米材料，其尺寸小于 10 nm，具有 0.34 nm 的晶格，其对应于石墨的(002)面。使用溶液法制备时，碳点通常在其表面上具有许多官能团，如环氧基、羰基、羟基和羧基。这些官能团使碳点具有很好的水溶性，并且可以连接各种有机高分子或生物分子。更重要的是，碳点表现出独特的光学性质，具有从紫外到近红外(NIR)区可调的发光性质，还具有多光子上转换发光性质。由于显著的量子限制效应(QCE)、表面效应和边缘效应，可以通过控制碳点的尺寸、形状和杂原子掺杂以及表面修饰来控制[11]。此外，与有机染料和传统的半导体量子点相比，碳点不仅具有抗光漂白和光稳定性等特点，还具有较好的生物相容性和较低的毒性。为了开发利用碳点的独特性质以及降低其合成成本，研究人员在多个领域开展了广泛的研究，包括光学传感、生物成像、光催化和电催化等方面。在 2013 年，科研人员成功地制备了发蓝色光的荧光碳点，在水溶液中的量子产率(QY 约 80%)与半导体量子点相当，进一步促进了碳点在生物成像领域的发展[12]。此后，科研工作人员尝试利用碳点在生物医学和光电子学等多方面的应用，如药物传递、光动力治疗(PDT)、发光二极管(LED)和太阳能电池等。作为另一种类型的零维的荧光碳纳米材料，石墨烯量子点(GQD)在最近几年引起了广泛关注。GQD 被定义为尺寸小于 10 nm 的纳米石墨烯片，并且它们具有比碳点更好的结晶度和更少的原子层(小于 4 层，通常是单个石墨烯层)。GQD 显示出 0.24 nm 的特征晶格间距，其对应于石墨烯的(100)面。这里将着重详细地阐述关于碳点合成及其生物医学应用的最新研究进展，主要包括生物影像、药物输送以及肿瘤治疗等方面。

8.2.1　碳点合成

碳点的合成方法为：自上而下和自下而上的方法(图 8-2)。前者通过化学、电化学或物理方法将较大的碳结构分解或分裂成较小的碳结构，而后者通过有机

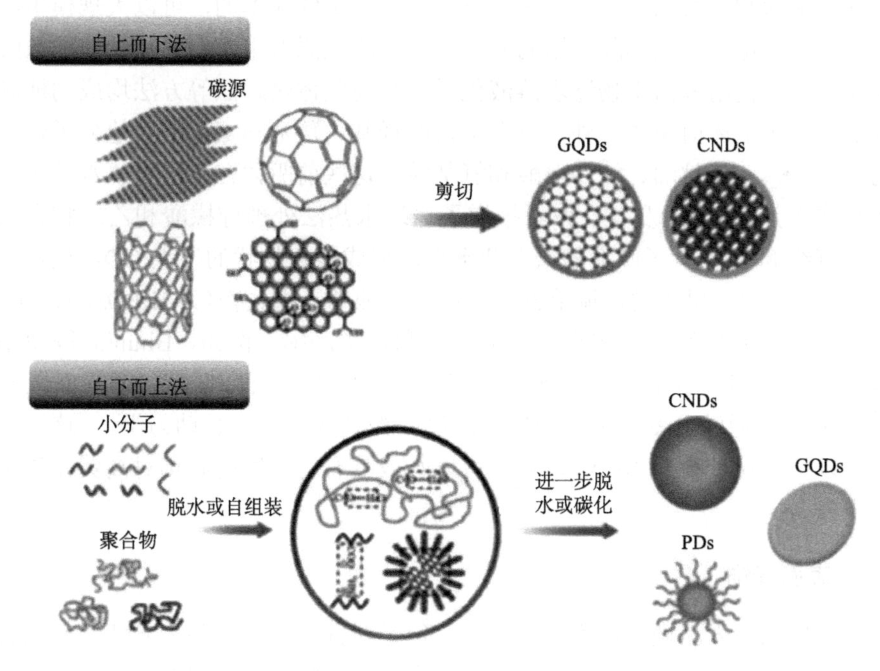

图 8-2　碳点的合成方法包括自上而下和自下而上两种方法

小分子的热解、碳化或通过小芳族分子的逐步化学熔合实现。所选择的前驱体和合成方法通常决定了所得碳点的物理化学性质，如尺寸、结晶度、氧/氮含量、荧光特性，包括荧光量子产率、胶体稳定性和相容性等。

1. 自上而下法

最先发现和报道的荧光碳点是通过自上而下法制备的。该方法是在水蒸气的存在下，使用氩气作为保护气体，然后使用激光烧蚀石墨，再进行酸氧化处理和表面钝化合成碳点。此后，科研人员开发了通过减小石墨、石墨烯或氧化石墨烯(GO)片、碳纳米管(CNT)结构等自上而下方法，使其具有完美 sp^2 杂化结构。对于自上而下法，科学家已经开发了许多方法能够使碳结构断裂成碳点，如电弧放电、激光刻蚀、纳米光刻、电化学氧化、水热或溶剂热、微波辅助、超声辅助、化学剥离和硝酸/硫酸氧化法。这些合成方法总是复杂和不可控的，具有相对低的产率和量子产率，一些方法甚至对环境造成危害，因此不适合大规模生产具有高荧光量子产率的碳点。

2. 自下而上法

相反，自下而上法通常使用设计的前驱体和制备方法来控制具有良好分子量和尺寸、形状和性质的碳点。同时，自下而上法是低成本的，可以大规模生产荧光碳点，这是保证碳点实际应用的先决条件。激光照射甲苯、水热处理柠檬酸或碳水化合物、使用苯衍生物逐步溶液化学法和前驱体热解法等方法均成功地制备出碳点。除了上述前驱体之外，具有丰富的羟基、羧基和氨基的其他分子也是合适的碳前驱体，如甘油、抗坏血酸和氨基酸，这些前驱体在高温下脱水并进一步碳化形成碳点。Yang 及其合作者报道了通过水热法处理柠檬酸和乙二胺大规模合成具有约 80%的量子产率的氮掺杂碳点，形成聚合物状的碳点 CD，最后碳化成碳点[12]。此外，可以通过调节试剂的比例或辅助无机底物(如 H_3PO_4、KH_2PO_4、NaOH)的量来有效地调节碳点的发射颜色和量子产率。例如，Bhunia 等使用不同碳水化合物和脱水剂作为碳前驱体在不同温度下合成可见光可调的高荧光碳点[13]。此外，通过改变脱水剂和反应温度来控制成核和生长动力学。 这种合成方法可以控制粒径小于 10 nm，并且可以合成具有可调发射和相对高荧光量子产率的碳点。

3. 表面修饰

尽管碳点的表面钝化还不是很清楚，但是对其合成方法和荧光特性都具有显著的影响。此外，表面修饰是进一步进行碳点的生物医学应用的前提条件。在合成过程中，碳点表面的羧基使其具有亲水性，有利于其在生物医学领域的应用。

通过使用不同的表面活性剂，增强了碳点在非极性溶剂中的溶解度，并且可以调节其荧光特性。表面携带不同基团碳点的合成也可以实现不同的功能需要。例如，可以选择具有不同基团(包括胺、羧酸和羟基部分)的合适的可生物降解的聚合物前驱体修饰碳点。碳点表面的羧基可以通过与含有氨基的聚乙二醇混合而得到功能化的碳点。总之，在生物应用之前，适当的表面修饰有利于碳点在生物医学领域的进一步应用和发展。

8.2.2　碳点在生物医学领域的应用

由于具有独特的光学性能、相对大的比表面积和表面易修饰等优点，碳点在生物医学应用领域多个方面展示出巨大的潜力。在生物医学应用之前，碳点的潜在毒性和生物安全性变得尤为重要。到目前为止，科研人员使用一系列细胞系来研究碳点在体外的细胞毒性，并没有发现碳点对细胞造成急性毒性或引起形态学变化等[14]。此外，动物实验研究也表明碳点具有良好的生物相容性和低毒性[15]。科研人员通过血生化和血常规分析发现碳点在大鼠的肝、肾、脾、心脏或肺中没有观察到毒副作用。这些实验结果都表明碳点具有良好的生物相容性，为碳点在生物医学中应用的安全性提供了实质性证据。大量的研究工作表明，碳点能够被广泛地应用于生物检测、药物输送、肿瘤成像以及癌症诊断与治疗等方面。

1. 碳点在生物检测方面的应用

由于其独特的荧光性质，碳点广泛用于各种靶目标的荧光分析，包括小分子（如离子、H_2O_2）以及生物大分子(如蛋白质)。汞离子(Hg^{2+})是一种重金属离子，对环境会造成严重的污染。当这些离子进入体内以后，可能会积聚在人体重要的器官和组织中，导致多种疾病。Qin 及其合作者从面粉中制备的碳点，其荧光发射可以被 Hg^{2+}选择性猝灭，并且达到 0.5 nmol/L 的最低检测限[16]。锡离子(Sn^{2+})同样是另一种重金属离子，也会对环境造成严重污染，并对人类健康造成毒副作用。Yazid 等报道了使用 Sn^{2+}猝灭碳点的荧光达到检测锡离子的目的[17]。由于碳点和 Fe^{3+}能够形成复合物，可以通过碳点的荧光猝灭程度来检测 Fe^{3+}的浓度。相反，Zhao 等使用碳点作为化学发光探针开发了另一种检测 Fe^{3+}的生物传感器[18]。通过多胺修饰碳点，由碳点产生的荧光信号被 Fe^{3+}显著增强，这可能是由 Fe^{3+}可以作为氧化剂嵌入碳点中的空穴位置造成的。H_2O_2 是参与细胞增殖、信号转导、衰老和死亡的最稳定的活性氧(ROS)之一。然而，过量的 H_2O_2 可能会损害中枢神经系统并导致多种疾病。Liu 等通过使用碳点催化的 Ag 纳米颗粒(AgNPs)实现了非酶 H_2O_2 检测[19]。氮掺杂的碳点具有可以催化还原 Ag^+以形成 AgNPs 的能力，与单独 AgNPs 相比，该复合物在还原 H_2O_2 方面具有更好的催化活性。这种纳米复合材料可用于 H_2O_2 的灵敏检测，最低检测限可达 0.5 μmol/L。

2. 基于碳点的药物输送

许多科研人员利用碳点作为多功能载体进行药物的装载和释放，主要是由于碳点具有很多优点，如细胞摄取快速、生物相容性良好、荧光很强、稳定性高和对药物活性没有影响等。如将碳点镶嵌入沸石咪唑盐骨架中，通过改变碳点和前驱体的浓度来优化纳米复合材料的荧光强度和尺寸，然后使用该纳米复合物作为载体装载5-氟尿嘧啶进行pH响应性药物释放。Tang 等开发了基于荧光共振能量转移(FRET)的碳点药物递送系统[20]。碳点可以作为FRET的供体，也可以装载抗癌药物。由于供体和受体之间的距离显著影响FRET信号，所以可以实时灵敏地监测化疗药物阿霉素从碳点上的释放情况。因此，基于纳米碳点的药物输送在生物医学领域应用展示出巨大的潜力。

8.2.3 基于碳点的生物成像

由于在短波长区域中的生物样品的自发荧光和光散射，用于活体荧光成像所选择的荧光材料希望在长波长区域中发射，以便具有更深的光穿透深度和更灵敏的成像对比度。使用荧光碳点在红外或近红外区域中进行活体荧光成像仍然具有一定的挑战性，因为大多数文章报道的碳点仅发射蓝色至绿色荧光。Wang 研究小组首先成功地制备了红色荧光碳点，其发射峰在640 nm，通过静脉注射入动物体内进行荧光成像[21]。苏州大学刘庄教授课题组以不同碳的同素异形体(包括单壁碳纳米管、多壁碳纳米管以及石墨)作为碳源通过酸化处理制备相近尺寸和相似形貌的碳点，并首次实现了基于碳点的小动物活体NIR荧光成像[22]。

由于血脑屏障(BBB)和纳米探针的尺寸与表面特性存在一定的依赖性，利用纳米探针进行脑肿瘤成像将具有一定的挑战性。最近，Wang 等通过直接溶剂反应法制备了聚合物包裹的氮掺杂的碳点(pN-CD)，并进行靶向脑肿瘤成像[23]。制备的pN-CD具有5～15 nm直径，可以进入脑胶质瘤细胞进行脑胶质瘤荧光成像，且具有很好的被动靶向能力和良好的成像对比度。如图8-3所示，pN-CD通过尾静脉注射入长有脑胶质瘤的小鼠体内，在不同时间点进行荧光成像，发现在注射30 min后，肿瘤部位的荧光信号最强，进一步促进碳点在生物医学影像上的应用。

8.2.4 基于碳点的肿瘤治疗

光动力治疗(PDT)由于与手术、化疗和放疗相比具有更低的毒性和更高的选择性而受到了极大的关注。PDT 是利用光敏剂(PS)在激光照射下产生对肿瘤细胞有毒性的活性氧自由基(ROS)而造成癌细胞的不可逆的损伤。Markovic 和

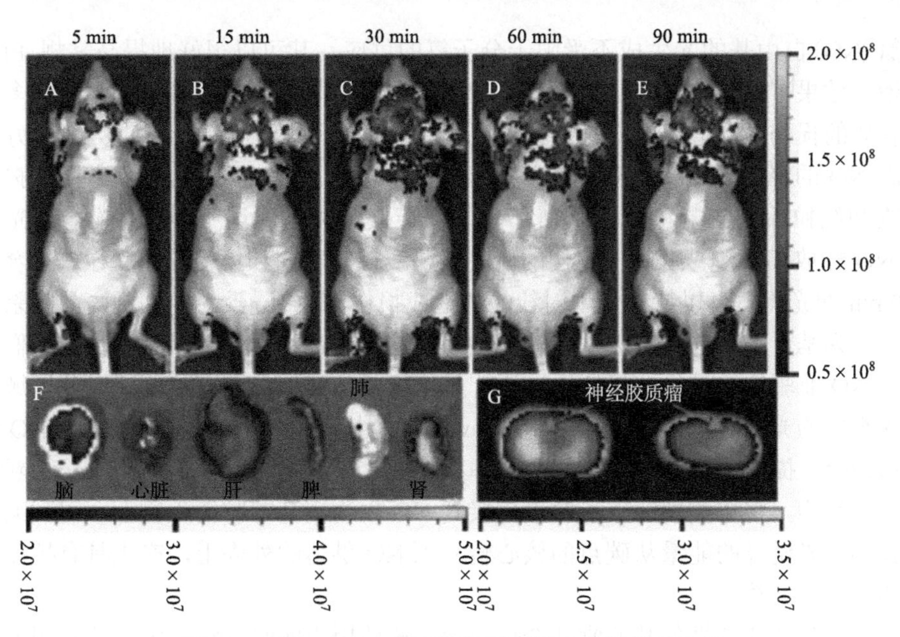

图 8-3　碳点 pN-CD 用于脑胶质瘤体内体外荧光成像

Christensen 等首次发现碳点可以用作光敏剂在蓝光激发下可以产生 ROS[24,25]。然而，蓝光作为光源，它的组织穿透力有限。为了最大激发碳点在体内 ROS 产生的潜力，碳点的荧光发射光谱至少调节到红外或近红外区域。Ge 等使用前驱体分子聚噻吩衍生物(PT2)作为碳源制备具有强烈深红色发射的 GQD[26]。通过体内和体外研究，他们发现 GQD 可以用作光敏剂，在光激发下产生大量的单线态氧($^1O_2$)，进一步提高癌症治疗效果。在后续的研究中，他们使用共轭聚合物聚噻吩苯基丙酸(PPA)作为前驱体制备了在可见光到近红外区(400～800 nm)具有宽吸收带和在 640 nm 具有荧光发射峰的碳点[21]。他们首次证明在 671 nm 激光辐照下具有 38.5%的高光热转换效率的红光发射的碳点，可以作为诊疗剂用于活体肿瘤治疗，进一步显著拓宽了碳点在肿瘤光热治疗方面的应用范围。研究人员使用聚噻吩苯甲酸作为碳源制备的碳点在 635 nm 激光照射下具有光动力治疗和光热治疗两方面效应，其 $^1O_2$ 的产生效率为 27%，而光热转化效率为 36.2%。所以，制备的碳点可以作为红光触发的诊疗剂用于成像指导下的光动力和光热联合治疗[27]。

PDT 治疗效果取决于光敏剂将激光能量转移到肿瘤部位的氧以产生用于癌症治疗的活性氧自由基的能力。在大多数实体瘤中，缺氧是比较常见的现象，因为肿瘤部位的氧供应由于肿瘤组织微循环受损和细胞恶性扩散而降低。此外，PDT 可能通过消耗氧气和破坏血管进一步增加肿瘤部位的缺氧情况。因此，肿瘤部位的氧气供应严重影响 PDT 治疗的效果[28]。与 PDT 中 $^1O_2$ 的产生相反，抗癌一氧化氮(NO)自由基的光生成不受限于分子氧的供应，其可以很好地提高常规 PDT 的治疗效果[29]。然而，使用外源 NO 的治疗通常受限于其短的半衰期和对许多生物物质的损伤，因此精确控制 NO 的传递对肿瘤治疗效果至关重要。为了更好地控制 NO 的释放，Xu 等通过将光响应性 NO-供体 4-硝基-3-(三氟甲基)苯胺衍生物和线粒体靶向配体三苯基鏻部分共价连接到碳点上用于线粒体靶向、光可控 NO 释放和细胞成像[30]。他们的研究表明线粒体靶向和可控的 NO 释放组合在 400 nm 的光照下可以特异性地对线粒体造成损伤，最终导致对癌细胞高效的杀伤作用，为基于 NO 的高效癌症治疗和最小毒副作用开辟了新的策略。由于他们使用的 NO 前驱体的吸收波长低于光治疗最佳区域(650～1350 nm)，而在此区域的人体组织的光穿透也仅限于几毫米。Fowley 等使用双光子激发(TPE)基于 NO 的肿瘤治疗，提高了光在三维空间分辨率和肿瘤治疗效果[31]。他们使用了一种新颖的纳米结构，将羧酸端的碳点共价连接到 NO 生物硝基苯胺衍生物上，得到纳米混合物。光诱导的能量从碳点的核心转移到 NO 供体的外壳上，产生具有抗癌作用的 NO 自由基。

碳点独特的特性使其非常适合作为递送载体用于实时跟踪基因、抗癌药或光敏剂在细胞微环境中的行为。Liu 等使用甘油和支链 PEI25k 混合物的一步微波热解法制备聚乙烯亚胺(PEI)修饰的碳点(CDs-PEI)[32]。他们制备的 CDs-PEI 具有良好的水溶性和多色荧光发射性质，与单独的 PEI25k 相比，CDs-PEI 在 COS-7 和 HepG2 细胞中具有较高的基因转染效率及更低的细胞毒性。这些结果显示出碳点在基因递送中的应用的潜力。在 2013 年，Kim 等利用 PEI 修饰的碳点、PEI 修饰的金颗粒和质粒 DNA 三元复合物进行基因转染和质粒细胞运输的实时监控[33]。虽然在这些研究中使用的 PEI25k 是高度有效的基因转染剂，但是 PEI25k 的高电荷密度限制其体内的应用。因此，Wang 等利用低分子量的 PEI 通过疏水作用修饰的碳点具有较高的基因转染效率和良好的生物相容性，该复合物可以将 siRNA 和质粒 DNA(pDNA)运送至体内进行基因治疗[34]。他们将 CD-pDNA 和 CDs-siRNA 复合物分别瘤内注射到小鼠肿瘤，进一步证明了其基因表达和沉默，为基于碳点的活体基因转染提供了可行的依据。

通过化学修饰、疏水作用、π-π 堆积作用，可以将化疗药物包括阿霉素(DOX)、奥沙利铂(OXA)以及光敏剂竹红菌素(HA)、二氢卟吩 e6(Ce6)、ZnPc 和原卟啉 IX 等通过共价或简单吸附到碳点上[35,36]。碳点可以大大增加这些疏水性药物的水溶性并促进它们在肿瘤内酸性条件下释放。重要的是，碳点或其聚集体可以通过增强渗透和滞留(EPR)效应“被动”靶向或通过肿瘤血管过表达受体的靶向配体实现肿瘤主动靶向。Tang 等首次直接使用基于碳点的荧光共振能量转移实时监测药物输送释放系统(DDS)[20]。碳点首先与氨基端的 PEG($PEG-NH_2$)连接，再连上叶酸[37]。然后，DOX 作为抗癌药物，通过静电

相互作用和 π-π 作用被吸附到碳点表面形成复合物。当 FRET 在碳点和 DOX 之间发生时，碳点的绿色荧光减少，DOX 的红色荧光增加，而当 FRET 减弱，碳点的荧光随着 DOX 从碳点表面释放而恢复。通过 FRET 信号的变化可以容易地控制 DOX 从碳点表面的释放，并且可以对药物释放过程进行监测和定量。Qiu 等制备了基于 RGD 连接的 GQD 为载体的药物递送系统，用于同时跟踪和靶向治疗前列腺癌细胞[38]。基于 GQDs 的 DDS 与靶向(RGD)肽的连接促进 GQD 的细胞摄取，因此增强所携带的 DOX 的细胞毒性和治疗效果。基于碳点的药物输送与单独药物相比具有明显的药代动力学行为，不仅可以增强肿瘤杀伤效率，而且可以降低药物对正常组织的毒副作用。

科研人员设计出一系列的多功能核壳纳米复合物，他们将荧光碳点、磁性 Fe_3O_4 纳米颗粒、金纳米颗粒、基于热响应性聚(NIPAM-AAm)的水凝胶、非直链 PEG、壳聚糖和抗癌药物等集成到多孔碳壳中，进行光温感应，磁/NIR 热响应药物递送，以及细胞多色成像和增强 PTT 效应等[39]。此外，上述的纳米复合物的热响应性质也可以在 NIR 光的照射下通过嵌入的碳点的光热转化能力触发药物释放。这样的多功能纳米复合物进一步促进化疗和光热治疗的联合，提高肿瘤的治愈率。

8.3　碳纳米管

碳纳米管是由石墨烯片卷起来的无缝圆柱体。由于其具有独特的物理和化学性质，碳纳米管在过去 20 年间引起广泛的关注。依据形成碳纳米管的石墨烯层数，碳纳米管分为单壁碳纳米管和多壁碳纳米管两种。碳纳米管的应用跨越许多领域，包括复合材料、电子学、场效应发射器和储氢等方面[40]。近年来，科学家受到碳纳米管的尺寸、形状、结构以及独特的物理性质激发，一直致力于探索碳纳米管的潜在的生物学应用。

作为一维的纳米材料，碳纳米管的直径一般为 1～2 nm，长度为 50 nm～1 cm，正是由于其固有的性质，碳纳米管为生物医学的发展提供了全新的机遇。由于碳原子完全暴露于表面，所以碳纳米管具有非常高的比表面积(理论上 1300 m^2/g)，可以有效地装载生物大分子或药物分子。含有芳香族的大分子通过 π-π 堆积作用装载在碳纳米管表面。单壁碳纳米管在范霍夫奇点具有强烈电子态密度的准一维量子导线[图 8-4(a)]，这一性质赋予单壁碳纳米管独特的光学性质[41]。由于 E11 的光电子跃迁，单壁碳纳米管在近红外区具有强光吸收[图 8-4(a)和(b)]，可用于肿瘤的光热治疗和光声成像[42]。半导体单壁碳纳米管具有 1 eV 窄带隙，在近红外区具有光致发光性质。单壁碳纳米管的发射波长在 800～2000 nm 之间，这一区域涵盖了生物组织穿透最好的区域，因此单壁碳纳米管适合用于生物成像。单壁碳纳米管也有独特的增强拉曼性质，可用于拉曼检测和拉曼成像[图 8-4(c)][43]。由于其固有的物理性质，单壁碳纳米管可以用于肿瘤多模态显像和治疗等方面。与单壁碳纳米管相比，多壁碳纳米管是由多层石墨烯卷曲形成，具有相对大的直径(10～100 nm)。尽管多壁碳纳米管没有单壁碳纳米管优越的光吸收性质，但是在生物系统内，与单壁碳纳米管不同，多壁碳纳米管由于其相对大的尺寸，可以提供不同的平台，如运送大生物分子包括 DNA 质粒进入细胞[44]。

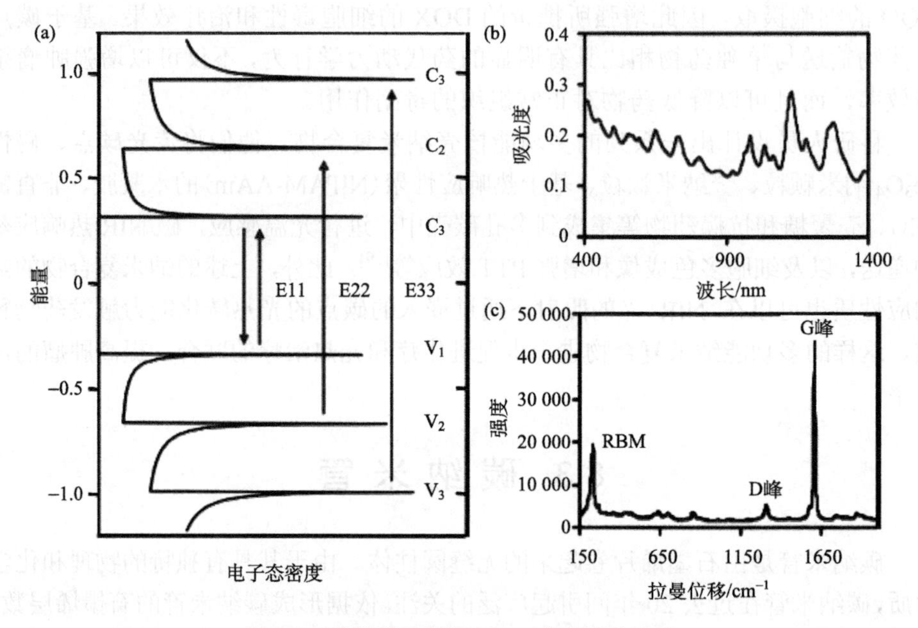

图 8-4 单壁碳纳米管(SWNT)的光学性质

(a) SWNT 电子结构示意图；(b) SWNT 的紫外吸收光谱；(c) SWNTs 的拉曼光谱；在 200～300 cm^{-1}、约 1400 cm^{-1} 和约 1590 cm^{-1} 处分别是径向呼吸模式(RBM)、D 峰、G 峰

受到其多种性质的启发，碳纳米管在生物医学领域的应用迅速发展。科研工作者开发了基于碳纳米管的生物传感器用于生物样品的检测(如蛋白质和DNA 的检测)。依赖其光学性质，单壁碳纳米管作为一种造影剂用于各种生物组织的成像。苏州大学刘庄教授课题组和其他研究组都发现功能化的碳纳米管能够进入细胞而不引起任何毒性，将各种各样的生物分子运送到细胞内。此外，碳纳米管还可以用于活体肿瘤的治疗[45]。然而，研究人员发现没有表面修饰的碳纳米管会对细胞和动物都造成明显的毒性[46]，对碳纳米管在体内的分布和长期的行为进行了系统的研究，发现用不同方法和原料制备的碳纳米管有着不同的行为和毒性[47,48]。

这里将详细介绍碳纳米管的表面修饰以及功能碳纳米管在生物医学领域的应用，主要包括碳纳米管在药物输送、生物检测、生物影像和肿瘤治疗等方面的应用(图 8-5)。

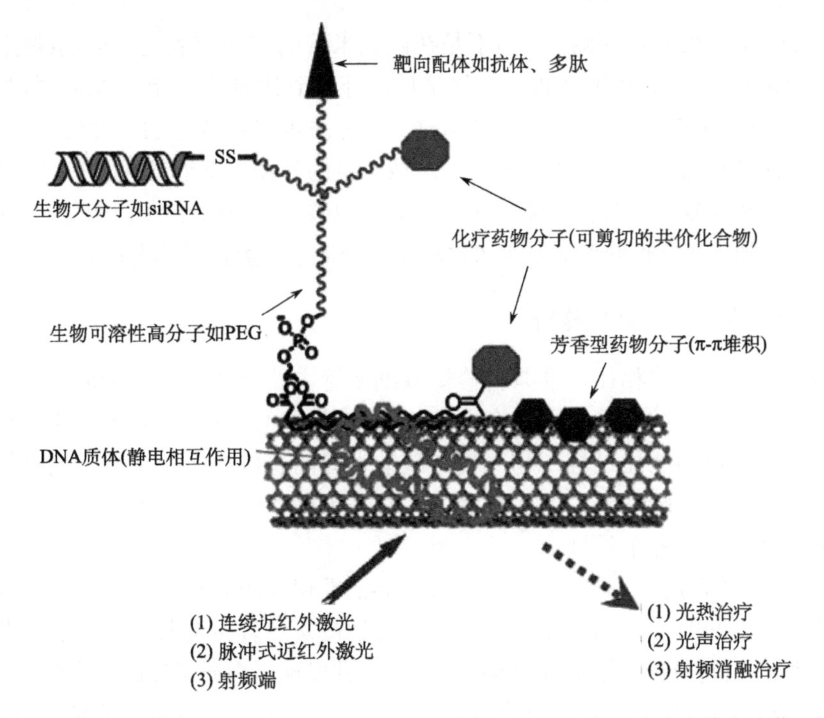

图 8-5　基于碳纳米管的生物医学应用，主要包括药物和基因输送、肿瘤多模态成像以及肿瘤治疗等方面

8.3.1　碳纳米管的表面修饰

裸的碳纳米管具有强的疏水表面，难以溶于水。对于生物医学应用而言，碳纳米管的表面功能化能够提高碳纳米管的生物相容性，减少其毒性。碳纳米管的表面修饰主要包括共价修饰和非共价修饰。共价修饰就是将亲水分子通过共价键连接到碳纳米管表面，而非共价修饰则是将两亲性高分子通过疏水作用连接到碳纳米管表面，增加其水溶性。

1. 碳纳米管的共价修饰

各种各样的共价修饰方法都被用于碳纳米管的功能化，其中氧化反应是最主要的修饰方法。碳纳米管的氧化主要是利用硝酸作为氧化剂。在这个氧化过程中，在碳纳米管的端部以及缺陷位置会出现羧基基团使得碳纳米管具有一定的水溶性，但是氧化的碳纳米管在盐溶液中会聚集而沉淀，不能直接用于生命系统(因为在大部分生命体系中都含有高盐溶液)。进一步的表面修饰对于碳纳米管的生物医学应用是必需的。聚乙二醇作为一种比较广泛的表面活性剂用于共价修饰碳纳米管并进行体内体外实验研究。另一种被广泛用于修饰碳纳米管的方法是环加成反应，该反应发生在芳香环侧面，而不是在碳纳米管的末端或氧化形成的缺陷位置。环加成反应可以将叠氮化物通过光化学反应连接到碳纳米管上。Prato 等发展了1,3-偶极环加成反应修饰碳纳米管的方法。该方法也是最普遍的一种修饰方法[49]。

由于共价修饰方法会对纳米管结构造成一定的破坏，碳纳米管固有的物理性质如光致发光和拉曼散射等在化学反应后被大大地破坏。单壁碳纳米管的拉曼散射和光致发光的强度在共价修饰后被大大地减弱，降低了这类材料的潜在的光学应用。

2. 碳纳米管的非共价修饰

与共价修饰方法相比，非共价修饰碳纳米管主要是将两亲性表面活性剂分子或聚合物修饰到碳纳米管表面。在非共价修饰过程中，碳纳米管的化学结构没有遭到破坏，仅在功能化过程中超声使得碳纳米管的长度变短，其他的物理性质都得以保留。因此，碳纳米管的水溶液，尤其是单壁碳纳米管，通过非共价修饰可以用于生物医学的各个领域。

碳纳米管的芳香烃石墨表面可以通过 π-π 堆积作用装载芳香簇分子。利用芘与碳纳米管之间的 π-π 相互作用，斯坦福大学戴宏杰教授及其合作者利用芘及其衍生物来非共价修饰碳纳米管[图 8-6(a)][50,51]，并发现蛋白质可以固定在芘衍生物修饰的碳纳米管上。此外，Bertozzi 等也用芘连接的糖树状分子修饰碳纳米管[51]。除了使用芘衍生物修饰碳纳米管以外，单链 DNA 也被广泛用于修饰碳纳米管，主要利用 DNA 中的芳香环与纳米管表面的 π-π 堆积作用[图 8-6(b)][42]。然而，Moon 等发现DNA 分子修饰的单壁碳纳米管在生物体内由于含有核酸酶降解DNA 而不稳定[52]。Dai 等发现荧光素(FITC)标记的 PEG 链可以修饰单壁碳纳米管，主要利用 FITC 上的芳香环与碳纳米管之间的 π-π 堆积作用，得到荧光标记的碳纳米管用于生物成像[53]。此外，其他芳香族分子如卟啉衍生物也被用于非共价修饰碳纳米管[54]。

各种各样的两亲分子被用于悬浮碳纳米管，通过范德华力和疏水作用，将疏水部分连接到碳纳米管表面，而亲水部分露在外面来提高碳纳米管的水溶性。在进行基于单壁碳纳米管的生物检测过程中，使用吐温–20 与嵌段共聚物共同非共价修饰碳纳米管以减少碳纳米管与蛋白质的非特异性吸附。Cherukuri 等使用嵌段共聚物修饰碳纳米管用于活体实验[48]。然而，使用嵌段共聚物修饰碳纳米管在体内不是足够稳定，因为血浆中的蛋白质会将其取代。另外，常见的表面活性剂如十二烷基硫酸钠(SDS)和吐温–100 都可以用于悬浮碳纳米管，使其具有水溶性。两亲性高分子修饰的碳纳米管具有相对高的临界胶团浓度，在溶液中如果没有其他表面活性剂存在的情况下是不稳定的。大量的表面活性剂可能溶解细胞膜和使蛋白质变性，因此这种修饰方法不适合用于生物体系。

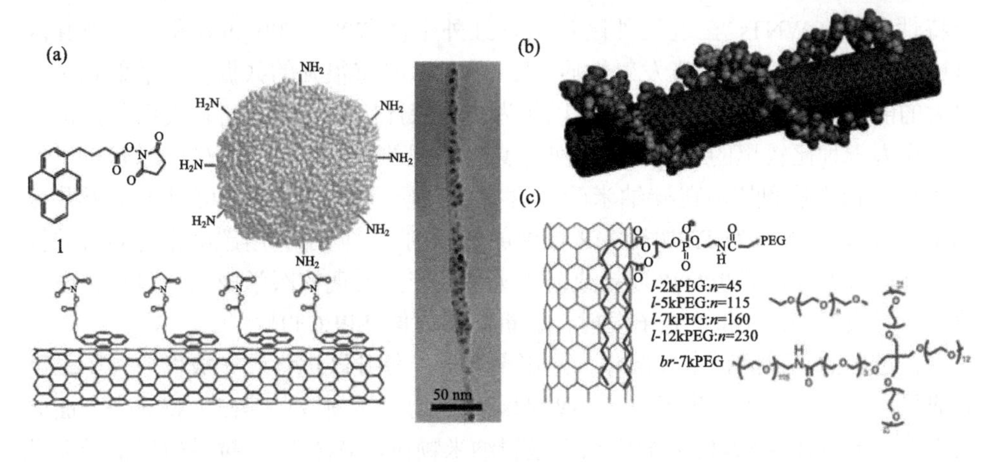

图 8-6 非共价修饰碳纳米管的示意图

(a)蛋白质可以通过非共价 π-π 堆积作用装载到碳纳米管表面，插图是单壁碳纳米管连接蛋白质的透射电镜照片；(b)单链 DNA 通过 π-π 堆积作用修饰在单壁碳纳米管表面；(c)PEG 非共价修饰单壁碳纳米管

一种理想的非共价修饰碳纳米管的方法要适用于生物体系应该有以下特点。第一，修饰的分子应该具有良好的生物相容性或无毒特性。第二，碳纳米管表面修饰的高分子应该足够稳定以防止在生物体系中脱离，尤其是在含有盐和蛋白质的血浆溶液中。两亲性修饰碳纳米管的高分子应该具有低的临界胶团浓度值，在去除多余的修饰分子后还能保持碳纳米管的稳定性。第三，修饰分子应该具有功能团可以用于生物偶联(如抗体或其他分子的连接)，使得碳纳米管可以用于不同方面的生物应用。

斯坦福大学戴宏杰教授等发展了聚乙二醇化的磷脂(PL-PEG)非共价修饰碳纳米管以适应生物医学的各种需要，获得高水溶性的碳纳米管及其多种功能化[图 8-6(c)][45]。磷脂是细胞膜的主要成分，相对于生物体系而言它是安全的。在修饰过程中，脂质体的两个烃链锚在碳纳米管表面，而亲水链延伸到水相，使碳纳米管具有水溶性和生物相容性。与表面活性剂修饰碳纳米管不同，PL-PEG 修饰的单壁碳纳米管在生理溶液包括血清中都具有很好的稳定性。不同 PEG 长度和结构(线形或支链形)的 PL-PEG 都可以用于单壁碳纳米管的修饰。通过与 PEG 末端的氨基作用可能会影响生物分子的连接。利用这一策略，成功开展了 PEG 修饰单壁碳纳米管的生物医学领域的应用，主要包括生物检测、生物成像和药物输送。

8.3.2 碳纳米管在生物成像上的应用

碳纳米管独特的物理化学性质，尤其是单壁碳纳米管(SWNTs)，在生物医学影像领域引起广泛的关注。准一维半导体单壁碳纳米管展现出 1 eV 的窄带隙，这一特性使得 SWNTs 在近红外区包括近红外 I 区(700～900 nm)和近红外 II 区(1100～1400 nm)具有荧光发射性质[55]。SWNTs 具有很强的共振拉曼散射且具有很大的散射截面，因此 SWNTs 可以作为拉曼探针用于生物检测和成像[56]。碳纳米管作为一种比较黑的材料在近红外区具有很强的吸光度，因此碳纳米管可以用作光声成像造影剂[7]。在碳纳米管中含有的杂质金属纳米颗粒可以用于磁共振(MR)成像，可以作为 T2 加权 MR 成像的造影剂[57]。除了利用碳纳米管固有的性质以外，放射性核素也可以连接或嵌入碳纳米管上实现核医学成像，包括正电子放射断层成影(PET)和单光子发射计算机断层成像(SPECT)[47,58]。

在过去的几年间，SWNTs 作为造影剂在近红外 II 区进行荧光成像取得了显著的成果，这一成果进一步促进了 SWNTs 在生物医学领域尤其在生物成像方面的应用[59]。通过在 SWNTs 表面生长贵金属纳米颗粒，SWNTs 的拉曼散射信号会显著增强，可以用于生物样本的快速拉曼成像[60]。此外，还可以将不同近红外波长具有吸收的染料转载到 SWNTs 表面，实现活体的多色光声成像[61]。适当表面修饰的 SWNTs 还可以用于干细胞标记和活体的多模态成像(拉曼、磁共振和光声成像)[57]。我们将详细介绍基于 SWNTs 的荧光成像、拉曼成像、光声成像、磁共振成像和核素成像等几种成像模式。

1. 基于 SWNTs 的荧光成像

荧光成像技术在科学研究和医学诊断中起着举足轻重的作用。然而，光的穿透深度有限限制了荧光成像技术的进一步应用[62]。为了克服这一问题，科研工作者一直致力于开发具有生物组织穿透性良好的荧光探针。经典的近红外 I 区的波长是 700～900 nm，在这一区域无论是血红蛋白还是水都具有很低的光吸收。目前，各种各样的探针包括有机染料或半导体量子点的发射波长都集中在这一区域。最近，研究人员发现在 1100～1400 nm 区域的发射的光即使有一些被水吸收，但是可以有效地减少生物组织的散射，可以用于生物成像，进一步提高组织穿透性和空间分辨率。

虽然使用 SWNTs 进行近红外荧光成像取得了令人鼓舞的结果，但是由于 SWNTs 相对低的量子产率限制了基于 SWNTs 的活体成像的进一步应用。共价修饰将破坏 SWNTs 的结构导致其近红外荧光性质完全消失。小分子表面活性剂如胆酸钠悬浮的 SWNTs 显示出相对高的量子产率，然而，这种修饰的 SWNTs 对生物体系具有一定的毒性。非共价 PEG 修饰的 SWNTs 虽然提高了碳纳米管的水溶性和生物相容性，但是又降低了 SWNTs 的量子产率。在 2009 年，戴宏杰教授等发展了一种表面修饰交换的新方法修饰碳管，既能提高 SWNTs 的生物相容性，又能不影响 SWNTs 的量子产率。在这种方法中，先将 SWNTs 溶解在胆酸钠溶液中，然后使用 PL-PEG 进行取代，最终得到 PL-PEG 修饰的 SWNTs。与直接将

PL-PEG 与 SWNTs 超声的传统的修饰方法相比，这种表面修饰交换法能够显著避免 SWNTs 的量子产率的缺失。利用这一方法制备的 PEG 修饰的 SWNTs (SWNTs-PEG) 具有很高的量子产率，通过尾静脉将 SWNTs-PEG 注射入长有肿瘤模型的小鼠体内，第一次实现了基于 SWNTs 的近红外 II 区荧光成像。此外，注射入的 SWNTs-PEG 还可以进行高分辨率体内活体的显微镜成像，可以观察到在皮肤下的肿瘤血管[63]。

Robinson 等利用新型的 PEG 修饰的两亲性高分子聚马来酰胺-PEG (C_{18}PMH-PEG) 来修饰 SWNTs 可以显著延长 SWNTs 在体内的血液循环时间（半衰期大约 30 h），从而增加在 4T1 小鼠乳腺癌中的富集量，最高可达 30%的注射量[59]。同时，这也是第一次采用高频荧光成像技术与 PCA 技术联合来监测注射入的 SWNTs 在肿瘤和其他部位的荧光信号。研究发现 SWNTs 在注射 20 s 以后，肿瘤部位就会出现显著的荧光信号，而且在肿瘤部位的荧光信号可以持续保持 72 h 以上。此外，采用三维重建技术对肿瘤部位近红外 II 区荧光成像进行重建，发现 SWNTs 的荧光信号与肿瘤血管很好地重合在一起，表明增强渗透性和滞留效应在调节碳纳米管在肿瘤部位富集过程中起到重要作用。

目前所使用的 SWNTs 具有不同的手性，而且不同的手性对应不同的激发和发射波长。因此，在之前进行近红外 II 区荧光成像实验中，只有一小部分的 SWNTs 被激发而发出荧光信号，而大部分的 SWNTs 在成像过程中没有被激光所激发而不发射荧光信号。如果使用全是纯化好的手性 SWNTs 进行近红外 II 区荧光成像，那么小鼠成像时所用的碳纳米管的量将会显著降低。因此，科学家采用各种各样的方法包括双向电泳、密度梯度离心法[64]、DNA 色谱分析[65]和凝胶过滤[66]等来分离纯化 SWNTs，以期得到纯手性的 SWNTs。戴宏杰教授课题组采用简单的凝胶过滤的方法分离得到 (12,1) 和 (11,3) 手性 SWNTs，在 808 nm 处具有相同的共振吸收，而发射波长为 1200 nm。手性 SWNTs 在 808 nm 激发下的荧光强度是没有分类 SWNTs 的 5 倍，在进行活体成像时，显著降低了 SWNTs 的注射剂量[67]。

因此，基于 SWNTs 的近红外 II 区荧光成像在生物医学影像领域展现了巨大的潜在应用前景，且优于现存的成像技术。这一领域的进一步发展就需要获得更高量子产率和完全手性的 SWNTs 样品，使得 SWNTs 具有更强的荧光发射性能。此外，具有不同手性的 SWNTs 可以利用不同的激发光进行激发，可用于多色近红外 II 区荧光成像，基于 SWNTs 的近红外 II 区荧光成像在未来的生物医学应用还有待进一步研究证明。其他一些增强荧光成像技术，如在 SWNTs 表面生长金纳米颗粒可以增强 SWNTs 的荧光，可以进一步提高生物成像的检测的灵敏度。

2. 基于 SWNTs 的拉曼成像

与荧光成像不同，拉曼散射是在光激发下发射光子的波长发生位移，它是一个光子散射过程，而不是光致发光。一个分子固有的拉曼散射信号在没有增强机制(如表面增强拉曼)的参与下往往是非常弱的。然而，当激发光能量能够与电子从价态跃迁到导电带所需能量相吻合时，分子的拉曼散射效率会大大增加，这种拉曼增加机制就是所谓的表面增强拉曼。SWNTs 具有多个拉曼特征峰，包括低频区的径向呼吸模式(RBM，100～300 cm^{-1})和高频区的 G 模式(～1580 cm^{-1})，这两个峰分别对应碳原子在径向和切向方向上的振动情况。SWNTs 的共振拉曼散射是由 DOS 提供的光学跃迁确定的(如 E11 和 E22 的跃迁)，这很大程度上取决于 SWNTs 的直径和手性指数[43]。当进行 SWNTs 拉曼光谱测量时，SWNTs 在 E11 区的共振将提供非常强的拉曼散色信号，用于生物检测和成像。

Heller 等在 2005 年第一次利用 SWNTs 固有的拉曼散射性质进行活细胞的拉曼成像[68]。DNA 寡核苷酸包裹的 SWNTs 作为一种标记用于活细胞跟踪。在没有加入额外的荧光标记的情况下，活细胞 3T3 在 785 nm 激光照射下可以观察到 SWNTs 的径向呼吸模(RBM)峰。与传统的容易荧光猝灭或光漂白的有机染料或量子点相比，SWNTs 具有稳定的拉曼散射信号，更不会存在猝灭或光漂白的现象，这一优点有利于长期观察 SWNTs 在生物体内行为。Lamprecht 等利用碳纳米管的固有的拉曼 G 峰来成像和跟踪碳纳米管在靶向运输到癌细胞后在细胞内的分布情况[69]。另外，Kang 等利用快速共聚焦拉曼成像技术来研究 SWNTs 的细胞内吞情况。通过对 RAW264.7 巨噬细胞中细胞本身和 SWNTs 两部分的拉曼信号进行分析，可以进一步了解 SWNTs 在细胞中的不同聚集状态以及它们在细胞中的位置。这进一步凸显了利用拉曼散色技术进行活细胞成像的优势[70]。活体肿瘤的拉曼成像也可以通过静脉注射靶向分子连接的 SWNTs 来实现。

拉曼散射通常表现出相当尖锐的拉曼峰，不同峰的位置代表不同分子，因此利用这种拉曼散射技术是进行多色检测和成像的最佳选择。在 SWNTs 的拉曼 G 峰处的碳-碳键的振动频率是由碳原子质量决定的。改变碳原子同位素，从 ^{12}C 到 ^{13}C，SWNTs 的 G 峰也会随之而改变[71]。戴宏杰等第一次利用 SWNTs 对活细胞进行多色拉曼成像[56]。将具有不同 ^{13}C 掺杂比例的三种类型的 SWNTs 和不同的拉曼 G 峰可以连接不同的靶向配体来识别相应的细胞系。通过光谱分离可以实现多色拉曼成像[图 8-7(a)和(b)]。在拉曼成像之前，将具有不同受体表达的五种类型的癌细胞(MDA-MB-468、BT474、LS174T、Raji 和 U87MG)与五种 SWNTs 共同培养，从而实现了由五个同位素掺杂的 SWNT 拉曼探针标记的细胞的五色拉曼成像[图 8-7(c)]。为了进一步证明该技术临床前应用的前景，他们将肿瘤组织取出进行切片，然后进行多色拉曼成像。研究结果显示 LS174T 人结肠癌细胞从细胞培养到活体肿瘤生长过程中，它的表皮生长因子受体(EGFR)显著上调[图 8-7(d)]。肿瘤中的 LS174T 细胞表现出高水平共定位的 EGFR/Her1(黄色)和 CEA(蓝色)受体。通过五色拉曼成像(红色)观察到整合素$\alpha_v\beta_3$似乎在肿瘤血管上表达。而当 LS174T 细胞在细胞培养过程中时，没有观察到 EGRF/Her1 的表达。

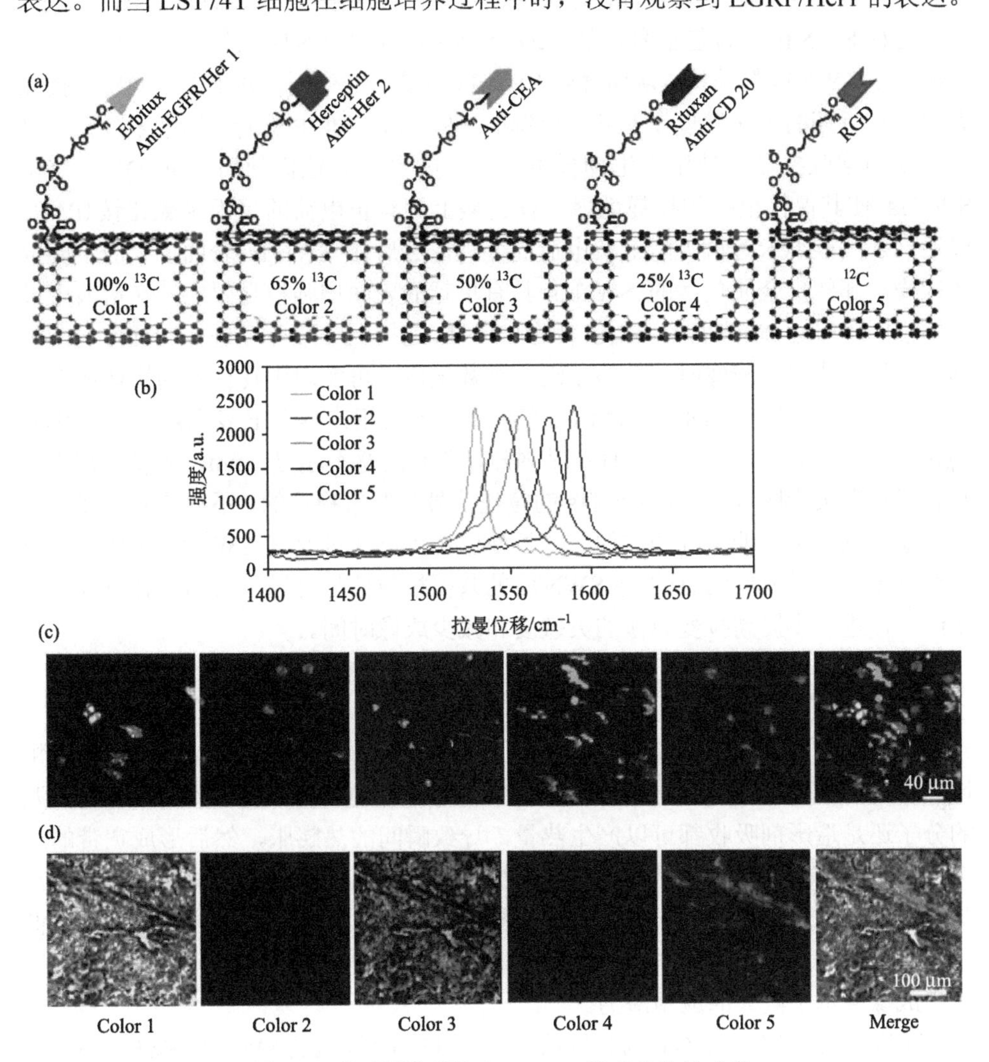

图 8-7　基于同位素掺杂 SWNTs 的多色拉曼成像

(a)同位素掺杂的 SWNTs 并连接不同靶向配体的示意图(Color 1、2、3、4 和 5 分别代表 ^{13}C 在 SWNTs 的百分比，分别是 100%、65%、50%、25%和 0%)；(b)五种不同 SWNTs 的拉曼光谱；(c)癌细胞的五色拉曼成像；(d)LS174T 人结肠肿瘤切片的五色拉曼图像；五种颜色代表五种蛋白质的表达情况

虽然在所有单分子中 SWNTs 具有最强的拉曼信号，但是对于生物样品的 SWNTs 标记进行拉曼成像仍需要很长时间。既然拉曼成像所需的时间取决于拉曼

分子的拉曼信号强弱，那么缩短拉曼成像时间的最好办法就是增强拉曼分子的拉曼信号。表面增强拉曼(SERS)可能作为一条途径来增强SWNTs的拉曼信号。虽然不同的研究组发现在SWNTs表面上生长贵金属纳米颗粒可以达到表面增强拉曼信号的效果，但是采用不同的方法将金纳米颗粒连接到共价修饰的SWNTs上，即使这样SWNTs的拉曼信号依然很弱，这是因为在SWNTs共价修饰过程中如氧化破坏了SWNTs的结构，从而导致SWNTs拉曼信号变弱，苏州大学刘庄教授课题组等在近期的工作发现在非共价修饰的SWNTs表面生长贵金属纳米颗粒可以作为表面增强拉曼探针用于生物样本的拉曼成像[60]。他们使用单链DNA修饰SWNTs使其保持很强的拉曼散射。在包裹上具有正电荷的聚丙烯氯化铵(PAH)以后，那些碳纳米管再吸附上负电荷的金种，然后在SWNTs表面生长成金壳或者银壳。那些贵金属包裹的SWNTs具有卓越的表面增强拉曼效应，在溶液中最大增强因子可达20倍以上。金包裹的SWNTs连接上叶酸可以进行特异性的细胞标记和拉曼成像，成像时间缩短了近一个数量级，可实现生物样本的快速成像。

SWNTs作为新型的拉曼标记与有机拉曼染料相比具有很多优点。①SWNTs的拉曼峰非常简单，狭窄，而且非常强烈，全峰的宽不超过2 nm，所以非常容易与背景自发荧光区分开。②SWNTs的拉曼信号是非常稳定的，不存在猝灭或漂白等现象，确保了长期跟踪和成像。③拉曼位移可以通过改变SWNTs中碳的组成来达到多色拉曼成像的目的。④SWNTs的共振拉曼信号可以与表面增强拉曼技术相结合，进一步提高拉曼成像的灵敏度和减少成像时间。

3. 基于碳纳米管的光声成像

光声成像(PA)是最近新发展的一种成像方法，目前被广泛地应用于生物学领域[72]。光声成像的原理就是当激光照射生物样本时的能量被光吸收，不管是内源的分子还是造影剂吸收都可以产生热量，导致瞬间的热膨胀，然后形成宽带的超声波并被超声检测器所检测，构建出二维或三维图像，这就是所谓的光声成像。与传统的光学成像相比，光声成像是检测的声音信号而不是光信号，在荧光成像过程中分别通过避免发射光的吸收或散射来增加组织穿透性和空间分辨率，所以光声成像展示了巨大的应用潜力。

在活体光声成像中，Gambhir等第一次使用RGD连接的SWNTs(SWNTs-RGD)作为光声成像造影剂，在SWNT- RGD注射组的肿瘤部位观察到非常强的光声信号，而仅注射单独的SWNTs的小鼠，在肿瘤部位只能观察到很弱的光声信号[73]。

为了进一步增强SWNTs的光声信号灵敏度，一些在近红外具有吸收的金纳米层或有机分子与SWNTs连接来增强其在近红外区的吸收。Zharov及其合作者开发出一种金碳纳米管(GNTs)。他们通过在碳纳米管表面生长出一层金壳来增强SWNTs的光声信号[74]。包裹在SWNTs表面的金层增加它们在近红外区域的光密度，然后连接上抗体特异性的识别小鼠淋巴血管内皮。获得的 GNTs 使用极低的激光功率就能对小鼠的淋巴管进行增强的近红外光声成像，提高将近 100 倍。此外，抗体连接的 GNTs 也可以用于淋巴内皮受体成像。抗体连接 GNTs 处理组的光声信号和光热信号都超过了内在背景，更优先地富集到淋巴管壁。而没有连接抗体的 GNTs 处理组只观察到一些杂乱的光声信号，在淋巴管壁也没有观察到明显的光声信号。在后续的工作中进一步应用 GNTs 在光声成像下对循环肿瘤干细胞进行检测。他们利用 GNTs 强的光声信号连接叶酸，可以作为光声成像造影剂对有外部磁场捕获的活体的循环肿瘤干细胞进行成像[75]。

对于染料增强 SWNTs 的光声成像方面，Gambhir 等通过 π-π 堆积作用将吲哚菁绿(ICG)分子装载到 PEG 修饰 SWNTs 上，在 780 nm 处的光密度增强 20 倍[76]。与单独的 SWNTs（～50 nmol/L)的光声成像灵敏度相比，SWNT-ICG 在光声成像中展示了低于毫微摩尔级的检测灵敏度。基于相同的概念，他们进一步将五种具有不同吸收峰的近红外染料转载到 PEG 修饰的 SWNTs，发展多色光声成像探针[图 8-8(a)和(b)]。特别是 SWNTs 装载的 QSY21 (SWNT-QSY)或者 ICG(SWNT-ICG)都具有很强的、可分离的吸收峰，可用于多色、灵敏的光声成像[图 8-8(c)和(d)]。

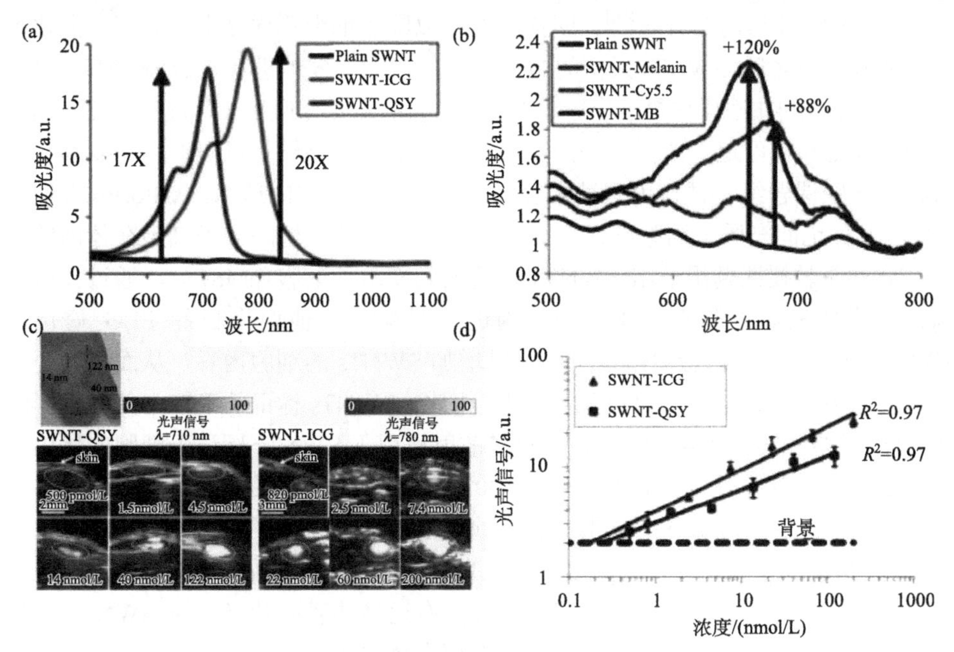

图 8-8　基于 SWNTs 装载不同染料的光声成像

(a) SWNT-QSY (红)和 SWNT-ICG (绿)的光吸收曲线，其中染料 QSY 和 ICG 分别增强 SWNTs 吸收的 17 倍和 20 倍；(b)不同物质装载在 SWNTs 上光吸收曲线；(c)皮下注射不同浓度的 SWNT-QSY 和 SWNT-ICG 的光声成像；(d)不同 SWNTs 浓度下的 SWNT-QSY 和 SWNT-ICG 光声信号

因此，具有强近红外吸收的碳纳米管可以作为优异的光声造影剂。除了利用它们固有光吸收以外，碳纳米管还可以作为一种平台与其他具有光吸收的纳米材料或分子相结合来增强其光声成像。虽然目前大多数报道基于碳纳米管的光声成像都是集中在单壁碳纳米管上，而多壁碳纳米管同样也可以用于光声成像。

4. 基于碳纳米管的磁共振成像

磁共振(MR)成像是临床上普遍使用的一种无创伤的成像模式或方法。目前，许多科研工作者积极探索碳纳米管在 MR 成像方面潜在的应用。对于 T1 加权的 MR 成像，Sitharaman 等第一次报道了在超小的 SWNTs(US-tubes)内装载和固定水合的 Gd^{3+}簇，获得具有很强 T1 造影功能的 Gd^{3+}@US-tubes 用于 MR 成像[77]。Richard 等将两亲性钆(III)螯合物(GdL)非共价连接到多壁碳纳米管(MWNTs)上，使得它们可用于 T1 加权的 MR 成像[78]。对于 T2 加权的 MR 成像，Strano 及其合作者们首次将四氧化三铁纳米颗粒连接到 SWNTs 末端而不需要额外的标记就可以用于 T2 加权 MR 成像[79]。在碳纳米管的合成过程中往往会加入金属催化剂，如铁、钴等。Al Faraj 等利用 SWNTs 中还有残留的杂质如铁进行 MR 成像来研究 SWNTs 在体内的分布[80]。即使在纯化以除去纳米管样品中的大部分催化剂金属纳米颗粒之后，SWNTs 残留的微量的铁仍然能有效地进行 T2 加权 MR 成像。

干细胞在再生医学中显示出巨大的潜力，并且近年来吸引了广泛的关注。用于干细胞标记和体内追踪所需方法的灵敏度和可靠性，仍然是目前迫切需要解决的问题。一些课题组尝试使用碳纳米管对干细胞标记和体内追踪。Vittorio 等使用 MWNTs 标记间充质干细胞进行小动物 MR 成像，成功追踪了干细胞在体内的行为[81]。刘庄教授课题组使用 SWNTs 标记人间充质干细胞(hMSCs)，通过体内的三模态成像来对干细胞在体内的行为进行跟踪[57]。他们将制备 PEG 修饰的 SWNTs 再连接上鱼精蛋白，该蛋白可以增加 SWNTs 的细胞内吞，从而提高干细胞的标记率。与 SWNTs 未标记的干细胞相比，SWNTs 标记的干细胞并没有影响其分化和增殖能力。SWNTs 固有的拉曼散射被用于 SWNTs 标记干细胞的体内体外拉曼成像，能够对小鼠中体内至少 500 个干细胞进行超灵敏的检测。另外，残留在碳纳米管中的金属 Fe 催化剂纳米颗粒也可以对 SWNTs 标记的干细胞进行 T2 加权 MR 成像。此外，利用 SWNTs 的近红外吸收，小鼠体内的 hMSCs 也可以使用光声成像进行检测。这项工作表明具有适当的表面功能化的 SWNTs 可以作为多功能纳米探针用于干细胞标记和多模态体内跟踪。

碳纳米管经过适当的表面修饰可以用作 T1/T2 加权 MR 成像的造影剂。特别是对于 T2-MR 成像，不需要额外的处理，碳纳米管样品中的金属杂质就可以用作 MR 造影剂。此外，与之前讨论的基于光学的成像技术不同，MR 成像能够实现全身成像而不受深度限制，所以 MR 成像在临床上广泛地使用。因此，基于碳纳米管的 MR 成像如果与上面提到的多种成像技术有机结合，将为生物影像提供新的机遇。

5. 基于碳纳米管的核素成像

除了利用 SWNTs 固有的性质进行成像以外，额外的放射性核素标记赋予基于 SWNTs 成像探针的多功能性。Wang 等第一次使用放射性核素 ^{125}I 标记 SWNTs 研究其在动物体内的分布[82]。同一课题组利用 ^{14}C 代替 ^{125}I 研究 MWNTs 在动物体内的长期分布[83]。随后，McDevitt 及其合作者使用 ^{86}Y 标记 SWNTs 进行 PET 成像[84]。2007 年，戴宏杰教授课题组通过 DOTA 螯合将 ^{64}Cu 标记到连有 RGD 的 SWNTs-PEG 上，实现 U87MG 肿瘤靶向的 PET 成像。因为 RGD 多肽可以特异性识别 U87MG 肿瘤细胞表面和肿瘤血管过表达的 $a_v\beta_3$ 整合素[47]。除了使用传统的化学螯合来获得放射性标记的碳纳米管，放射性同位素也可以插入纳米管中进行放射性标记。Hong 等发现放射性 Na^{125}I 可以密封在 SWNTs 的中空结构内部，得到 ^{125}I 标记的 SWNTs 用于 SPECT/CT 成像[58]。与上述方式相比，放射性标记的 SWNT 具有强组织穿透深度和高灵敏度等优点。核素成像与其他成像技术相组合可能推动基于碳纳米管的生物成像探针的进一步发展。

8.3.3 碳纳米管在药物和基因输送方面的应用

由于其不同的表面化学和尺寸，碳纳米管能够通过两种途径进入细胞：一条途径是不需要能量的自由扩散/渗透，另一条途径是能量依赖性内吞途径进入细胞。由于所有原子暴露在其表面上，特别是 SWCNT 具有很大的比表面积。因此，SWCNT 可以通过 π-π 堆积和疏水相互作用有效负载芳香族药物、蛋白质和 DNA[15, 16]。除了非共价吸附以外，小分子药物和生物大分子也可以通过化学键(如酯键、双硫键)装载到碳纳米管上，赋予这些药物的高效刺激响应性的药物释放，从而达到有效的肿瘤治疗。

1. 碳纳米管在小分子药物输送方面的应用

在 2007 年，戴宏杰教授及其团队发现阿霉素(广泛用于抗肿瘤药物)通过 π-π 堆积和疏水相互作用可以高效地装载到 PL-PEG 修饰的 SWCNTs 表面[85]。研究结果显示每克 SWCNTs 最高可装载 DOX 达 4 g[图 8-9(a)和(b)]。装载在 SWCNTs 上的 DOX 是 pH 依赖性的药物释放，当把靶向分子连接到 PEG 修饰的 SWCNTs(SWCNTs-PEG)表面可实现靶向的细胞杀伤。在后续的工作中，研究发现装载在 SWCNTs-PEG 上的 DOX 对小鼠造成的毒性较小，在静脉注射入小鼠体内后可以实现很好的抗肿瘤作用[86]。这两个研究都证明了适当表面修饰的 SWCNTs 将会是一种良好的药物递送载体。这种有效的药物装载策略可以扩展到具有相似结构的其他药物载体(如 MWCNTs)和多种其他芳香族药物分子，实现有效的药物装载和癌症治疗。

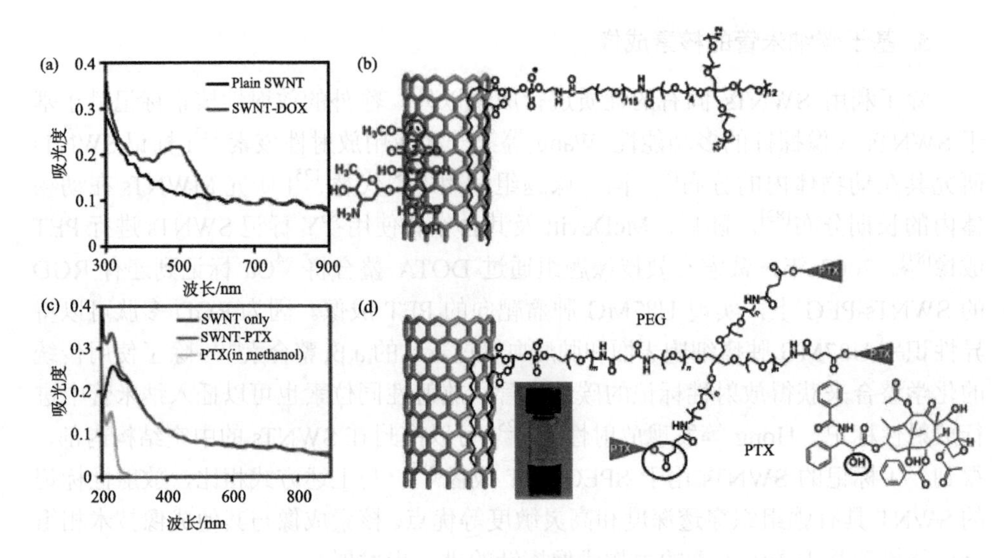

图 8-9　碳纳米管在药物输送方面的应用

(a, b)阿霉素通过 π-π 堆积和疏水相互作用装载到 SWCNTs 上的紫外吸收光谱(a)和示意图(b)；(c, d)紫杉醇通过共价键连接到 SWCNTs 上的紫外吸收光谱(c)和示意图(d)

另外，很多研究发现一些药物分子可以连接到碳纳米管表面的功能团上或通过可断裂的键连接到碳纳米管表面修饰的高分子上。在 2008 年，戴宏杰教授及其合作者将紫杉醇(PTX，广泛用于的抗癌药物)通过可断裂的键连接到修饰 SWCNTs 的支链 PEG 上(SWCNTs-PEG-PTX)[图 8-9(c)和(d)]。活体实验表明 SWCNTs-PEG-PTX 对小鼠 4T1 乳腺癌具有很好的抑制作用，治疗结果优于临床所用的紫杉醇[45]。同时，将铂类化合物(顺铂前药)像紫杉醇一样共价连接到非共价修饰的 SWCNTs 上[87]。他们发现在癌细胞内高氧化还原性环境中，共轭的铂(Ⅳ)化合物可以很容易地被还原为具有细胞毒性的顺铂，并且在 SWCNTs-PEG 表面上连接的叶酸帮助下能够特异性地杀死癌细胞。除了使用 SWCNTs 作为细胞内药物分子输送载体，MWCNTs 也被证明可以作为有效的药物载体进行药物输送并进行肿瘤治疗[88]。

2. 碳纳米管在生物大分子输送方面的应用

生物大分子(包括蛋白质和核酸)自身的细胞内转运是非常困难的。然而，功能性蛋白质或核酸(如核糖核酸酶、RNA 酶、siRNA)的细胞内有效转运已经被证实在治疗许多疾病方面显示出巨大的潜力。因此，开发功能纳米载体对于提高各种生物大分子的细胞摄取效率并保护它们免受酶消化等方面将起到关键作用。近些年，基于纳米载体的药物输送引起广泛的关注。不同表面修饰碳纳米管已被证实是这些生物大分子的细胞内递送的有效载体。然而，不幸的是，通过内吞作用吞噬的碳纳米管载带的蛋白质，在缺乏破坏能力的细胞内很难从内体逃逸，这也限制了使用基于碳纳米管的蛋白质递送的进一步应用。

将核酸有效地递送到细胞中对于生物基本功能的研究和基因相关疾病的治疗都具有非常重要的意义。在 2005 年，戴宏杰教授等将 siRNA 通过可断裂的双硫键连接到 PEG 非共价修饰的 SWCNTs 上，得到的 SWCNTs-PEG-siRNA 可以很好地被运送到细胞内，并特异性地下调靶向蛋白 laminA/C 的表达。在随后的工作中发现通过与上述相似的方法制备的 siRNA 偶联的 SWCNT 可以有效地将 siRNA 递送至几个难以转染的细胞系，包括人 T 细胞和原代细胞，而这些细胞系采用目前商业上的 Lipofectamine 实现高效转染都是很难的[89]。进一步研究发现将 CNT-siRNA 复合物通过尾静脉注射到小鼠体内可以有效地抑制肿瘤生长。聚乙烯亚胺(PEI)是被广泛用于基因递送的阳离子聚合物。其他一些阳离子聚合物也能够用于修饰碳纳米管，获得带正电荷的碳纳米管复合物，用于有效的核酸装载和细胞内递送[90]。一些相关研究表明，与 PEI 本身或商业上可购买的转染试剂相比，制备的 CNT-PEI 复合物显示出很好的转染效率并降低其细胞毒性。这些研究表明碳纳米管作为基因递送的有效载体方面展现出巨大的潜力。

8.3.4　碳纳米管在肿瘤治疗方面的应用

光热治疗(PTT)是使用近红外激光照射使得肿瘤局部升到足够高的温度杀死肿瘤细胞的方法。在过去十年中，PTT 在肿瘤治疗方面显示出巨大的潜力，并能够很好地使肿瘤消融。目前，各种具有强近红外区吸收的纳米材料都被用于肿瘤的 PTT，得到非常好的治疗效果。这都归因于近红外具有很好的组织穿透能力[91]。许多研究表明温和的光热效应能够有效地促进各种不同分子的细胞内吞和增加溶酶体逃逸，实现光热增强化疗、光动或基因治疗等治疗效果。这一结果表明光热升温可以为癌症的联合治疗提供一种强有力的方法和策略。

1. 基于碳纳米管的肿瘤光热治疗

由于其独特的准一维结构，碳纳米管在近红外区域表现出强的光吸收，并且具有很好的光热转换效率[92]。利用其优异的光热效应，PEG 修饰的 SWCNTs 第一次被证实了在 2 W/cm^2 的近红外 808 nm 激光照射下具有有效的肿瘤细胞杀伤能力[42]。结果显示，在 PEG 修饰的 SWCNTs 表面连接上叶酸可以特异性地杀伤那些表面过表达叶酸受体的细胞。Chakravarty 等将抗体连接到 SWCNTs 上通过光热治疗可以选择性杀伤癌细胞[93]。苏州大学刘庄教授等发现金纳米颗粒可以通过金种原位生长在单链 DNA 修饰的 SWCNT 表面[60]。与金纳米棒(另一种广泛研究的光热剂)相比，获得的 SWCNT-Au 纳米复合物在近红外区具有很强的光吸收和优异的光照稳定性，比单独 PEG 修饰的 SWCNT 具有更高的癌细胞杀伤效率。

近些年，许多研究组开展了基于碳纳米管的肿瘤光热治疗研究。Ghosh 及其合作者们发现将 50 μgDNA 包裹的 MWCNT 原位注射入 PC3 肿瘤模型中，在使用 2.5 W/cm^2 的 1064 nm 激光照射下，肿瘤能够被完全地杀灭[94]。在那些对照组中，肿瘤只注射 MWCNTs 或者只有光照的情况下都不影响肿瘤的生长，进一步证明基于 MWCNTs 的光热治疗的优越性。此后，其他课题组也发现在瘤内注射碳纳米管加以近红外激光照射可以有效地杀伤肿瘤组织[95,96]。

鉴于瘤内注射不能达到深层部位和转移性肿瘤，开发能够用于系统给药的光热试剂已经引起极大的关注。在 2011 年，苏州大学刘庄教授等发现不同表面修饰的 SWCNTs 都具有很长的血液循环半衰期(约 12 h)和较高的肿瘤被动富集量。这种富集行为主要是依赖肿瘤的增强渗透性和滞留(EPR)效应，并在网状内皮系统(RES)和皮肤中具有相对低的富集量[97]。然后利用最佳表面修饰的 SWCNT 静脉注射入长有肿瘤模型的小鼠体内，在 2 W/cm^2 的近红外光照射 5 min，肿瘤被很好地杀灭，实现基于碳纳米管系统给药的肿瘤光热治疗。此后，许多研究表明在很低的 SWCNTs 注射剂量和低功率的光照条件下就能使肿瘤完全消融。有趣的是，在最近的工作中发现 PEG 修饰的 SWCNTs 在注入原发性肿瘤后可以有效地转移到附近的前哨淋巴结中，并可以通过利用 SWCNTs 的固有的 NIR-Ⅱ荧光成像而变得清晰可见[98]。在 NIR-Ⅱ荧光成像的引导下，原发性肿瘤和前哨淋巴结中转移的癌细胞都可以通过 SWCNTs 诱导的光热治疗而有效地消融，显著地提高了小鼠的存活周期并抑制了肿瘤细胞的肺转移。第一次成功地通过基于 SWCNTs 的光热效应杀灭原发性肿瘤和抑制肿瘤转移，为肿瘤的治疗提供全新的方法和策略。

2. 基于碳纳米管的肿瘤联合治疗

联合治疗是指同时使用多种治疗手段对肿瘤进行治疗的方法，该方法与单一方法相比能够在低剂量的药物处理下有效地对肿瘤起到杀伤作用，显著降低药物引起的毒副作用。

研究结果显示，与单独药物治疗相比，碳纳米管在低剂量药物的情况下能够有效地将药物运送到肿瘤部位，并实现高效的肿瘤杀伤作用。然而，基于碳纳米管的药物载体在网状内皮系统的高摄取仍然使这些器官暴露于相对高的药物浓度，并且可能在这些器官中诱发严重的毒副作用。近年来，科研工作人员投入了大量的经历来寻找有效治疗肿瘤的新方法和策略，以减小药物的注射量而引起的毒副作用。在这些策略中，将药物载体与靶标联合并且将多种治疗手段联合在一起将为肿瘤的有效治疗带来希望。

利用 SWCNTs 的优异的光热转化能力，苏州大学刘庄教授等最近使用介孔二氧化硅包裹的 SWCNTs 可以用作磁共振(MR)和光声(PA)双模成像的造影剂，并且在化疗药物 DOX 转载后，实现肿瘤高效的光热治疗与化疗的协同治疗[99]。此外，其他课题组也相继报道了适当表面修饰的碳纳米管可以有效地将治疗性 siRNA 递送到癌细胞中，然后借助 NIR 光照射诱导的光热效应实现对肿瘤生长的明显的协同抑制作用[100]。此外，研究人员还发现 PEG 修饰的 SWCNTs 可以通过 808 nm 激光照射有效地破坏原发性肿瘤，并促进肿瘤相关抗原的释放，随后促进树突状细胞的成熟并在小鼠体内引发强烈的免疫应答和抗肿瘤细胞因子的产生(图 8-10)[101]。因此，基于碳纳米管的光热治疗与抗 CTLA-4 免疫治疗相结合可以有效抑制远端的皮下肿瘤模型和肺转移模型，进一步证明将基于 SWCNTs 的光热治疗和免疫治疗相结合将为肿瘤的治疗带来全新的策略和希望。

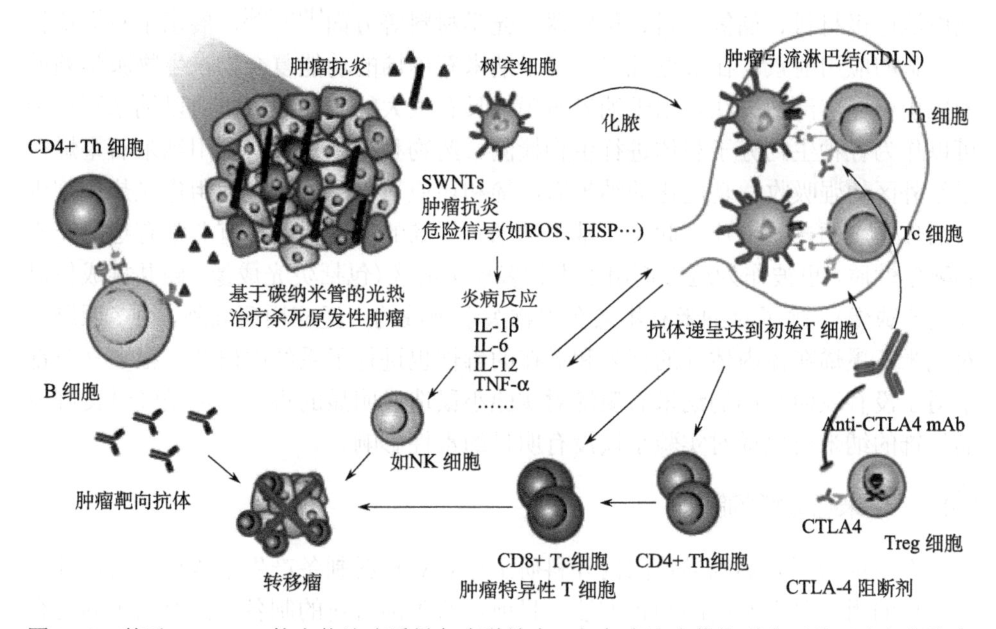

图 8-10 基于 SWCNTs 的光热治疗诱导免疫学效应：与免疫治疗药物联合可杀灭残留乳腺癌细胞、抑制肿瘤转移

8.4 纳米石墨烯

纳米石墨烯(graphene)是一种由碳原子构成的单层片状结构的新材料，是一种由碳原子以 sp^2 杂化轨道组成六角型呈蜂巢晶格的平面薄膜，只有一个碳原子厚度的二维材料[102](图 8-11)。在 2004 年由英国曼彻斯特大学物理学家安德烈·海

姆和康斯坦丁·诺沃肖洛夫，在实验中成功地从石墨中分离出石墨烯，从而使得他们获得2010年诺贝尔物理学奖。

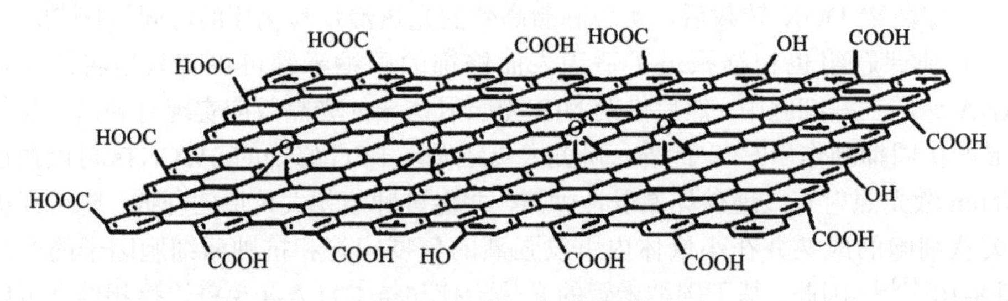

图 8-11 氧化石墨烯的结构

目前，石墨烯已经被广泛地应用于锂离子电池电极材料、超级电容器、太阳能电池电极材料、储氢材料、传感器、光学材料等方面[103, 104]，展示了石墨烯材料广阔的应用前景。在最近几年，基于纳米石墨烯的功能复合物在生物医学领域的应用引起广泛的关注。由于纳米石墨烯具有很大的比表面积，所以纳米石墨烯可以作为各种生物分子载体进行生物检测、药物和基因输送。利用纳米石墨烯在近红外区的强吸收，功能化的纳米石墨烯和还原石墨烯被广泛地用作光热试剂进行活体肿瘤的光热治疗。此外，基于纳米石墨烯的复合物还具有非常有趣的光学和磁学性质，也被作为造影剂用于生物多模态成像(包括荧光成像、磁共振成像以及光声成像)。除了对纳米石墨烯在生物医学领域的广泛应用研究外，很多课题组对纳米石墨烯在体内体外的行为和潜在的毒性也进行了系统的研究。很多文章都报道了没有表面修饰的纳米石墨烯对实验小鼠造成明显的毒性，但是经过良好表面修饰的纳米石墨烯对实验小鼠没有明显的毒性影响。

8.4.1 纳米石墨烯的制备

石墨烯的研究热潮导致国内外科研工作者对材料制备产生了浓厚兴趣，并根据各自的用途采用不同的制备方法。目前，石墨烯材料的制备方法有由下向上合成法(bottom-up)[包括化学气相沉积法(chemical vapor deposition，CVD)和化学方法如有机合成法]，还有由上向下合成法(up-down)(包括机械剥离法)。 此外，还有化学氧化法、晶体外延生长法和碳纳米管剥离法等[105,106]。这些方法中，氧化剥落法制备氧化石墨烯是由Hummers和Offeman在1958年发现，并被广泛地用于制备氧化石墨烯，主要是将天然石墨与强酸和强氧化性物质反应生成氧化石墨烯(GO)[107]。这种方法是最容易获得大量的纳米石墨烯及其衍生物的方法，制备的氧化石墨烯在其表面会残留大量的环氧基、氢氧基和羧基便于接下来的表面修饰或链接靶向分子如多肽或抗体等。

8.4.2　纳米石墨烯的表面修饰

许多文章已经报道了关于 GO 及其衍生物(包括 RGO 和 GO 复合物)在生物医学方面的广泛应用，但是对 GO 及其衍生物进行良好的表面修饰是必不可少的，如苏州大学刘庄教授课题组制备 RGO 由于在还原过程中丢掉许多含氧亲水集团，从而导致在水溶液中以颗粒形式存在而不水溶。另外，虽然制备的 GO 能够在水溶液中保持很好的稳定性，但是 GO 在生理溶液如 PBS、生理盐水以及细胞培养基中就会团聚，可能是在盐离子的存在下产生电荷屏蔽效应造成的。只有通过良好的表面修饰才能提高纳米材料包括 GO 在生物体内的稳定性以及控制其在体内的行为。我们可以根据不同的使用目的来对 GO 及其衍生物进行适当的表面修饰。目前，各种各样的修饰方法包括共价修饰和非共价修饰都被广泛地用于 GO 及其衍生物的表面修饰，从而进行生物医学方面的应用[108,109]。除此之外，很多无机纳米颗粒通过原位生长或吸附到 GO 表面，从而获得基于纳米石墨烯的功能复合物[110]。

1. 共价修饰

在 GO 边缘和缺陷位置暴露出许多具有活性的化学基团如羧基、环氧基和羟基，这些基团可以通过共价连接来修饰纳米石墨烯[111]。聚乙二醇(PEG)是一种亲水性很强的生物相容性高分子，被广泛地用于修饰各种各样的纳米材料，从而提高它们的生物相容性，减少纳米材料对生物大分子和细胞的非特异性吸附，进一步提高纳米材料在体内的药代动力学促进更好的肿瘤靶向[112]。在 2008 年，戴宏杰教授及其团队第一次使用氨基端支链 PEG 来修饰 GO，主要利用 PEG 的氨基和 GO 表面的羧基相连，从而获得 PEG 修饰的具有超小尺寸的 GO (nGO- PEG) (10～50 nm)。nGO-PEG 在各种生理溶液中都显示非常好的稳定性[113](图 8-12)。之后，PEG 修饰过的 GO 被广泛地应用于细胞和活体等生物医学方面的研究[113,114]。

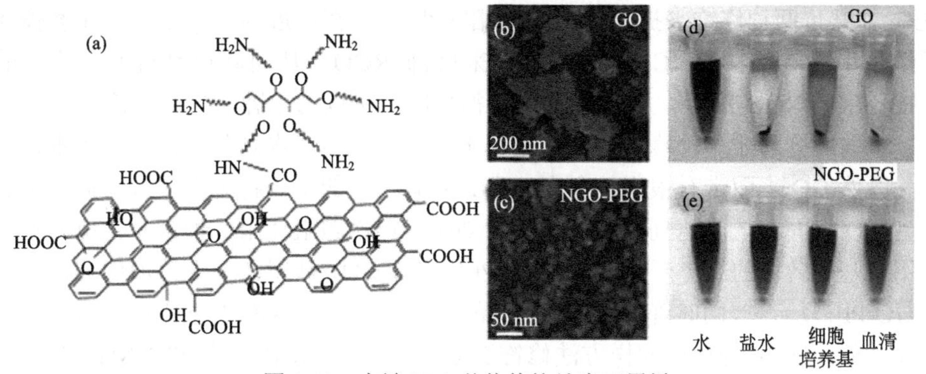

图 8-12　支链 PEG 共价修饰纳米石墨烯

(a) PEG 共价连接到纳米石墨烯表面的示意图；(b,c) GO 和 nGO-PEG 的原子力显微镜照片；(d,e) GO 和 nGO-PEG 在不同溶液包括水、盐水、细胞培养基和血清中的稳定性

除了使用 PEG 修饰之外，还有很多其他亲水性大分子用于共价修饰纳米石墨烯。苏州大学刘庄教授等使用氨基化的葡聚糖(dextran)共价修饰 GO 能够显著地提高 GO 在生理溶液中的稳定性[115]。Bao 等使用壳聚糖共价修饰纳米石墨烯用于药物和基因输送[116]。另外，Gollavelli 和 Ling 使用聚丙烯酸修饰 GO 功能复合物来提高它的生物相容性[117]。除了与 GO 表面的羧基进行反应以外，GO 表面的环氧基同样可以连接聚合物来提高其稳定性。在最近的工作中，Niu 等使用聚赖氨酸(PLL)上的氨基与 GO 表面的环氧基相连，从而达到修饰 GO 的目的[118]。

此外，除了使用亲水性高分子修饰 GO 之外，还有一些其他方法如使用一些小分子来修饰 GO。中国科学院苏州纳米技术与仿生技术研究所张智军课题组报道了磺酸可以共价连接到 GO 表面提高 GO 在生理溶液中的稳定性[119]。Prato 和他的科研人员使用甲亚氮通过 1,3-偶极环加成反应修饰 GO[120]。另外，氨基化的 GO 是将 GO 与 $SOCl_2$ 反应然后加入叠氮化钠将 GO 表面的羧基变成氨基。然而，使用小分子修饰 GO 可能需要更多地在生物实验中测试来确定它们的生物相容性。

2. 非共价修饰

除了共价修饰纳米石墨烯以外，纳米石墨烯还可以与高分子或者生物大分子通过疏水作用力、π-π 堆积或者静电吸附等非共价作用修饰纳米石墨烯。GO 可以与表面活性剂和亲水高分子相互作用来提高它们的水溶性。然而，对于生物医学方面的应用，生物相容性高分子修饰 GO 要比小分子表面活性剂修饰的好。Park 等使用生物相容性分子曲拉通来修饰还原纳米石墨烯[121]。Hu 等使用 Pluronic F127(PF127)来修饰纳米石墨烯，PF127 的疏水部分与 GO 表面通过疏水作用连接到一起，亲水部分延伸到溶液中，从而制备出很稳定的 GO-PF127 复合物[122]。最近，戴宏杰教授课题组制备出一种超小尺寸的 RGO，然后使用 PEG 共价和磷脂 PEG 非共价两种修饰来提高它的生物相容性[123]。在最近的工作中，刘庄教授课题组使用支链状 PEG(C18PMH-PEG)来修饰 RGO，从而获得具有非常稳定的 RGO-PEG。RGO-PEG 具有超长的血液循环时间可以用于肿瘤的光热治疗[108]。

上面所列的非共价修饰方法都是基于 GO 表面与亲水高分子之间的疏水作用力。既然 GO 表面带有很强的负电，那么带有正电的聚合物可以通过电荷作用绑定到 GO 表面，从而达到修饰的作用。刘庄教授课题组使用一种带有正电的普遍被用于基因转染的高分子聚乙烯亚胺(PEI)修饰 GO，获得在生理溶液中非常稳定的 GO-PEI 复合物，同时降低了单独 PEI 的毒性，提高基于 GO 的基因转染效率[124]。除此之外，Dong 等使用同样方法修饰石墨烯纳米带(NGR)获得 PEI-NGR 复合物用于细胞基因转染和原位 microRNA 检测[125]。Misra 课题组使用同样方法进行药物输送。使用带有正电荷的叶酸连接的壳聚糖来修饰载有 DOX 的 GO，从而获得

DOX-GO-chitosan-folate 纳米载体，进行 pH 控制的药物释放[126]。

除了使用合成的高分子修饰 GO 以外，一些天然的生物分子如蛋白质和 DNA 同样可以修饰 GO。最近，Huang 等使用胎牛血清修饰 GO，获得 GO-protein 复合物。与没有表面修饰的 GO 相比，GO-protein 能够显著地降低细胞毒性[127]。此外，在牛血清蛋白中非极化的氨基酸也可以通过疏水作用力绑定到 GO 表面。在另外一个工作中，Liu 等使用明胶修饰 GO[128]。在石墨烯和 GO 表面都具有很高的电子，所以 GO 可以通过 π-π 堆积作用与很多芳香族分子相连。

8.4.3　纳米石墨烯在药物和基因输送方面的应用

在过去几十年间，基于纳米颗粒的药物输送被广泛地用于肿瘤化疗，旨在提高肿瘤治疗效果和减小毒副作用。从 2008 年开始，许多课题组都在研究基于纳米石墨烯的药物输送体系。单层的 GO 或 RGO 由于具有很大的比表面积可以用于药物装载。纳米石墨烯表面的电子可以通过 π-π 作用与各种芳香族药物分子绑定，然后在功能化的 GO 或 RGO 表面连上靶向分子，可以实现对特定细胞的选择性药物输送。在这里我们简单讨论基于纳米石墨烯的抗癌药物输送和基因转染。

1. 纳米石墨烯装载抗癌药物

受到碳纳米管用于药物装载的启发，不同表面修饰的 GO 也可以作为载体与各种抗癌药物的装载通过物理吸附或者共价连接在一起，抗癌药物主要包括阿霉素(DOX)、喜树碱(CPT)、SN38、鞣花酸、β-拉帕醌(β-lapachone)和 3-双(氯乙基)-1-亚硝基脲(BCNU)。在 2008 年，Dai 课题组使用 PEG 修饰纳米石墨烯获得在生理溶液中非常稳定的 nGO-PEG，可以通过 π-π 作用装载水不溶药物 SN38。相比水溶性抗癌药物 CPT11 的抗癌效率[113]，nGO-PEG-SN38 纳米复合物能够显著地提高杀死肿瘤细胞的能力(图 8-13)。利用 GO 作为良好的药物载体同时也相继被不同课题组在文章中报道[128]。为了实现对特定细胞的靶向药物输送，Dai 等将抗 CD20 的抗体连接到 nGO-PEG 表面，然后装载上 DOX，实现选择性杀死 B 细胞性淋巴癌[129]。Zhang 等发现磺酸修饰的 GO 再连接上叶酸可以靶向叶酸受体高表达的细胞。此外，两种抗癌药物 DOX 和 CPT 同时装载到 GO 表面，实现肿瘤细胞的协同杀伤作用[119]。

最近，很多课题组也开发出了基于 GO 这种能够对环境刺激做出响应的药物输送系统。Shi 课题组开发出 PEG 壳层修饰 GO 可以阻止装载药物(如 DOX)从 nGO-PEG 上释放出来。通过使用一种新合成的具有双硫键交联的 PEG 修饰 GO，这个双硫键在还原环境下就会断裂，从而释放出 DOX。他们发现使用这样一个装载系统进行 DOX 药物释放可以显著提高肿瘤细胞的治疗效果[130]。另外，Pan 设计了基于 GO 的热敏感的药物载体，首先将热敏感高分子 PNIPAM [poly(*N*-

isopropylacrylamide)]通过化学连接到 GO 表面，获得生理条件下非常稳定的 GO-PNIPAM 复合物且对细胞没有明显的毒性。在装载上 CPT 以后，相对于单独的 CPT，GO-PNIPAM-CPT 展现了非常好的肿瘤细胞杀伤能力[131]。

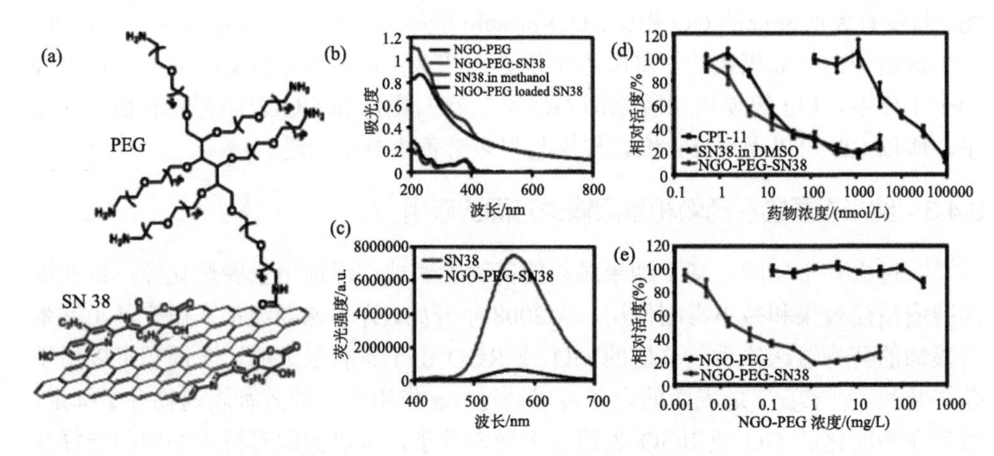

图 8-13 nGO-PEG 用于药物装载和输送

(a) SN38 装载到 nGO-PEG 表面的示意图；(b) nGO-PEG、nGO-PEG-SN38、SN38 和 nGO-PEG 装载 SN38 的紫外吸收光谱；(c) SN38 和 nGO-PEG-SN38 的荧光光谱，SN38 的荧光信号很大程度上被 GO 猝灭了；(d) HCT-116 细胞与不同浓度的 CPT11、SN38(溶解在 DMSO 中)和 nGO-PEG-SN38 培养 72 h 后的细胞相对活度；(e) HCT-116 细胞与不同浓度的 nGO-PEG 和 nGO-PEG-SN38 培养 72 h 后的细胞相对活度。即使在很高浓度培养下，nGO-PEG 也没有对 CPT-116 细胞造成明显的毒性

除了使用功能化 GO 作为药物输送载体，许多课题组还使用基于 GO 功能复合物的药物输送。在 2009 年，Yang 等使用 GO-IONP 纳米复合物转载 DOX，实现 pH 响应的 DOX 可控释放[132]。同时，他们利用 GO-IONP 的磁学性质连接上叶酸实现基于 GO-IONP 的双重靶向药物输送[133]。苏州大学刘庄教授等使用高温反应制备 GO-IONP 纳米复合物，然后使用氨基 PEG 共价修饰 GO-IONP 提高它的稳定性和生物相容性，获得的 GO-IONP-PEG 可以用于磁靶向的药物输送和肿瘤细胞的光热治疗[134]。

2. 基于纳米石墨烯的基因转染

基因治疗作为一种最有前景的治疗手段来治疗与基因有关的一些疾病包括肿瘤。然而，基因治疗的发展一直受到阻碍，原因是缺乏安全有效的且具有选择性的基因运输载体。随着纳米技术的飞速发展，许多纳米颗粒作为基因运输的载体被越来越多的研究开发应用。由于在 GO 表面具有很多羧基基团，GO 可以与聚醚酰亚胺(PEI)、壳聚糖或者 1-芘甲亚胺通过酰胺键、静电作用或者 π-π 作用连接在一起，实现有效的 DNA 或 siRNA 输送[135,136]。

在 2010 年，一些已经报道了功能化的 GO 可以有效地运送分子信标 (MB)[137] 和核酸适配子[138]进入细胞进行特定生物分子的原位检测。之后，苏州大学刘庄教授课题组使用阳离子 PEI 通过静电作用修饰带有负电荷的 GO，从而获得 GO-PEI 复合物。在保留同样的基因转染效率的情况下，相对于单独的 PEI，GO-PEI 能够显著减少细胞毒性[124]。几乎在同一时间，Zhang 课题组同样将 PEI 通过酰胺键连接到 GO 表面，获得的 GO-PEI 复合物可以同时装载 siRNA 和 DOX。并证明 Bcl-2 靶向的 siRNA 装载到 GO-PEI 上可以有效地降低 Bcl-2 蛋白表达，进一步提高 GO-PEI 运送的 DOX 对细胞的杀伤作用，从而实现一个协同治疗过程[139]。最近，Yang 等使用 PEG 和 1-芘甲亚胺修饰 GO 用于 siRNA 输送。PEG 修饰 GO 可以有效提高 GO 在生理溶液中的稳定性，而通过 π-π 作用吸附在 GO 表面的 1-芘甲亚胺具有吸附 siRNA 的能力[140]，获得这种复合物再接上叶酸可以实现选择性运送 siRNA 进入特定细胞和有效地抑制靶基因的表达。

虽然许多相关研究已经证实了 GO 经过适当的表面修饰能够很好地作为细胞水平基因转染载体，但是基于纳米石墨烯载体在体内进行细胞转染还需要进一步研究和开发。为了实现这一目标，对 GO 进行良好的、巧妙的表面修饰设计是必不可少的。

8.4.4　纳米石墨烯在组织工程中的应用

受到纳米石墨烯的机械性、电学性和光学性质的启发，许多课题组已经开发了基于纳米石墨烯基质在组织工程中潜在的应用。因此，了解纳米石墨烯基质与细胞之间的作用变得越来越重要。

间充质干细胞(MSCs)，称为多能的祖细胞，来源于成人骨髓，能够分化成不同的细胞谱系如脂肪细胞、成骨细胞和软骨细胞，并在组织修复和细胞疗法上显示出广阔的应用前景。通过材料内学、基质形貌和生长因子来调控微环境，诱导 MSCs 向可控的方向分化。Lee 等发现纳米石墨烯和 GO 都可以作为一个成骨诱导剂(地塞米松和 β-glycerolphosphate)的平台，促进 MSCs 黏附、增殖和分化[141]。相对于聚二甲硅氧烷(PDMS)基质，在纳米石墨烯和 GO 表面上观察到更高密度和正常纺锤状的细胞。在聚苯乙烯培养盘上化学诱导成骨分化完成需要 21 天，而在纳米石墨烯基质上，MSCs 只需 12 天就显示出广泛的矿化，这是由诱导剂中的芳香环与纳米石墨烯片之间的 π-π 作用造成的。

Nayak 等研究发现纳米石墨烯基质可以控制和促进 MSCs 的成骨分化，其分化速度与常见的诱导因子 BMP-2 诱导分化速度相当[142]。纳米石墨烯的存在可以显著增加在聚对苯二甲酸乙二醇酯(PET)和 PDMS 基质上的钙沉积，而之前有报道称 PET 和 PDMS 都不利用成骨细胞分化。纳米石墨烯的侧向应力为成骨细胞提供适量的局部细胞骨架张力，从而形成细胞骨架强有力的锚定点。另外一个影响细胞分化的重要因素是基质的硬度和张力[143]。此外，在另外两个工作中，GO 薄膜的氧含量也是调节细胞生长和分化的重要因素[144]。与还原导致氧含量很低的 RGO 相比，GO 似乎更有利于细胞黏附、生长和风化。总而言之，在没有改变微环境的生理条件下，纳米石墨烯和 GO 促进干细胞分化的能力有望被用于组织工程和再生医学等方面。

神经干细胞(hNSCs)特定向神经元分化是大脑修复和神经再生的关键。Park 等发现纳米石墨烯基质可以显著地促进细胞黏附和神经突生长，进一步诱导神经干细胞向神经元分化而不是向胶质细胞分化[145]。纳米石墨烯基质表面大部分被神经干细胞分化的神经突细胞生长覆盖，而在玻璃片上神经干细胞在 3 周时间里慢慢脱离玻璃片。在纳米石墨烯表面的神经干细胞经过一个月分化，作者对分化的细胞进行免疫染色，发现分化的神经突细胞比胶质细胞要多很多。Li 等同样发现与在 TCPS 膜上进行组织培养相比，在具有生物相容性的 GO 膜上培养小鼠海马体神经元，特别是在早期发育阶段，GO 能够显著地促进神经突的产生和生长[146]。在纳米石墨烯基质上生长神经干细胞发现纳米石墨烯能够增加生长的相关蛋白 43(GAP-43)的表达，而 GAP-43 的表达又是与神经突的产生和生长密切相关的。采用纳米石墨烯作为神经干细胞生长基质相比传统基质具备的优点是纳米石墨烯具有很高的电子导电性，这样纳米石墨烯可以作为刺激电极可以将纳米石墨烯与分化的神经元之间进行电偶联而不引起过多的化学反应[147]。

虽然研究人员将裸的纳米石墨烯或者没有修饰的 GO 加入细胞培养液中，发现纳米石墨烯和 GO 对细胞产生一定的毒性，但是细胞与基于纳米石墨烯膜之间的相互作用是不同的。纳米石墨烯在细胞培养中不是消极影响细胞活性和生长，而是作为一种基底膜为细胞生长提供一种特殊的类似于能够增加某些特定细胞增殖的生长因子一样的物质，有利于干细胞黏附、增殖和分化，可以应用在组织工程支架方面。

8.4.5 纳米石墨烯在肿瘤治疗方面的应用

最近一些年，化疗和放疗是目前治疗各种肿瘤的主要手段。但是，化疗和放疗最大的缺点是有限的肿瘤细胞特异性，可能会对正常组织和器官造成不必要的毒副作用。光疗主要包括光热治疗(PTT)和光动力治疗(PDT)，是在特定光照射下杀死肿瘤细胞。在纳米技术的帮助下，纳米载体通过被动或主动靶向到肿瘤细胞。只有暴露在光照下的肿瘤才会有损伤，不会对没有光照的正常组织造成明显的伤害。因此，光疗在增加肿瘤疗效和减小副作用上展现了显著的优势。在过去的几年里，科研工作者对基于纳米石墨烯的独特的光学和化学性质的光疗产生了浓厚的兴趣。

1. 光热治疗

光热治疗是使用光吸收物质在光照射下产生热量，导致肿瘤细胞局部高温，从而杀死肿瘤细胞。在过去的几年间，很多具有强近红外吸收的纳米材料包括各种金纳米颗粒、碳纳米材料、钯片、硫化铜纳米颗粒，甚至还有一些有机纳米颗粒都可以作为光热试剂用于肿瘤光热治疗。PEG 修饰的 GO 和 RGO 具有很强的近红外吸收，在肿瘤的光热治疗方面展现出优势。

在 2010 年，苏州大学刘庄教授课题组第一次采用荧光标记的方法研究 nGO-PEG 在体内的行为。荧光成像发现 nGO-PEG 具有很高的肿瘤被动靶向富集能力，这可能是由肿瘤血管的 EPR 效应造成的。然后使用 nGO-PEG 作为光热试剂进行肿瘤的光热治疗，通过尾静脉将 nGO-PEG 注射入小鼠体内，然后用 2 W/cm^2 的 808 nm 的近红外激光照射肿瘤 5 min，肿瘤能够被 100%杀灭[113]。所采用的激光功率和纳米材料的剂量与之前报道的金纳米材料用于光热治疗的剂量相当[148]。

众所周知，还原石墨烯不仅可以保持导电性，还显著提高其在近红外区的吸收。最近，Dai 等发现将 nGO-PEG 还原可以得到一种超小尺寸的 RGO(nRGO)，然后用磷脂 PEG 修饰得到水溶性 nRGO-PEG，它在近红外区的光吸收明显比 nGO-PEG 高很多，然后将多肽 RGD 连接到 nRGO-PEG 上获得 nRGO-PEG-RGD 复合物，可以作为一种具有靶向性的光热试剂选择性地杀死肿瘤细胞[123]。

苏州大学刘庄遵循类似的化学合成方法，等合成了不同尺寸 PEG 修饰的 GO，并系统研究了不同尺寸和不同表面修饰的纳米石墨烯在静脉注射以后在体内的行为，合成了三种 PEG 修饰的纳米石墨烯，主要包括 PEG 共价修饰的超小的 nGO-PEG(～23 nm)、C_{18}PMH-PEG 非共价修饰的超小的 nRGO-PEG（～27 nm）和大尺寸的 RGO-PEG（～65 nm）[108][图 8-14(a)]，然后标记上放射性核素 ^{125}I 进行体内观察。与 PEG 共价修饰的 nGO-PEG 相比，nRGO-PEG 和 RGO-PEG 具有很长的血液循环时间和显著高的肿瘤被动富集量[图 8-14(b)]。另外，与大尺寸的 RGO-PEG 相比，小尺寸的 nGO-PEG 和 nRGO-PEG 在静脉注射以后在网状内皮系统包括肝和脾中具有相对低的富集量[图 8-14(c)]。研究结果表明，表面修饰与尺寸效应同样影响了纳米石墨烯在生物体内的药代动力学和生物分布。因此，选择具有长血液半衰期、高的肿瘤被动富集量和相对低的网状内皮系统吸收的 nRGO-PEG 作为光热试剂进行活体肿瘤的光热治疗。研究发现将 nRGO-PEG 通过尾静脉注射入长有 4T1 小鼠乳腺癌肿瘤模型的小鼠体内，然后使用 0.15 W/cm^2 的 808 nm 激光照射 5 min，4T1 肿瘤能够被完全地消融。重要的是，所采用激光功率是比其他各种纳米材料如金纳米颗粒用于光热治疗的功率低一个数量级[图 8-14(d)和(e)]，这归因于 nRGO-PEG 具有很强的近红外吸收和高的肿瘤被动富集[108]。在非常低的光功率照射下就能实现优异的治疗效果不仅有利于降低光热对正常组织造成的不必要的损伤，而且可以大大提高对那些相对大的肿瘤和深层肿瘤的治愈率。

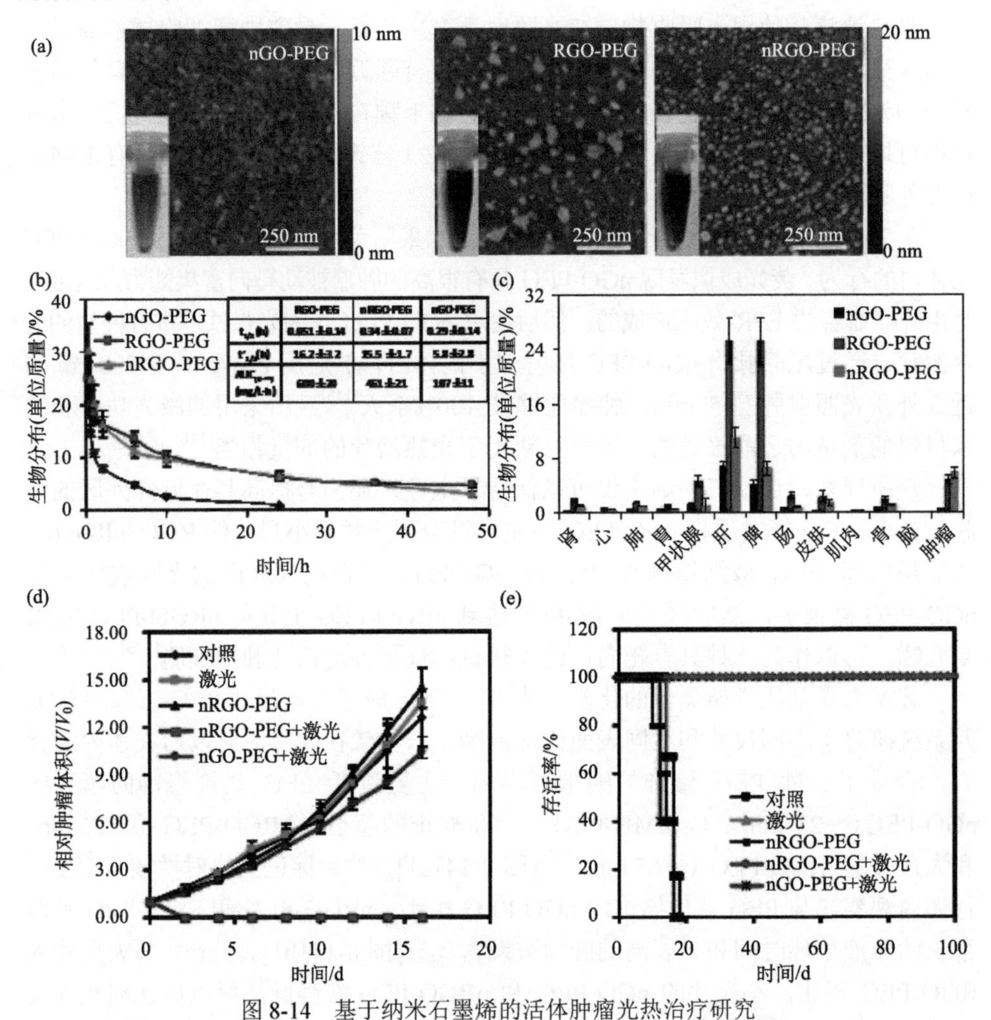

图 8-14 基于纳米石墨烯的活体肿瘤光热治疗研究

(a)不同表面修饰的 GO 的原子力显微镜照片；(b，c)不同表面修饰的 GO 在小鼠体内的血液循环时间(b)和注射两天后在小鼠体内主要脏器中的分布(c)；(d)活体肿瘤在经过各种治疗后的生长曲线；(e)不同处理组小鼠的生存周期

2. 光动力治疗

与光热治疗不同，光动力治疗依赖光敏分子在适当光照下产生的单线态氧来杀死肿瘤细胞。第一个基于纳米石墨烯的光动力治疗工作是由 Shi 课题组开发的。他们将光敏分子 ZnPc 通过堆积和疏水作用连接到 nGO-PEG 表面，获得的 nGO-PEG-ZnPc 在氙灯照射下显示出显著的细胞毒性[149]。在接下来的工作中，

Huang 等将 Ce6 连接到接有叶酸的 GO 上实现叶酸受体靶向输送到肿瘤细胞内，然后使用 633 nm He-Ne 激光照射达到有效的肿瘤细胞光动力治疗[150]。Zhou 课题组使用 GO 作为载体装载竹红霉素 A 进行光动力治疗，在光照射下导致显著的细胞死亡[151]。除此之外，Hu 等还发现 GO-TiO_2 复合物在可见光照射下可实现光动力活性，这种光动力活性可能会显著降低线粒体膜电位，激活超氧化物歧化酶、过氧化氢酶、谷胱甘肽过氧化物酶，以及增加丙二醛产生，从而诱导细胞凋亡[152]。

3. 基于纳米石墨烯的联合治疗

基于纳米石墨烯的肿瘤治疗的一个优点是这个平台具有多功能性，可以进行肿瘤的联合治疗。在我们最近的一个工作中，光敏分子 Ce6 通过 π-π 堆积作用装载到 nGO-PEG 表面，形成的 nGO-PEG-Ce6 复合物在激光照射下可以产生单线态氧用于肿瘤光动力治疗。研究发现，与单独的 Ce6 相比，nGO-PEG-Ce6 能够显著提高肿瘤细胞的光动力杀伤效率，这可能是 Ce6 装载在 nGO-PEG 上，在 nGO-PEG 的帮助下增加细胞的吞噬造成的。更有趣的是，我们利用 nGO-PEG 在近红外的强吸收性质，使用低功率的 808 nm 激光照射 nGO-PEG 产生局部加热细胞但是不足以杀死细胞，这种微热增加细胞膜的通透性，从而显著地促进细胞吞噬 nGO-PEG-Ce6 的量。通过光热和光动力两种手段的协同作用进一步增强肿瘤细胞的光动力治疗效果[153]。

nGO-PEG 的光热治疗效果可以与化疗结合在一起实现肿瘤的联合治疗。在最近的一个工作中，Zhang 等用 nGO-PEG 实现了肿瘤的化疗-光热治疗的协同效应[154]。在这个工作中，DOX 装载到 nGO-PEG 表面进行化疗，然后利用 nGO-PEG 的近红外吸收，实现肿瘤的化疗和热疗的联合治疗。与单独的化疗或者热疗相比，这种化疗-热疗的联合治疗在小鼠肿瘤模型上实现了很高的肿瘤治愈率(图 8-15)。

在未来癌症治疗的发展中，联合治疗作为治疗肿瘤的手段将会成为一个重要的发展趋势。与单独的化疗相比，联合治疗将减少治疗患者的药物用量，从而降低在治疗过程的毒副作用[155]。更重要的是，联合治疗将会克服肿瘤细胞的耐药性，提高肿瘤治疗效果。因此，基于纳米石墨烯的联合治疗为下一代肿瘤治疗带来了新希望，进一步促进了纳米石墨烯在生物医学上潜在的应用。

8.4.6　基于纳米石墨烯及其复合物的生物成像和成像指导的肿瘤治疗

1. 基于功能化纳米石墨烯的生物成像

由于它们固有的物理性质特别是光学性质，纳米石墨烯及其衍生物不仅可以用于肿瘤的光热治疗和作为载体进行药物和基因输送，还可以用于生物医学

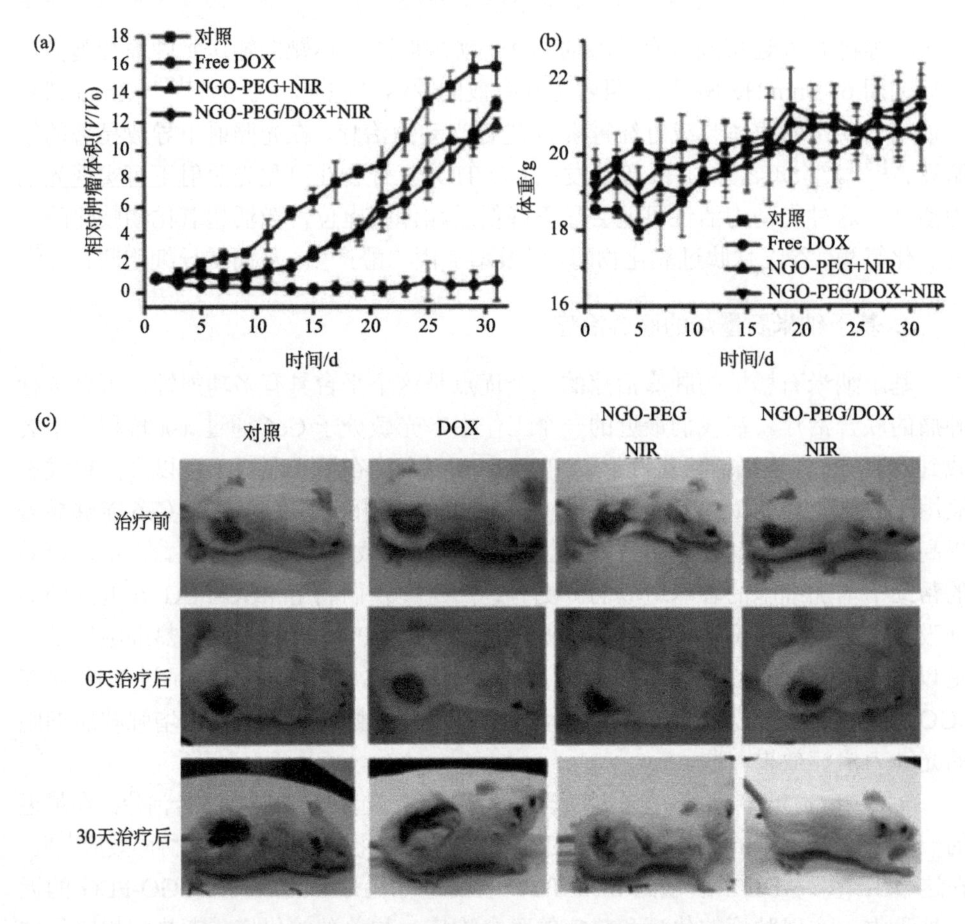

图 8-15 使用 nGO-PEG 进行的热疗和化疗的联合治疗

(a)不同处理组小鼠肿瘤的生长曲线。在 DOX 和 nGO-PEG/DOX 处理组的 DOX 浓度为 10 mg/kg；激光功率为 2 W/cm^2，照射时间为 5 min；(b)各个处理组小鼠的体重变化曲线，没有观察到明显的体重下降；(c)不同处理组代表小鼠照片

成像。Dai 等第一次利用 nGO-PEG 在近红外区的荧光进行细胞成像[129]。他们发现 GO 和 nGO-PEG 从可见光区到近红外都有荧光可用于细胞成像且具有很低背景荧光。Welsher 等也证实了 GO 和 nGO-PEG 特别是在 IR-A 区具有荧光[156]。在细胞成像中，他们将抗 CD-20 的抗体(rituxan)共价连接到 nGO-PEG 进行 B 细胞特异性标记，然后使用 InGaAs 检测器在 658 nm 的激光激发下检测 1100～2200 nm 范围内的 nGO-PEG 的 IR-A 荧光来进行细胞成像。虽然 nGO-PEG 的荧光量子产率非常低，但是利用 nGO-PEG 固有的荧光和在 IR-A 区相对低的自发荧光还是可以实现细胞的荧光成像。

虽然 GO 的 IR-A 荧光可以用于生物医学成像，但是在这一方面很少有后续工作出现，可能是受到 InGaAs 红外相机以及缺少 IR-A 生物成像的商业设备所限。

由于受到生物组织自发荧光的干扰，GO 进行荧光成像尤其是活体成像时受到了限制。因此，许多研究组使用额外的荧光标记 PEG 修饰的 GO 进行体内和体外的生物成像[113]。刘庄教授课题组将近红外染料 Cy7 通过 PEG 共价连接到 GO 上，这样可以有效避免 Cy7 的荧光被 GO 猝灭[113]。长有不同肿瘤模态的小鼠静脉注射 nGO-PEG-Cy7，并通过 Maestro EX 体内荧光成像系统(CRi，Inc)成像。在肿瘤中的荧光信号随着时间的延长而增强，结果表明 nGO-PEG 在几种不同的肿瘤模型中具有很好的肿瘤被动靶向能力。

然而荧光标记存在许多缺点，如荧光猝灭、光漂白以及不可定量等因素都影响其应用。相对于荧光标记，放射性标记是一种非常灵敏准确的标记方法，可以准确地追踪标记物在体内的行为。在 2011 年，Yang 等使用放射性核素 ^{125}I 标记 nGO-PEG，放射性碘主要标记在 GO 的边缘或者缺陷位置[114]。另外，他们用 ^{64}Cu 标记 nGO-PEG 进行 PET 成像(图 8-16)，通过在 nGO-PEG 连接上抗体 TRC105 实现主动肿瘤靶向[157]。这是首次报道使用纳米石墨烯实现活体肿瘤的主动靶向。此后，Cai 等用 ^{66}Ga 标记 nGO-PEG 进行肿瘤 PET 成像[158]。

此外，基于其固有的荧光性质，具有超小尺寸和可见荧光发射的石墨烯量子点(GQD)近年来已经被用于生物医学成像。Zhu 等报道了一种先进的溶剂热方法来制备荧光 GQD 进行细胞标记和成像[159]。Zhang 及其合作者发展了具有生物相容性、高光稳定性、低细胞毒性和黄绿色荧光 GQD 用于细胞成像[160]。

2. 基于纳米石墨烯功能复合物的生物成像及成像导航下的治疗

为了赋予纳米石墨烯更多的功能，很多课题组开发出许多具有非常有趣物理性质的基于纳米石墨烯的功能复合物，然后应用于不同方向包括生物医学影像。在最近的工作中，研究者将金纳米颗粒镶嵌到 RGO 表面用于药物输送和细胞成像[161]。Chen 和他的合作者用具有强荧光的量子点来标记水溶性的多肽修饰的 RGO，从而获得 QD-RGO 复合物。在这个复合物中在 QDs 与 RGO 之间保留一定的距离，所以很好地保留了 QD 的荧光性质可以用于细胞成像[162]，同时还发现 QD-RGO 上的 QD 荧光强度在经过适当激光功率的近红外激光照射后会减弱，这是由光热效应引起 QD 的降解造成的。然而，有趣的是，可以利用这种现象来监测加热剂量和治疗进展，可以实现成像导航下的光热治疗。

很多课题组成功地将磁性四氧化三铁纳米颗粒原位生长到纳米石墨烯表面，获得具有超顺磁性的 GO-IONP 纳米复合物，既可以作为载体用于药物装载，也可以作为造影剂进行磁共振成像[163]。最近，Gollavelli 报道了使用一种微波加热和超声辅助的方法制备出聚丙烯酸(PAA)修饰的磁性纳米石墨烯复合物，然后进行荧光素标记并进行体内体外荧光成像[117]。Ajayan 和他的合作者发现四氧化三铁纳米颗粒可以共价连接到纳米石墨烯片上形成 GO-IONP 悬浮液用于细胞的多模态荧光和磁共振成像[164]。

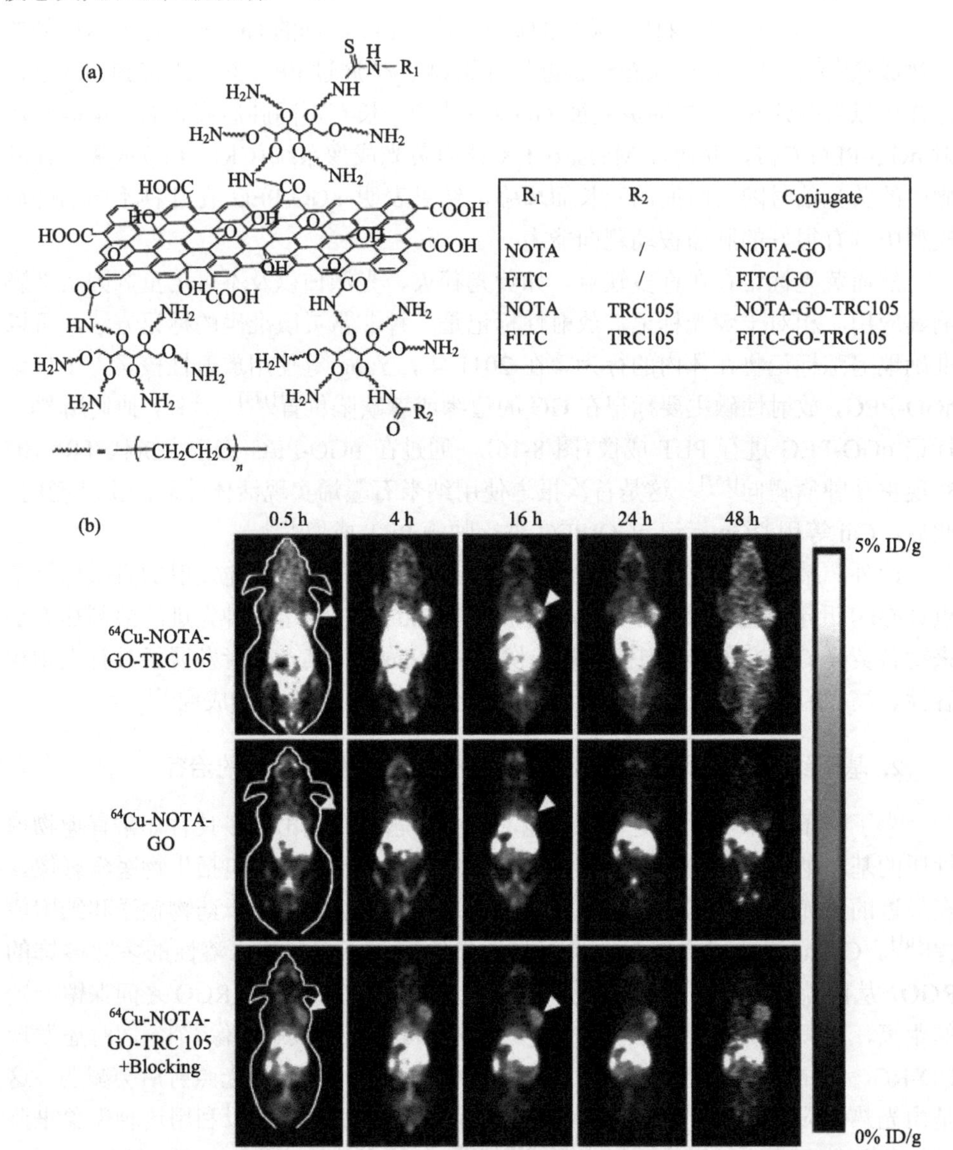

R_1	R_2	Conjugate
NOTA	/	NOTA-GO
FITC	/	FITC-GO
NOTA	TRC105	NOTA-GO-TRC105
FITC	TRC105	FITC-GO-TRC105

图 8-16 基于放射性核素标记的 nGO-PEG 的小动物的 PET 成像

(a) nGO-PEG 连接 TRC105 和 NOTA 的示意图；(b) 不同处理组小鼠的 PET 成像

在最近的工作中，Yang 等设计了基于 RGO-IONP 纳米复合物的新型多功能纳米探针，并通过疏水相互作用进一步用两亲性 C_{18}PMH-PEG 聚合物修饰 RGO-IONP 纳米复合物[110]。利用其强 NIR 吸收、强磁性以及荧光标记，成功实现了基于 RGO-IONP-PEG 的三模态体内肿瘤成像，包括光声成像(PAT)、磁共振

(MR)成像和荧光成像。由于单一成像具有其固有优点以及局限性，使用单一造影剂来实现多模态成像可有助于提高将来疾病诊断的效率和准确性。此外，RGO-IONP-PEG 由于其强 NIR 吸收也可进行活体肿瘤的光热治疗。长有 4T1 肿瘤模型的小鼠在静脉注射 RGO-IONP-PEG(20 mg/kg)后，使用 0.5 W/cm^2 的 808 nm 激光照射 5 min。结果表明，肿瘤在光热治疗后能够被完全杀灭。更重要的是，成功实现了利用磁共振成像技术来监测肿瘤在光热治疗之后的生长情况。因此，石墨烯基纳米复合材料可以作为多功能纳米探针用于肿瘤多模态成像导航下的光热治疗。

8.5 碳基纳米材料的毒性及生物安全性

纳米材料的安全性对于它们在生物医学上的应用是至关重要的。碳基纳米材料包括富勒烯、碳纳米管和石墨烯与许多无机纳米材料一样，都不容易被降解。了解碳基纳米材料在生物体系中的行为以及它们潜在的毒性，是我们需要解决的至关重要的问题，为我们将纳米材料用于生物医学领域提供保障。

8.5.1 碳基纳米材料对细胞的毒性

碳点即使没有任何表面修饰也没有明显的细胞毒性。Liu 等发现利用不同碳前驱体制备的碳点，在没有表面修饰的情况下，对人类肾胚胎 293T 细胞即使在 0.5 mg/mL 的高浓度下也没有造成明显的毒性[22]。同样，使用不同电氧化方法合成的碳点也被证实对 293T 细胞没有明显的毒性[165]。Ray 等已经发现碳点对不同细胞系人肝细胞癌 HepG2 细胞具有相似的抑制浓度，直到浓度增加到 0.5 mg/mL 以上才会对细胞的增殖和存活产生影响[166]。与通过触发促凋亡信号传导途径诱导细胞毒性的裸露的、未修饰的石墨烯相比，碳点对细胞的毒性要小很多，这可能是由于其更小的尺寸、更高的氧化程度和更好的水溶性。有趣的是，氨基-PEG-氨基共价修饰的碳点比没有修饰的碳点的毒性更强，即使在 0.2 mg/mL 浓度下就能造成细胞显著的凋亡[167]。研究者发现氨基-PEG(1.5 kDa)修饰碳点的细胞毒性归因于表面功能化的氨基-PEG。这些研究表明，碳点作为用于各种荧光成像应用的半导体量子点是无毒的，且具有生物相容和环境友好的探针。

关于碳纳米管的细胞毒性也存在类似的情况，其高度依赖于表面官能化的方法和表面修饰分子的性质。当使用不用任何表面活性剂修饰的 SWCNTs 和 MWCNTs 时，尽管经过强烈超声处理，SWCNTs 和 MWCNTs 仅形成聚集体，并与肺泡巨噬细胞共孵育仅 6 h，就会对细胞造成明显的毒性[168]。当人角质形成细胞与没有任何表面修饰的溶在二甲基甲酰胺的 SWCNT 共培养，发现随着作为对有害细胞刺激的应答的核转录因子-κB(NF-κB)的激活，显示出更高程度的氧化应激 ROS 水平的产生[169]。

表面修饰能够显著降低碳纳米管的细胞毒性。研究发现，当 SWCNTs 的管壁被氧化并且连接上不同功能分子包括荧光素和聚(环氧乙烷)(PEO)连接的生物素时，对 HL60 细胞没有引起明显的毒性。这一发现表明具有羧基化的氧化 SWCNTs 本身是无毒的。在后续的工作中，与 HeLa 细胞培养 5 天，发现蛋白质非共价吸附的 SWCNTs(SWCNTs-protein)对细胞的增殖没有任何影响[170]。在共价氧化和官能化的 SWCNTs 以外，Weisman 等使用 Pluronic 表面活性剂(其为非离子表面活性剂)非共价修饰 SWCNTs 并通过与没有 SWCNTs 培养的细胞的汇合、黏附和形态进行比较，Pluronic 修饰的 SWCNTs 并没有造成明显的细胞毒性[171]。此外，苏州大学刘庄教授等发现 DNA 非共价修饰 SWCNTs 对细胞的增殖和黏附没有任何负面影响[42]。定量的体外毒性研究表明，DSPE-mPEG(5 kDa)修饰的 SWCNTs 对人真皮微血管内皮细胞具有非常高的半致死量(IC_{50})，为 0.1778g/L[8]。支链状 PEG，如 C_{18}PMH-mPEG 非共价修饰的 SWCNTs 即使在高浓度也没有明显的细胞的毒性，对 4T1 最大半致死量 IC_{50} 为 0.136 g/L[59]。

纳米石墨烯及其衍生物的细胞毒性同样高度依赖于表面修饰。许多研究已经发现没有表面修饰的还原石墨烯比氧化石墨烯具有更大的毒性[172]。没有表面修饰的纳米石墨烯的细胞毒性被认为是由两种信号传导途径引起的：有丝分裂原活化蛋白激酶(MAPK)途径和转化生长因子 β(TGF-β)途径。这两个信号通路都导致促凋亡蛋白的上调和启动凋亡过程，导致细胞死亡[173]。Chang 等发现低浓度的 GO 与 A549 培养既不会造成明显的毒性，也没有显著的细胞吞噬，然而，高浓度的 GO 会产生氧化应激导致细胞活力下降[174]。研究结果表明表面修饰的石墨烯包括各种亲水分子修饰的 GO 能显著地降低其细胞毒性[103]。这些观点已经在一系列研究中得到验证，表面修饰的 GO 在相对高浓度下对细胞毒性也很小。Zhang 等比较了不同类型的碳材料包括纳米金刚石、碳纳米管和 GO 对 HeLa 细胞的毒性[175]。研究结果显示，虽然 GO 相对于其他两种材料显示出最低的细胞吞噬率，但是三种碳纳米材料对细胞都显示出同样的浓度依赖性毒性。活性氧自由基的产生导致氧化应激是碳纳米管和 GO 产生毒性的主要机制。所以活性氧自由基的产生似乎是引起纳米石墨烯产生毒性重要因素。研究者发现在细胞内活性氧自由基的产生和消除是一个动态的平衡，如果打破这个平衡，将会导致细胞内蛋白质失活、脂质过氧化反应和线粒体功能障碍，最终导致细胞凋亡或坏死。

巨噬细胞是介导吞噬作用和对外来物种入侵免疫系统所产生免疫应答预警的至关重要的部件。巨噬细胞吞噬是清除静脉注射纳米材料的主要途径[176]。Sasidharan 等发现疏水性的纳米石墨烯很大一部分聚集在 RAW264.7 巨噬细胞表面，在 75 mg/mL 高浓度时，纳米石墨烯导致的氧化应激伴随着肌动蛋白丝状伪足延伸的异常拉伸导致形态变化[177]。活性氧自由基介导纳米石墨烯毒性主要是由纳米石墨烯与细胞膜之间的疏水作用力引起的。细胞骨架在巨噬细胞的防御机制和高度压力的条件下抑制肌动蛋白和导致细胞骨架功能障碍中起到至关重要的作用。相反，通过硝酸氧化得到的功能化纳米石墨烯展示的非常好的细胞内吞并对细胞骨架的完整性和丝状伪足的延伸没有造成明显的副作用，且减小氧化应激对细胞造成的毒性。更有趣的是，细胞膜完整性测试表明纳米石墨烯和功能化的石墨烯对质膜没有造成物理损伤，这个情况与碳纳米管不同。

8.5.2　碳基纳米材料的体内毒性

碳点的低细胞毒性与在体内的碳点的相容性是一致的。在小鼠体内注射高达 40 mg/kg 的碳点，研究者并没有发现明显的毒性，如小鼠的异常食物摄取、体重减轻、临床病症或血生化异常等。注射入小鼠体内的碳点主要通过尿和粪便排泄，而尿液排泄构成了总排泄的大部分。与通常通过胆汁途径代谢并通过粪便排泄从体内代谢的碳纳米管和石墨烯形成鲜明对比，碳点的尿排泄是非常重要的，主要归因于碳点的尺寸符合肾小球过滤通过的尺寸。由于快速的肾代谢，小鼠器官的组织学成像显示注射入的碳点在 RES 系统中具有相对少的富集，且对主要器官没有引起任何组织病理学异常或病变。Tao 等研究发现碳点(20 mg/kg)通过尾静脉注射入健康小鼠体内。在不同时间点，将小鼠的血液取出进行血液学分析。研究发现，制备的碳点在 20 mg/kg 的剂量下并在 90 天时间里，没有发现对小鼠造成明显的肝功能和肾功能损伤[22]。

关于碳纳米管的体内毒性从 2004 年开始就被广泛地研究。Lam 等首先发现了在小鼠的气管内滴注 SWNTs，7 天和 90 天后小鼠的肉芽肿发生病变[178]。SWNTs 的毒性比炭黑或石英更大。Warheit 等发现对大鼠的肺进行 SWNTs(长度>1 μm，直径 1.4 nm)暴露，在肺部将产生剂量依赖性的多灶性肉芽肿[179]。在 2005 年，Shvedova 等发现 SWNTs(直径 1～4 nm)被 C57BL/6 小鼠吸入后，会诱导强烈的急性炎症反应，从而使小鼠发生纤维化和形成肉芽肿[180]。Li 等发现呼吸入高浓度的聚集的 SWNTs(长度>1 μm，直径 0.7～1.5 nm)不仅会引起了肺部毒性，还会由于线粒体氧化和加速动脉粥样化形成，从而影响心血管系统。已经有大量文献报道关于碳纳米管可以诱导的肺部毒性和炎症并伴随有强烈的氧化应激反应[181]。此外，研究人员发现碳纳米管中掺杂的金属纳米颗粒可能会进一步增加其肺毒性[182]。这些结果进一步凸显了没有表面修饰的碳纳米管的呼吸毒性，并建议应严格避免碳纳米管在工作场所的气溶胶暴露。尽管在上述研究中发现由气管内滴注没有表面修饰的碳纳米管会引起严重的肺毒性，但是在最近的一项研究中，Mutlu 等[183]发现 Pluronic F 108NF 包裹的 SWNTs 在气管内滴注后会被巨噬细胞吞噬而逐渐被清除，并没有引起明显的肺部毒性。最后研究人员得出一个结论，SWNTs 在体内的呼吸毒性与没有表面修饰纳米材料的聚集相关，而不是与单个纳米管的纵横比有关。在另一项研究中，Tabet 等发现利用聚苯乙烯的聚合物包裹碳纳米管也能够减少小鼠的肺毒性[184]。值得注意的是，Kagan 等在最近的研究中发现，由嗜中性粒细胞髓过氧化物酶降解的碳纳米管将不会诱导治疗动物的肺部炎症的产生[185]。因此，气管吸入的碳纳米管所引起的肺毒性与碳纳米管的表面修饰和聚集状态密切相关。

在 2008 年，Poland 等报道了在小鼠腹腔内注射没有表面修饰的 MWNTs(长度 10～50 μm，直径 80～160 nm)可以诱导其产生炎症反应以及形成俗称的肉芽肿[46]。此外，研究人员发现碳纳米管的致病性是尺寸依赖性的，因为小尺寸的 MWNTs(长度 1～20 μm，直径 10～14 nm)不会对小鼠造成明显的毒性，进一步表明不同尺寸(包括直径和长度)的碳纳米管的毒性是不同的。在后来的工作中，Kolosnjaj-Tabi 等研究溶解在吐温-60 中的 SWNTs 在昆明小鼠体内的毒性行为。他们发现 SWNTs 通过口服给药且剂量达 1000 mg/kg 也没有对小鼠造成明显的异常或毒性。而在腹腔给药后，SWNTs 在体内聚结形成纤维状结构。当该结构长度超过 10 μm 时，SWNTs 就不可避免地诱导肉芽肿形成，然而较小尺寸的聚集体在细胞内停留长达 5 个月也不会诱导肉芽肿的形成。良好单分散的 SWNTs(<300 nm)可逃避网状内皮系统的吞噬，并且可以通过肾和胆管代谢出体内[186]。肉芽肿形成似乎是腹腔内注射碳纳米管的主要副作用，与碳纳米管的尺寸大小和表面化学性质密切相关。虽然大尺寸的 MWNTs 和 SWNTs 聚集体可以诱导肉芽肿的形成，但是具有适当表面化学的小尺寸碳纳米管(SWNTs 和小 MWNTs)在这方面可能是比较安全的材料。

通过尾静脉给药研究碳纳米管的潜在毒性仍然是当前研究关注的重点。Schipper 等将聚乙二醇修饰的 SWNTs 尾静脉内注射入裸鼠内并研究其潜在的毒性。研究发现功能化的 SWNTs 在肝和脾的巨噬细胞中停留 4 个月也没有引起明显的毒性[187]。然而，在这两个工作中，所用碳纳米管的剂量都是很低的(～1.7 mg/kg)。Yang 等将悬浮在吐温–80 中的 SWNTs 通过尾静脉注射入 CD-ICR 小鼠体内，注射剂量高达约 40 mg/kg，在 3 个月的毒理学分析中，没有发现明显的毒性[188]。在之后的工作中，Zhang 等比较了 10 mg/kg 和 60 mg/kg 不同剂量下 PEG 共价和非共价修饰的 MWNTs 经尾静脉注射入小鼠体内的毒性[189]。尽管在 10 mg/kg 剂量下，MWNTs 并没有引起明显的毒性，但是在 60 mg/kg 的高剂量下，MWNTs 改变了肝脏中的某些基因的表达，并诱导肝脏炎症反应、斑点坏死和线粒体破坏等。所以 PEG 修饰的 MWNTs 可以部分地降低但不完全消除高剂量 MWNTs 在体内所引起的毒性。除了关于碳纳米管在体内毒性的研究外，还有一些基于碳纳米管的肿瘤治疗研究同样表明具有良好表面修饰的 SWNTs(剂量范围 3.6～5 mg/kg)，经尾静脉注射入小鼠体内没有引起显著的毒性[190,191]。

虽然上述研究中采用组织学检查和血液学分析来研究纳米材料对动物的潜在

毒性，但是这些并不足以保证碳纳米管在体内的绝对安全使用。所以需要对碳纳米管在动物体内产生的所有效应都要进行系统的研究，才能阐述碳纳米管在体内的潜在的毒副作用。Bai 等研究了氨基和羧基修饰的 MWNTs 对小鼠的生育能力的影响[192]。他们发现这些 MWNTs 会在小鼠的睾丸中富集，产生氧化应激，并且在 15 天后减少睾丸中的生精上皮的厚度。 然而，这种损伤可以在 60 天和 90 天后自然修复而不影响生育能力。免疫原性是纳米材料生物医学领域应用的另一个关注焦点[193]。在 2006 年，Salvador-Morales 等发现氧化的 SWNTs 在体内将引起补体激活反应，主要是由纳米管可以非特异性蛋白质吸附造成的[194]。Moghimi 和同事进一步研究发现，将 PEG 修饰的 SWNTs 静脉内注射到大鼠体内与大鼠血浆血栓素 B2 水平的升高有着密切的关系，更阐明了碳纳米管在体内可以介导补体激活反应[195]。因此，如何最大程度避免碳纳米管引起的免疫应答对于进一步开发基于碳纳米管的生物医学应用至关重要。

纳米石墨烯与其他无机纳米材料一样，不容易被降解。了解纳米石墨烯在生物系统中的行为以及它们的潜在毒理学性质，将为纳米石墨烯在未来生物医学领域的应用提供依据。Huang 及其合作者将放射性核素 ^{188}Re 标记纳米石墨烯通过尾静脉注射入小鼠体内，发现大部分纳米石墨烯聚集在小鼠的肺部[196]。后来，Dash 等发现原始 GO 经尾静脉注射小鼠体内后可诱发小鼠形成较高程度的血栓，并引起人血小板强烈的聚集反应[197]。Donaldson 及其同事还发现吸入后的纳米石墨烯片将沉积在纤毛气管之外，并在小鼠肺中诱导严重的炎症反应[198]。从上述结果可以清晰地发现，原始石墨烯和未经表面修饰的氧化石墨烯在静脉注射或吸入体内都可能沉积在肺部，并且诱发小鼠明显的肺毒性。

关于碳纳米管的毒性研究发现，它的毒性与其表面修饰有着极大的关系[199]。苏州大学刘庄等仔细研究了 PEG 修饰的纳米石墨烯(nGO-PEG)在生物体内行为和长期毒性。在这个工作中，使用放射性核素 ^{125}I 标记的 nGO-PEG 并通过尾静脉注射入小鼠体内进行长期生物分布研究。结果表明，^{125}I-nGO-PEG 与大多数纳米材料一样主要聚集在网状内皮系统包括肝脏和脾脏中，这种聚集可能是由在肝和脾中的巨噬细胞的吞噬造成的[图 8-17(a)和(b)][114]。与原始 GO 的生物分布不同，所制备的 nGO-PEG 具有很低的肺富集，进一步证实表面修饰在调节纳米材料在体内行为中所起到的重要作用。从 nGO-PEG 在体内的长期分布可以发现，随着时间延长，^{125}I-nGO-PEG 在肝和脾中的富集量显著减少，表明 nGO-PEG 可能从小鼠身体逐渐被代谢出来。为了进一步证明这种放射性活性的减少并不是由 ^{125}I 从 ^{125}I-nGO-PEG 上脱离造成的，他们收集了小鼠的肝脏进行切片以及苏木精和伊红(H&E)染色，发现在早期时间点肝切片中出现大量的黑点，这些黑点可能是由纳米石墨烯聚集造成的，但是在注射 20 天后肝切片中的黑点明显减少[图 8-17(c)～(e)]。这一结果与放射性测量的生物分布数据相一致，更加证明了 nGO-PEG 可以通过尿液和粪便排出体外。然后对收集不同时间点 nGO-PEG(20 mg/kg) 处理的小鼠的血液进行血生物化学和血常规检测。研究发现 nGO-PEG 在 3 个月内并没有对小鼠的肝功能和肾功能造成明显的影响。nGO-PEG 处理的小鼠的所有其他血液学指标与健康小鼠相比都是正常的。此外，我们还收集了不同处理组小鼠的主要器官进行固定、切片和 H&E 染色。在 nGO-PEG 处理组中，我们没有发现任何的器官损伤或者炎症的发生[图 8-17(f)]。因此，我们得出这样的结论，超小尺寸和生物相容性的 nGO-PEG 在 20 mg/kg 的剂量下对实验小鼠没有明显的毒副作用。

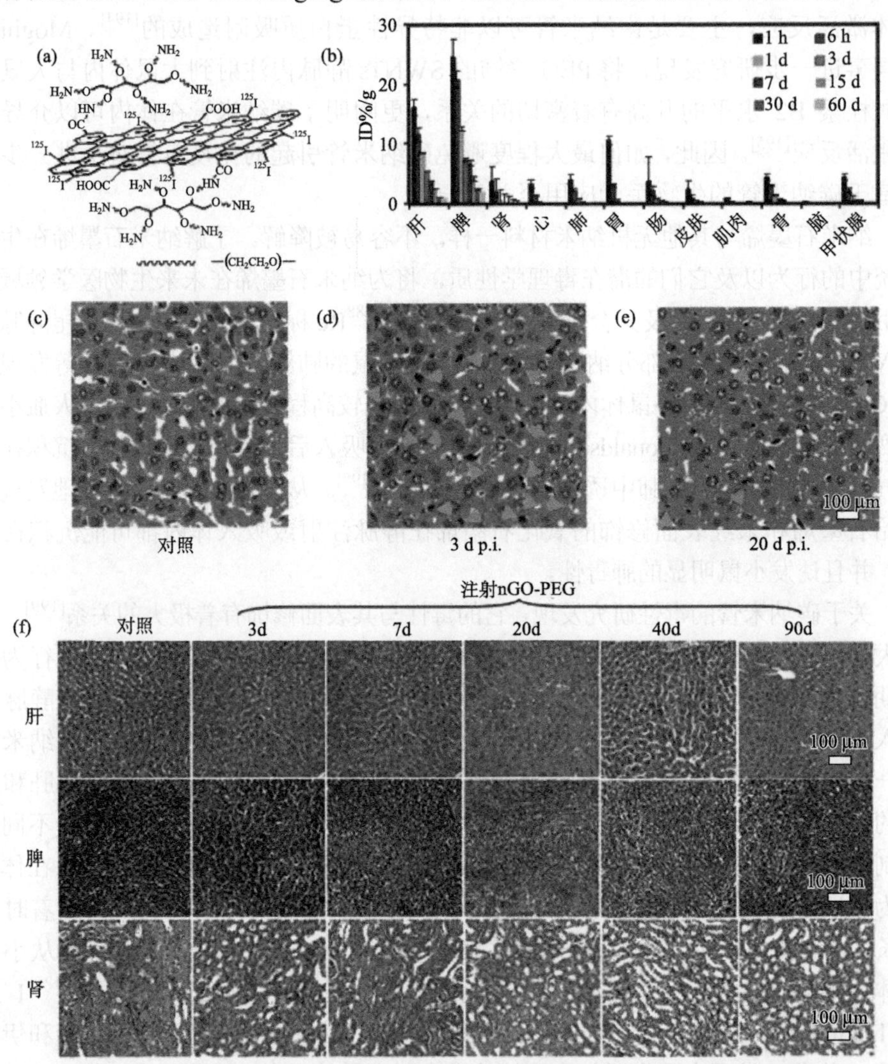

图 8-17　nGO-PEG 通过尾静脉注射入小鼠体内的分布以及潜在的毒性研究

(a) ^{125}I 标记 nGO-PEG 的示意图；(b) ^{125}I-nGO-PEG 在小鼠体内的长期分布；(c～e) 小鼠肝组织的 H&E 染色，(c) 对照组，(d) 在 nGO-PEG 注射 3 天后的肝切片，(e) 在 nGO-PEG 注射 20 天后肝切片；(f) 从对照组和 nGO-PEG 处理组中取出主要器官进行 H&E 染色照片

8.6　结论与展望

在本章中，我们总结碳纳米材料在生物医学成像和肿瘤治疗方面的应用，以及在体内体外的毒性的最近研究进展。这类材料有着卓越的化学、光学和机械性质。尽管这类纳米材料全部由相同的碳元素构成，但是有不同碳的同素异形体构成且具有不同的性质。依赖于碳原子如何结合在纳米尺度上形成大尺寸的纳米结构，该类材料在体内的行为也不同。利用成熟的表面修饰方法，可以得到良好水溶性和生物相容性的碳纳米材料用于生物影像和肿瘤治疗领域，且不会对实验动物造成明显的毒副作用。

在生物成像方面，我们涵盖了所有使用碳纳米材料进行光学和非光成像等方面。虽然所有碳纳米材料在光谱区域内具有荧光发射，但是抗光漂白特性使得它们可以用作荧光标记，进行长期体外和体内成像和跟踪实验。尽管有机染料或量子点的荧光量子产率比碳纳米材料的高，但是碳纳米材料的抗光漂白以及荧光稳定性方面都优于有机染料或量子点[200, 201]。除了荧光成像之外，碳纳米材料如碳纳米管和纳米石墨烯也具有共振拉曼性质用作拉曼探针用于体外和体内生物医学拉曼成像[202, 203]。碳纳米材料在近红外具有强吸收可以用于光声成像。此外，由于其独特的物理化学性质，碳纳米材料装载不同的造影剂用于磁共振成像、PET 或 SPECT 成像。

碳纳米材料也可以作为一类纳米制剂用于各种疾病的治疗，尤其在肿瘤治疗领域的应用。由于其相对大的比表面积，碳纳米材料可以装载造影剂用于生物成像，也可以将药物分子和核酸递送到肿瘤内进行化疗和基因治疗。此外，碳纳米材料的强光吸收可以用作光热试剂，可以选择性对肿瘤部位进行光热治疗。碳纳米材料，特别是具有在一维和二维 sp^2 杂化的碳网的碳纳米管和石墨烯，具有优异的机械性能使得它们能够用于组织工程。随着其固有物理性质对外部环境变化或刺激的敏感变化，碳纳米材料也已经用作具有高特异性和低检测限的生物传感器。

碳纳米材料的独特性为未来的应用提供了许多新的途径和机会。在基于碳纳米技术与生物医学交叉的前沿研究中已经证明了各种碳纳米材料的在各个方面应用的前景，特别是碳材料的一些非常不寻常的性质和能力是其他纳米材料所不具备的。基于单壁碳纳米管的 NIR-Ⅱ荧光成像改善了常规荧光成像穿透深度和灵敏度低的特点，且该技术是一个新兴的发展领域。在过去的几年中，我们也见证了基于单壁碳纳米管 NIR-Ⅱ荧光成像高灵敏度、低毒性和更深的穿透深度的成像技术的应用。碳纳米材料，特别是石墨烯及其衍生物的高负载能力，可以利用 π-π 堆积作用有效装载药物分子/纳米颗粒。然而，基于碳纳米材料在未来临床上的应用，我们还有一些问题需要思考和解决：

(1) 基于碳纳米材料的生物成像和治疗在未来发展方向是什么？

(2) 人类将碳纳米材料真正用于临床应用前，我们需要克服的主要障碍是什么？

(3) 我们能否从基于碳纳米材料的成像和治疗领域激发我们在化学和生物领域开拓新的研究方向？

因此，在本章中，我们概述了各种碳纳米材料在生物成像治疗领域的最新研究进展。尽管这类材料在体内行为受到长期的关注，但是碳纳米材料在生物医学应用的优势很凸显。对于本章讨论的四类碳纳米材料，包括富勒烯、碳点、碳纳米管和石墨烯，每一种具有独特的物理化学性质。这种性质得益于它们的特定化学结构和纳米尺寸。独特的物理化学性质使得碳纳米材料适合于某些成像和治疗应用，促使了纳米技术、生物学和医学之间建立更紧密的跨学科连接，以便为生物学家和临床医生开发更强大和有用的工具。

参考文献

[1] Kroto H W, Heath J R, Obrien S C, Curl R F, Smalley R E. C-60-buckminsterfullerene. Nature, 1985, 318: 162-163.

[2] Iijima S. Helical microtubules of graphitic carbon. Nature, 1991, 354: 56-58.

[3] Novoselov K S, Geim A K, Morozov S V, Jiang D, Zhang Y, Dubonos S V, Grigorieva I V, Firsov A A. Electric field effect in atomically thin carbon films. Science, 2004, 306: 666-669.

[4] Liu Z, Robinson J T, Tabakman S M, Yang K, Dai H J. Carbon materials for drug delivery & cancer therapy. Mater Today, 2011, 14: 316-323.

[5] Wang H, Dai H. Strongly coupled inorganic-nano-carbon hybrid materials for energy storage. Chemical Society Reviews, 2013, 42: 3088-113.

[6] Ruggiero A, Villa C H, Bander E, Rey D A, Bergkvist M, Batt C A, Manova-Todorova K, Deen W M, Scheinberg D A, McDevitt M R. Paradoxical glomerular filtration of carbon nanotubes. Proceedings of the National Academy of Sciences of the United States of America, 2010, 107: 12369-12374.

[7] de la Zerda A, Zavaleta C, Keren S, Vaithilingam S, Bodapati S, Liu Z, Levi J, Smith B R, Ma T J, Oralkan O, Cheng Z, Chen X Y, Dai H J, Khuri-Yakub B T, Gambhir S S. Carbon nanotubes as photoacoustic molecular imaging agents in living mice. Nature Nanotechnology, 2008, 3: 557-562.

[8] Hong G S, Lee J C, Robinson J T, Raaz U, Xie L M, Huang N F, Cooke J P, Dai H J. Multifunctional *in vivo* vascular imaging using near-infrared II fluorescence. Nature Medicine, 2012, 18, 1841.

[9] Liu Z, Robinson J T, Sun X M, Dai H J. PEGylated nanographene oxide for delivery of water-insoluble cancer drugs. Journal of the American Chemical Society, 2008, 130, 10876.

[10] Ponomarenko L A, Schedin F, Katsnelson M I, Yang R, Hill E W, Novoselov K S, Geim A K. Chaotic Dirac billiard in graphene quantum dots. Science, 2008, 320: 356-358.

[11] Liu Q, Guo B D, Rao Z Y, Zhang B H, Gong J R. Strong two-photon-induced fluorescence from photostable, biocompatible nitrogen-doped graphene quantum dots for cellular and deep-tissue imaging. Nano Letters, 2013, 13: 2436-2441.

[12] Zhu S, Meng Q, Wang L, Zhang J, Song Y, Jin H, Zhang K, Sun H, Wang H, Yang B. Highly photoluminescent carbon dots for multicolor patterning, sensors, and bioimaging. Angewandte Chemie, 2013, 52: 3953-3957.

[13] Bhunia S K, Saha A, Maity A R, Ray S C, Jana N R. Carbon nanoparticle-based fluorescent bioimaging probes. Scientific Reports, 2013, 3 (3) :1473.

[14] Havrdova M, Hola K, Skopalik J, Tomankova K, Martin P A, Cepe K, Polakova K, Tucek J, Bourlinos A B, Zboril R. Toxicity of carbon dots-effect of surface functionalization on the cell viability, reactive oxygen species generation and cell cycle. Carbon, 2016, 99: 238-248.

[15] Nurunnabi M, Khatun Z, Huh K M, Park S Y, Lee D Y, Cho K J, Lee Y K. *In vivo* biodistribution and toxicology of carboxylated graphene quantum dots. ACS Nano, 2013, 7: 6858-6867.

[16] Yang Z, Li Z H, Xu M H, Ma Y J, Zhang J, Su Y J, Gao F, Wei H, Zhang L Y. Controllable synthesis of fluorescent carbon dots and their detection application as nanoprobes. Nano-Micro Letters, 2013, 5: 247-259.

[17] Yazid S N. A M, Chin S F, Pang S C, Ng S M. Detection of Sn(II) ions via quenching of the fluorescence of carbon nanodots. Microchim Acta, 2013, 180: 137-143.

[18] Zhao L X, Geng F L, Di F, Guo L H, Wan B, Yang Y, Zhang H, Sun G Z. Polyamine-functionalized carbon nanodots: a novel chemiluminescence probe for selective detection of iron(III) ions. RSC Advances, 2014, 4: 45768-45771.

[19] Liu S, Yu B, Zhang T. Nitrogen-doped carbon nanodots as a reducing agent to synthesize Ag nanoparticles for non-enzymatic hydrogen peroxide detection. RSC Advances, 2014, 4: 544-548.

[20] Tang J, Kong B, Wu H, Xu M, Wang Y C, Wang Y L, Zhao D Y, Zheng G F. Carbon nanodots featuring efficient FRET for real-time monitoring of drug delivery and two-photon imaging. Advanced Materials, 2013, 25: 6569-6574.

[21] Ge J C, Jia Q Y, Liu W M, Guo L, Liu Q Y, Lan M H, Zhang H Y, Meng X M, Wang P F. Red-emissive carbon dots for fluorescent, photoacoustic, and thermal theranostics in living mice. Advanced Materials, 2015, 27: 4169-4177.

[22] Tao H, Yang K, Ma Z, Wan J, Zhang Y, Kang Z, Liu Z. *In vivo* NIR fluorescence imaging, biodistribution, and toxicology of photoluminescent carbon dots produced from carbon nanotubes and graphite. Small, 2012, 8: 281-290.

[23] Wang Y, Meng Y, Wang S S, Li C Y, Shi W, Chen J, Wang J X, Huang R Q. Direct solvent-derived polymer-coated nitrogen-doped carbon nanodots with high water solubility for targeted fluorescence imaging of glioma. Small, 2015, 11: 3575-3581.

[24] Markovic Z M, Ristic B Z, Arsikin K M, Klisic D G, Harhaji-Trajkovic L M, Todorovic-Markovic B M, Kepic D P, Kravic-Stevovic T K, Jovanovic S P, Milenkovic M M, Milivojevic D D, Bumbasirevic V Z, Dramicanin M D, Trajkovic V S. Graphene quantum dots as autophagy-inducing photodynamic agents. Biomaterials, 2012, 33: 7084-7092.

[25] Christensen I L, Sun Y P, Juzenas P. Carbon dots as antioxidants and prooxidants. Journal of Biomedical Nanotechnology, 2011, 7: 667-676.

[26] Ge J, Lan M, Zhou B, Liu W, Guo L, Wang H, Jia Q, Niu G, Huang X, Zhou H, Meng X, Wang P, Lee C S, Zhang W, Han X. A graphene quantum dot photodynamic therapy agent with high singlet oxygen generation. Nature Communications, 2014, 5: 4596.

[27] Ge J C, Jia Q Y, Liu W M, Lan M H, Zhou B J, Guo L, Zhou H Y, Zhang H Y, Wang Y, Gu Y, Meng X M, Wang P F. Carbon dots with intrinsic theranostic properties for bioimaging, red-light-triggered photodynamic/photothermal simultaneous therapy *in vitro* and *in vivo*. Advanced Healthcare Materials, 2016, 5: 665-675.

[28] Maas A L, Carter S L, Wileyto E P, Miller J, Yuan M, Yu G Q, Durham A C, Busch T M. Tumor vascular microenvironment determines responsiveness to photodynamic therapy. Cancer Research, 2012, 72: 2079-2088.

[29] Caruso E B, Petralia S, Conoci S, Giuffrida S, Sortino S. Photodelivery of nitric oxide from water-soluble platinum nanoparticles. Journal of the American Chemical Society, 2007, 129: 480-481.

[30] Xu J S, Zeng F, Wu H, Wu S Z. A mitochondrial-targeting and NO-based anticancer nanosystem with enhanced photo-controllability and low dark-toxicity. Journal of Materials Chemistry B, 2015, 3: 4904-4912.

[31] Fowley C, McHale A P, McCaughan B, Fraix A, Sortino S, Callan J F. Carbon quantum dot-NO photoreleaser nanohybrids for two-photon phototherapy of hypoxic tumors. Chemical Communications, 2015, 51: 81-84.

[32] Liu C J, Zhang P, Zhai X Y, Tian F, Li W C, Yang J H, Liu Y, Wang H B, Wang W, Liu W G. Nano-carrier for gene

delivery and bioimaging based on carbon dots with PEI-passivation enhanced fluorescence. Biomaterials, 2012, 33: 3604-3613.

[33] Kim J, Park J, Kim H, Singha K, Kim W J. Transfection and intracellular trafficking properties of carbon dot-gold nanoparticle molecular assembly conjugated with PEI-pDNA. Biomaterials, 2013, 34: 7168-7180.

[34] Wang L Q, Wang X Y, Bhirde A, Cao J B, Zeng Y, Huang X L, Sun Y P, Liu G, Chen X Y. Carbon-dot-based two-photon visible nanocarriers for safe and highly efficient delivery of siRNA and DNA. Advanced Healthcare Materials, 2014, 3: 1203-1209.

[35] Huang P, Lin J, Wang X S, Wang Z, Zhang C L, He M, Wang K, Chen F, Li Z M, Shen G X, Cui D X, Chen X Y. Light-triggered theranostics based on photosensitizer-conjugated carbon dots for simultaneous enhanced-fluorescence imaging and photodynamic therapy. Advanced Materials, 2012, 24: 5104-5110.

[36] Zheng M, Liu S, Li J, Qu D, Zhao H F, Guan X G, Hu X L, Xie Z G, Jing X B, Sun Z C. Integrating oxaliplatin with highly luminescent carbon dots: an unprecedented theranostic agent for personalized medicine. Advanced Materials, 2014, 26: 3554-3560.

[37] Leamon C P, Low P S. Folate-mediated targeting: from diagnostics to drug and gene delivery. Drug Discovery Today, 2001, 6: 44-51.

[38] Qiu J C, Zhang R B, Li J H, Sang Y H, Tang W, Gil P R, Liu H. Fluorescent graphene quantum dots as traceable, pH-sensitive drug delivery systems. International Journal of Nanomedicine, 2015, 10: 6709-6724.

[39] Wang H, Di J, Sun Y B, Fu J P, Wei Z Y, Matsui H, Alonso A D, Zhou S Q. Biocompatible PEG-chitosan@carbon dots hybrid nanogels for two-photon fluorescence imaging, near-infrared light/pH dual-responsive drug carrier, and synergistic therapy. Advanced Functional Materials, 2015, 25: 5537-5547.

[40] Ago H, Petritsch K, Shaffer M S P, Windle A H, Friend R H. Composites of carbon nanotubes and conjugated polymers for photovoltaic devices. Advanced Materials, 1999, 11: 1281.

[41] Tans S J, Devoret M H, Dai H J, Thess A, Smalley R E, Geerligs L J, Dekker C. Individual single-wall carbon nanotubes as quantum wires. Nature, 1997, 386: 474-477.

[42] Kam N W S, O'Connell M, Wisdom J A, Dai H J. Carbon nanotubes as multifunctional biological transporters and near-infrared agents for selective cancer cell destruction. Proceedings of the National Academy of Sciences of the United States of America, 2005, 102: 11600-11605.

[43] Rao A M, Richter E, Bandow S, Chase B, Eklund P C, Williams K A, Fang S, Subbaswamy K R, Menon M, Thess A, Smalley R E, Dresselhaus G, Dresselhaus M S. Diameter-selective raman scattering from vibrational modes in carbon nanotubes. Science, 1997, 275: 187-191.

[44] Pantarotto D, Singh R, McCarthy D, Erhardt M, Briand J P, Prato M, Kostarelos K, Bianco A. Functionalized carbon nanotubes for plasmid DNA gene delivery. Angewandte Chemie, 2004, 43: 5242-5246.

[45] Liu Z, Chen K, Davis C, Sherlock S, Cao Q, Chen X, Dai H. Drug delivery with carbon nanotubes for *in vivo* cancer treatment. Cancer Res, 2008, 68: 6652-6660.

[46] Poland C A, Duffin R, Kinloch I, Maynard A, Wallace W A H, Seaton A, Stone V, Brown S, MacNee W, Donaldson K. Carbon nanotubes introduced into the abdominal cavity of mice show asbestos-like pathogenicity in a pilot study. Nature Nanotechnology, 2008, 3: 423-428.

[47] Liu Z, Cai W, He L, Nakayama N, Chen K, Sun X, Chen X, Dai H. *In vivo* biodistribution and highly efficient tumour targeting of carbon nanotubes in mice. Nature Nanotechnology, 2007, 2: 47-52.

[48] Cherukuri P, Gannon C J, Leeuw T K, Schmidt H K, Smalley R E, Curley S A, Weisman R B. Mammalian pharmacokinetics of carbon nanotubes using intrinsic near-infrared fluorescence. Proceedings of the National Academy of Sciences of the United States of America, 2006, 103: 18882-18886.

[49] Tagmatarchis N, Prato M. Functionalization of carbon nanotubes via 1,3-dipolar cycloadditions. Journal of Materials Chemistry, 2004, 14: 437-439.

[50] Chen R J, Zhang Y G, Wang D W, Dai H J. Noncovalent sidewall functionalization of single-walled carbon nanotubes for protein immobilization. Journal of the American Chemical Society, 2001, 123: 3838-3839.

[51] Wu P, Chen X, Hu N, Tam U C, Blixt O, Zettl A, Bertozzi C R. Biocompatible carbon nanotubes generated by functionalization with glycodendrimers. Angewandte Chemie International Edition, 2008, 47: 5022-5025.

[52] Moon H K, Il Chang C, Lee D K, Choi H C. Effect of nucleases on the cellular internalization of fluorescent labeled DNA-functionalized single-walled carbon nanotubes. Nano Research, 2008, 1: 351-360.

[53] Nakayama-Ratchford N, Bangsaruntip S, Sun X M, Welsher K, Dai H J. Noncovalent functionalization of carbon nanotubes by fluorescein-polyethylene glycol: supramolecular conjugates with pH-dependent absorbance and fluorescence. Journal of the American Chemical Society, 2007, 129: 2448.

[54] Guldi D M, Taieb H, Rahman G M A, Tagmatarchis N, Prato M. Novel photoactive single-walled carbon nanotube-porphyrin polymer wraps: Efficient and long-lived intracomplex charge separation. Advanced Materials, 2005, 17: 871.

[55] Wildoer J W G, Venema L C, Rinzler A G, Smalley R E, Dekker C. Electronic structure of atomically resolved carbon nanotubes. Nature, 1998, 391: 59-62.

[56] Liu Z A, Li X L, Tabakman S M, Jiang K L, Fan S S, Dai H J. Multiplexed multicolor Raman imaging of live cells with isotopically modified single walled carbon nanotubes. Journal of the American Chemical Society, 2008, 130: 13540.

[57] Wang C, Ma X X, Ye S Q, Cheng L, Yang K, Guo L, Li C H, Li Y G, Liu Z. Protamine functionalized single-walled carbon nanotubes for stem cell labeling and *in vivo* raman/magnetic resonance/photoacoustic triple-modal imaging. Advanced Functional Materials, 2012, 22: 2363-2375.

[58] Hong S Y, Tobias G, Al-Jamal K T, Ballesteros B, Ali-Boucetta H, Lozano-Perez S, Nellist P D, Sim R B, Finucane C, Mather S J, Green M L H, Kostarelos K, Davis B G. Filled and glycosylated carbon nanotubes for *in vivo* radioemitter localization and imaging. Nature Maters, 2010, 9: 485-490.

[59] Robinson J T, Hong G, Liang Y, Zhang B, Yaghi O K, Dai H. *In vivo* fluorescence imaging in the second near-infrared window with long circulating carbon nanotubes capable of ultrahigh tumor uptake. Journal of the American Chemical Society , 2012, 134: 10664-10669.

[60] Wang X J, Wang C, Cheng L, Lee S T, Liu Z. Noble metal coated single-walled carbon nanotubes for applications in surface enhanced raman scattering imaging and photothermal therapy. Journal of the American Chemical Society, 2012, 134: 7414-7422.

[61] de la Zerda A, Liu Z, Bodapati S, Teed R, Vaithilingam S, Khuri-Yakub B T, Chen X, Dai H, Gambhir S S. Ultrahigh sensitivity carbon nanotube agents for photoacoustic molecular imaging in living mice. Nano Letters, 2010, 10: 2168-2172.

[62] He X, Gao J, Gambhir S S, Cheng Z. Near-infrared fluorescent nanoprobes for cancer molecular imaging: status and challenges. Trends in Molecular Medicine, 2010, 16: 574-583.

[63] Welsher K, Liu Z, Sherlock S P, Robinson J T, Chen Z, Daranciang D, Dai H J. A route to brightly fluorescent carbon nanotubes for near-infrared imaging in mice. Nature Nanotechnology, 2009, 4: 773-780.

[64] Ghosh S, Bachilo S M, Weisman R B. Advanced sorting of single-walled carbon nanotubes by nonlinear density-gradient ultracentrifugation. Nature Nanotechnology, 2010, 5: 443-450.

[65] Tu X, Manohar S, Jagota A, Zheng M. DNA sequence motifs for structure-specific recognition and separation of carbon nanotubes. Nature, 2009, 460: 250-253.

[66] Liu H P, Nishide D, Tanaka T, Kataura H. Large-scale single-chirality separation of single-wall carbon nanotubes by simple gel chromatography. Nature Communications, 2011, 2 (1) :309.

[67] Diao S, Hong G S, Robinson J T, Jiao L Y, Antaris A L, Wu J Z, Choi C L, Dai H J. Chirality enriched (12,1) and (11,3) single-walled carbon nanotubes for biological imaging. Journal of the American Chemical Society, 2012, 134: 16971-16974.

[68] Heller D A, Baik S, Eurell T E, Strano M S. Single-walled carbon nanotube spectroscopy in live cells: towards long-term labels and optical sensors. Advanced Materials, 2005, 17: 2793.

[69] Lamprecht C, Gierlinger N, Heister E, Unterauer B, Plochberger B, Brameshuber M, Hinterdorfer P, Hild S, Ebner A.

Mapping the intracellular distribution of carbon nanotubes after targeted delivery to carcinoma cells using confocal Raman imaging as a label-free technique. Journal of Physics. Condensed Matter : an Institute of Physics Journal, 2012, 24: 164206.

[70] Kang J W, Nguyen F T, Lue N, Dasari R R, Heller D A. Measuring uptake dynamics of multiple identifiable carbon nanotube species via high-speed confocal Raman imaging of live cells. Nano Letters, 2012, 12: 6170-6174.

[71] Li X, Tu X, Zaric S, Welsher K, Seo W S, Zhao W, Dai H. Selective synthesis combined with chemical separation of single-walled carbon nanotubes for chirality selection. Journal of the American Chemical Society , 2007, 129: 15770-15771.

[72] Wang X D, Pang Y J, Ku G, Xie X Y, Stoica G, Wang L H. V. Noninvasive laser-induced photoacoustic tomography for structural and functional *in vivo* imaging of the brain. Nature Biotechnology, 2003, 21: 803-806.

[73] Wu L N, Cai X, Nelson K, Xing W X, Xia J, Zhang R Y, Stacy A J, Luderer M, Lanza G M, Wang L V, Shen B Z, Pan D P J. A green synthesis of carbon nanoparticles from honey and their use in real-time photoacoustic imaging. Nano Research, 2013, 6: 312-325.

[74] Kim J W, Galanzha E I, Shashkov E V, Moon H M, Zharov V P. Golden carbon nanotubes as multimodal photoacoustic and photothermal high-contrast molecular agents. Nature Nanotechnology, 2009, 4: 688-694.

[75] Galanzha E I, Shashkov E V, Kelly T, Kim J W, Yang L, Zharov V P. *In vivo* magnetic enrichment and multiplex photoacoustic detection of circulating tumour cells. Nature Nanotechnology, 2009, 4: 855-860.

[76] de la Zerda A, Bodapati S, Teed R, May S Y, Tabakman S M, Liu Z, Khuri-Yakub B T, Chen X, Dai H, Gambhir S S . Family of enhanced photoacoustic imaging agents for high-sensitivity and multiplexing studies in living mice. ACS Nano, 2012, 6: 4694-4701.

[77] Miyawaki J, Yudasaka M, Imai H, Yorimitsu H, Isobe H, Nakamura E, Iijima S. Synthesis of ultrafine Gd_2O_3 nanoparticles inside single-wall carbon nanohorns. Journal of Physical Chemistry B, 2006, 110: 5179-5181.

[78] Richard C, Doan B T, Beloeil J C, Bessodes M, Toth E, Scherman D. Noncovalent functionalization of carbon nanotubes with amphiphilic Gd^{3+} chelates: toward powerful T-1 and T-2 MRI contrast agents. Nano Letters, 2008, 8: 232-236.

[79] Choi J H, Nguyen F T, Barone P W, Heller D A, Moll A E, Patel D, Boppart S A, Strano M S. Multimodal biomedical imaging with asymmetric single-walled carbon nanotube/iron oxide nanoparticle complexes. Nano Letters, 2007, 7: 861-867.

[80] Al Faraj A, Cieslar K, Lacroix G, Gaillard S, Canot-Soulas E, Cremillieux Y. *In vivo* imaging of carbon nanotube biodistribution using magnetic resonance imaging. Nano Letters, 2009, 9: 1023-1027.

[81] Vittorio O, Duce S L, Pietrabissa A, Cuschieri A. Multiwall carbon nanotubes as MRI contrast agents for tracking stem cells. Nanotechnology, 2011, 22 (9): 095706.

[82] Wang H F, Wang J, Deng X Y, Sun H F, Shi Z J, Gu Z N, Liu Y F, Zhao Y L. Biodistribution of carbon single-wall carbon nanotubes in mice. Journal of Nanoscience and Nanotechnology, 2004, 4: 1019-1024.

[83] Deng X Y, Yang S T, Nie H Y, Wang H F, Liu Y F. A generally adoptable radiotracing method for tracking carbon nanotubes in animals. Nanotechnology, 2008, 19 (7) :075101.

[84] McDevitt M R, Chattopadhyay D, Jaggi J S, Finn R D, Zanzonico P B, Villa C, Rey D, Mendenhall J, Batt C A, Njardarson J T, Scheinberg D A. PET imaging of soluble yttrium-86-labeled carbon nanotubes in mice. Plos One, 2007 , 2 (9): e907.

[85] Liu Z, Sun X M, Nakayama-Ratchford N, Dai H J. Supramolecular chemistry on water-soluble carbon nanotubes for drug loading and delivery. ACS Nano, 2007, 1: 50-56.

[86] Liu Z, Fan A C, Rakhra K, Sherlock S, Goodwin A, Chen X Y, Yang Q W, Felsher D W, Dai H J. Supramolecular stacking of doxorubicin on carbon nanotubes for *in vivo* cancer therapy. Angewandte Chemie International Edition, 2009, 48: 7668-7672.

[87] Dhar S, Liu Z, Thomale J, Dai H J, Lippard S J. Targeted single-wall carbon nanotube-mediated Pt(IV) prodrug delivery using folate as a homing device. Journal of the American Chemical Society, 2008, 130: 11467-11476.

[88] Wu W, Li R T, Bian X C, Zhu Z S, Ding D, Li X L, Jia Z J, Jiang X Q, Hu Y Q. Covalently combining carbon nanotubes with anticancer agent: preparation and antitumor activity. ACS Nano, 2009, 3: 2740-2750.

[89] Liu Z, Winters M, Holodniy M, Dai H J. siRNA delivery into human T cells and primary cells with carbon-nanotube transporters. Angewandte Chemie International Edition, 2007, 46: 2023-2027.

[90] Liu Y, Wu D C, Zhang W D, Jiang X, He C B, Chung T S, Goh S H, Leong K W. Polyethylenimine-grafted multiwalled carbon nanotubes for secure noncovalent immobilization and efficient delivery of DNA. Angewandte Chemie, 2005, 44: 4782-4785.

[91] Cheng L, Wang C, Feng L Z, Yang K, Liu Z. Functional nanomaterials for phototherapies of cancer. Chemical Reviews, 2014, 114: 10869-10939.

[92] Gong H, Peng R, Liu Z. Carbon nanotubes for biomedical imaging: The recent advances. Advanced Drug Delivery Reviews, 2013, 65: 1951-1963.

[93] Chakravarty P, Marches R, Zimmerman N S, Swafford A D E, Bajaj P, Musselman I H, Pantano P, Draper R K, Vitetta E S. Thermal ablation of tumor cells with anti body-functionalized single-walled carbon nanotubes. Proceedings of the National Academy of Sciences of the United States of America, 2008, 105: 8697-8702.

[94] Ghosh S, Dutta S, Gomes E, Carroll D, D'Agostino R, Olson J, Guthold M, Gmeiner W H. Increased heating efficiency and selective thermal ablation of malignant tissue with DNA-encased multiwalled carbon nanotubes. ACS Nano, 2009, 3: 2667-2673.

[95] Moon H K, Lee S H, Choi H C. *In vivo* near-infrared mediated tumor destruction by photothermal effect of carbon nanotubes. ACS Nano, 2009, 3: 3707-3713.

[96] Burke A, Ding X F, Singh R, Kraft R A, Levi-Polyachenko N, Rylander M N, Szot C, Buchanan C, Whitney J, Fisher J, Hatcher H C, D'Agostino R, Kock N D, Ajayan P M, Carroll D L, Akman S, Torti F M, Torti S V. Long-term survival following a single treatment of kidney tumors with multiwalled carbon nanotubes and near-infrared radiation. Proceedings of the National Academy of Sciences of the United States of America, 2009, 106: 12897-12902.

[97] Liu X W, Tao H Q, Yang K, Zhang S A, Lee S T, Liu Z A. Optimization of surface chemistry on single-walled carbon nanotubes for *in vivo* photothermal ablation of tumors. Biomaterials, 2011, 32: 144-151.

[98] Liang C, Diao S, Wang C, Gong H, Liu T, Hong G S, Shi X Z, Dai H J, Liu Z. Tumor metastasis inhibition by imaging-guided photothermal therapy with single-walled carbon nanotubes. Advanced Materials, 2014, 26, 5646.

[99] Liu J J, Wang C, Wang X J, Wang X, Cheng L, Li Y G, Liu Z. Mesoporous silica coated single-walled carbon nanotubes as a multifunctional light-responsive platform for cancer combination therapy. Advanced Functional Materials, 2015, 25: 384-392.

[100] Wang L, Shi J J, Zhang H L, Li H X, Gao Y, Wang Z Z, Wang H H, Li L L, Zhang C F, Chen C Q, Zhang Z Z, Zhang Y. Synergistic anticancer effect of RNAi and photothermal therapy mediated by functionalized single-walled carbon nanotubes. Biomaterials, 2013, 34: 262-274.

[101] Wang C, Xu L G, Liang C, Xiang J, Peng R, Liu Z. Immunological responses triggered by photothermal therapy with carbon nanotubes in combination with anti-CTLA-4 therapy to inhibit cancer metastasis. Advanced Materials, 2014, 26: 8154-8162.

[102] Novoselov K S, Geim A K, Morozov S V, Jiang D, Zhang Y, Dubonos S V, Grigorieva I V, Firsov A A. Electric field effect in atomically thin carbon films. Science, 2004, 306: 666-669.

[103] Loh K P, Bao Q, Eda G, Chhowalla M. Graphene oxide as a chemically tunable platform for optical applications. Nature Chemistry, 2010, 2: 1015-1024.

[104] Stankovich S, Dikin D A, Dommett G H B, Kohlhaas K M, Zimney E J, Stach E A, Piner R D, Nguyen S T, Ruoff R S. Graphene-based composite materials. Nature, 2006, 442: 282-286.

[105] Yang K, Feng L, Shi X, Liu Z. Nano-graphene in biomedicine: theranostic applications. Chemical Society reviews, 2013, 42: 530-547.

[106] Loh K P, Bao Q, Ang P K, Yang J. The chemistry of graphene. Journal of Materials Chemistry, 2010, 20:

2277-2289.
[107] Hummers W S, Offeman R E. Preparation of graphitic oxide. Journal of The American Chemical Society, 1958, 80: 1339-1339.
[108] Yang K, Wan J, Zhang S, Tian B, Zhang Y, Liu Z. The influence of surface chemistry and particle size of nanoscale graphene oxide on photothermal therapy of cancer using ultra-low laser power. Biomatreials, 2012, 33: 2206-2214.
[109] Feng L Z, Liu Z A. Graphene in biomedicine: opportunities and challenges. Nanomedicine, 2011, 6: 317-324.
[110] Yang K, Hu L, Ma X, Ye S, Cheng L, Shi X, Li C, Li Y, Liu Z. Multimodal imaging guided photothermal therapy using functionalized graphene nanosheets anchored with magnetic nanoparticles. Advanced Materials, 2012, 24: 1868-1872.
[111] Park S, Ruoff R S. Chemical methods for the production of graphenes. Nature Nanotechnology, 2009, 4: 217-224.
[112] Liu Z, Cai W B, He L N, Nakayama N, Chen K, Sun X M, Chen X Y, Dai H J. *In vivo* biodistribution and highly efficient tumour targeting of carbon nanotubes in mice. Nature Nanotechnology, 2007, 2: 47-52.
[113] Yang K, Zhang S, Zhang G, Sun X, Lee S T, Liu Z. Graphene in mice: ultra-high *in vivo* tumor uptake and photothermal therapy. Nano letters, 2010, 10: 3318-3323.
[114] Yang K, Wan J M, Zhang S A, Zhang Y J, Lee S T, Liu Z A. *In vivo* pharmacokinetics, long-term biodistribution, and toxicology of pegylated graphene in mice. ACS Nano, 2011, 5: 516-522.
[115] Zhang S A, Yang K, Feng L Z, Liu Z. *In vitro* and *in vivo* behaviors of dextran functionalized graphene. Carbon, 2011, 49: 4040-4049.
[116] Bao H, Pan Y, Ping Y, Sahoo N G, Wu T, Li L, Li J, Gan L H. Chitosan-functionalized graphene oxide as a nanocarrier for drug and gene delivery. Small, 2011, 7: 1569-1578.
[117] Gollavelli G, Ling Y C. Multi-functional graphene as an *in vitro* and *in vivo* imaging probe. Biomaterials, 2012, 33: 2532-2545.
[118] Shan C, Yang H, Han D, Zhang Q, Ivaska A, Niu L. Water-soluble graphene covalently functionalized by biocompatible poly-L-lysine. Langmuir, 2009, 25: 12030-12033.
[119] Zhang L, Xia J, Zhao Q, Liu L, Zhang Z. Functional graphene oxide as a nanocarrier for controlled loading and targeted delivery of mixed anticancer drugs. Small, 2010, 6: 537-544.
[120] Quintana M, Spyrou K, Grzelczak M, Browne W R, Rudolf P, Prato M. Functionalization of graphene via 1,3-dipolar cycloaddition. ACS Nano, 2010, 4: 3527-3533.
[121] Park S, Mohanty N, Suk J W, Nagaraja A, An J, Piner R D, Cai W, Dreyer D R, Berry V, Ruoff R S. Biocompatible, robust free-standing paper composed of a TWEEN/graphene composite. Advanced Materials, 2010, 22: 1736.
[122] Hu H, Yu J, Li Y, Zhao J, Dong H. Engineering of a novel pluronic F127/graphene nanohybrid for pH responsive drug delivery. Journal of Biomedical Materials Research Part A, 2011, 100A: 141-148.
[123] Robinson J T, Tabakman S M, Liang Y Y, Wang H L, Casalongue H S, Vinh D, Dai H J. Ultrasmall reduced graphene oxide with high near-infrared absorbance for photothermal therapy. Journal of the American Chemical Society, 2011, 133: 6825-6831.
[124] Feng L, Zhang S, Liu Z. Graphene based gene transfection. Nanoscale, 2011, 3: 1252-1257.
[125] Dong H, Ding L, Yan F, Ji H, Ju H. The use of polyethylenimine-grafted graphene nanoribbon for cellular delivery of locked nucleic acid modified molecular beacon for recognition of microRNA. Biomaterials, 2011, 32: 3875-3882.
[126] Depan D, Shah J, Misra R D. K. Controlled release of drug from folate-decorated and graphene mediated drug delivery system: synthesis, loading efficiency, and drug release response. Materials Science & Engineering C-Materials For Biological Applications, 2011, 31: 1305-1312.
[127] Hu W, Peng C, Lv M, Li X, Zhang Y, Chen N, Fan C, Huang Q. Protein corona-mediated mitigation of cytotoxicity of graphene oxide. ACS Nano, 2011, 5: 3693-3700.
[128] Liu K, Zhang J J, Cheng F F, Zheng T T, Wang C, Zhu J J. Green and facile synthesis of highly biocompatible graphene nanosheets and its application for cellular imaging and drug delivery. Journal of Materials Chemistry,

2011, 21: 12034-12040.

[129] Sun X, Liu Z, Welsher K, Robinson J T, Goodwin A, Zaric S, Dai H. Nano-graphene oxide for cellular imaging and drug delivery. Nano Research, 2008, 1: 203-212.

[130] Wen H, Dong C, Dong H, Shen A, Xia W, Cai X, Song Y, Li X, Li Y, Shi D. Engineered redox-responsive PEG detachment mechanism in PEGylated nano-graphene oxide for intracellular drug delivery. Small, 2012, 8: 760-769.

[131] Pan Y, Bao H, Sahoo N G, Wu T, Li L. Water-soluble poly(*N*-isopropylacrylamide)-graphene sheets synthesized via click chemistry for drug delivery. Advanced Functional Materials, 2011, 21: 2754-2763.

[132] Yang X, Zhang X, Ma Y, Huang Y, Wang Y, Chen Y. Superparamagnetic graphene oxide-Fe(3)O(4) nanoparticles hybrid for controlled targeted drug carriers. Journal of Materials Chemistry, 2009, 19: 2710-2714.

[133] Yang X, Wang Y, Huang X, Ma Y, Huang Y, Yang R, Duan H, Chen Y. Multi-functionalized graphene oxide based anticancer drug-carrier with dual-targeting function and pH-sensitivity. Journal of Materials Chemistry, 2011, 21: 3448-3454.

[134] Ma X, Tao H, Yang K, Feng L, Cheng L, Shi X, Li Y, Guo L, Liu Z. A functionalized graphene oxide-iron oxide nanocomposite for magnetically targeted drug delivery, photothermal therapy, and magnetic resonance imaging. Nano Research, 2012, 5: 199-212.

[135] Whitehead K A, Langer R, Anderson D G. Knocking down barriers: advances in siRNA delivery. Nature Reviews Drug Discovery, 2009, 8: 129-138.

[136] Chung C, Kim Y K, Shin D, Ryoo S R, Hong B H, Min D H. Biomedical applications of graphene and graphene oxide. Accounts of Chemical Research, 2013, 46: 2211-2224.

[137] Lu C H, Zhu C L, Li J, Liu J J, Chen X, Yang H H. Using graphene to protect DNA from cleavage during cellular delivery. Chemical Communications, 2010, 46: 3116-3118.

[138] Wang Y, Li Z, Hu D, Lin C T, Li J, Lin Y. Aptamer/graphene oxide nanocomplex for in situ molecular probing in living cells. Journal of the American Chemical Society, 2010, 132: 9274-9276.

[139] Zhang L, Lu Z, Zhao Q, Huang J, Shen H, Zhang Z. Enhanced chemotherapy efficacy by sequential delivery of siRNA and anticancer drugs using PEI-grafted graphene oxide. Small, 2011, 7: 460-464.

[140] Yang X, Niu G, Cao X, Wen Y, Xiang R, Duan H, Chen Y. The preparation of functionalized graphene oxide for targeted intracellular delivery of siRNA. Journal of Materials Chemistry, 2012, 22: 6649-6654.

[141] Lee W C, Lim C H. Y X, Shi H, Tang L A L, Wang Y, Lim C T, Loh K P. Origin of enhanced stem cell growth and differentiation on graphene and graphene oxide. ACS Nano, 2011, 5: 7334-7341.

[142] Nayak T R, Andersen H, Makam V S, Khaw C, Bae S, Xu X, Ee P L R, Ahn J H, Hong B H, Pastorin G, Oezyilmaz B. Graphene for controlled and accelerated osteogenic differentiation of human mesenchymal stem cells. ACS Nano, 2011, 5: 4670-4678.

[143] Haynesworth S E, Goshima J, Goldberg V M, Caplan A I. Characterization of cells with osteogenic potential from human marrow. Bone, 1992, 13: 81-88.

[144] Shi X, Chang H, Chen S, Lai C, Khademhosseini A, Wu H. Regulating cellular behavior on few-layer reduced graphene oxide films with well-controlled reduction states. Advanced Functional Materials, 2012, 22: 751-759.

[145] Park S Y, Park J, Sim S H, Sung M G, Kim K S, Hong B H, Hong S. Enhanced differentiation of human neural stem cells into neurons on graphene. Advanced Materials, 2011, 23, H263-H267.

[146] Li N, Zhang X, Song Q, Su R, Zhang Q, Kong T, Liu L, Jin G, Tang M, Cheng G. The promotion of neurite sprouting and outgrowth of mouse hippocampal cells in culture by graphene substrates. Biomaterials, 2011, 32: 9374-9382.

[147] Heo C, Yoo J, Lee S, Jo A, Jung S, Yoo H, Lee Y H, Suh M. The control of neural cell-to-cell interactions through non-contact electrical field stimulation using graphene electrodes. Biomaterials, 2011, 32: 19-27.

[148] Yavuz M S, Cheng Y, Chen J, Cobley C M, Zhang Q, Rycenga M, Xie J, Kim C, Song K H, Schwartz A G, Wang L V, Xia Y. Gold nanocages covered by smart polymers for controlled release with near-infrared light. Nature Maters, 2009, 8: 935-939.

[149] Dong H, Zhao Z, Wen H, Li Y, Guo F, Shen A, Frank P, Lin C, Shi D. Poly(ethylene glycol) conjugated nano-graphene oxide for photodynamic therapy. Science China-Chemistry, 2010, 53: 2265-2271.

[150] Huang P, Xu C, Lin J, Wang C, Wang X, Zhang C, Zhou X, Guo S, Cui D. Folic acid-conjugated graphene oxide loaded with photosensitizers for targeting photodynamic therapy. Theranostics, 2011, 1: 240-250.

[151] Zhou L, Wang W, Tang J, Zhou J H, Jiang H J, Shen J. Graphene oxide noncovalent photosensitizer and its anticancer activity *in vitro*. Chemistry-A European Journal, 2011, 17: 12084-12091.

[152] Hu Z, Huang Y, Sun S, Guan W, Yao Y, Tang P, Li C. Visible light driven photodynamic anticancer activity of graphene oxide/TiO_2 hybrid. Carbon, 2012, 50: 994-1004.

[153] Tian B, Wang C, Zhang S, Feng L, Liu Z. Photothermally enhanced photodynamic therapy delivered by nano-graphene oxide. ACS Nano, 2011, 5: 7000-7009.

[154] Zhang W, Guo Z, Huang D, Liu Z, Guo X, Zhong H. Synergistic effect of chemo-photothermal therapy using PEGylated graphene oxide. Biomaterials, 2011, 32: 8555-8561.

[155] Scheinberg D A, Villa C H, Escorcia F E, McDevitt M R. Conscripts of the infinite armada: systemic cancer therapy using nanomaterials. Nature Reviews Clinical Oncology, 2010, 7: 266-276.

[156] Welsher K, Liu Z, Sherlock S P, Robinson J T, Chen Z, Daranciang D, Dai H. A route to brightly fluorescent carbon nanotubes for near-infrared imaging in mice. Nature Nanotechnology, 2009, 4: 773-780.

[157] Hong H, Yang K, Zhang Y, Engle J W, Feng L, Yang Y, Nayak T R, Goel S, Bean J, Theuer C P, Barnhart T E, Liu Z, Cai W. *In vivo* targeting and imaging of tumor vasculature with radiolabeled, antibody-conjugated nanographene. ACS Nano, 2012, 6: 2361-2370.

[158] Hong H, Zhang Y, Engle J W, Nayak T R, Theuer C P, Nickles R J, Barnhart T E, Cai W. *In vivo* targeting and positron emission tomography imaging of tumor vasculature with Ga-66-labeled nano-graphene. Biomaterials, 2012, 33: 4147-4156.

[159] Zhu S, Zhang J, Qiao C, Tang S, Li Y, Yuan W, Li B, Tian L, Liu F, Hu R, Gao H, Wei H, Zhang H, Sun H, Yang B. Strongly green-photoluminescent graphene quantum dots for bioimaging applications. Chemical Communications, 2011, 47: 6858-6860.

[160] Zhang L, Xing Y, He N, Zhang Y, Lu Z, Zhang J, Zhang Z. Preparation of graphene quantum dots for bioimaging application. Journal of Nanoscience and Nanotechnology, 2012, 12: 2924-2928.

[161] Wang C, Li J, Amatore C, Chen Y, Jiang H, Wang X M. Gold nanoclusters and graphene nanocomposites for drug delivery and imaging of cancer cells. Angewandte Chemie International Edition, 2011, 50: 11644-11648.

[162] Hu S H, Chen Y W, Hung W T, Chen I W, Chen S Y. Quantum-dot-tagged reduced graphene oxide nanocomposites for bright fluorescence bioimaging and photothermal therapy monitored *in situ*. Advanced Materials, 2012, 24: 1748-1754.

[163] Chen W, Yi P, Zhang Y, Zhang L, Deng Z, Zhang Z. Composites of aminodextran-coated Fe_3O_4 nanoparticles and graphene oxide for cellular magnetic resonance imaging. ACS Applied Materials & Interfaces, 2011, 3: 4085-4091.

[164] Narayanan T N, Gupta B K, Vithayathil S A, Aburto R R, Mani S A, Taha-Tijerina J, Xie B, Kaipparettu B A, Torti S V, Ajayan P M. Hybrid 2D nanomaterials as dual-mode contrast agents in cellular imaging. Advanced Materials, 2012, 24: 2992-2998.

[165] Zhao Q L, Zhang Z L, Huang B H, Peng J, Zhang M, Pang D W. Facile preparation of low cytotoxicity fluorescent carbon nanocrystals by electrooxidation of graphite. Chemical Communications, 2008, (41): 5116-5118.

[166] Ray S C, Saha A, Jana N R, Sarkar R. Fluorescent carbon nanoparticles: synthesis, characterization, and bioimaging application. Journal of Physical Chemistry C, 2009, 113 (43) : 18546-18551.

[167] Yang S T, Wang X, Wang H, Lu F, Luo P G, Cao L, Meziani M J, Liu J H, Liu Y, Chen M, Huang Y, Sun Y P. Carbon dots as nontoxic and high-performance fluorescence imaging agents. The Journal of Physical Chemistry C, Nanomaterials and Interfaces, 2009, 113: 18110-18114.

[168] Jia G, Wang H, Yan L, Wang X, Pei R, Yan T, Zhao Y, Guo X. Cytotoxicity of carbon nanomaterials: single-wall nanotube, multi-wall nanotube, and fullerene. Environmental Science & Technology, 2005, 39: 1378-1783.

[169] Manna S K, Sarkar S, Barr J, Wise K, Barrera E V, Jejelowo O, Rice-Ficht A C, Ramesh G T. Single-walled carbon nanotube induces oxidative stress and activates nuclear transcription factor-kappaB in human keratinocytes. Nano Letters, 2005, 5: 1676-1684.

[170] Kam N W S, Dai H J. Carbon nanotubes as intracellular protein transporters: generality and biological functionality. Journal of the American Chemical Society, 2005, 127: 6021-6026.

[171] Cherukuri P, Bachilo S M, Litovsky S H, Weisman R B. Near-infrared fluorescence microscopy of single-walled carbon nanotubes in phagocytic cells. Journal of the American Chemical Society , 2004, 126: 15638-15639.

[172] Liao K H, Lin Y S, Macosko C W, Haynes C L. Cytotoxicity of graphene oxide and graphene in human erythrocytes and skin fibroblasts. ACS Applied Materials & Interfaces, 2011, 3: 2607-2615.

[173] Li Y, Liu Y, Fu Y, Wei T, Le Guyader L, Gao G, Liu R S, Chang Y Z, Chen C. The triggering of apoptosis in macrophages by pristine graphene through the MAPK and TGF-beta signaling pathways. Biomaterials, 2012, 33: 402-411.

[174] Chang Y, Yang S T, Liu J H, Dong E, Wang Y, Cao A, Liu Y, Wang H. *In vitro* toxicity evaluation of graphene oxide on A549 cells. Toxicology Letters, 2011, 200: 201-210.

[175] Zhang X, Hu W, Li J, Tao L, Wei Y. A comparative study of cellular uptake and cytotoxicity of multi-walled carbon nanotubes, graphene oxide, and nanodiamond. Toxicology Research, 2012 , 1 (1) : 62-68.

[176] Alexis F, Pridgen E, Molnar L K, Farokhzad O C. Factors affecting the clearance and biodistribution of polymeric nanoparticles. Molecular Pharmaceutics, 2008, 5: 505-515.

[177] Sasidharan A, Panchakarla L S, Sadanandan A R, Ashokan A, Chandran P, Girish C M, Menon D, Nair S V, Rao C N R, Koyakutty M. Hemocompatibility and macrophage response of pristine and functionalized graphene. Small, 2012, 8: 1251-1263.

[178] Lam C W, James J T, McCluskey R, Hunter R L. Pulmonary toxicity of single-wall carbon nanotubes in mice 7 and 90 days after intratracheal instillation. Toxicology Letters, 2004, 77: 126-134.

[179] Warheit D B, Laurence B R, Reed K L, Roach D H, Reynolds G A M, Webb T R. Comparative pulmonary toxicity assessment of single-wall carbon nanotubes in rats. Toxicology Letters, 2004, 77: 117-125.

[180] Shvedova A A, Kisin E R, Mercer R, Murray A R, Johnson V J, Potapovich A I, Tyurina Y Y, Gorelik O, Arepalli S, Schwegler-Berry D, Hubbs A F, Antonini J, Evans D E, Ku B K, Ramsey D, Maynard A, Kagan V E, Castranova V, Baron P. Unusual inflammatory and fibrogenic pulmonary responses to single-walled carbon nanotubes in mice. American Journal of Physiology-Lung Cellular and Molecular Physiology, 2005, 289, L698-L708.

[181] Liu A H, Sun K N, Yang J F, Zhao D M. Toxicological effects of multi-wall carbon nanotubes in rats. Journal of Nanoparticle Research, 2008, 10: 1303-1307.

[182] Shvedova A A, Kisin E, Murray A R, Johnson V J, Gorelik O, Arepalli S, Hubbs A F, Mercer R R, Keohavong P, Sussman N, Jin J, Yin J, Stone S, Chen B T, Deye G, Maynard A, Castranova V, Baron P A, Kagan V E. Inhalation vs. aspiration of single-walled carbon nanotubes in C57BL/6 mice: inflammation, fibrosis, oxidative stress, and mutagenesis. American Journal of Physiology-Lung Cellular and Molecular Physiology, 2008, 295, L552-L565.

[183] Mutlu G M, Budinger G R S, Green A A, Urich D, Soberanes S, Chiarella S E, Alheid G F, McCrimmon D R, Szleifer I, Hersam M C. Biocompatible nanoscale dispersion of single-walled carbon nanotubes minimizes *in vivo* pulmonary toxicity. Nano Letters, 2010, 10: 1664-1670.

[184] Tabet L, Bussy C, Setyan A, Simon-Deckers A, Rossi M J, Boczkowski J, Lanone S. Coating carbon nanotubes with a polystyrene-based polymer protects against pulmonary toxicity. Particle & Fibre Toxicology , 2011 , 8 (1) :3.

[185] Kagan V E, Konduru N V, Feng W H, Allen B L, Conroy J, Volkov Y, Vlasova I I, Belikova N A, Yanamala N, Kapralov A, Tyurina Y Y, Shi J W, Kisin E R, Murray A R, Franks J, Stolz D, Gou P P, Klein-Seetharaman J, Fadeel B, Star A, Shvedova A A. Carbon nanotubes degraded by neutrophil myeloperoxidase induce less pulmonary inflammation. Nature Nanotechnology, 2010, 5: 354-359.

[186] Kolosnjaj-Tabi J, Hartman K B, Boudjemaa S, Ananta J S, Morgant G, Szwarc H, Wilson L J, Moussa F. *In vivo* behavior of large doses of ultrashort and full-length single-walled carbon nanotubes after oral and intraperitoneal

administration to swiss mice. ACS Nano, 2010, 4: 1481-1492.

[187] Schipper M L, Nakayama-Ratchford N, Davis C R, Kam N W S, Chu P, Liu Z, Sun X, Dai H, Gambhir S S. A pilot toxicology study of single-walled carbon nanotubes in a small sample of mice. Nature Nanotechnology, 2008, 3: 216-221.

[188] Yang S T, Wang X, Jia G, Gu Y, Wang T, Nie H, Ge C, Wang H, Liu Y. Long-term accumulation and low toxicity of single-walled carbon nanotubes in intravenously exposed mice. Toxicology Letters, 2008, 181 (3): 182-189.

[189] Zhang D, Deng X, Ji Z, Shen X, Dong L, Wu M, Gu T, Liu Y. Long-term hepatotoxicity of polyethylene-glycol functionalized multi-walled carbon nanotubes in mice. Nanotechnology, 2010, 21: 175101.

[190] Liu Z, Chen K, Davis C, Sherlock S, Cao Q, Chen X, Dai H. Drug delivery with carbon nanotubes for *in vivo* cancer treatment. Cancer Research, 2008, 68: 6652-6660.

[191] Robinson J T, Welsher K, Tabakman S M, Sherlock S P, Wang H L, Luong R, Dai H J. High performance *in vivo* near-IR (>1 μm) imaging and photothermal cancer therapy with carbon nanotubes. Nano Research, 2010, 3: 779-793.

[192] Bai Y H, Zhang Y, Zhang J P, Mu Q X, Zhang W D, Butch E R, Snyder S E, Yan B. Repeated administrations of carbon nanotubes in male mice cause reversible testis damage without affecting fertility. Nature Nanotechnology, 2010, 5: 683-689.

[193] Dobrovolskaia M A, McNeil S E. Immunological properties of engineered nanomaterials. Nature Nanotechnology, 2007, 2: 469-478.

[194] Salvador-Morales C, Flahaut E, Sim E, Sloan J, Green M L H, Sim R B. Complement activation and protein adsorption by carbon nanotubes. Molecular Immunology, 2006, 43: 193-201.

[195] Hamad I, Hunter A C, Rutt K J, Liu Z, Dai H, Moghimi S M. Complement activation by PEGylated single-walled carbon nanotubes is independent of C1q and alternative pathway turnover. Molecular Immunology, 2008, 45: 3797-3803.

[196] Zhang X, Yin J, Peng C, Hu W, Zhu Z, Li W, Fan C, Huang Q. Distribution and biocompatibility studies of graphene oxide in mice after intravenous administration. Carbon, 2011, 49: 986-995.

[197] Singh S K, Singh M K, Nayak M K, Kumari S, Shrivastava S, Gracio J J A, Dash D. Thrombus inducing property of atomically thin graphene oxide sheets. ACS Nano, 2011, 5: 4987-4996.

[198] Schinwald A, Murphy F A, Jones A, MacNee W, Donaldson K. Graphene-based nanoplatelets: a new risk to the respiratory system as a consequence of their unusual aerodynamic properties. ACS Nano, 2012, 6: 736-746.

[199] Poland C A, Duffin R, Kinloch I, Maynard A, Wallace W A H, Seaton A, Stone V, Brown S, MacNee W, Donaldson K. Carbon nanotubes introduced into the abdominal cavity of mice show asbestos-like pathogenicity in a pilot study. Nature Nanotechnology, 2008, 3, 423-428.

[200] Reiss P, Bleuse J, Pron A. Highly luminescent CdSe/ZnSe core/shell nanocrystals of low size dispersion. Nano Letters, 2002, 2: 781-784.

[201] Wang C Y, Yeh Y S, Li E Y, Liu Y H, Peng S M, Liu S T, Chou P T. A new class of laser dyes, 2-oxa-bicyclo[3.3.0]octa-4,8-diene-3,6-diones with unity fluorescence yield. Chemical Communications, 2006: 2693-2695.

[202] Harmsen S, Huang R M, Wall M A, Karabeber H, Samii J M, Spaliviero M, White J R, Monette S, O'Connor R, Pitter K L, Sastra S A, Saborowski M, Holland E C, Singer S, Olive K P, Lowe S W, Blasberg R G, Kircher M F. Surface-enhanced resonance Raman scattering nanostars for high-precision cancer imaging. Science Translational Medicine, 2015, 7:271.

[203] Kircher M F, de la Zerda A, Jokerst J V, Zavaleta C L, Kempen P J, Mittra E, Pitter K, Huang R M, Campos C, Habte F, Sinclair R, Brennan C W, Mellinghoff I K, Holland E C, Gambhir S S. A brain tumor molecular imaging strategy using a new triple-modality MRI-photoacoustic- Raman nanoparticle. Nature Medicine, 2012, 18: 829.

第9章

过渡金属硫族化合物与其他二维无机纳米材料在生物医学中的应用

9.1 二维过渡金属硫族化合物简介

2004 年，Geim 等成功剥离出石墨烯这种经典的二维纳米材料[1]。石墨烯特殊的二维结构和优异的性质使得它们在研究和应用领域引发了大量的关注和研究热情。与此同时，石墨烯、氧化石墨烯、还原氧化石墨烯以及相应的衍生纳米复合材料在生物医学领域中也展现了独特的潜质，这使得它们在个体化疾病诊疗方面具备了良好的前景。然而，石墨烯纳米材料仍然存在一些不足，如它们仅由碳原子构成，组分和性质相对单一，表面官能团简单，且能带为零无法调制，近红外区的吸收和光热转化效率有限，生物毒性依旧众说纷纭等。石墨烯这些史无前例的性质，以及它们存在的缺陷，一起激励着研究者进一步探索挖掘更多的二维纳米材料和它们独特的性质，来为纳米科技“添砖加瓦”。

近年来，很多文章报道了各种新型二维纳米材料，如石墨烯类似物(hBN[2]和 C_3N_4[3])、层状双氢氧化物[4]、过渡金属硫族化合物(TMDC)[5]、过渡金属氧化物(TMO)[6]等。其中，TMDC 包含六十多种不同的材料，其中 2/3 具有层状结构[7]。它们不仅具备与石墨烯类似的结构和性质，还可以通过调控化学元素、组成和晶形等来进一步优化性质，因而有希望能够满足不同应用的多种需求。TMDC 的化学通式为 MX_2，其中，M 是过渡金属，一般指 4～7 族的元素；X 指硫族元素，即 S、Se 或 Te。有层状结构的 MX_2 化合物(或范德华固体)中，每一层是由过渡金属和硫族元素以三明治的结构共价结合形成的，而层与层之间则通过弱的范德华力连接。这使得我们能较容易破坏它们层与层之间的弱作用力，制备得二维的 TMDC 层状纳米材料。二维 TMDC 层与层之间的分离，导致载流子缺少了在 z 轴方向的相互作用，而被限制在二维结构中(x 和 y 轴方向)，使块状材料的间接能带变成了直接能带(单层的 MoS_2 能带为 1.2～1.9 eV)[8]。因此，二维 TMDC

纳米片与它们的块状对应物有着截然不同的基本性质，这些性质甚至还会随着层数的变化进一步改变。总而言之，二维 TMDC 纳米片可以通过改变它们的化学组成、晶形、厚度等因素来调制它们的各项性质，这提高了它们在众多领域的应用潜能。与此同时，由于其极大的比表面积、较高的近红外区吸收以及丰富的化学元素组成等特点，近年来二维 TMDC 纳米材料在生物医学方面也得到了快速的发展。

本章将总结近年来二维 TMDC 纳米材料在生物医学领域的最新研究进展，主要集中在二维 TMDC 纳米材料及其衍生物的合成方法，表面修饰，在生物检测、生物成像、药物装载、肿瘤治疗等方面的生物医学应用以及初步的毒理学研究。

9.2 二维 TMDC 纳米材料的制备方法

可靠的制备方法是研究二维 TMDC 纳米材料性质并对其加以应用的第一步。二维 TMDC 纳米材料的合成方法主要分为自上而下(top-down)、自下而上(bottom-up)两种。自上而下的合成方法是利用物理、化学或电化学方法，破坏 TMDC 层与层之间的弱相互作用力，包括机械剥离法[9, 10]、溶剂超声法[11-14]、锂离子插层剥离法[15]、电化学插层剥离法[16]等，原料一般即为相应的块状材料。而自下而上的方法主要有气态的物理和化学气相热沉积[17-21]、液态的溶剂热法[22,23]和高温液相法[24-26]以及固态的热分解法等，比较容易通过调节反应条件来控制产物的组分、形貌、尺寸和表面化学状态。

9.2.1 自上而下法

由于 TMDC 结构中层与层之间是弱的范德华力，我们可以通过物理作用力直接从块状材料上将单层的纳米片剥离出来。最原始的是用简单的物理作用力进行剥离，即机械剥离法(包括微机械力、透明胶带法、研磨等)[9]。该方法曾被用于制备石墨烯，最近 Geim 等用这种方法制备得到了单层的 $NbSe_2$、BN、MoS_2、WS_2 等[9, 10]。虽然机械剥离法操作简单，且产物晶形完好，但是产率很低，只适用于对材料基础性质的研究。

Coleman 等发现，当溶剂的表面能与二维 TMDC 纳米材料相符时，纳米片层更分散稳定[12]。这种溶剂超声法只需要根据 Hansen 溶解度参数理论，选择内聚能密度在一定范围内且具有分散性、极性和氢键组分的溶剂，将相应的块状材料溶于该溶剂中分散并剥离即可。根据这一现象，许多课题组通过选择适合的溶剂(如 DMF、NMP)或调控混合溶剂的比例(水与乙醇)，制备了 WS_2、MoS_2、$MoSe_2$、$MoTe_2$、BN 等多种二维纳米材料(图 9-1)[11-14]。这种方法的产率较单纯的机械剥离法有所提高，且由于与溶剂表面能相近，制得的纳米片稳定性较好。然而产量依旧不足以进行大量的应用，而且材料分散在有机溶剂中，不能直接用于生物医学。

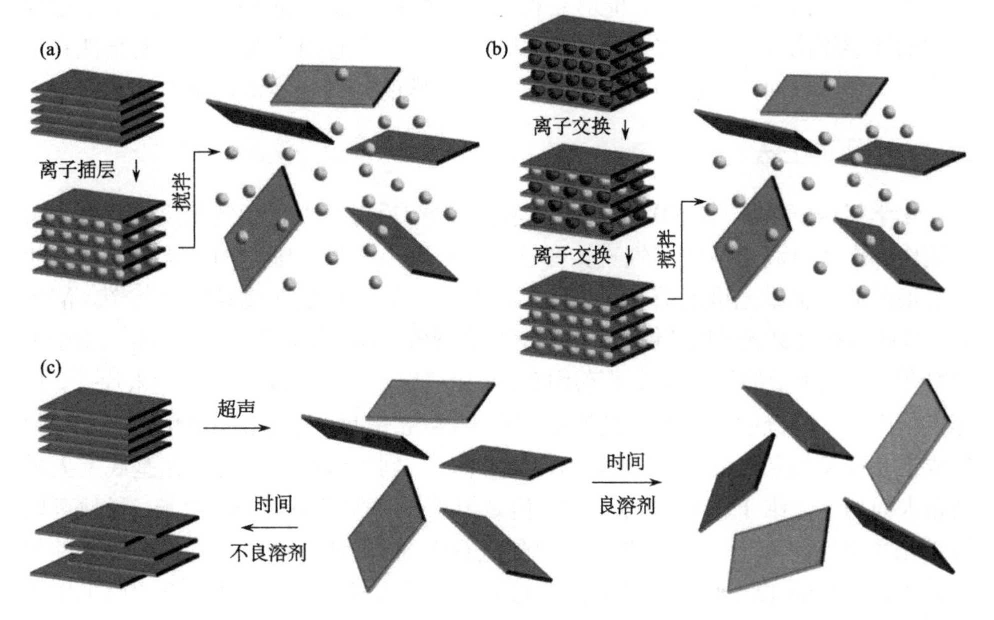

图 9-1　主要的液相剥离法的示意图

(a) 离子插层；(b) 离子交换；(c) 超声辅助剥离

Morrison 等提出了锂离子插层剥离法[15]，通过介入在 TMDC 层与层之间的锂离子与之后加入的去离子水进行反应，产生大量的氢气将 TMDC 层推开，伴随着剧烈的超声，微弱的层间作用力逐渐断裂，得到单层或者多层的 TMDC 纳米片。类似地，也有人用其他的碱金属有机化合物如萘基钠等[27]来实现对 TMDC 的插层和剥离。这种方法相对简单易行，产量较高且产物直接分散在水溶液中，方便进行随后的生物学应用。但是，正丁基锂具有一定的危险性，需要在手套箱中谨慎操作。此外，用这种方法制备的 TMDC 纳米片缺陷较多，尺寸和层数不均一，需要进一步的分离纯化。除了用碱金属离子来插层剥离 TMDC 纳米片，还有一些课题组利用其他化学试剂(胆酸钠[28]、聚苯乙烯[29]、浓硫酸[30]、壳聚糖[31])或生物大分子(牛血清蛋白[32]、丝素蛋白粉[33]、单链 DNA[34])等来辅助化学剥离。化学剥离法因产量较大，产物能直接溶于水，具有一定的稳定性且易于修饰而被应用于生物医学领域。然而，这种方法使用的强力超声会在一定程度上破坏晶形，在表面形成大量缺陷，活性位点增多，甚至导致表面化学的变化(如氧化等)，会对其光电性质有一定的影响。

新加坡南洋理工大学张华教授课题组发明了一种高效的电化学插层法[16]，能够对锂离子插层的程度进行精确控制，既不会太少以至于剥离效果不好，也不会太多导致材料分解或金属颗粒和 Li_2S 的产生。因此，将这种插层好的材料转移到水或乙醇溶液超声之后，能够获得产率和质量都很好的 TMDC 纳米片。这种精准的插层剥离方法不仅提高了产物的产率和质量，也对实验过程的安全性有了一定的保障。然而，这种电化学插层法需要特殊的装置和技术，难以普及开来。

9.2.2 自下而上法

化学气相沉积法(CVD)：通过不同化合物在反应室中进行气相反应，可以用含硫族元素和过渡金属的蒸气直接在选定的基底上生长二维 TMDC，也可以先放一层很薄的有机或无机的前驱体，随后在高温下进行热处理或者硫化[17-19]。清华大学焦丽颖教授课题组以蒸镀硫化 MoO_2 微晶制备了高度结晶的超薄 MoS_2 二维纳米材料[20]。北京大学的刘忠范教授等用低压气相沉积法大量制备了 WS_2 纳米片[21]。Li 等则采用两步热分解法，通过浸泡附着在 SiO_2/Si 基底上的 $(NH_4)_2MoS_4$ 前驱体制备成结晶性良好且尺寸较大的 MoS_2 纳米片[17]。利用这些方法可以在基底上大量制备大面积的二维 TMDC 纳米材料，但是很难控制大范围均一的生长。虽然可以将 TMDC 纳米片转移到任意基底上以便进行表征和器件制造，也可以通过刻蚀基底分离得到纯的 TMDC 纳米片，但是它们尺寸较大且不易溶于水，不适用于生物医学领域。为了得到水溶性好且尺寸较小的二维 TMDC 纳米材料，许多课题组开始研究高温液相和水热/溶剂热的方法。

高温液相法制备二维 TMDC 纳米材料，一般会将前驱体溶在高沸点的有机溶剂中，在三颈烧瓶中，在惰性气体的保护下进行加热反应。这些有机溶剂不仅能很好地溶解前驱体和产物，还能促进二维 TMDC 纳米材料的成核与平面方向的生长，控制它们的尺寸和形貌。2007 年，Seo 等发现了一种“变形”的概念，在十六烷基胺溶剂中，用后加的二硫化碳对氧化钨纳米棒进行原位硫化，将其变为尺寸为 100 nm 左右的 WS_2 纳米片，还可以通过改变反应时间来调控 WS_2 纳米片的层数[35]。而 Altavilla 等则发现，$(NH_4)_2MoS_4$ 或 $(NH_4)_2WS_4$ 作为单一前驱体，可以直接在油胺中加热反应生成 MoS_2、WS_2 纳米片[36]。但是这种既含有过渡金属又有硫族元素的化合物种类较少，限制了这种单一前驱体制备方法的广泛使用。而最近，苏州大学刘庄教授课题组通过过渡金属(M)氯化物和油胺(OM)形成的 M-OM 配体，与之后加入的硫粉在高温下快速反应来制备二维 TMDC 纳米材料。这种合成方法可以得到不同种类、大小比较均匀的二维 TMDC 纳米材料，如 WS_2[24]（图 9-2）、$MoS_{2(1-x)}Se_{2x}$[37]、TiS_2[38]等，还可以通过掺杂不同元素[26]来进一步优化纳米材料的性质与功能。类似地，FeS 纳米片[39]、$FeSe_2/Bi_2Se_3$ 纳米片[40]等也可以用这种方法制备得到。这类高温液相法可以通过改变反应条件来调节材料的尺寸形貌、元素组成和复合结构等。但反应需要在较高的温度下进行，合成的 TMDC 纳米片一般有很多褶皱的结构，而且使用的有机溶剂沸点高且易黏附在产物表面，需要多次洗涤才能除去。

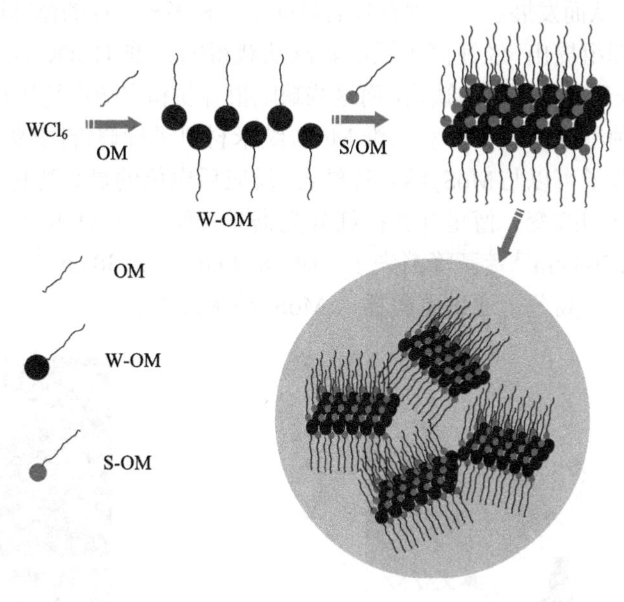

图 9-2 高温液相法制备超薄 WS_2 纳米片

水热/溶剂热反应是将反应原料配成溶液封在聚四氟乙烯的高压反应釜中进行的。由于整个环境维持一定的压力，往往使用较低的温度就能反应制备出性质优良的材料。Rao 课题组以 MoO_3 和 KSCN 为原料，溶解在水溶液中，随后在水热反应釜中 453 K 反应 24 h 制备得到了 2～3 层的 MoS_2 纳米片[41]。施剑林教授课题组则通过调节溶剂(H_2O，PEG-400)、反应前驱体[$(NH_4)_2MoS_4$ 或 $(NH_4)_6Mo_7O_{24} \cdot 4H_2O$ 与 $(NH_2)_2CS$]以及原料的浓度，首次实现了对 MoS_2 纳米片尺寸大小和表面化学的控制，合成的 MoS_2 纳米片粒径为 50～300 nm[22]。而最近，刘庄教授课题组将硫代钼酸铵、聚乙烯吡咯烷酮以及水合肼共同溶解在甲醇溶液中，超声溶解混合后用溶剂热法在 120℃反应 3 h，制备得到了超小的 MoS_2 纳米点，尺寸为 (4.6±1.4) nm[42]。最近，施剑林课题组又用类似的方法以 $(NH_4)_2MoS_4$ 和 $Bi(NO_3)_3 \cdot 5H_2O$ 为原料一步法制备了二维 MoS_2/Bi_2S_3 复合材料[23]。

9.3 二维 TMDC 纳米材料的表面修饰

表面修饰对纳米材料在生物体内外的行为有非常重要的影响，如生物相容性、生理溶液中的稳定性、血液循环时间、生物分布、代谢行为以及毒性等。近年来，很多课题组对二维 TMDC 纳米材料表面修饰进行了研究，发现二维 TMDC 纳米片大量的作用位点如边缘、缺陷、空位适于进行配位螯合，极大的比表面积可以发生静电引力、疏水作用力及范德华力等物理吸附，而丰富的化学元素也使其能进行 C—S 这类化学键合，从而发展了一系列有效的修饰手段和多种多样的修饰试剂。

Dravid 课题组提出，经锂离子插层剥离法获得的二维 TMDC 纳米材料表面由于硫原子的缺失形成了大量的缺陷，而这些缺陷很容易和末端带巯基的分子结合[43]。他们测试了几种不同的高分子对二维 MoS_2 纳米材料进行修饰[图 9-3(a)]，发现只有带巯基的高分子可以与 MoS_2 纳米片结合。反应后电位的显著变化证实了 TMDC 纳米片表面化学的改变。傅里叶变换红外光谱学表明，与 MoS_2 纳米片作用后，这些分子上的 2563 cm^{-1} 巯基峰消失了，而 2854 cm^{-1}、2930 cm^{-1} 的 C—H 脂质峰出现了，证明这些高分子通过硫醇插入 MoS_2 纳米片中。

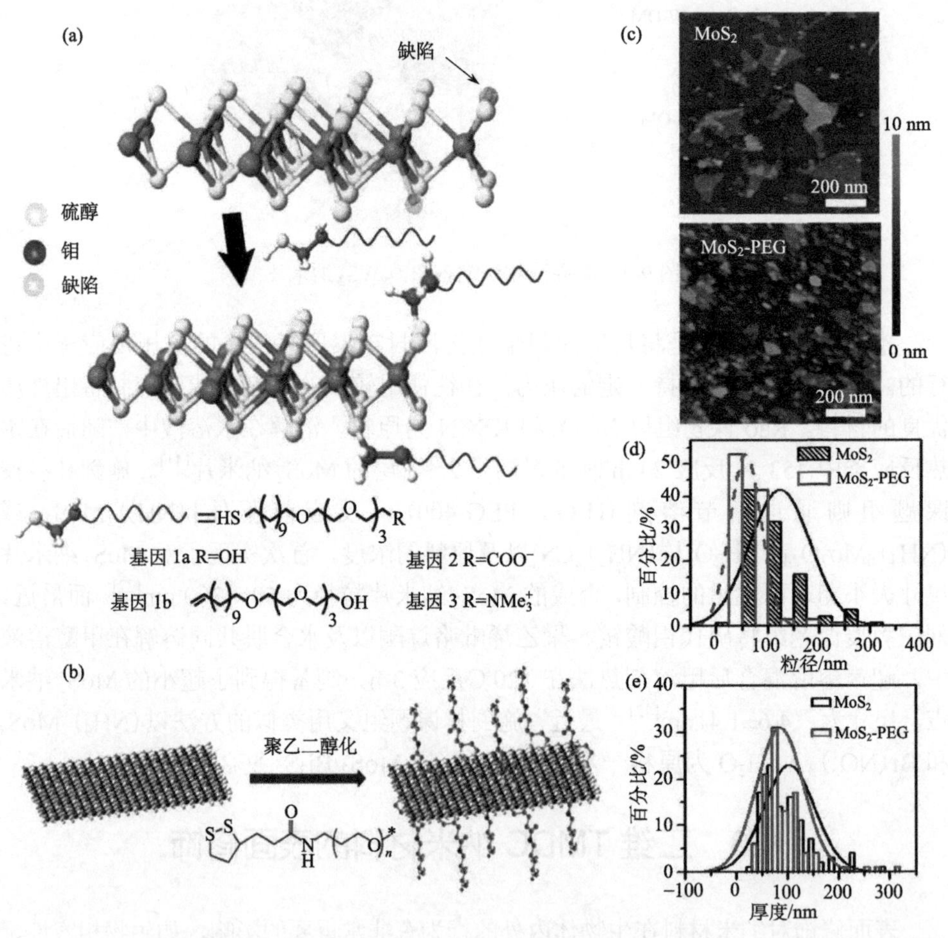

图 9-3 (a)化学剥离法制得的 MoS_2 纳米片与配体结合的结构模型示意图；(b)用 LA-PEG 修饰 MoS_2 纳米片的示意图[45]；(c) MoS_2 纳米片在聚乙二醇修饰前后的原子力显微镜图；(d,e)原子力显微镜测得的 MoS_2 和 MoS_2-PEG 的粒径与厚度分布图

苏州大学刘庄教授课题组用硫辛酸与氨基聚乙二醇反应，设计了一种末端有双硫键的聚乙二醇高分子(LA-PEG)。这种高分子的一端有两个硫元素，相比单硫原子能够更高效地结合到 WS_2[44]、MoS_2[45, 46]二维纳米片上[图 9-3(b)]，而聚乙二醇可以使纳米片在生理溶液中具有很好的稳定性和生物相容性。通过原子力显微镜表征[图 9-3(c)～(e)]发现经过 LA-PEG 的修饰，MoS_2 纳米片的厚度由于高分子的存在稍有增加，而尺寸因修饰时的作用力和超声作用从平均 120 nm 减小至 50 nm。用这种高分子修饰的 MoS_2-PEG 纳米片不仅对细胞没有任何毒性，在活体小鼠实验中也显示了优良的生物相容性。特别地，这种 LA-PEG 的另一端还可以接上有主动靶向作用能力的叶酸小分子(LA-PEG-FA)。这种 LA-PEG-FA 高分子的修饰使 MoS_2/DOX 纳米片实现了靶向药物输送，提高了治疗效果。

除了巯基化学外，也有课题组利用静电引力来进行修饰。例如，武汉大学刘志洪课题组在超声过程中加入聚丙烯酸，通过羧基和钨原子的螯合作用使 WS_2 纳米片有更好的分散性[47]。但是这种修饰好的纳米片有较高的正电荷，容易引起生物大分子的吸附而引起纳米颗粒的团聚和水合粒径的增加，不适合用于小鼠活体。

高温液相法制得的 TMDC 纳米片的表面通常带有疏水性的有机高分子，需要用双亲性高分子如聚乙二醇嫁接的马来酸酐/1-十八烯交替共聚物等通过疏水作用力与之结合来进行表面修饰。苏州大学刘庄教授课题组发现经 C_{18}PMH-PEG 修饰的 WS_2[25]、TiS_2[38]、FeSe/Bi_2Se_3[40]等二维纳米材料在生理溶液中具有很好的稳定性。而在对表面为三辛基氧膦（TOPO）疏水分子的 FeS_2 纳米片的修饰中，该课题组则使用了层层自组装的策略，即首先用油胺-聚丙烯酸共聚高分子与 FeS_2 纳米片表面 TOPO 通过疏水作用力包裹纳米片，随后通过静电作用力和共价交联结合聚丙烯氯化铵(PAH)，最后通过酰胺键再与六氨基聚乙二醇(6-arm-PEG)结合完成修饰[39]。这种用层层包裹法修饰的 FeS_2-PEG 纳米片也有很好的生理溶液稳定性和生物相容性。

国家纳米科学中心赵宇亮教授课题组的策略则是在超声过程中加入壳聚糖，用于修饰发烟硫酸插层剥离的 MoS_2 纳米片。壳聚糖这种阳离子多聚糖的修饰使 MoS_2 纳米片表面带上了极高的正电荷，在生理溶液中获得了很好的长期稳定性[48]。而对同样方法制备的 WS_2 纳米片，该课题组又尝试用牛血清白蛋白来进行修饰，发现牛血清白蛋白中的苯环和双硫键与 WS_2 纳米片进行键合，也可以增强纳米片在生理溶液中的稳定性[30]。这两种方法修饰的 TMDC 纳米片都有足够的生物相容性，使其在生物体内实现了它们的功能。

Li 等则使用氯高铁血红素(hemin)通过范德华力来修饰溶剂超声法制备得到 MoS_2 纳米片，发现这种修饰不仅能提高 MoS_2 纳米片在水溶液中的稳定性，还会导致一小部分的 MoS_2 纳米片发生相变，从半导体(2H)变成金属相(1T)[49]。虽然 hemin-MoS_2 纳米片在溶液中有很好的稳定性，对 3,3′,5,5′-四甲基联苯胺(TMB)也有很好的催化氧化能力，但它们在生物体内的行为仍然是未知数。这些经修饰的 MoS_2 纳米片在极性溶剂如水、甲醇和二甲基甲酰胺中都有很好的分散性，具有很好的结构稳定性，还能进一步偶合无机纳米颗粒或者有机高分子。除了与 TMDC 纳米片的边缘、缺陷或空位结合来修饰外，还有一些课题组研究了利用电子转移与整个 TMDC 纳米片上的硫族元素形成牢固的化学键来进行表面修饰和功能化。由于锂离子插层剥离的 TMDC 纳米片带有大量的负电荷，Chhowalla 课题组通过亲电体有机卤化物(碘乙酰胺、碘甲烷)与二维 TMDC 纳米材料(MoS_2、WS_2 和 $MoSe_2$)之间的电子转移，使官能团与 TMDC 纳米片上的硫族元素共价结合来进行修饰[50]。而 Backes 组则使用另一种亲电体重氮盐(4-甲氧苯重氮四氟硼酸盐)对锂离子插层剥离得到的富电子 1T 相 MoS_2 纳米片进行修饰[51]，使 MoS_2 纳米片在苯甲醚中具备了很好的分散稳定性。热失重分析(TGA)得知产物有 10%～20%原子的修饰率，且这个比率可以通过化学剥离过程中的反应条件来调控。这种用电子转移实现化学键合来进行修饰的方法具有较强的结合能力和很好的稳定性，但目前研究较少，一般适于将 TMDC 纳米片转换到有机相中进行光电器件或催化剂方面应用。

总地来说，二维 TMDC 纳米材料的表面修饰的方法和化学试剂会受到其制备方法的限制。一般来说，反应过程中使用有机溶剂和有机高分子制备的二维 TMDC 纳米片表面比较疏水，就需要使用两亲性高分子修饰。而另一些合成方法制备的 TMDC 纳米片在水溶液中已经具备了一定的分散性，但是在生理溶液中还是会发生团聚沉淀或因吸附蛋白导致水合粒径增加，则需要带合适基团的高分子通过化学作用修饰来使其适于体内生物实验。除了这些修饰方法外，还有一些文章报道了一步法制备修饰好的 TMDC 纳米片，如上面中提到在 PEG-400 溶剂中用水热法直接合成 MoS_2-PEG 纳米片，直接用壳聚糖、牛血清白蛋白或单链 DNA 辅助剥离制备得到修饰好的纳米片等。

9.4 生物检测

医学诊断、药物发现、环境监测和食品安全等诸多领域都需要对特定目标生物分子的检测，因此亟需发展简单、灵敏、选择性高且便宜的生物传感器。生物传感器是一种将生物响应转换成可测量信号的分析器件，一般由两部分组成：生物受体与目标分析物结合的分子识别部分，把生物信号转换为可测量信号的转换器部分[52]。很多种类的纳米材料和纳米结构已经被用作转换器来检测生物化学反应引起的物理变化。生物检测最重要的两个指标是特异性和灵敏度。TMDC 纳米片特殊的二维结构使其拥有极大的比表面积，可以吸附大量的生物分子，从而可以敏锐地检测到环境的变化；同时，二维 TMDC 纳米材料丰富的组成和性质，以及插层剥离后表面的可修饰性，使得检测的特异性成为可能。此外，二维 TMDC 纳米材料还有很多其他优势，如便于制备和功能化，水溶性好，电学性能优良，在近红外区具有强的光学吸收等，这大大丰富了检测的途径和手段。因此，近年来多个课题组开发了多种多样的基于二维 TMDC 纳米材料的生物检测方法和传感器件，如电化学生物检测器、荧光检测法以及场效应管检测器等。

由于 MoS_2、WS_2 等二维 TMDC 纳米片具有很好的导电性，它们可以用作电化学传感器进行检测。电化学传感器有灵敏度高、费用低和简单高效的优势。过氧化氢是生物体中一种主要的氧化物，对许多生物行为有重要的调控作用，而大量的过氧化氢会导致细胞和组织的坏死。迄今为止，多个课题组使用二维 TMDC 纳米片对过氧化氢进行了电化学检测。例如，南京大学夏兴华课题组将辣根过氧化物酶(HRP)结合到 MoS_2 纳米片表面制备过氧化氢生物传感器，可以达到 0.26 μmol/L 的检测限，且有较宽的线性范围(1～950 μmol/L)[53]。而南昌大学倪永年课题组制备了 HRP-MoS_2-石墨烯纳米复合物[54]，有着出色的灵敏度和选择性，能检测到 0.049 μmol/L 低浓度的过氧化氢，且具有很好的选择性，不受其他生物小分子(如抗坏血酸、多巴胺、赖氨酸、半胱氨酸)的干扰。而南京邮电大学汪联辉课题组最近制备了金纳米颗粒复合的 MoS_2 纳米片(Au NPs@MoS_2)，用这种纳米复合物修饰玻璃碳电极(GCE)，随后将血红蛋白固定在电极上来检测过氧化氢[55]。这种 Au NPs@MoS_2 复合物有极佳的导电性，可以大大促进电极与血红蛋白之间的电子转移，从而使对过氧化氢的检测限达到 4 μmol/L。除了过氧化氢以外，这种基于二维 TMDC 纳米片的复合物修饰的电极还被用于检测葡萄糖、多巴胺、脱氧核糖酸、癌胚抗原等[56]。

荧光生物传感器，则是利用荧光光谱的变化来检测生物分子及其活性，具有超高灵敏度、便于操作和自动化等优势，既能用于环境监控，又可以进行临床诊断，更重要的是它还能在细胞甚至生物活体中进行实时且高空间分辨率的检测[57]。二维 TMDC 纳米材料不仅可以大量合成、有很好的水溶解分散性，还能有效猝灭荧光，因此被广泛研究用于荧光生物传感器。新加坡南洋理工大学张华教授课题组首次将单层 MoS_2 纳米片作为纳米探针，在均相溶液中实现了简单高效、快速灵敏的分子检测(图 9-4)[58]。他们的研究发现 MoS_2 纳米片对单链 DNA 和双链 DNA 有不同的亲和性与荧光猝灭效果，即 MoS_2 纳米片可以通过范德华力吸附染料标记的单链 DNA 并猝灭掉染料的荧光；而当单链 DNA 与其互补链结合形成双链 DNA 后，其紧密的螺旋结构完全屏蔽了核酸碱基与单层 MoS_2 纳米片的作用，而荧光也会恢复。基于这一原理，他们将 MoS_2 纳米片层材料应用于检测 DNA 和小分子，通过荧光强度的高低来定量检测目标分子的浓度。这种混合-检测分析方法非常简单，灵敏度极高(500 pmol/L DNA)，并且能快速完成原位检测。随后，其他二维 TMDC 纳米材料，如 TaS_2、TiS_2 纳米片等也被用于进行

DNA 的检测，最好的性能达到了 50 pmol/L 的检测限[59]。香港科技大学李志刚课题组利用杂交链式反应(HCRs)技术放大荧光信号来进一步将提升灵敏度，将检测限降低到 15 pmol/L，甚至优于基于碳纳米材料的 DNA 检测灵敏度[60]。通过类似的方法，二维 TMDC 纳米材料对荧光的猝灭作用也被用来检测 DNA 甲基转移酶、T4 核苷酸激酶、前列腺特异性抗原等。苏州大学刘庄教授课题组与澳门大学陈美婉教授课题组合作，首次用吸附装载染料的 MoS_2 纳米片，在溶液和 *E.coli* 活细胞中实现了对 Ag^+的超灵敏选择性检测[61]。Ou 等则利用 MoS_2 二维纳米材料本身固有的荧光性质来检测酶促反应过程中的离子交换，并实现了对死细胞和活细胞中离子交换的监测[62]。此外，武汉大学刘志洪课题组的研究工作表明，WS_2 纳米片也可以作为纳米生物探针[47]。

基于场效应管(FET)的生物检测器可以直接将生物分子的作用转变成电学信号，再加上便宜、快速、实时且不需要额外标记等优点，引起了广泛的关注。传统的 FET 中两个电极(源极和漏极)将半导体材料(通道)连接起来，而外加的第三个电极栅极可以用于调制通道的电流[63]。而在生物检测器中，这个栅极变成了有特殊受体的介电材料，由于捕获生物分子而产生栅极效应，从而 FET 源电流或电导率发生变化[64]。其中的半导体一般为三维块状结构，但是由此组成的 FET 检测器灵敏度较低，而基于一维纳米材料构成的 FET 又面临制备上的困难。因此，有优异半导体性质且容易加工的二维结构 TMDC 纳米片为这种 FET 生物检测器的高灵敏度选择性检测提供了可能。Sarkar 和 Banerjee 等首次将 MoS_2 二维片层材料作为通道材料构建了 FET 生物探针，对 pH 和生物分子进行检测[65]。这个 FET 生物检测器可以在较宽的范围(pH 3～9)里非常灵敏地检测 pH，还可以实现对链霉亲和素的特异性检测，在低至 0.1 nmol/L 蛋白质浓度中达到 196 的高灵敏度(生物分子结合前后电流的变化比率)，比石墨烯高 74 倍。他们发现，MoS_2 纳米片由于其超薄的结构和能隙的存在，有着很好的静电学性质；其原始的表面可以降低 FET 器件的低频噪声，提升灵敏度；而 MoS_2 纳米片较强的柔韧性和机械强度，以及最近 MoS_2 纳米片合成方法的发展，使这种 FET 有希望成为便宜便捷、可穿戴、可植入的实用型生物检测器。这类 FET 生物检测器还被应用于检测前列腺特异性抗原[66]、DNA[67]以及各种气体[68]。

9.5 生物成像

生物成像可以进行早期癌症的诊断、术前肿瘤定位以及追踪治疗的效果，对实现个体化治疗有很重大的意义。生物成像模式主要有 X 射线计算机断层扫描成像(CT)、核素成像(NI)、超声成像(UI)、核磁成像(MRI)、荧光成像(FI)、光声成像(PAT)等。不同的成像模式可以提供不同的数据参数，都有其特殊的优点如空间分辨率、灵敏度、组织穿透能力等。这些模式中很多与纳米材料和技术结合起来，形成了更高效、多功能的成像。由于二维 TMDC 纳米材料具有特殊的光、电、磁学等性质以及较为便捷的制备和修饰手段，它们在生物成像方面也引起了广泛的关注。

9.5.1　光声成像

光声成像(PAT)是利用有光吸收的组织或者显影剂，将脉冲激光转化成热能，引起热膨胀而产生超声，并通过检测这种超声信号来重构图像的一种新兴医学成像方法[69]。与传统的光学成像模式相比，这种光进声出的成像法大大提高了空间分辨率和组织穿透性。为了提高成像质量，光声成像需要在近红外区有较高吸收的造影剂，而二维 TMDC 层状纳米材料在整个近红外区都具有较高的光学吸收，是一种非常理想的光声显影剂。刘庄教授课题组利用锂离子插层制备得到单层 WS_2 纳米薄片，并且通过 PEG 表面修饰使其具有很好的水溶性和生物相容性。在脉冲激光照射下可以清楚地观察到，WS_2-PEG 纳米片经尾静脉注射到小鼠体内后，肿瘤区域的信号明显增强，而在没有注射材料的对照组中则只能看到主要的血管，这表明 PEG 修饰后的 WS_2 二维纳米材料会通过 EPR(高渗透和滞留效应)在肿瘤部位进行富集。同样，通过瘤内注射的方式也能明显观察到肿瘤区域的信号增强[44]。类似地，其他具有近红外吸收的二维 TMDC 纳米材料如 MoS_2[46]、TiS_2[38]同样也具有很好的光声成像效果。

9.5.2　X 射线计算机断层扫描成像

X 射线计算机断层扫描成像(CT)是根据不同组织对 X 射线的吸收能力不同，通过计算机的三维技术重建出断层面影像的一种临床医学诊断方法，可以提供很高的空间分辨率，在临床医学中被广泛使用。原子序数越高的元素对 X 射线的吸收越强，因而很多研究表明多种包含高原子序数元素(I、Au、Bi、Ta、La)的纳米材料是非常有效的 CT 造影剂[70]。类似地，由过渡金属元素组成的二维 TMDC 纳米材料也有希望成为 CT 造影剂。刘庄教授课题组最近的工作发现，由于钨原子较高的原子序数(W, 74; I, 53)，WS_2 二维纳米材料(22.01 HU L/g)比临床使用的基于碘的造影剂(15.9 HU L/g)具有更高的 X 射线衰减能力。将聚乙二醇修饰过的 WS_2 二维纳米材料通过瘤内或者尾静脉注射入小鼠后，发现肿瘤部位的信号强度显著提高。与此同时，通过尾静脉注射材料的小鼠在肝部位也有很强的信号值，表明网状内皮系统也会大量滞留纳米片层材料(图 9-4)[44]。这一工作表明 WS_2 二维纳米材料是非常有效的 CT 造影剂。国家纳米科学中心赵宇亮教授课题组将牛血清白蛋白修饰的 WS_2 二维纳米材料瘤内注射到带有 HeLa 肿瘤的裸鼠体内，同样也证实了 WS_2 的 CT 成像效果[30]。此外，一些工作表明 MoS_2/Bi_2S_3 纳米片[23]

也有很强的 X 射线吸收能力，可以用于活体的肿瘤组织 CT 成像。

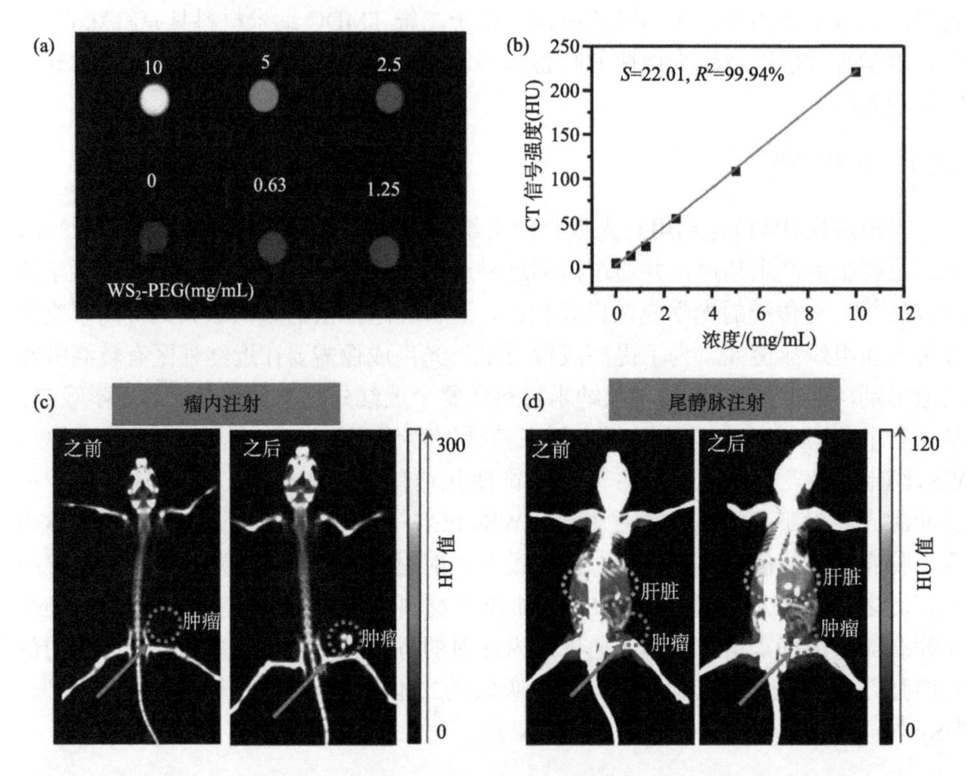

图 9-4 4T1 肿瘤小鼠模型上的活体双模态成像

(a)不同浓度 WS_2-PEG 溶液的 CT 图像；(b) WS_2-PEG 溶液单位浓度的 HU 值；(c)瘤内注射 WS_2-PEG (5 mg/mL, 20 μL)前后小鼠的 CT 成像；(d)尾静脉注射 WS_2-PEG (5 mg/mL, 200 μL)前后小鼠的 CT 成像；小鼠的肝部和肿瘤部位 CT 信号明显增强

9.5.3 磁共振成像

磁共振成像(MRI)利用核磁共振原理，依据所释放的能量在物质内部不同结构环境中不同的衰减，通过外加梯度磁场检测所发射出的电磁波，即可得知构成这一物体原子核的位置和种类，据此可以绘制成物体内部的结构图像。MRI 可以实时地提供活体全身的高空间分辨率成像，在临床中已经被广泛应用；更重要的是，不同于 CT 和核成像，MRI 不会引起电离辐射，因此是一个相对安全的成像模式。考虑到大多数氧化铁纳米颗粒被证实是能用于临床的有效安全的 T2-MRI 显影剂，苏州大学杨凯等首次合成 FeS 纳米片并用聚乙二醇修饰后(FeS-PEG)实现了小鼠体内的 MRI(图 9-5)[39]。FeS-PEG 纳米片的磁滞曲线表明这种纳米材料具有超顺磁性，这与 FeS_2 块状物的反铁磁性截然不同。他们推测，随着表面积/

体积的增加，表面结构在磁性性质中的影响力上升了，而表面结构的无序性又导致产生更多的非饱和表面自旋体。Yang 等测试到这种 FeS-PEG 纳米片的弛豫率为 209 L/(mmol・s)。T2-MRI 图像显示，FeS-PEG 纳米片经尾静脉注射到小鼠体内后，随着时间延长，小鼠的肿瘤部位逐渐变黑，量化的 T2 信号相对强度逐渐衰减。这表明该 FeS-PEG 纳米片能够利用肿瘤血管的特殊结构和 EPR 效应增强在小鼠肿瘤部位的分布。普鲁士蓝染色的肿瘤切片也证实了这种 FeS-PEG 纳米片在肿瘤部位的高度富集。

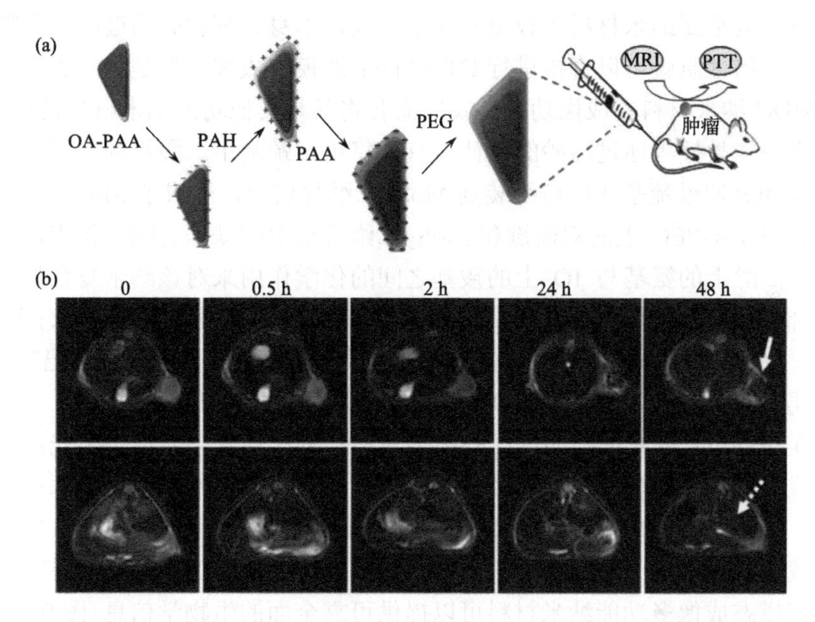

图 9-5　(a) 制备 FeS-PEG 纳米片的示意图；(b) 尾静脉注射了 FeS-PEG 纳米片之后，在不同时间点拍摄的小鼠 T2 核磁成像图；肿瘤和肝脏分别用实线和虚线箭头指出

OA-PAA：油胺-聚丙烯酸；PAH：聚丙烯氯化铵；PAA：聚丙烯酸；PEG：聚乙二醇；MRI：核磁成像；PTT：光热治疗

9.5.4　荧光成像

荧光成像在小动物成像中有很好的灵敏性。由于生物体内使用的二维 TMDC 纳米材料多数是使用化学剥离法、水热法或高温热分解法制备的，其表面有较多的缺陷，结构为无定形，因此一般自身的荧光信号较弱。再加上广泛的吸收使二维 TMDC 纳米材料对许多荧光染料都有猝灭作用。因此，基于二维 TMDC 纳米材料的荧光成像的报道较为罕见。复旦大学高分子科学系武培怡教授课题组通过超声和溶剂热法的连续作用，制备得到了平均尺寸为 3 nm 的单层厚度 MoS_2 和 WS_2 纳米点[71]。他们发现，MoS_2 纳米点有很强的荧光、良好的细胞穿透性和较

低的毒性，这使这种 MoS_2 纳米点有希望作为生物相容的纳米探针在活体中进行荧光成像。然而，荧光成像的组织穿透性有限，而且受背景自荧光和组织猝灭的影响，需要与其他成像模式联合使用。

9.5.5 多模态成像

每种成像模式都有各自的优缺点，所以联合多个成像模式进行互补来提供精准全面的肿瘤信息就非常必要。但是基于单个造影剂的多模态成像还比较罕见。一些二维过渡金属纳米材料由较重的元素组成，本身就有较高的近红外吸收，它们利用自己的性质就可以直接进行 CT 和 PAT 双模态成像。但是为了进一步丰富二维 TMDC 纳米材料的成像功能，我们需要将其与其他功能纳米材料进行复合。苏州大学刘庄教授等通过巧妙的设计，首次将用二巯基丁二酸修饰的四氧化三铁纳米颗粒(IO)通过巯基作用自组装到 MoS_2 二维片层上，形成了 MoS_2-IO 复合材料[72]。通过 LA-PEG 上的双硫键和 MoS_2 二维片层上的缺陷之间的作用，以及六氨基聚乙二醇上的氨基与 IO 上的羧基之间的化学作用来对该纳米复合材料进行双重修饰，显著提高了这种纳米材料[MoS_2-IO-(d)PEG]的生物相容性。有趣的是，^{64}Cu，一种常用的正电子发射放射性同位素，无需任何螯合剂就能标记在 MoS_2 二维片层上，从而可以用作正电子放射断层成像(PET)的造影剂。另外，MoS_2-IO-(d)PEG 拥有很强的近红外区吸收和超顺磁性，因此可用于光声成像和磁共振成像。PET 成像提供了较高的检测灵敏度和正电子发射放射示踪剂的可量化追踪，PAT 成像提供了关于纳米材料在肿瘤区域的有效信息，而 MRI 成像则能提供有较强软组织衬度的解剖学信息。因此，这个以 MoS_2 二维片层材料为基础，构建的三模态成像多功能纳米材料可以提供可靠全面的生物学信息(图 9-6)。

刘庄教授课题组另一个工作中，程亮等使用了一种更为简单的高温热分解法，一步法制备了金属离子(Fe^{3+}, Co^{2+}, Ni^{2+}, Mn^{2+}, Gd^{3+})掺杂的 WS_2 纳米片。选择了 Gd^{3+}掺杂的 WS_2(WS_2-Gd^{3+})纳米片作为模型，在 PEG 修饰后通过尾静脉注射到小鼠体内进行成像[37]。由于 WS_2 纳米片具备较高的近红外吸收，W 和 Gd 元素有较大的原子序数和对 X 射线有较高的衰减能力，再加上 Gd^{3+}的顺磁性，这种 WS_2-Gd^{3+} 纳米片在小鼠体内实现了 PAT、CT、T1-MRI 三模态成像，展示了这种材料在肿瘤部位的富集情况。

苏州大学程亮等在最近的工作中利用一种阳离子交换的合成方法设计了有 $FeSe_2$ 纳米颗粒分布的 Bi_2Se_3 纳米片的复合纳米材料[40]。随着 $Bi(NO_3)_3$ 的加入，之前制备好的 $FeSe_2$ 纳米颗粒作为硒源，会通过阳离子交换反应逐渐转换成 Bi_2Se_3 纳米片，而剩下来的 $FeSe_2$ 纳米颗粒则会点缀其间，得到 $FeSe_2$/Bi_2Se_3-PEG 纳米片。并且这种 $FeSe_2$/Bi_2Se_3-PEG 纳米片上 $FeSe_2$ 颗粒的多少可以通过加入 Bi 的量来调节。通过双亲性的 C_{18}PMH-PEG 修饰后，这种 $FeSe_2$ /Bi_2Se_3-PEG 纳米片具有

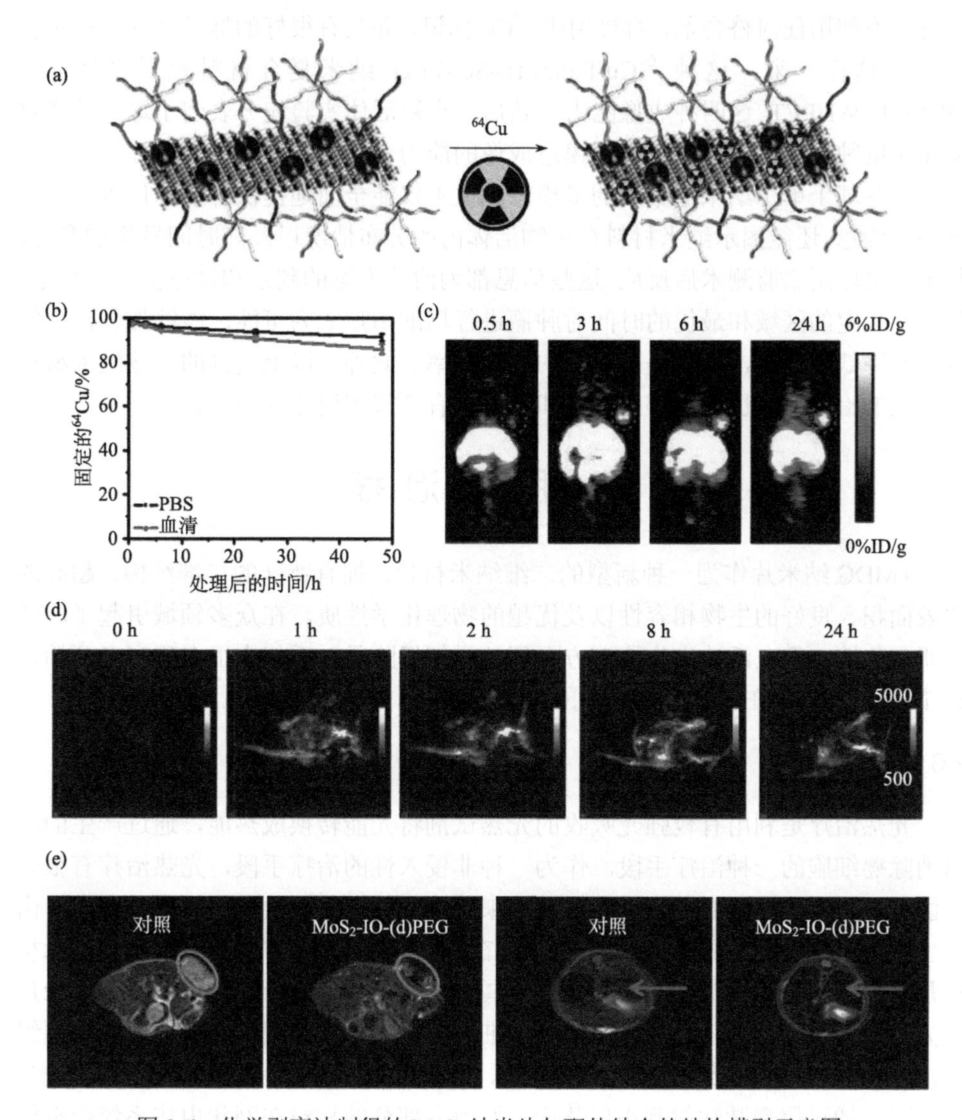

图 9-6　化学剥离法制得的 MoS_2 纳米片与配体结合的结构模型示意图

(a)无螯合剂的 ^{64}Cu 标记 MoS_2-IO-(d)PEG 的示意图；(b)在不同时间点，^{64}Cu 标记的 MoS_2-IO-(d)PEG 在 PBS 和血清中的稳定性测试；(c)带 4T1 肿瘤的小鼠在尾静脉注射 ^{64}Cu-MoS_2-IO-(d)PEG 后，不同时间点的 PET 成像图(蓝色虚线圈标注了小鼠 4T1 肿瘤的位置)；(d)尾静脉注射 ^{64}Cu-MoS_2-IO-(d)PEG (MoS_2 浓度为 6.85 mg/kg)后，不同时间点时小鼠 4T1 肿瘤的光声断层扫描图像；(e)尾静脉注射 ^{64}Cu-MoS_2-IO-(d)PEG (MoS_2 浓度为 6.85 mg/kg)后，T2 核磁成像的小鼠横向切面图(红色虚线圈和蓝色箭头分别标注的是小鼠的肿瘤和肝部)。PBS：磷酸缓冲溶液；IO：四氧化三铁颗粒

很好的稳定性和生物相容性。类似 MoS_2 纳米片，这种 $FeSe_2$ /Bi_2Se_3-PEG 纳米片也可以不使用任何螯合剂，直接用于 ^{64}Cu 标记，并具有很好的标记效率和标记稳定性。这样一来，这种 ^{64}Cu-$FeSe_2$/Bi_2Se_3-PEG 纳米复合材料就同时具备了 MRI/CT/PAT/PET 这四种成像能力。随后，小鼠活体实验充分表明了这种纳米材料在小鼠肿瘤部位的富集以及四模态成像的能力。

这些基于单个纳米造影剂的多模态成像不仅能全面地提供肿瘤的位置、大小、形貌等信息，还能揭示纳米材料在生物活体内的分布情况以及随时间发生的变化，甚至还可以用来监测术后反应。这些信息都为治疗方案的制定和调整提供了线索，使得在指定的区域和最优的时间对肿瘤进行精准治疗成为可能，能够加强治疗的效果并降低副作用，从而提高患者的治愈效率。此外，以上提到的一些纳米材料在癌症的治疗方面也有相应的功能和应用，有希望实现诊疗一体化。

9.6 肿瘤治疗

TMDC 纳米片作为一种新型的二维纳米材料，拥有特殊的二维结构、超高的比表面积、良好的生物相容性以及优越的物理化学性质，在众多领域引起了广泛的研究热情，但在活体生物治疗方面还处于初级阶段。近年来很多研究者开始探索 TMDC 纳米片在肿瘤治疗方面的可能性。

9.6.1 光热治疗

光热治疗是利用有较强光吸收的光热试剂将光能转换成热能，通过产生的高温消除癌细胞的一种治疗手段。作为一种非侵入性的治疗手段，光热治疗有很好的区域选择性和较低的毒副作用，近年来在肿瘤的治疗中吸引了广泛的注意。由于生物组织在近红外区(NIR)是透明的，在 NIR 有很强吸收的二维 TMDC 纳米材料是非常好的光热试剂。Dravid 课题组首次在细胞水平展示了 MoS_2 二维纳米片作为近红外吸收试剂在体外光热治疗癌细胞的能力[73]。苏州大学刘庄教授课题组用锂离子插层技术得到 WS_2 二维纳米片，发现它们在近红外区也具有很强的光学吸收[44]。通过尾静脉注射到小鼠体内，发现大部分的材料在网状内皮系统会有较高的滞留(包括肿瘤)。当外加近红外 808 nm 激光照射 5 min 后，肿瘤完全消灭，并且长时间内没有发生转移和再生现象，大大提升了小鼠的存活率。同样地，该组的 Qian 等发现 TiS_2 等二维层状纳米材料通过系统注射，在活体水平上也具有很好的光热治疗效果(图 9-7)。MoS_2/ Bi_2S_3[23]二维纳米材料通过局部注射到肿瘤，也能在光照条件下产生升温，证明了它们在活体小鼠上通过光热消除肿瘤的能力。

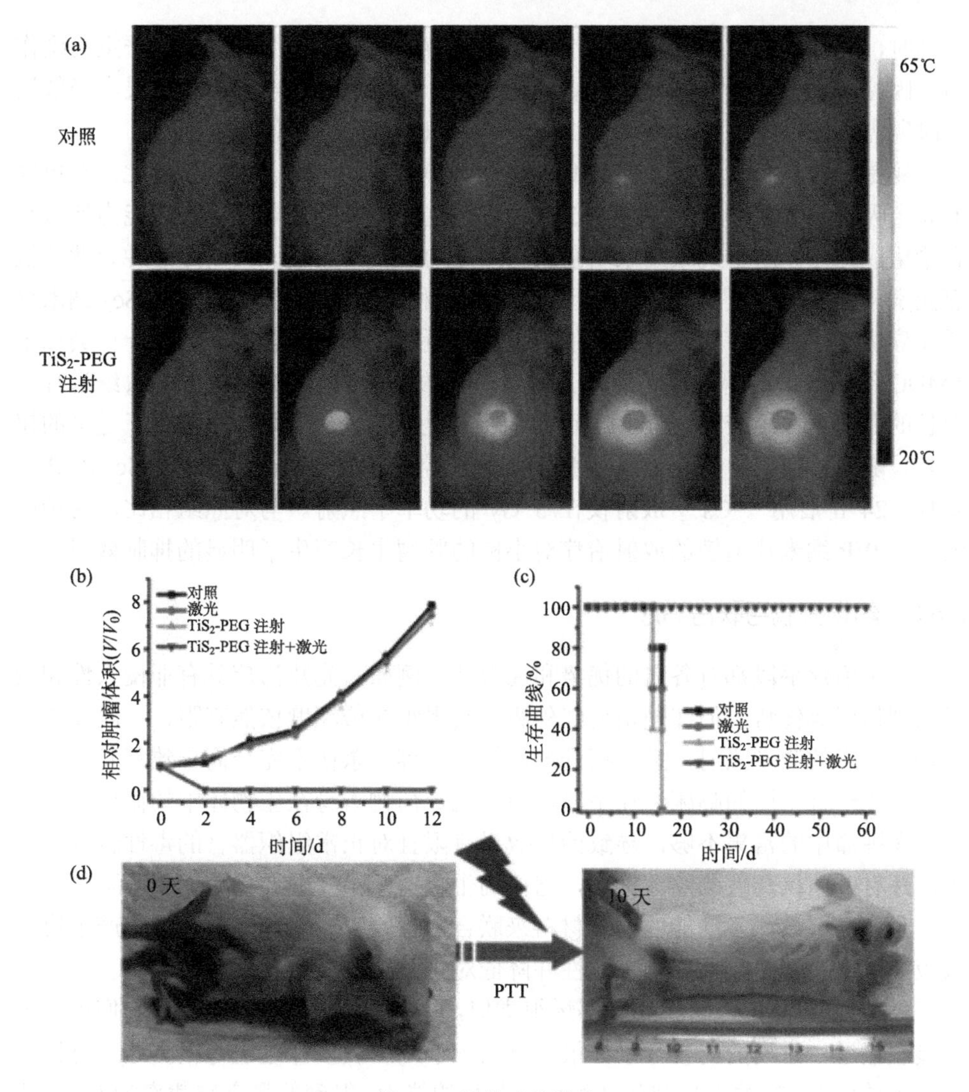

图 9-7　活体光热治疗

(a)给小鼠尾静脉注射了 TiS_2-PEG 溶液后在激光照射下的红外热成像图；(b)接受不同治疗方案的小鼠的肿瘤生长情况；(c)图(b)中不同组小鼠的存活曲线；(d)荷瘤小鼠在治疗前和注射 TiS_2-PEG 并接受激光照射治疗 10 天后的照片

9.6.2　放射治疗

放射治疗是通过直接损伤癌细胞中的 DNA 或在细胞内产生自由基来破坏 DNA，使癌细胞停止分化繁殖或直接死亡随后代谢出体外，从而来治疗癌症的。临床上几乎有一半的癌症患者都需要放射治疗，常用的外放射治疗是使用一个大型仪器对患者的病灶部位发射大量高能的 X 射线或 γ 射线。但是在杀伤肿瘤细胞的同时，这种高剂量的射线辐射也会影响肿瘤附近的健康细胞，产生严重的副作用。因此，采用特定的试剂在肿瘤区域富集，可以增强放射治疗的效果，降低治疗时所需要的射线功率，从而减少对健康组织和细胞的副作用。

铋是一种具有较高原子序数的元素(Z=83)，与碘、金、铂元素相比，有更高的光电吸收系数(100 keV 时为 5.3 cm^2/g)。这种高效吸收电离辐射的能力使得它有希望成为 CT 造影剂或用来增强放射治疗的效果。而硒元素则是一种天然的抗癌元素，能够抑制氧自由基[74]。因此， 这两种元素组成的化合物 Bi_2Se_3 纳米材料在癌症成像和治疗上也有很大的潜能。最近，Jeong 课题组合成了一种类似于 TMDC 纳米片的超薄 Bi_2Se_3 纳米片[75]。他们发现 PVP 修饰好的 Bi_2Se_3 纳米片有很长的血液循环半衰期(>50 h)，而且由于被动靶向作用，肿瘤中富集了足量的铋元素。随后，他们给带有 U14 肿瘤的裸鼠腹腔注射了 20 mg/kg 的 Bi_2Se_3-PVP 纳米片，24 h 后用 ^{137}Cs γ 放射仪在 5 Gy 的功率下照射。与对照组相比，这种用 Bi_2Se_3-PVP 纳米片增敏的放射治疗对小鼠的肿瘤生长产生了明显的抑制效果。

9.6.3 药物装载与联合治疗

各个治疗手段都有各自的优势和局限性。例如，光热治疗具有非侵入性和较低的副作用等优势，但即使是近红外激光其组织穿透深度依然有限，一般需要较高功率密度的激光照射，且肿瘤升温不均一，容易杀伤不完全而导致复发。而化疗虽然是一种常用的临床治疗手段，但是化疗药物本身在生物体中的循环时间较短，在肿瘤中的富集不够，导致治疗效果有限且对正常组织器官的毒性较强。此外，还有一些抗药性的癌症细胞，它们的生长增殖不受普通化疗药物的限制。因此，我们需要设计多功能的纳米材料来联合多种治疗策略，进行互补并产生协同效应，从而增强癌症治疗的有效性并降低对正常组织的副作用。

由于二维 TMDC 材料和石墨烯很类似，具有大的比表面积，因此它们可以用于装载输送一系列的药物分子。最近苏州大学刘庄教授课题组等根据这一特性，探索了单层 MoS_2 纳米片装载几种模式药物的能力，得到的最高装载率为 DOX 约 239%、Ce6 约 39%以及 SN38 约 118%，这与石墨烯的装载能力相当。在此基础上，他们用端基为叶酸的聚乙二醇修饰了的 MoS_2 为载体，装载化疗模式药物 DOX，实现了肿瘤细胞靶向的光热与化学药物的联合治疗。随后，进一步将 MoS_2-PEG/DOX 通过肿瘤注射和尾静脉注射到小鼠体内，实现了活体水平上对肿瘤的光热与化学药物联合治疗，取得了很好的协同效果(图 9-8)[45]。类似地，国家纳米科学中心赵宇亮教授课题组也通过壳聚糖修饰的 MoS_2 二维纳米材料装载 DOX，实现了光热与化疗的联合，有效地治疗了胰腺癌[48]。

同样苏州大学刘庄教授课题组的 Yang 等则用介孔二氧化硅包裹 WS_2-IO 纳米片，设计了一种多功能纳米复合物[76]。这种 WS_2-IO@MS-PEG 纳米复合物不仅具有荧光/MRI/CT 三模态成像的能力，显示该材料在注射 24 h 后能有效富集在肿瘤部位；而且还能作为药物载体在二氧化硅介孔中有效地装载 DOX 这种化疗药物，有很好的光热响应和 pH 响应释放能力。更重要的是，实验发现结合 WS_2 纳米片的光热转换能力，这种 WS_2-IO@MS-PEG/DOX 纳米复合物可以在小鼠体内取得显著的光热/化学联合治疗的协同作用。可能的原因是近红外激光照射 WS_2 纳米片产生的微热能够增加细胞膜的通透性，提高了癌细胞对纳米药物的吞噬量；此外，近红外激光照射可以引发 DOX 药物从 WS_2-IO@MS-PEG 装载体上进一步释放出来，这种释放又受到癌细胞内的酸性 pH 影响进一步得到提升，从而增强了化疗试剂对癌细胞的杀伤力。

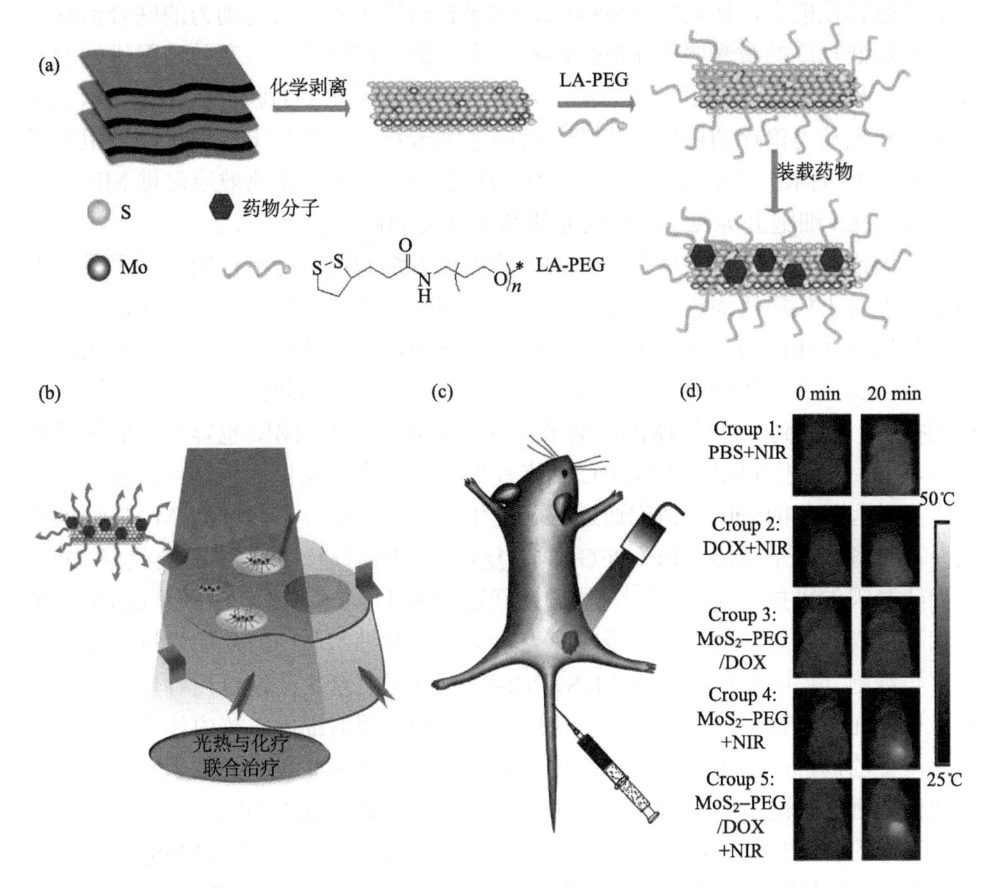

图 9-8　(a) 制备 MoS_2-PEG 和药物装载的示意图；(b) 用 MoS_2-PEG-FA/DOX 在细胞水平进行靶向联合治疗的示意图；(c) 小鼠尾静脉注射 MoS_2-PEG/DOX 后进行联合治疗的示意图；(d) 光热治疗时带 4T1 肿瘤小鼠的红外热成像图

DOX 和 MoS_2-PEG 的浓度分别为 5 mg/kg 和 3.4 mg/kg；使用功率密度为 0.56 W/cm^2 的 808 nm 激光对肿瘤照射了 20 min；LA-PEG：硫辛酸-聚乙二醇; PBS：磷酸缓冲溶液

光动力治疗是通过激光照射光敏分子产生大量活性氧自由基来杀伤肿瘤细胞的一种治疗方法。由于大部分的光敏分子不溶于水且不稳定，肿瘤部位的氧含量也较低，而活性氧自由基的有效作用时间和距离都较短，因此单纯的光动力治疗很难完全消除肿瘤。与此同时，单纯的光热治疗需要很强的激光才能产生足够的高温来消除肿瘤。因此，光热和光动力的联合提供了一种可以消除各自治疗缺陷并提高抗癌效果的新治疗手段。在刘庄教授课题组最近的工作中，Liu 等发现 MoS_2 二维纳米片状材料不仅能够通过疏水作用力高效地装载光敏分子二氢卟吩(Ce6)，还能显著提高细胞对这种光敏分子的摄取能力，从而大大增强活性距离较短的单线态氧对癌细胞的杀伤力。再考虑到 MoS_2 在近红外区的高吸收以及较高的光热转化能力，他们将 MoS_2-Ce6 纳米材料用于光热与光动力的联合治疗。他们发现低功率的激光照射 MoS_2-Ce6 产生的微热能够进一步有效地促进细胞吞噬材料，从而大大提高了光动力治疗效果。在小鼠活体上的联合治疗也显示了这种光热和光动力治疗的协同效果[46]。而国家纳米科学中心赵宇亮教授课题组则通过 WS_2 二维纳米材料装载甲基蓝(MB)，通过 WS_2 纳米的光热效应促进 MB 的释放，在 HeLa 细胞上实现了高效的光热和光动力的协同治疗[30]。

基因治疗是通过将核酸作为药物运输到患者细胞内进行治疗的一种手段。不同于其他对于疾病病症进行治疗的手段，基因治疗是对疾病起源的治疗，有希望根治包括癌症在内的一些基因相关的疾病。然而，这些核酸的结构非常脆弱，需要有效、安全并对环境敏感的基因载体。由于缺乏合适的载体，基因治疗还没有得到推广。考虑到二维的 TMDC 纳米片具有很高的比表面积，也容易合成和进行修饰，Kim 课题组开始研究 TMDC 纳米片作为非病毒的无机纳米材料在基因治疗中作为基因载体的应用。他们通过双硫键化学作用将高分子修饰到 MoS_2 纳米片表面，制备得到了 MoS_2-PEI-PEG 纳米复合物，随后通过静电引力装载好 DNA 来构建基因的可控运输体系[77]。他们发现这个基于 MoS_2-PEI-PEG 的 DNA 纳米运输平台既有很好的近红外光吸收能力，又可以对细胞质内的还原性试剂有所响应。与细胞共同孵育后，这种 MoS_2-PEI-PEG 纳米复合物会通过内吞作用进入细胞，聚集在核内体中。这时，他们使用近红外激光照射细胞，核内体中 MoS_2 纳米片产生的局部高温可以破坏核内体的膜，导致装载着 DNA 的纳米复合物顺利实现内体逃逸。随后，这种装载了 DNA 的纳米复合物进入细胞质中的还原性环境，其中的谷胱甘肽可以还原二硫键，导致 PEI 和 PEG 高分子从 MoS_2 纳米片上脱落下来，从而释放出 DNA。这种具有双刺激响应的 MoS_2-PEI-PEG 纳米复合物，可以通过光热引发内体逃逸，继而通过谷胱甘肽还原引发 DNA 释放，从而大大提升了基因转染的效率。

9.6.4　基于 TMDC 的复合材料在联合治疗中的应用

如果纳米颗粒中含有较高原子序数的元素，如 Au、I、Bi 和其他稀土元素，那么它们就能吸收电离辐射，从而增强放射治疗效果。而具有较高近红外吸收的纳米材料可以将外来的激光能量转化成热能，从而对肿瘤进行光热治疗。但放射治疗对肿瘤附近的健康组织有严重的毒副作用，且对乏氧的恶性肿瘤疗效甚微；而光热治疗则是需要较高的温度且肿瘤组织的升温不均匀，可能导致肿瘤杀伤的不完全。因此，利用一个多功能纳米材料联合这两种治疗手段，可以在癌症治疗中产生协同作用，提升治疗的有效性，也可以降低治疗所需要的试剂量从而减少副作用。

中国科学院上海硅酸盐研究所陈航榕教授课题组用硫代钼酸铵和硝酸铋为前驱体，使用水热法一步制备了约 300 nm 的 MoS_2/Bi_2S_3-PEG 片状结构纳米复合物(MBP)[78]。与之前他们组用同样方法合成的 MoS_2-PEG 纳米片类似，这种 MBP 纳米片展示出了随着浓度/功率变化而改变的光热升温，以及很好的光热稳定性，证明表面的 Bi_2S_3 纳米颗粒不会影响 MoS_2 纳米片的光热转化能力。利用 MBP 纳米片中 MoS_2 的光热转化能力和 Bi_2S_3 纳米颗粒的放疗增敏效果，他们对小鼠进行了光热和放射治疗的联合治疗。实验结果发现与单种治疗手段不同，接受了光热和放射治疗联合治疗的小鼠的肿瘤生长得到了有效的抑制，并且小鼠在治疗 28 天后仍然保持健康，没有任何肿瘤复发的现象。

苏州大学刘庄教授课题组等制备了有很好水溶性和稳定性的 $FeSe_2/Bi_2S_3$-PEG 纳米结构。通过 PET/PAT/MRI/CT 四模态成像得知，$FeSe_2/Bi_2S_3$-PEG 纳米复合物在尾静脉注射入小鼠 24 h 后在肿瘤区域有很好的富集，因此选择在注射 24 h 后对小鼠进行治疗[40]。通过监测不同治疗组的小鼠肿瘤生长情况得知，光热治疗产生的微热对肿瘤生长几乎没有影响，$FeSe_2/Bi_2S_3$-PEG 纳米复合物对放射治疗有一定的增强作用，但依旧不足以控制肿瘤生长趋势，只有联合光热和放射治疗才能够完全消灭肿瘤。这种显著的协同效应有可能是因为 $FeSe_2/Bi_2S_3$ 结构中的铋元素有很强的光电吸收能力，可以在 X 射线照射的条件下产生大量的短程二级电子；与此同时，$FeSe_2/Bi_2S_3$ 引发的适当的光热效应可以提高整个肿瘤的氧浓度水平，从而提升放射治疗的有效性。

除了以上使用的外部辐射放射治疗方法，临床使用的放射治疗里还有一种是内放射治疗，即使用内吞式的放射性元素来进行治疗。但是这种内放射治疗方法和外部辐射放疗一样，也会对正常组织器官产生损伤，对于乏氧的肿瘤也没办法产生电离作用杀伤癌细胞。此外，放射性元素在体内的循环时间较短，在肿瘤中的富集也有限。因此，需要一个合适的载体来解决这些问题。苏州大学刘庄教授课题组将一种常用的内放射治疗放射性元素 ^{188}Re 通过无任何螯合剂作用的方法

直接标记到 WS_2 纳米片上(标记率为 95%)，设计合成了具有很好稳定性的 $^{188}Re-WS_2-PEG$ 纳米复合物[79]。这种纳米复合物既可以通过 EPR 效应实现对放射性元素的有效输送，提高放射性元素在肿瘤部位的富集；还可以利用 WS_2 中较重的钨元素来吸收 ^{188}Re 发射的放射性 γ 射线，产生二级电子来增强内放射治疗效果(图 9-9)；更有趣的是 WS_2 纳米片的光热效果还可以增强肿瘤中氧气的含量，进一步增强对癌细胞 DNA 的损伤。这种自增敏的内放射治疗纳米系统，加上光热与内放射治疗的结合，可以实现使用极少量的 ^{188}Re 放射性元素就能完全消灭肿瘤，大大降低了对正常组织器官的毒副作用，有效提高小鼠的生存率和生命周期。

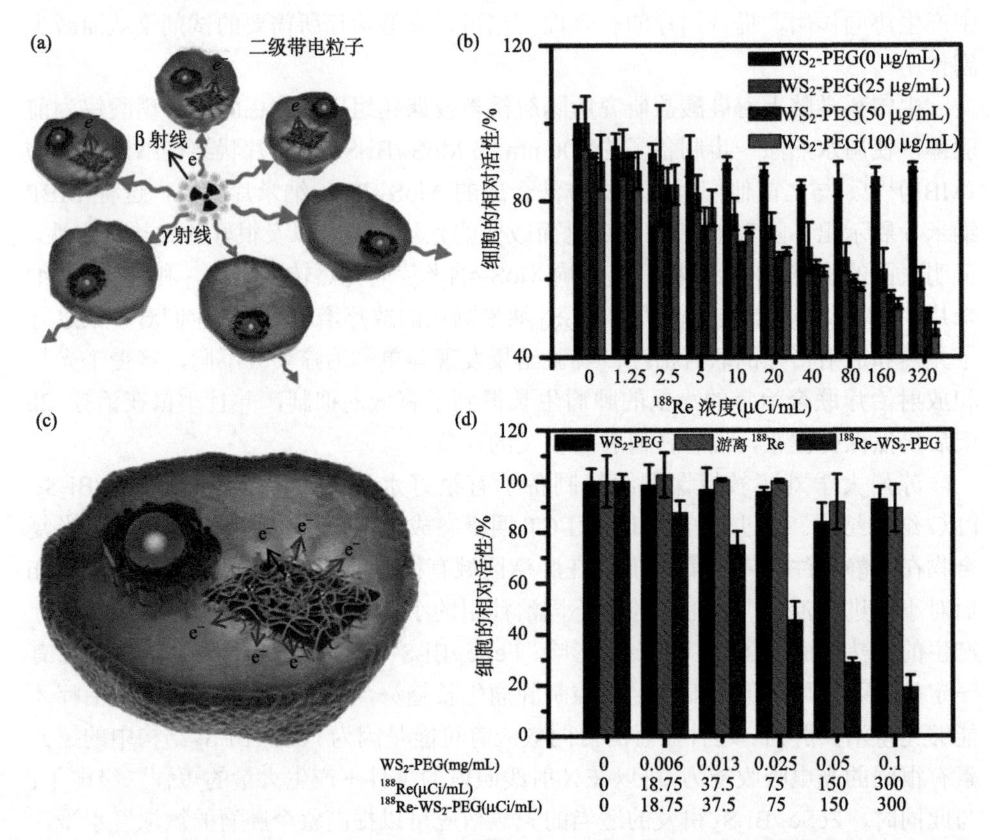

图 9-9 (a) WS_2-PEG 增强 ^{188}Re 对癌细胞杀伤效果的机理示意图；(b)与不同浓度的 WS_2-PEG 和游离的 ^{188}Re 共同孵育 24 h 后 4T1 细胞的相对活性；(c)示意图显示 $^{188}Re-WS_2-PEG$ 的自增敏现象；(d)与不同浓度的 WS_2-PEG 或游离的 ^{188}Re 或 $^{188}Re-WS_2-PEG$ 共同孵育 24 h 后，4T1 细胞的相对活性，展示出明显的增敏现象

9.7　抗菌应用

除了对生物分子或生理环境的检测，肿瘤的诊断和成像，以及对活体癌症的治疗以外，二维 TMDC 纳米材料在抗菌方面也得到广泛研究。浙江大学徐明生等发现化学法剥离的 MoS_2 纳米片，由于其超高的比表面积和较高的导电性，相比于剥离前的块状 MoS_2 晶体而言有更强的抗菌活性。与 80 μg/mL 的 MoS_2 纳米片共同孵育 2h 后，90%的细菌会死亡；而相同浓度下 MoS_2 块状材料只能杀伤 40%的细菌[80]。实验发现化学剥离的 MoS_2 纳米片，不同于以往报道的石墨烯衍生物，会产生活性氧自由基(ROS)。因此，这种较高的抗菌性能不仅是由 MoS_2 纳米片二维结构对细菌膜的压力引起的，还与 MoS_2 产生的氧压力相关。而最近，西北农林科技大学王建龙课题组合成了 MoS_2 纳米片与 Fe_3O_4 纳米颗粒的复合物并用壳聚糖修饰，得到了一种纳米复合物 CFM[81]。这种纳米复合物在溶液中很容易与革兰氏阴性菌和革兰氏阳性菌交联，并通过外加磁场快速形成 CFM-细菌聚集物，随后用近红外激光照射可以快速杀伤细菌细胞。这种基于 MoS_2 纳米片的纳米复合物 CFM 作为交联剂和光热试剂，不仅在体外实现了抗菌和光热杀菌，还在体内不需抗生素就实现了杀伤病原菌的病灶感染处理。这些工作大大拓展了二维 TMDC 纳米材料及其衍生物在生物医学上的应用，还将引发更多的研究热情，进一步探索这种新型二维纳米材料在其他生物领域如组织工程等方面的探索。

9.8　二维 TMDC 纳米材料的毒性初步研究

纳米材料的生物安全性是决定它们是否能在临床医学中取得真正应用的关键。二维 TMDC 纳米材料与石墨烯拥有类似的结构与性质，在生物医学领域吸引了大量的关注，研究发现它们在检测、成像和癌症治疗方面有巨大的应用潜能。然而，这种新兴的二维纳米材料拥有丰富的化学组成，不均的尺寸分布，多种的合成方式和修饰方法，这些都对全面系统评估二维 TMDC 纳米材料的毒性造成了一些困难。相对于应用方面的快速发展，对二维 TMDC 纳米材料的生物安全性研究还处于初级阶段。目前，有一些工作在细胞层面和活体水平对一些二维 TMDC 纳米材料进行了生物安全性评估。

细胞实验中，通常是使用细胞计数法(CCK)、水溶性四唑盐(WST-8)或标准的噻唑蓝比色法 (MTT)来测试细胞活性的。Pumera 课题组通过 MTT 和 WST-8 测试发现化学元素组成对二维 TMDC 纳米片细胞毒性的影响。他们将人类肺癌细胞 A549 分别与剥离的 MoS_2、WS_2、WSe_2 纳米片共同孵育 24 h，发现前两者对细胞存活率几乎没有影响[82]。而 WSe_2 纳米片则随着浓度的增加，对细胞的毒性逐渐增强，在最高浓度 0.4 mg/mL 时细胞活性降低至 31.8%。他们也用同样的方法测试了石墨烯氧化物和卤化物的细胞毒性，发现 MoS_2 和 WS_2 纳米片的生物安全性胜过石墨烯类纳米片，而 WSe_2 纳米片的毒性与它们相当。这一结果表明，二维 TMDC 纳米材料的毒性相对石墨烯类化合物较小，而且其毒性大小与硫族元素种类有关。随后，该课题组的 Latiff 等用同样的方法剥离并测试了 VS_2、VSe_2 与 VTe_2 纳米片的细胞毒性，与之前结果一致的是其中 VS_2 纳米片的细胞毒性相对较低[83]。但是所有这三种纳米片与 VI B 族的 MoS_2、WS_2、WSe_2 纳米片相比毒性都高了很多，证明二维 TMDC 纳米片细胞毒性与过渡金属元素的种类也有关。另外 Chng 等则分别用甲基锂、正丁基锂和叔丁基锂这三种试剂来插层剥离 MoS_2，发现用后两者剥离得到的 MoS_2 纳米片的毒性较高[84]。他们推测这是因为丁基锂的插层效果要比甲基锂好，使得 MoS_2 纳米片产物的表面积和活性位点都较高，从而导致了它们对细胞的毒性也较高。这个工作表明剥离试剂也会影响剥离程度和产物的层数，从而影响 TMDC 纳米片的毒性。最近苏州大学刘庄教授课题组用 MTT 测试法研究了 MoS_2 纳米片在细胞中的毒性，以及 PEG 修饰对其的影响[45]。通过将 HeLa 细胞与不同浓度的 MoS_2 或 MoS_2-PEG 孵育一段时间再进行 MTT 测试发现，即使在最高浓度(0.16 mg/mL)与 MoS_2 或 MoS_2-PEG 一起孵育 1 天的细胞都几乎还存活着。2 天和 3 天后，与纯 MoS_2 共同孵育的细胞存活率有微弱降低，分别降至约 80%和 73%；而与最高浓度 MoS_2-PEG 一起孵育的细胞仍然有超过 90%的细胞保持了它们的活性。为了进一步测试 MoS_2 纳米片的毒性，分别与 MoS_2 或 MoS_2-PEG 纳米片孵育 2 h 后的 HeLa 细胞，用二氢乙锭(DHE)探针来测试细胞内的 ROS 水平，没有发现 DHE 阳性细胞比例的显著增加，说明这些纳米片几乎不会导致氧化应激。这些结果表明 MoS_2 纳米片对细胞几乎没有毒性，也证明了 PEG 修饰能够进一步提高 MoS_2 纳米片的生物安全性。

纳米材料在活体中的毒性测试一般先在小白鼠模型上进行，不仅需要观察它们进行成像和治疗应用时的毒性，还需要考虑术后这些纳米材料在活体中的长期滞留对动物的影响。因此一般纳米材料在小鼠中的生物学行为和安全评估手段包括：①观察动物的体重变化、行为异常等；②测试纳米材料在动物体中的血液循环、生物分布等随时间的变化；③研究纳米材料的代谢途径和速率；④观察器官切片，进行组织学分析；⑤测试血液的血生化、血常规参数等。

为了测试二维 TMDC 纳米材料在活体中的毒性，苏州大学刘庄教授课题组的程亮等用 PEG 修饰好的 WS_2 二维纳米材料(20 mg/kg)通过尾静脉注射到小鼠体内，并在接下来的 45 天中密切地观察小鼠的行为如体重、饮食、活性、排泄、精神状态等，没有发现任何的异常，初步表明该材料没有明显的毒副作用。随后，他们对死亡的小鼠的器官切片染色后进行组织学分析，没有发现任何器官损伤和炎症病变。血清生物化学分析和全血分析发现所有的参数都在正常范围之内，进

一步证明了 WS_2 二维纳米材料在测试浓度上几乎没有明显的毒性[44]。类似地，中国科学院上海硅酸盐研究所的施剑林等通过长期监测材料的生物分布，并观察染色的组织切片，发现 MoS_2 二维纳米材料会随着时间逐渐代谢，40 天后几乎在主要器官消失，证实了它们在小鼠体内的生物安全性[22]。

最近苏州大学刘庄教授课题组系统性地研究了 PEG 修饰的 MoS_2、WS_2 和 TiS_2 二维纳米片材料在小鼠体内的生物学行为[85]。生物分布实验结果表明，这些 TMDC 纳米片经尾静脉注射到小鼠体内后，都会聚集到网状内皮系统器官中。30 天后，注射了 MoS_2-PEG 纳米片的小鼠体内几乎没有 Mo 元素的存在，证明大部分 MoS_2-PEG 纳米片都代谢出去；而注射了 WS_2-PEG 和 TiS_2-PEG 纳米片的小鼠体内还有大量的 W 或 Ti 元素残留在网状内皮系统中。研究表明，这是因为 MoS_2 容易被氧化成易溶于水的六价钼氧酸根离子(如 MoO_4^{2-}等)，使其易于从小鼠体内快速代谢； WS_2 的化学稳定性较高，不易于氧化，因而在体内滞留时间较长；而 TiS_2 会被氧化成不溶水的 TiO_2 沉淀，也不容易从体内代谢出去。60 天后的小鼠血生化分析和组织学研究表明这三种 TMDC 纳米片材料都没有可观测到的长期毒性。

随后，苏州大学刘庄教授课题组实验发现，MoS_2 纳米材料的尺寸对它们在生物体内的代谢情况有很重大的影响。他们通过用一步溶剂热法制备了拥有超小粒径和均匀形貌的 MoS_2 纳米点，随后用谷胱甘肽(GSH)修饰 MoS_2 纳米点，得到的 MoS_2-GSH 纳米点不仅在各个生理溶液中都有很好的稳定性，还能保持水合粒径都小于 10 nm。与常规的 MoS_2-PEG 纳米片不同的是，这种 MoS_2-GSH 纳米点在尾静脉注射到小鼠体内后，可以通过肾脏途径快速代谢，7 天内就能将注射的绝大多数材料排出体外[42]。同时这种 MoS_2-GSH 纳米点仍旧与 MoS_2 纳米片相似，在近红外区域有较高的吸收，能够实现对肿瘤的光热治疗，得到了极强的治疗效果，并且接受治疗的小鼠在接下来的 30 天里没有显示出任何有毒性的迹象。这种超小 MoS_2-GSH 纳米点不仅具备有效的肿瘤靶向/治疗能力，还有快速有效的代谢行为，表现出它们作为诊疗试剂在临床医学转化中的巨大前景。

刘庄教授课题组还发现了一种生物可降解的二维过渡金属氧化物纳米材料——氧化钼(MoO_x)纳米片。这种 MoO_x 纳米片不仅在近红外区域具有很高的吸收，还能在不同的 pH 环境中发生不同程度的氧化降解[6]。实验发现这种 MoO_x 纳米片在酸性条件下非常稳定，而在生理环境的 pH 条件下会快速氧化成 MoO_4^{2-} 离子而降解。将 PEG 修饰好的 MoO_x 纳米片通过尾静脉注射到小鼠体内后发现，由于肿瘤中微酸的环境，材料大量长期地滞留与富集，能够显著增强光声成像的信号和光热治疗的效果；与此同时，各个正常组织器官中的材料会快速降解代谢出体外，降低了长期毒性的隐患(图 9-10)。MoO_x 纳米片的发现为设计新型 pH 响应的可代谢纳米诊疗试剂提供了新的思路。

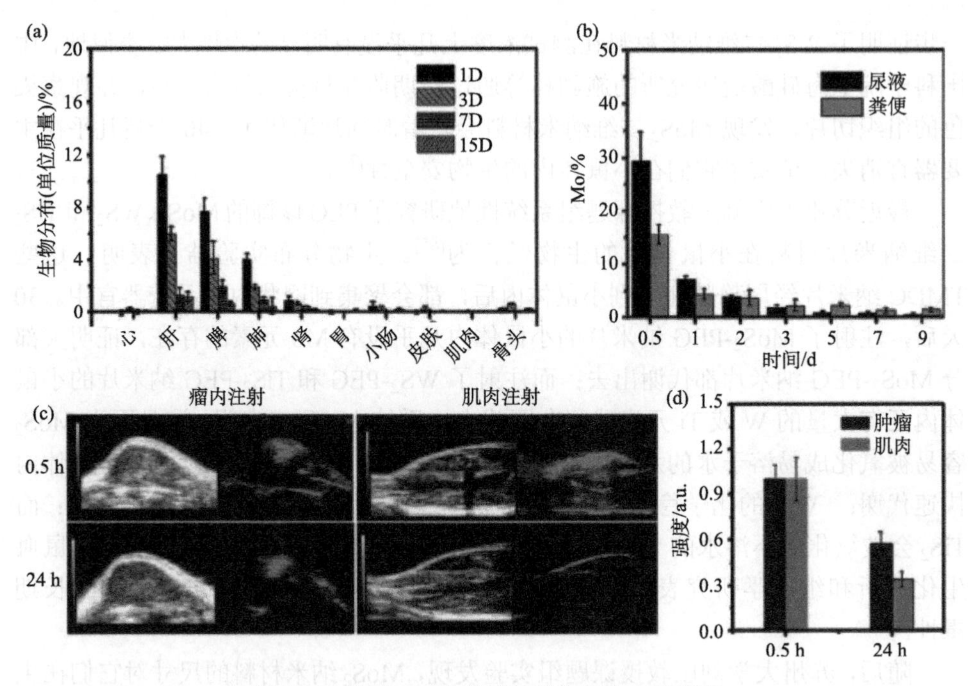

图 9-10 MoO_x-PEG 纳米片的生物分布和代谢

(a) MoO_x-PEG 纳米片在尾静脉注射到小鼠体内后随时间变化的生物分布情况；(b) 注射后不同的时间点上取得的尿液和粪便中钼元素的量；(c) 注射 MoO_x-PEG 纳米片 0.5 h 和 24 h 后，肿瘤和肌肉中超声与光声成像图；(d) 注射材料 0.5 h 和 24 h 后的光声相对信号值

Jeong 课题组则合成了一种类似二维 TMDC 纳米材料的 Bi_2Se_3 纳米片并初步研究了它们在小鼠体内的生物学行为[75]。他们给小鼠腹腔注射了高剂量(20 mg/kg) 的 PVP 修饰的 Bi_2Se_3 纳米片，没有发现任何毒性。有趣的是，他们发现注射了 25 天之后，器官中的铋和硒元素浓度都显著降低了。特别地，超过 93%的原本滞留在肝脏和脾脏中的铋元素在 90 天后被代谢出去了。而肿瘤中 Bi_2Se_3 纳米片的量没有太大的改变。结果表明这种 Bi_2Se_3 纳米片在小鼠体内易于氧化，形成硒离子和氧化铋颗粒，随后通过肾脏排泄。中国科学院高能物理研究所的陈春英教授课题组也通过 CT 造影发现 Cu_3BiS_3 纳米点由于其超小的粒径，快速的化学反应以及在酸性环境中的降解行为，能够快速通过尿液代谢出小鼠体外，是一种简单有效且安全的纳米诊疗试剂[86]。

9.9 结论与展望

近年来， TMDC 纳米片由于其独特的二维结构和物理化学性质在众多领域都得到了快速的发展。本章简单介绍了 TMDC 纳米片的合成方法和修饰手段，以及它们在医学领域的最新进展，尤其是在生物检测、生物成像、光热治疗、药物装载等方向上的应用，并简单介绍了 TMDC 纳米片的生物安全性基础研究。但是与石墨烯相比，二维 TMDC 纳米材料的研究还处于初级阶段，生物医学领域的探索更是方兴未艾，在二维 TMDC 纳米材料进入临床应用之前还有很多重要的问题需要研究解决。

(1) 合成方法：尽管目前合成二维 TMDC 纳米材料的方法已经非常多样，但是大部分方法制备的 TMDC 纳米片尺寸、厚度不均一。尤其是剥离法制备的 TMDC 纳米片，具有混合的晶相以及分布不均的缺陷和活性位点。因此，需要进一步优化合成方法，希望能够快速、便捷、廉价、高效地制备不同种类、尺寸可控的二维 TMDC 纳米材料。这对以后评估不同元素组成的二维 TMDC 纳米材料的成像治疗效果和生物安全性都有重大的意义。

(2) 表面功能化修饰：目前对 TMDC 纳米片的表面功能化主要还是集中在用生物相容性的高分子来对其进行修饰，以此来提高它们在生理环境中的溶解性、稳定性和生物安全性。可以进一步利用 TMDC 纳米片表面的高分子偶联生物分子，来增强 TMDC 纳米片的主动靶向性、细胞穿透能力和刺激响应性等功能。

(3) 多功能纳米复合物：现在关于二维 TMDC 的研究绝大部分都集中在二元纳米材料上。为了进一步丰富 TMDCs 的性质与功能，可以尝试利用二维 TMDC 纳米材料超高的比表面积和丰富的化学性质，拓宽与其复合的功能纳米材料的种类，并开发出更多的复合方法和策略。

(4) 系统的生物安全性研究：为了实现二维 TMDC 纳米材料在临床医学上真正的应用，还需要深入全面地研究不同二维 TMDC 纳米材料在生物体内的分布、长期毒性和代谢情况，并建立标准的评估体系和指标来系统性地研究合成方法、表面修饰、组成元素、尺寸大小等对二维 TMDC 纳米材料生物安全性的影响。

考虑到二维 TMDC 纳米材料较短的研究时间和如此迅猛的发展速度，应该有理由相信，这种性质丰富的纳米材料将在纳米生物医学中得到广泛的发展和应用。

参 考 文 献

[1] Novoselov K S, Geim A K, Morozov S V, Jiang D, Zhang Y, Dubonos S V, Grigorieva I V, Firsov A A. Electric field effect in atomically thin carbon films. Science, 2004, 306: 666-669.

[2] Zhi C, Bando Y, Tang C, Kuwahara H, Golberg D. Large-scale fabrication of boron nitride nanosheets and their utilization in polymeric composites with improved thermal and mechanical properties. Advanced Materials, 2009, 21: 2889-2893.

[3] Li, X H, Antonietti M. Metal nanoparticles at mesoporous N-doped carbons and carbon nitrides: functional Mott-Schottky heterojunctions for catalysis. Chemical Society Reviews, 2013, 42: 6593-6604.

[4] Wang Q, O'Hare D. Recent advances in the synthesis and application of layered double hydroxide (LDH) nanosheets.

Chemical Reviews, 2012, 112: 4124-4155.

[5] Chhowalla M, Shin H S, Eda G, Li, L J, Loh K P, Zhang H. The chemistry of two-dimensional layered transition metal dichalcogenide nanosheets. Nature Chemistry, 2013, 5: 263-275.

[6] Song G, Hao J, Liang C, Liu T, Gao M, Cheng L, Hu J, Liu Z. Degradable molybdenum oxide nanosheets with rapid clearance and efficient tumor homing capabilities as a therapeutic nanoplatform. Angewandte Chemie International Edition, 2016, 55: 2122-2126.

[7] Chimene D, Alge D L, Gaharwar A K. Two-dimensional nanomaterials for biomedical applications: emerging trends and future prospects. Advanced Materials, 2015, 27: 7261-7284.

[8] Cao T, Wang G, Han W, Ye H, Zhu C, Shi J, Niu Q, Tan P, Wang E, Liu B. Valley-selective circular dichroism of monolayer molybdenum disulphide. Nature Communications, 2012, 3: 887.

[9] Novoselov K, Jiang D, Schedin F, Booth T, Khotkevich V, Morozov S, Geim A. Two-dimensional atomic crystals. Proceedings of the National Academy of Sciences of the United States of America, 2005, 102: 10451-10453.

[10] Yin Z, Li H, Li H, Jiang L, Shi Y, Sun Y, Lu G, Zhang Q, Chen X, Zhang H. Single-layer MoS_2 phototransistors. ACS Nano, 2011, 6: 74-80.

[11] Coleman J N, Lotya M, O'Neill A, Bergin S D, King P J, Khan U, Young K, Gaucher A, De S, Smith R J. Two-dimensional nanosheets produced by liquid exfoliation of layered materials. Science, 2011, 331: 568-571.

[12] Cunningham G, Lotya M, Cucinotta C S, Sanvito S, Bergin S D, Menzel R, Shaffer M S, Coleman J N. Solvent exfoliation of transition metal dichalcogenides: dispersibility of exfoliated nanosheets varies only weakly between compounds. ACS Nano, 2012, 6: 3468-3480.

[13] Zhou K G, Mao N N, Wang H X, Peng Y, Zhang H L. A mixed-solvent strategy for efficient exfoliation of inorganic graphene analogues. Angewandte Chemie International Edition, 2011, 50: 10839-10842.

[14] Nicolosi V, Chhowalla M, Kanatzidis M G, Strano M S, Coleman J N. Liquid exfoliation of layered materials. Science, 2013, 340: 1226419.

[15] Joensen P, Frindt R, Morrison S R. Single-layer MoS_2. Materials Research Bulletin, 1986, 21: 457-461.

[16] Zeng Z, Sun T, Zhu J, Huang X, Yin Z, Lu G, Fan Z, Yan Q, Hng H H, Zhang H. An effective method for the fabrication of few-layer-thick inorganic nanosheets. Angewandte Chemie International Edition, 2012, 51: 9052-9056.

[17] Liu, K K, Zhang W, Lee, Y H, Lin, Y C, Chang, M T, Su, C Y, Chang, C S, Li H, Shi Y, Zhang H. Growth of large-area and highly crystalline MoS_2 thin layers on insulating substrates. Nano Letters, 2012, 12: 1538-1544.

[18] Lee Y H, Zhang X Q, Zhang W, Chang M T, Lin C T, Chang K D, Yu Y C, Wang J T W, Chang C S, Li L J. Synthesis of large-area MoS_2 atomic layers with chemical vapor deposition. Advanced Materials, 2012, 24: 2320-2325.

[19] Najmaei S, Liu Z, Zhou W, Zou X, Shi G, Lei S, Yakobson B I, Idrobo, J C, Ajayan P M, Lou J. Vapour phase growth and grain boundary structure of molybdenum disulphide atomic layers. Nature Materials, 2013, 12: 754-759.

[20] Wang X, Feng H, Wu Y, Jiao L. Controlled synthesis of highly crystalline MoS_2 flakes by chemical vapor deposition. Journal of the American Chemical Society, 2013, 135: 5304-5307.

[21] Zhang Y, Zhang Y, Ji Q, Ju J, Yuan H, Shi J, Gao T, Ma D, Liu M, Chen Y. Controlled growth of high-quality monolayer WS_2 layers on sapphire and imaging its grain boundary. ACS Nano, 2013, 7: 8963-8971.

[22] Wang S, Li K, Chen Y, Chen H, Ma M, Feng J, Zhao Q, Shi J. Biocompatible PEGylated MoS_2 nanosheets: controllable bottom-up synthesis and highly efficient photothermal regression of tumor. Biomaterials, 2015, 39: 206-217.

[23] Wang S, Li X, Chen Y, Cai X, Yao H, Gao W, Zheng Y, An X, Shi J, Chen H. A facile one-pot synthesis of a two-dimensional MoS_2/Bi_2S_3 composite theranostic nanosystem for multi-modality tumor imaging and therapy. Advanced Materials, 2015, 27 (17) : 2775.

[24] Cheng L, Huang W, Gong Q, Liu C, Liu Z, Li Y, Dai H. Ultrathin WS_2 nanoflakes as a high-performance electrocatalyst for the hydrogen evolution reaction. Angewandte Chemie International Edition, 2014, 53: 7860-7863.

[25] Qian X, Shen S, Liu T, Cheng L, Liu Z. Two-dimensional TiS_2 nanosheets for *in vivo* photoacoustic imaging and photothermal cancer therapy. Nanoscale, 2015, 7(14): 6380-6387.

[26] Gong Q, Cheng L, Liu C, Zhang M, Feng Q, Ye H, Zeng M, Xie L, Liu Z, Li Y. Ultrathin $MoS_{2(1-x)}Se_{2x}$ alloy nanoflakes for electrocatalytic hydrogen evolution reaction. ACS Catalysis, 2015, 5(4), 2213-2219.

[27] Zheng J, Zhang H, Dong S, Liu Y, Nai C T, Shin H S, Jeong H Y, Liu B, Loh K P. High yield exfoliation of two-dimensional chalcogenides using sodium naphthalenide. Nature Communications, 2014, 5 (1) :2995.

[28] Smith R J, King P J, Lotya M, Wirtz C, Khan U, De S, O'Neill A, Duesberg G S, Grunlan J C, Moriarty G. Large-scale exfoliation of inorganic layered compounds in aqueous surfactant solutions. Advanced Materials, 2011, 23: 3944-3948.

[29] May P, Khan U, Hughes J M, Coleman J N. Role of solubility parameters in understanding the steric stabilization of exfoliated two-dimensional nanosheets by adsorbed polymers. The Journal of Physical Chemistry C, 2012, 116: 11393-11400.

[30] Yong Y, Zhou L, Gu Z, Yan L, Tian G, Zheng X, Liu X, Zhang X, Shi J, Cong W. WS_2 nanosheet as a new photosensitizer carrier for combined photodynamic and photothermal therapy of cancer cells. Nanoscale, 2014, 6: 10394-10403.

[31] Zhang W, Wang Y, Zhang D, Yu S, Zhu W, Wang J, Zheng F, Wang S, Wang J. A one-step approach to the large-scale synthesis of functionalized MoS_2 nanosheets by ionic liquid assisted grinding. Nanoscale, 2015, 7: 10210-10217.

[32] Guan G, Zhang S, Liu S, Cai Y, Low M, Teng C P, Phang I Y, Cheng Y, Duei K L, Srinivasan B M. Protein induces layer-by-layer exfoliation of transition metal dichalcogenides. Journal of the American Chemical Society, 2015, 137: 6152-6155.

[33] Sim H, Lee J, Park B, Kim S J, Kang S, Ryu W, Jun S C. High-concentration dispersions of exfoliated MoS_2 sheets stabilized by freeze-dried silk fibroin powder. Nano Research, 2016, 9: 1709-1722.

[34] Bang G S, Cho S, Son N, Shim G W, Cho, B K, Choi, S Y. DNA-assisted exfoliation of tungsten dichalcogenides and their antibacterial effect. ACS Applied Materials & Interfaces, 2016, 8: 1943-1950.

[35] Seo J W, Jun Y W, Park S W, Nah H, Moon T, Park B, Kim J G, Kim Y J, Cheon J. Two-dimensional nanosheet crystals. Angewandte Chemie International Edition, 2007, 46: 8828-8831.

[36] Altavilla C, Sarno M, Ciambelli P. A novel wet chemistry approach for the synthesis of hybrid 2D free-floating single or multilayer nanosheets of MS_2@oleylamine (M=Mo, W). Chemistry of Materials, 2011, 23: 3879-3885.

[37] Cheng L, Yuan C, Shen S, Yi X, Gong H, Yang K, Liu Z. Bottom-up synthesis of metal-ion-doped WS_2 nanoflakes for cancer theranostics. ACS Nano, 2015, 9: 11090-11101.

[38] Fan W, Bu W, Shen B, He Q, Cui Z, Liu Y, Zheng X, Zhao K, Shi J. Intelligent MnO_2 nanosheets anchored with upconversion nanoprobes for concurrent pH-/H_2O_2-responsive UCL imaging and oxygen-elevated synergetic therapy. Advanced Materials, 2015, 27: 4155-4161.

[39] Yang K, Yang G, Chen L, Cheng L, Wang L, Ge C, Liu Z. FeS nanoplates as a multifunctional nano-theranostic for magnetic resonance imaging guided photothermal therapy. Biomaterials, 2015, 38: 1-9.

[40] Cheng L, Shen S, Shi S, Yi Y, Wang X, Song G, Yang K, Liu G, Barnhart T E, Cai W. $FeSe_2$-decorated Bi_2Se_3 nanosheets fabricated via cation exchange for chelator-free ^{64}Cu-labeling and multimodal image-guided photothermal-radiation therapy. Advanced Functional Materials, 2016, 26 (13) :2185.

[41] Ramakrishna Matte H, Gomathi A, Manna A K, Late D J, Datta R, Pati S K, Rao C. MoS_2 and WS_2 analogues of graphene. Angewandte Chemie, 2010, 122: 4153-4156.

[42] Liu T, Chao Y, Gao M, Liang C, Chen Q, Song G, Cheng L, Liu Z. Ultra-small MoS_2 nanodots with rapid body clearance for photothermal cancer therapy. Nano Research, 2016, 9: 3003-3017.

[43] Chou S S, De M, Kim J, Byun S, Dykstra C, Yu J, Huang J, Dravid V P. Ligand conjugation of chemically exfoliated MoS_2. Journal of the American Chemical Society, 2013, 135: 4584-4587.

[44] Cheng L, Liu J, Gu X, Gong H, Shi X, Liu T, Wang C, Wang X, Liu G, Xing H. PEGylated WS_2 nanosheets as a

multifunctional theranostic agent for *in vivo* dual-modal CT/photoacoustic imaging guided photothermal therapy. Advanced Materials, 2014, 26: 1886-1893.

[45] Liu T, Wang C, Gu X, Gong H, Cheng L, Shi X, Feng L, Sun B, Liu Z. Drug delivery with PEGylated MoS_2 nano-sheets for combined photothermal and chemotherapy of cancer. Advanced Materials, 2014, 26: 3433-3440.

[46] Liu T, Wang C, Cui W, Gong H, Liang C, Shi X, Li Z, Sun B, Liu Z. Combined photothermal and photodynamic therapy delivered by PEGylated MoS_2 nanosheets. Nanoscale, 2014, 6: 11219-11225.

[47] Yuan Y, Li R, Liu Z. Establishing water-soluble layered WS_2 nanosheet as a platform for biosensing. Analytical Chemistry, 2014, 86: 3610-3615.

[48] Yin W, Yan L, Yu J, Tian G, Zhou L, Zheng X, Zhang X, Yong Y, Li J, Gu Z. High-throughput synthesis of single-layer MoS_2 nanosheets as a near-infrared photothermal-triggered drug delivery for effective cancer therapy. ACS Nano, 2014, 8: 6922-6933.

[49] Li B L, Luo H Q, Lei J L, Li N B. Hemin-functionalized MoS_2 nanosheets: enhanced peroxidase-like catalytic activity with a steady state in aqueous solution. RSC Advances, 2014, 4: 24256-24262.

[50] Voiry D, Goswami A, Kappera R, Silva C C, Kaplan D, Fujita T, Chen M, Asefa T, Chhowalla M. Covalent functionalization of monolayered transition metal dichalcogenides by phase engineering. Nature Chemistry, 2015, 7: 45-49.

[51] Knirsch K C, Berner N C, Nerl H C, Cucinotta C S, Gholamvand Z, McEvoy N, Wang Z, Abramovic I, Vecera P, Halik M. Basal-plane functionalization of chemically exfoliated molybdenum disulfide by diazonium salts. ACS Nano, 2015, 9: 6018-6030.

[52] Pumera M. Graphene in biosensing. Materials Today, 2011, 14: 308-315.

[53] Wang, G X, Bao, W J, Wang J, Lu, Q Q, Xia, X H. Immobilization and catalytic activity of horseradish peroxidase on molybdenum disulfide nanosheets modified electrode. Electrochemistry Communications, 2013, 35: 146-148.

[54] Song H, Ni Y, Kokot S. Investigations of an electrochemical platform based on the layered MoS_2-graphene and horseradish peroxidase nanocomposite for direct electrochemistry and electrocatalysis. Biosensors and Bioelectronics, 2014, 56: 137-143.

[55] Chao J, Zou M, Zhang C, Sun H, Pan D, Pei H, Su S, Yuwen L, Fan C, Wang L. A MoS_2-based system for efficient immobilization of hemoglobin and biosensing applications. Nanotechnology, 2015, 26: 274005.

[56] Zeng J, Cheng M, Wang Y, Wen L, Chen L, Li Z, Wu Y, Gao M, Chai Z. pH-Responsive Fe(III)-gallic acid nanoparticles for *in vivo* photoacoustic imaging-guided photothermal therapy. Advanced Healthcare Materials, 2016, 5 (7) :772.

[57] Tamura T, Hamachi I. Recent progress in design of protein-based fluorescent biosensors and their cellular applications. ACS Chemical Biology, 2014, 9: 2708-2717.

[58] Zhu C, Zeng Z, Li H, Li F, Fan C, Zhang H. Single-layer MoS_2-based nanoprobes for homogeneous detection of biomolecules. Journal of the American Chemical Society, 2013, 135: 5998-6001.

[59] Zhang Y, Zheng B, Zhu C, Zhang X, Tan C, Li H, Chen B, Yang J, Chen J, Huang Y. Single-layer transition metal dichalcogenide nanosheet-based nanosensors for rapid, sensitive, and multiplexed detection of DNA. Advanced Materials, 2015, 27: 935-939.

[60] Huang J, Ye L, Gao X, Li H, Xu J, Li Z. Molybdenum disulfide-based amplified fluorescence DNA detection using hybridization chain reactions. Journal of Materials Chemistry B, 2015, 3: 2395-2401.

[61] Yang Y, Liu T, Cheng L, Song G, Liu Z, Chen M. MoS_2-based nanoprobes for detection of silver ions in aqueous solutions and bacteria. ACS Applied Materials & Interfaces, 2015, 7: 7526-7533.

[62] Ou J Z, Chrimes A F, Wang Y, Tang S Y, Strano M S, Kalantar-zadeh K. Ion-driven photoluminescence modulation of quasi-two-dimensional MoS_2 nanoflakes for applications in biological systems. Nano Letters, 2014, 14: 857-863.

[63] He Q, Wu S, Yin Z, Zhang H. Graphene-based electronic sensors. Chemical Science, 2012, 3: 1764-1772.

[64] Hu P, Zhang J, Li L, Wang Z, O'Neill W, Estrela P. Carbon nanostructure-based field-effect transistors for label-free chemical/biological sensors. Sensors, 2010, 10: 5133-5159.

[65] Sarkar D, Liu W, Xie X, Anselmo A C, Mitragotri S, Banerjee K. MoS_2 field-effect transistor for next-generation label-free biosensors. ACS Nano, 2014, 8: 3992-4003.

[66] Wang L, Wang Y, Wong J I, Palacios T, Kong J, Yang H Y. Functionalized MoS_2 nanosheet-based field-effect biosensor for label-free sensitive detection of cancer marker proteins in solution. Small, 2014, 10: 1101-1105.

[67] Lee, D W, Lee J, Sohn I Y, Kim, B Y, Son Y M, Bark H, Jung J, Choi M, Kim T H, Lee C. Field-effect transistor with a chemically synthesized MoS_2. Nano Research, 2015, 8: 2340-2350.

[68] Cho B, Hahm M G, Choi M, Yoon J, Kim A R, Lee, Y J, Park, S G, Kwon, J D, Kim C S, Song M. Charge-transfer-based gas sensing using atomic-layer MoS_2. Scientific Reports, 2015, 5, 8052.

[69] Wang L V, Hu S. Photoacoustic tomography: *in vivo* imaging from organelles to organs. Science, 2012, 335: 1458-1462.

[70] Liu Y, Ai K, Lu L. Nanoparticulate X-ray computed tomography contrast agents: from design validation to *in vivo* applications. Accounts of Chemical Research, 2012, 45: 1817-1827.

[71] Xu S, Li D, Wu P. One-pot, facile, and versatile synthesis of monolayer MoS_2/WS_2 quantum dots as bioimaging probes and efficient electrocatalysts for hydrogen evolution reaction. Advanced Functional Materials, 2015, 25: 1127-1136.

[72] Liu T, Shi S, Liang C, Shen S, Cheng L, Wang C, Song X, Goel S, Barnhart T E, Cai W. Iron oxide decorated MoS_2 nanosheets with double PEGylation for chelator-free radiolabeling and multimodal imaging guided photothermal therapy. ACS Nano, 2015, 9 (1) :950.

[73] Chou S S, Kaehr B, Kim J, Foley B M, De M, Hopkins P E, Huang J, Brinker C J, Dravid V P. Chemically exfoliated MoS_2 as near-infrared photothermal agents. Angewandte Chemie, 2013, 125: 4254-4258.

[74] Kong L, Yuan Q, Zhu H, Li Y, Guo Q, Wang Q, Bi X, Gao X. The suppression of prostate LNCaP cancer cells growth by Selenium nanoparticles through Akt/Mdm2/AR controlled apoptosis. Biomaterials, 2011, 32: 6515-6522.

[75] Zhang X D, Chen J, Min Y, Park G B, Shen X, Song S S, Sun Y M, Wang H, Long W, Xie J. Metabolizable Bi_2Se_3 nanoplates: biodistribution, toxicity, and uses for cancer radiation therapy and imaging. Advanced Functional Materials, 2014, 24: 1718-1729.

[76] Yang G, Gong H, Liu T, Sun X, Cheng L, Liu Z. Two-dimensional magnetic $WS_2@Fe_3O_4$ nanocomposite with mesoporous silica coating for drug delivery and imaging-guided therapy of cancer. Biomaterials, 2015, 60: 62-71.

[77] Kim J, Kim H, Kim W J. Single-layered MoS_2-PEI-PEG nanocomposite-mediated gene delivery controlled by photo and redox stimuli. Small, 2015, 12 (9) :1184.

[78] Wang S, Li X, Chen Y, Cai X, Yao H, Gao W, Zheng Y, An X, Shi J, Chen H. A facile one-pot synthesis of a two-dimensional MoS_2/Bi_2S_3 composite theranostic nanosystem for multi-modality tumor imaging and therapy. Advanced Materials, 2015, 27: 2775-2782.

[79] Chao Y, Wang G, Liang C, Yi X, Zhong X, Liu J, Gao M, Yang K, Cheng L, Liu Z. Rhenium-188 labeled tungsten disulfide nanoflakes for self-sensitized, near-infrared enhanced radioisotope therapy. Small, 2016, 12: 3967-3975.

[80] Yang X, Li J, Liang T, Ma C, Zhang Y, Chen H, Hanagata N, Su H, Xu M. Antibacterial activity of two-dimensional MoS_2 sheets. Nanoscale, 2014, 6: 10126-10133.

[81] Zhang W, Shi S, Wang Y, Yu S, Zhu W, Zhang X, Zhang D, Yang B, Wang X, Wang J. Versatile molybdenum disulfide based antibacterial composites for *in vitro* enhanced sterilization and *in vivo* focal infection therapy. Nanoscale, 2016, 8: 11642-11648.

[82] Teo W Z, Chng E L K, Sofer Z, Pumera M. Cytotoxicity of exfoliated transition-metal dichalcogenides (MoS_2, WS_2, and WSe_2) is lower than that of graphene and its analogues. Chemistry-A European Journal, 2014, 20: 9627-9632.

[83] Latiff N M, Sofer Z, Fisher A C, Pumera M. Cytotoxicity of exfoliated layered vanadium dichalcogenides. Chemistry-A European Journal, 2016, 23 (3) :684.

[84] Chng E L K, Sofer Z, Pumera M. MoS_2 exhibits stronger toxicity with increased exfoliation. Nanoscale, 2014, 6: 14412-14418.

[85] Hao J, Song G, Liu T, Yi X, Yang K, Cheng L, Liu Z. *In vivo* long-term biodistribution, excretion, and toxicology of

PEGylated transition-metal dichalcogenides MS_2 (M=Mo W, Ti) nanosheets. Advanced Science, 2017, 4(1): 1600160.

[86] Liu J, Wang P, Zhang X, Wang L, Wang D, Gu Z, Tang J, Guo M, Cao M, Zhou H, Liu Y, Chen C. Rapid degradation and high renal clearance of Cu_3BiS_3 nanodots for efficient cancer diagnosis and photothermal therapy *in vivo*. ACS Nano, 2016, 10: 4587-4598.

第10章 无机纳米材料在生物医学应用中的挑战与展望

纳米技术在生物医学领域展现出巨大的发展潜力，大量的基础研究预示无机纳米材料在生物传感器、生物成像和药物递送等方面产生显著的优势，具有荧光检测、影像造影，多重靶向、定量定时释药，新型治疗功能和无毒副作用于一体的多功能无机纳米材料对重大疾病的诊断和治疗具有重要意义。尽管如此，无机纳米材料的生物安全性一直是一个颇具争议的问题，尚需要长期的深入研究。无机纳米材料在临床转化过程中，也存在着诸多挑战。如何开发安全可靠和高效低毒纳米体系应用于临床诊断和治疗的前提之一是对无机纳米材料的诸多基础问题进行深入探究，从而克服临床转化过程中的瓶颈问题。

随着纳米生物医学的发展，无机纳米材料潜在的安全性问题受到人们关注[1]。例如，量子点易于在活体内形成重金属离子富集；金纳米材料对正常细胞活动和体内代谢有很大影响，且难以降解；碳纳米材料在生物体内分布复杂且难以降解，存在潜在的生物毒性；介孔纳米材料的代谢能力较差；所负载的诊疗药物与介孔材料之间的相互作用机制难以分析[1-8]。当前，针对纳米材料毒性问题，科学家已经从材料的形状、尺寸、表面电荷、表面官能团、反应活性及在生命系统中的稳定性入手进行了大量的研究[4, 9, 10]。从物理学性质而言，纳米材料具有尺寸效应，一些未经修饰的纳米材料容易在活体内发生栓塞、黏附和聚集等[4, 9-11]。这是因为纳米颗粒的尺寸与生物大分子、细胞器与细胞膜的基本单元结构处在同一量级水平上，具备了发生相互扰动作用的基础[4]。生物相容性和生物可降解性的纳米材料所产生的扰动作用是可逆的。而生物不相容性、不可生物降解的纳米材料所产生的扰动作用是破坏性、持续性和累积性[1]。从化学性质而言，无机纳米材料毒性的化学机制是活性氧自由基(ROS)造成的氧化损伤。无机纳米材料附着于细胞表面，释放出金属离子，产生ROS，增加氧化压力，氧化磷脂，损伤细胞膜，从而引起细胞内物质的外流[8, 11-14]。无机纳米材料进入细胞内与组分发生作用，进一步释放毒性重金属离子，会进一步增加氧化压力，引起 DNA 损伤、破坏细胞器等，从而破坏细胞的结构和功能[8, 11]。例如，量子点所释放出来的重金属镉离子是其产生毒性的主要原因[2, 3, 15]。当量子点表层的外壳被侵蚀，内部的重金属溶解，对细胞产生毒害作用[2,3]。量子点表面不同外壳的材料固有的理化性质不一，外壳材料水解的难易程度存在差异，由此导致量子点的重金属离子释放难易不尽相同，进而影响量子点的毒性[2,3]。量子点表面不同的表面修饰呈现不同的表面荷电性，使得纳米材料与细胞表面接触相互作用的难易程度不一，也影响其毒性[9]。此外，纳米材料所处环境的pH、温度、光照、溶解氧也是影响量子点毒性的因素[11]。因此，影响纳米材料毒性的因素主要包括：纳米材料自身特性（纳米材料的组成、粒径大小、化学稳定性、表面修饰、表面电荷等）和外界环境条件（pH、溶解氧等）。在关注无机纳米材料的高剂量引起的急性毒性的同时，也需要关注无机纳米材料的长期低剂量暴露对生物体的毒性效应，以及对遗传的影响等[1,5,6]。科学家已经尝试通过生物相容性材料表面包覆，生物相容性高分子表面化学修饰，以及在合成过程中使用毒性较低的金属离子来降低纳米材料的毒性，并已取得一定的成效[16,17]。解决纳米材料生物毒性难题是推动纳米技术在生物医学领域应用的必经之路，这需要科学家一起努力、共同迎接挑战。

当材料尺寸在纳米尺度时，材料性质发生很大变化，从而导致它们的生物学行为与常规药物存在很大差异。不同于化学小分子，无机纳米材料会在体内长期滞留，因此其体内代谢问题一直受到关注[18]。尺寸较大且化学稳定性高的无机纳米材料(如金纳米材料)在体内滞留时间长、代谢难，通常是经胆汁通过粪便排出体外，但时间需要数月之久[19-21]。尺寸较大的、化学稳定性低的纳米材料(如氧化铁纳米颗粒)除了经胆汁通过粪便排出体外，还逐渐降解成铁离子。这些铁离子可以被生物体吸收，或可以通过血液循环通过尿液和粪便排出体外，也需要数月之久[22,23]。然而对于量子点等纳米材料，所分解出的重金属离子具有一定的生物毒性。另外，某些化学稳定性低的材料(如氧化锰纳米片)在体内可快速地分解形成锰离子，进而快速从体内排出[24,25]。尺寸较小的纳米颗粒(水合粒径小于7 nm)从体内排出速度快，半衰期短，在血液循环时，即可通过肾经尿液排到体外[26,27]。因此，科学家需要进一步系统研究无机纳米材料在生物系统中的运行规则，揭示无机纳米材料的物理化学特性与材料分布和代谢的关系。

当前无机纳米材料在医学领域中的研究与应用多处于初级阶段和实验阶段，要应用于临床疾病的诊断和治疗还有许多问题需要解决。①无机纳米材料在生物体内行为以及与各种生物分子的相互作用机制有待进一步深入研究；②相当一部分无机纳米材料难降解、难代谢的问题对其体内应用带来巨大挑战；③无机纳米材料的长期潜在毒性(如无机纳米材料是否影响生殖或遗传)也是这些材料面向未来生物医学应用需要回答的一个重要问题；④纳米材料的生产工艺控制难、重现性差、工艺放大难的问题有待进一步解决；⑤基于无机纳米材料的体外检测技术虽然应用的门槛相对较低，但这些技术的稳定性、特异性、可重复性以及市场的接受度还有待时间的考验[28-31]。

如何开发安全可靠和高效低毒无机纳米材料并进行临床转化，还需深入分析研究无机纳米材料与细胞、组织、脏器层面的作用机理与机制，应充分考虑无机纳米体系的生物相容性及其对人体免疫系统的影响[14, 20, 32, 33]。生物医学纳米技术的产业化是一项系统工程，推动无机纳米材料在生物医学领域的发展需要，以生物医学、药学、物理化学、分析化学、材料学和过程工程学等学科理论为基础，综合运用现代生物医学技术、物理化工技术和精密制造技术，面向明确的临床需求解决临床问题，按照预定目标进行设计、开发、管理与控制[29, 31]。作为前沿学科，纳米医学充满了机遇和挑战。但随着纳米医学研究的深入及生物安全性问题的解决，相信无机纳米材料将会大大促进临床诊断和治疗技术的发展，为人类诊断和治疗诸如癌症之类的顽疾带来新的可能。

参考文献

[1] Fadeel B, Garcia-Bennett A E. Better safe than sorry: understanding the toxicological properties of inorganic nanoparticles manufactured for biomedical applications. Advanced Drug Delivery Reviews, 2010, 62: 362-374.

[2] Kirchner C, Liedl T, Kudera S, Pellegrino T, Muñoz Javier A, Gaub H E, Stölzle S, Fertig N, Parak W J. Cytotoxicity of colloidal CdSe and CdSe/ZnS nanoparticles. Nano Letters, 2005, 5: 331-338.

[3] Rzigalinski B A, Strobl J S. Cadmium-containing nanoparticles: perspectives on pharmacology and toxicology of quantum dots. Toxicology and Applied Pharmacology, 2009, 238: 280-288.

[4] Pan Y, Neuss S, Leifert A, Fischler M, Wen F, Simon U, Schmid G, Brandau W, Jahnen-Dechent W. Size-dependent cytotoxicity of gold nanoparticles. Small, 2007, 3: 1941-1949.

[5] Brayner R. The toxicological impact of nanoparticles. Nano Today, 2008, 3: 48-55.

[6] Elsaesser A, Howard C V. Toxicology of nanoparticles. Advanced Drug Delivery Reviews, 2012, 64: 129-137.

[7] Zhao Y, Xing G, Chai Z. Nanotoxicology: are carbon nanotubes safe? Nature Nanotechnology, 2008, 3: 191-192.

[8] Park E J, Park K. Oxidative stress and pro-inflammatory responses induced by silica nanoparticles *in vivo* and *in vitro*. Toxicology Letters, 2009, 184: 18-25.

[9] Jiang J, Oberdörster G, Biswas P. Characterization of size, surface charge, and agglomeration state of nanoparticle dispersions for toxicological studies. Journal of Nanoparticle Research, 2009, 11: 77-89.

[10] Napierska D, Thomassen L C, Rabolli V, Lison D, Gonzalez L, Kirsch-Volders M, Martens J A, Hoet P H. Size-dependent cytotoxicity of monodisperse silica nanoparticles in human endothelial cells. Small, 2009, 5: 846-853.

[11] Hardman R. A toxicologic review of quantum dots: toxicity depends on physicochemical and environmental factors. Environmental Health Sciences, 2006, 114: 165-172.

[12] Derfus A M, Chan W C, Bhatia S N. Probing the cytotoxicity of semiconductor quantum dots. Nano Letters, 2004, 4: 11-18.

[13] Lovrić J, Bazzi H S, Cuie Y, Fortin G R, Winnik F M, Maysinger D. Differences in subcellular distribution and toxicity of green and red emitting CdTe quantum dots. Journal of Molecular Medicine, 2005, 83: 377-385.

[14] Brayner R, Ferrari-Iliou R, Brivois N, Djediat S, Benedetti M F, Fiévet F. Toxicological impact studies based on *Escherichia coli* bacteria in ultrafine ZnO nanoparticles colloidal medium. Nano Letters,2006, 6: 866-870.

[15] Chen N, He Y, Su Y, Li X, Huang Q, Wang H, Zhang X, Tai R, Fan C. The cytotoxicity of cadmium-based quantum dots. Biomaterials, 2012, 33: 1238-1244.

[16] Ryman-Rasmussen J P, Riviere J E, Monteiro-Riviere N A. Surface coatings determine cytotoxicity and irritation potential of quantum dot nanoparticles in epidermal keratinocytes. Journal of Investigative Dermatology, 2007, 127: 143-153.

[17] Pons T, Pic E, Lequeux N, Cassette E, Bezdetnaya L, Guillemin F, Marchal F, Dubertret B. Cadmium-free $CuInS_2/ZnS$ quantum dots for sentinel lymph node imaging with reduced toxicity. ACS Nano, 2010, 4: 2531-2538.

[18] Almeida J P M, Chen A L, Foster A, Drezek R. *In vivo* biodistribution of nanoparticles. Nanomedicine, 2011, 6: 815-835.

[19] Cho W S, Cho M, Jeong J, Choi M, Cho H Y, Han B S, Kim S H, Kim H O, Lim Y T, Chung B H. Acute toxicity and pharmacokinetics of 13nm-sized PEG-coated gold nanoparticles. Toxicology and Applied Pharmacology, 2009, 236: 16-24.

[20] Simpson C A, Salleng K J, Cliffel D E, Feldheim D L. *In vivo* toxicity, biodistribution, and clearance of glutathione-coated gold nanoparticles. Nanomedicine: NBM, 2013, 9: 257-263.

[21] Khlebtsov N, Dykman L. Biodistribution and toxicity of engineered gold nanoparticles: a review of *in vitro* and *in vivo* studies. Chemical Society Reviews, 2011, 40: 1647-1671.

[22] Jain T K, Reddy M K, Morales M A, Leslie-Pelecky D L, Labhasetwar V. Biodistribution, clearance, and biocompatibility of iron oxide magnetic nanoparticles in rats. Molecular Pharmaceutics, 2008, 5: 316-327.

[23] Arami H, Khandhar A, Liggitt D, Krishnan K M. *In vivo* delivery, pharmacokinetics, biodistribution and toxicity of iron oxide nanoparticles. Chemical Society Reviews, 2015, 44: 8576-8607.

[24] Zhu W, Dong Z, Fu T, Liu J, Chen Q, Li Y, Zhu R, Xu L, Liu Z. Modulation of hypoxia in solid tumor microenvironment with MnO_2 nanoparticles to enhance photodynamic therapy. Advanced Functional Materials, 2016, 26: 5490-5498.

[25] Chen Q, Feng L, Liu J, Zhu W, Dong Z, Wu Y, Liu Z. Intelligent albumin-MnO_2 nanoparticles as pH-/H_2O_2-responsive dissociable nanocarriers to modulate tumor hypoxia for effective combination therapy.Advanced Materials, 2016, 28: 7129-7136.

[26] Choi H S, Liu W, Misra P, Tanaka E, Zimmer J P, Ipe B I, Bawendi M G, Frangioni J V. Renal clearance of nanoparticles. Nature Biotechnology, 2007, 25: 1165-1170.

[27] Zhou C, Long M, Qin Y, Sun X, Zheng J. Luminescent gold nanoparticles with efficient renal clearance. Angewandte Chemie International Edition, 2011, 123: 3226-3230.

[28] Ryan S M, Brayden D J. Progress in the delivery of nanoparticle constructs: towards clinical translation. Current Opinion in Pharmacology, 2014, 18: 120-128.

[29] Choi H S, Frangioni J V. Nanoparticles for biomedical imaging: fundamentals of clinical translation. Molecular Imaging, 2010, 9: 291-310.

[30] Phillips E, Penate-Medina O, Zanzonico P B, Carvajal R D, Mohan P, Ye Y, Humm J, Gönen M, Kalaigian H, Schöder H. Clinical translation of an ultrasmall inorganic optical-PET imaging nanoparticle probe. Science Translational Medicine, 2014, 6, 260ra149.

[31] Svenson S. Clinical translation of nanomedicines. Current Opinion in Solid State & Materials Science, 2012, 16: 287-294.

[32] Kedmi R, Ben-Arie N, Peer D. The systemic toxicity of positively charged lipid nanoparticles and the role of toll-like receptor 4 in immune activation. Biomaterials, 2010, 31: 6867-6875.

[33] Villiers C L, Freitas H, Couderc R, Villiers M B, Marche P N. Analysis of the toxicity of gold nano particles on the immune system: effect on dendritic cell functions. Journal of Nanoparticle Research, 2010, 12: 55-60.

关键词索引

H

J

K

L

M

N

P

Q

R

S

T

W

X

Y

Z

其他